KB185936

이현경 · 조은 · 곽다영 공저

다락원

시험도 합격! 지식도 쑤욱~!

심리가 그렇다. 시험이라고 하면 공부하기가 싫고 어렵게 느껴진다. 그리고 시험이 끝나면 머릿속이 하얗다. 실기는 실생활에 활용도 할 수 있고, 몸을 써야 해서 그런지 시간이 지나도 몸이 기억한다. 그러나 내 머리는 믿을 수 없다. 많은 양의 내용을 암기해야 하는 건 기본이고 어려운 단어는 왜 그리 많은지…. 조리기능사 필기 책을 펴고 내용을 살짝만 봐도 질려 포기하고 싶어지기도 한다.

이 책도 예외는 아니다. 내용이 많다. 문제도 많다. 다른 책보다도 더 많을 수 있다.

다년간 학생들에게 조리기능사를 지도하면서 '어떻게 가르치는 게 좋을까?', '어떻게 쉽게 설명할까?'를 고민해왔다. 지금도 고민하고 있다. 그래서 내린 결론은 첫째, 가르치는 사람이 많은 정보와 지식을 가지고 있어야 하고 둘째, 쉽고 재미있게 기억이 잘 되게 가르쳐야 하며 셋째, 내용 정리가 잘된 교재를 사용해야 한다는 것이다.

조리기능사에 대한 정보와 지식을 늘 연구하고, 쉽고 재미있게 가르치려 노력하는 것은 나의 전문분야이지만, 교재로 나와 있는 것이 없다보니, 내가 직접 정리가 잘 된 교재를 만들어보고 싶다는 욕심이 생겼다. 그래서 새로 바뀐 출제기준을 정리하고 문제를 만들고 오랜 시간 고치고 고쳐 이 책이 나오게 되었다.

이 책은 새로운 출제기준에 최대한 맞춰서 구성하였다. NCS 기준으로 바뀌면서 실기 연습할 때나 알 수 있었던 내용들을 필기 공부를 하면서 미리 알게 되는 내용들도 많아졌다. 따라서 실생활에 적용 가능한 조리상식이 풍부해지고 한식, 양식, 중식, 일식 등 각 과목의 전문지식도 알 수 있게 되었다. 그러니 어렵다거나 두렵다고 생각하지 말자.

이 책이라면 시험도 합격! 조리 지식도 쑤욱!

노력은 배신하지 않아. 그래서 모두가 합격!

나의 신념! 노력은 배신하지 않는다! 이 책 또한 나의 노력이 만들어낸 산물이다. 그래서 나는 믿는다. 나의 노력은 배신하지 않을 것이고 이 책을 보는 모든 이에게 합격이라는 선물을 안겨줄 거라는 사실을….
내가 사랑하는 제자들과 나를 믿고 『원큐패스 중식조리기능사 필기』를 선택해 준 여러분이 있기에 함께 합격하는 그날까지 최선을 다할 것이다. 이 책이 조리기능사 필기 합격의 최고 길잡이가 되어 줄 것이니 나를 따르라~!

언제나 모두의 합격을 응원합니다. 파이팅!!!

현장 조리 교사의 지피지기 필승법 대공개!

조리를 현장에서 가르치는 선생님이 직접 엮은 이론으로 학습하세요. 이 책과 함께라면 새로운 내용도 든든할 거예요. 조리학교 학생들은 조리기능사 시험을 다 합격한다죠? 그동안 저자가 갈고 닦은 합격 필승법을 공개합니다! '지피지기면 백전백승'이라는 말처럼 문제만 반복해도 합격할 수 있게 지피지기 문제를 선별했습니다. 참, 공부하기 전 〈필기시험 합격비법〉은 꼭 읽고 시작하세요.

학습자를 위한 큰 글자, 보기 좋은 편집!

조리기능사 응시자는 연령대가 참 다양해요. 공부하는 데 불편함이 없도록 글자를 크게 크게 시원시원하게 편집했어요.

CBT 시험 대비 모바일 모의고사 제공!

2017년부터 기능사 국기기술자격시험은 CBT 즉, 컴퓨터로 시행되었습니다. 책으로 열심히 공부했는데 시험장에서는 컴퓨터로 시험을 보느라 제 실력을 발휘하지 못하면 안 되겠죠. 그래서 준비한 모바일 모의고사! 책에 실린 실전모의고사 5회분 외에도 모의고사 3회분은 모바일로 CBT 시험처럼 제공하니까 시험 보러 가기 전에 꼭 한 번 연습해보세요.

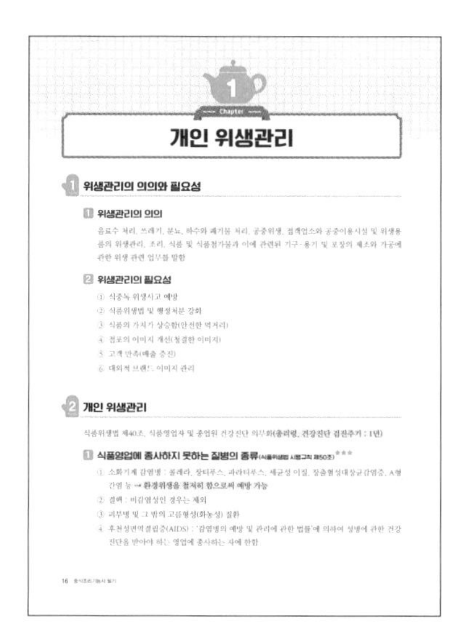

Chapter 1

개인 위생관리

1 위생관리의 의의와 필요성

1 위생관리의 의의

2 위생관리의 필요성

2 개인 위생관리

1 식품영업에 종사하지 못하는 질병의 종류

핵심이론

시험에 나오는 핵심만 쏙쏙!

▶ 2025년 출제기준에 맞는 이론

▶ 중요한 부분에 강조표시

지피지기 예상문제

지피지기 예상문제

10년간 기출문제 정리!

▶ 문제만 반복해서 풀어보면 합격

▶ O, △, X 표시 후 반복 학습

중식조리기능사 필기 모의고사 1

실전모의고사 5회

출제기준+적중률 한번에!

▶ 2025년 출제기준에 맞게 구성한 모의고사

▶ 시험 직전 실력 점검

1 60점이면 합격!

필기시험에서 100점? 설마~ 우리는 합격만하면 되지 100점을 맞을 필요는 없다. 100점 맞은 사람을 보지도 못했다. 우리의 합격 커트라인은 60점! 60문제 중 36문제만 맞으면 합격이다. 그렇다고 딱 60점은 더 어렵다. 그냥 60점대 합격을 목표로만 공부하자!

2 2020년부터 시험문제가 많이 바뀌어도 공통된 부분은 존재!

2020년부터 필기시험의 범위와 내용이 많이 바뀌었다. 그러나 기존 부분과 겹치는 부분도 반 이상이나 된다. 휴~ 다행이다. 따라서 60문제 중 36문제만 맞으면 되니 예전 기출문제를 통해 공통된 부분의 문제를 확실히 체크하고 새로운 문제들은 조금 더 플러스해서 맞으면 어머! 합격이다!

3 아는 문제, 헷갈리는 문제, 모르는 문제 구분하기

문제를 풀면 확실히 아는 문제가 있고, 조금 헷갈리거나 생소한 문제들이 있다. 그런데 여기서 확실한 사실! 헷갈리는 건 모르는 문제다. 따라서 문제를 풀면서 헷갈려서 찍었거나 모르는 문제들은 표시해 두고 다시 한 번 보자. 아는 문제는 더 이상 볼 필요 없겠지?

4 모를 때는 찍어라! 그러나 찍는 것도 요령이~

모르는 문제?? 당연히 찍어야지! 한 번호로 찍는 사람이 제일 많다. 그래도 약간의 요령이 있다면 찍어도 합격할 수 있다. 보기를 보고 찍도록 하자!
첫째, 4개의 보기 중 공통점이 없는 것 고르기
둘째, 예상문제 풀 때 제일 답으로 많이 나온 것 고르기
셋째, 한 번도 못 본 보기 고르기
3가지를 생각하고 찍어보자. 정답이 보일 것이다.

5 너무 빨리 풀지 말자

60문제를 푸는데 주어진 시간은 60분! 그러나 시험 후 20분이 지나면 엉덩이가 근질거리고 빨리 이곳을 빠져나가고 싶다는 생각이 든다. 그래서 문제를 끝까지 다 읽지도 않고 바로바로 체크하고 빠르게 푼다. 조금만 인내를 가지고 문제를 끝까지 읽고 풀어보자. 빨리 풀면 실수가 그만큼 많을 수 있다. 실수를 많이 해서 떨어지느니 최선을 다해 보는 게 낫지 않을까? 풀고 다시 한 번 확인하자! 최선을 다한 당신은 합격!!!

6 자신감 있게 긍정적으로 '난 붙는다!'

'이번에 공부 많이 못했는데…, 기출 풀었는데 통과 못하던데…, 조리 관련 용어는 왜 이렇게 어려워…, 이해가 안 되는데…'하며 어렵다는 생각에 자신감 없이 시험을 보러가는 사람들이 많다. 그러나 사람일은 모르는 것! 공부를 많이 해도 그날의 컨디션에 따라 실수가 많아 떨어질 수도 있다. 따라서 자신감을 가지고 최선을 다해보자. 행운은 당신과 함께~ 포기하지 말자! 노력은 배신하지 않으니 「원큐패스 중식조리기능사 필기」와 함께 열공! 그리고 합격의 기쁨을!!!

자격명 중식조리기능사

영문명 Craftman Cook, Chinese Food

관련부처 식품의약품안전처

시행기관 한국산업인력공단

*필기합격은 2년 동안 유효합니다.

응시자격 제한없음

응시방법 한국산업인력공단 홈페이지
[회원가입 → 원서접수 신청 → 자격선택 → 종목선택 → 응시유형 → 추가입력 → 장소선택 → 결제하기]

응시료 14,500원

시험일정 상시시험

*자세한 일정은 Q-net(http://q-net.or.kr)에서 확인

시험형식 CBT(Computer Based Test)

검정방법 객관식 4지 택일형, 60문항

시험시간 1시간(60분)

합격기준 100점 만점에 60점 이상

합격발표 CBT 시험으로 시험 후 바로 확인

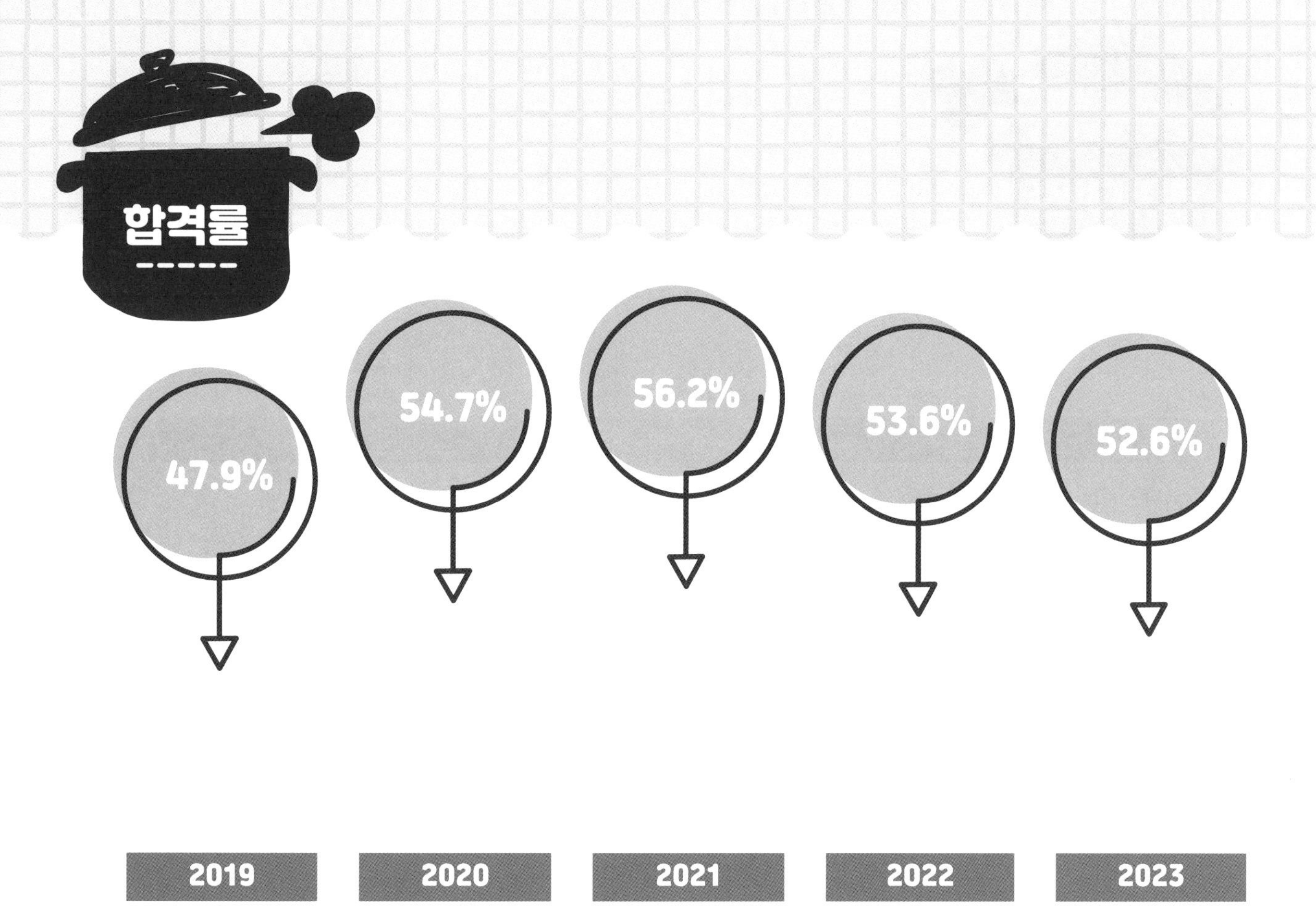

2019	2020	2021	2022	2023

시험과목 및 활용 국가직무능력표준(NCS)

국가기술자격의 현장성과 활용성 제고를 위해 국가직무능력표준(NCS)를 기반으로 자격의 내용(시험과목, 출제기준 등)을 직무 중심으로 개편하여 시행합니다.

과목명	활용 NCS 능력단위
중식 재료관리, 음식 조리 및 위생관리	중식 위생관리
	중식 안전관리
	중식 재료관리
	중식 구매관리
	중식 기초조리실무
	중식 절임·무침조리
	중식 육수·소스조리
	중식 튀김조리
	중식 조림조리
	중식 밥조리
	중식 면조리
	중식 냉채조리
	중식 볶음조리
	중식 후식조리

* **국가직무능력표준(NCS)이란?** 산업현장에서 직무를 수행하기 위해 요구되는 지식·기술·태도 등의 내용을 국가가 산업부문별·수준별로 체계화한 것

적용기간 : 2023.1.1~2025.12.31

1. 음식 위생관리

개인 위생관리	위생관리기준, 식품위생에 관련된 질병
식품 위생관리	미생물의 종류와 특성, 식품과 기생충병, 살균 및 소독의 종류와 방법, 식품의 위생적 취급기준, 식품첨가물과 유해물질
작업장 위생관리	작업장 위생 위해요소, 식품안전관리인증기준(HACCP), 작업장 교차오염발생요소
식중독 관리	세균성 및 바이러스성 식중독, 자연독 식중독, 화학적 식중독, 곰팡이 독소
식품위생 관계법규	식품위생법 및 관계법규, 농수산물 원산지 표시에 관한 법령, 식품 등의 표시·광고에 관한 법령
공중보건	공중보건의 개념, 환경위생 및 환경오염 관리, 역학 및 질병 관리, 산업보건관리

2. 음식 안전관리

개인 안전관리	개인 안전사고 예방 및 사후 조치, 작업 안전관리
장비·도구 안전작업	조리장비·도구 안전관리 지침
작업환경 안전관리	작업장 환경관리, 작업장 안전관리, 화재예방 및 조치방법, 산업안전보건법 및 관련지침

3. 음식 재료관리

식품재료의 성분	수분, 탄수화물, 지질, 단백질, 무기질, 비타민, 식품의 색, 식품의 갈변, 식품의 맛과 냄새, 식품의 물성, 식품의 유독성분
효소	식품과 효소
식품과 영양	영양소의 기능 및 영양소 섭취기준

4. 음식 구매관리

시장조사 및 구매관리	시장조사, 식품구매관리, 식품재고관리
검수관리	식재료의 품질 확인 및 선별, 조리기구 및 설비 특성과 품질 확인, 검수를 위한 설비 및 장비 활용 방법
원가	원가의 의의 및 종류, 원가분석 및 계산

5. 중식 기초 조리실무

조리준비	조리의 정의 및 기본 조리조작, 기본조리법 및 대량조리기술, 기본 칼 기술 습득, 조리기구의 종류와 용도, 식재료 계량방법, 조리장의 시설 및 설비 관리
식품의 조리원리	농산물의 조리 및 가공·저장, 축산물의 조리 및 가공·저장, 수산물의 조리 및 가공·저장, 유지 및 유지 가공품, 냉동식품의 조리, 조미료와 향신료
식생활 문화	중국 음식의 문화와 배경, 중국 음식의 분류, 중국 음식의 특징 및 용어

6. 중식 조리

절임·무침 조리	절임·무침 준비, 절임류 만들기, 무침류 만들기, 절임 보관 무침 완성
육수·소스 조리	육수·소스 준비, 육수·소스 만들기, 육수·소스 완성 보관
튀김 조리	튀김 준비, 튀김 조리, 튀김 완성
조림 조리	조림 준비, 조림 조리, 조림 완성
밥 조리	밥 준비, 밥 짓기, 요리별 조리하여 완성
면 조리	면 준비, 반죽하여 면 뽑기, 면 삶아 담기, 요리별 조리하여 완성
냉채 조리	냉채 준비, 냉채 조리, 냉채 완성
볶음 조리	볶음 준비, 볶음 조리, 볶음 완성
후식 조리	후식 준비, 더운 후식류 조리, 찬 후식류 조리, 후식류 완성

Part 1 음식 위생관리

Part 2 음식 안전관리

Part 3 음식 재료관리

Part 4 음식 구매관리

Part 5 중식 기초 조리실무

Part 6 중식 조리

Part 7 실전모의고사

1. 챕터별 핵심이론과 지피지기 문제를 반드시 함께 학습한다!
2. 핵심이론의 별표와 형광펜 표시를 따라 중요한 내용은 한 번 더 학습한다!
3. 지피지기 문제에서 헷갈리는 문제(△), 모르는 문제(×)를 복습하며 오답노트로 활용한다!
4. CBT 형식을 연습해야 하니까 실전모의고사는 QR코드를 통해 모바일로도 풀어본다!
5. 실전모의고사 해설 중 색칠된 부분을 요약집으로 활용한다!

Part 1 음식 위생관리

Chapter

개인 위생관리

1 위생관리의 의의와 필요성

1 위생관리의 의의

음료수 처리, 쓰레기, 분뇨, 하수와 폐기물 처리, 공중위생, 접객업소와 공중이용시설 및 위생용품의 위생관리, 조리, 식품 및 식품첨가물과 이에 관련된 기구·용기 및 포장의 제조와 가공에 관한 위생 관련 업무를 말함

2 위생관리의 필요성

① 식중독 위생사고 예방
② 식품위생법 및 행정처분 강화
③ 식품의 가치가 상승함(안전한 먹거리)
④ 점포의 이미지 개선(청결한 이미지)
⑤ 고객 만족(매출 증진)
⑥ 대외적 브랜드 이미지 관리

2 개인 위생관리

식품위생법 제40조, 식품영업자 및 종업원 건강진단 의무화(총리령, 건강진단 검진주기 : 1년)

1 식품영업에 종사하지 못하는 질병의 종류(식품위생법 시행규칙 제50조)★★★

① 소화기계 감염병 : 콜레라, 장티푸스, 파라티푸스, 세균성 이질, 장출혈성대장균감염증, A형 간염 등 → 환경위생을 철저히 함으로써 예방 가능
② 결핵 : 비감염성인 경우는 제외
③ 피부병 및 그 밖의 고름형성(화농성) 질환
④ 후천성면역결핍증(AIDS) : '감염병의 예방 및 관리에 관한 법률'에 의하여 성병에 관한 건강진단을 받아야 하는 영업에 종사하는 자에 한함

2 손 위생관리 : 손씻기를 철저히 하기만 해도 질병의 60% 정도 예방

(1) 손을 반드시 씻어야 할 경우

① 조리하기 전

② 화장실 이용 후

③ 신체의 일부를 만졌을 때

④ 식품 작업 외 다른 작업 및 물건을 취급했을 때

Tip 식품종사자 손소독의 가장 적합한 방법★

비누로 세척 후 역성비누 사용

(2) 손씻기 6단계

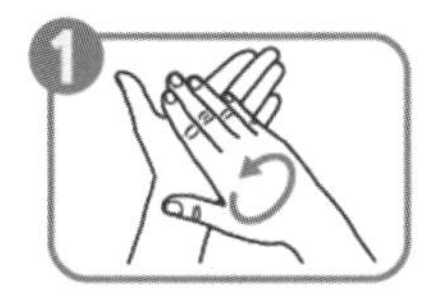

손바닥
손바닥과 손바닥을
마주대고
문질러주세요

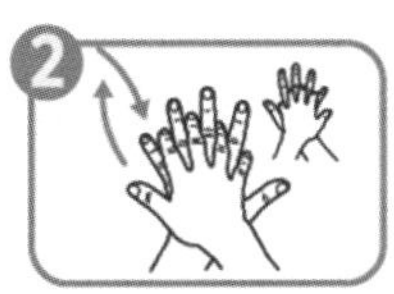

손등
손등과 손바닥을
마주대고
문질러주세요

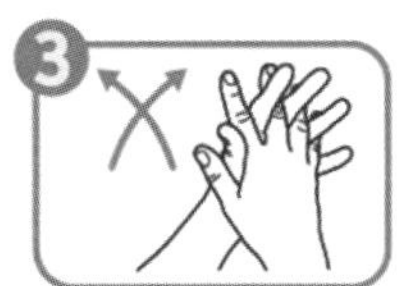

손가락 사이
손바닥을 마주대고
손깍지를 끼고
문질러주세요

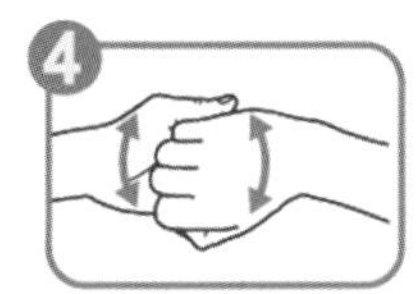

두 손 모아
손가락을
마주잡고
문질러주세요

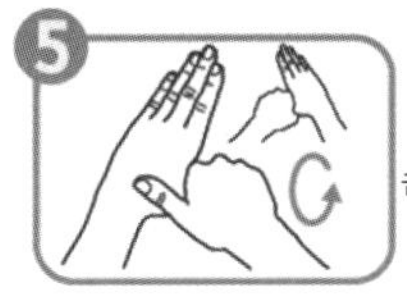

엄지손가락
엄지손가락을 다른 편
손바닥으로 돌려주면서
문질러주세요

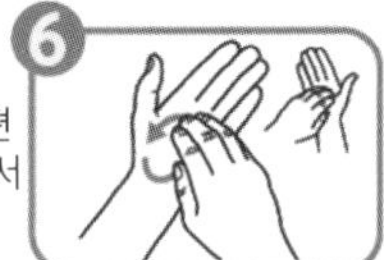

손톱 밑
손가락을 반대편
손바닥에 놓고
문지르며 손톱 밑을
깨끗하게 하세요

(3) 손씻기 8단계

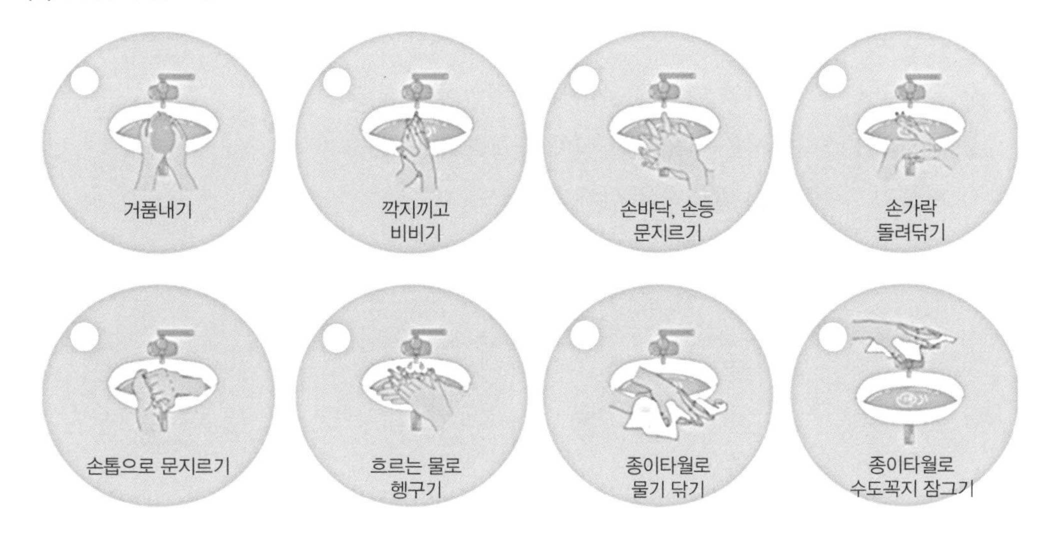

3 개인복장 착용기준★★★

두발	항상 단정하게 묶어 뒤로 넘기고 두건 안으로 넣는다.
화장	진한 화장이나 향수 등을 쓰지 않는다.
유니폼	세탁된 청결한 유니폼을 착용하고, 바지는 줄을 세워 입는다.
명찰	왼쪽 가슴 정중앙에 부착한다.
장신구	화려한 귀걸이, 목걸이, 손목시계, 반지 등을 착용하지 않는다.
앞치마	리본으로 묶어 주며, 더러워지면 바로 교체한다.
손톱	손톱은 짧고 항상 청결하게, 상처가 있으면 밴드로 붙인다.
안전화	지정된 조리사 신발을 신고, 항상 깨끗하게 관리한다.
위생모	근무 중에는 반드시 깊이 정확하게 착용한다.
마스크	코와 입을 모두 덮도록 얼굴에 맞추고 밀착하여 착용한다.

4 개인 위생복장의 기능

① 위생복 : 조리종사원의 신체를 열과 가스, 전기, 위험한 주방기기, 설비 등으로부터 보호, 음식을 만들 때 위생적으로 작업하는 것을 목적으로 함

② 안전화 : 미끄러운 주방바닥으로 인한 낙상, 찰과상, 주방기구로 인한 부상 등 잠재되어 있는 위험으로부터 보호

③ 위생모 : 머리카락과 머리의 뷰비물들로 인한 음식 오염방지

④ 앞치마 : 조리종사원의 의복과 신체를 보호

⑤ 머플러 : 주방에서 발생하는 상해의 응급조치

지피지기 예상문제

아는 문제(○), 헷갈리는 문제(△), 모르는 문제(x) 표시해 복습에 활용하세요.

1 ●|▲|X

위생관리의 필요성으로 바르지 않은 것은?

① 식중독 위생사고 예방
② 점포의 이미지 개선
③ 상품의 가치 상승
④ 질병의 예방 및 치료

2 ●|▲|X

위생복장을 착용할 때 머리카락과 머리의 분비물들로 인한 음식오염을 방지하고 위생적인 작업을 진행할 수 있도록 반드시 착용해야 하는 것은?

① 위생복 ② 안전화
③ 머플러 ④ 위생모

3 ●|▲|X

개인 위생관리에 대한 설명으로 바르지 않은 것은?

① 진한 화장이나 향수는 쓰지 않는다.
② 조리시간의 정확한 확인을 위해 손목시계 착용은 가능하다.
③ 손에 상처가 있으면 밴드를 붙인다.
④ 근무 중에는 반드시 위생모를 착용한다.

4 ●|▲|X

식품영업자 및 종업원의 건강진단 실시방법 및 타인에게 위해를 끼칠 우려가 있는 질병의 종류를 정하는 것은?

① 총리령 ② 농림축산식품부령
③ 고용노동부령 ④ 환경부령

5 ●|▲|X

식품위생법 제40조에 따라 식품영업자 및 종업원의 건강진단 검진주기는?

① 매달 ② 6개월
③ 1년 ④ 2년

6 ●|▲|X

식품위생법규상 식품영업에 종사하지 못하는 질병의 종류에 해당하지 않는 것은?

① 장출혈성대장균감염증
② 결핵(비감염성인 경우 제외)
③ 피부병 및 그 밖의 고름형성(화농성) 질환
④ 홍역

1 위생관리를 통해 질병의 예방은 가능하나 치료는 할 수 없다.

3 귀걸이, 목걸이, 손목시계, 반지 등은 조리 시 착용하지 않는다.

6 식품영업에 종사하지 못하는 질병 ① 소화기계 감염병 : 콜레라, 장티푸스, 파라티푸스, 세균성 이질, 장출혈성대장균감염증, A형간염 ② 결핵(비감염성인 경우는 제외) ③ 피부병 및 그 밖의 고름형성(화농성) 질환 ④ 후천성면역결핍증(AIDS)

정답

1	④	2	④	3	②	4	①	5	③
6	④								

7

●▲X

환경위생을 철저히 함으로서 예방 가능한 감염병은?

① 콜레라 ② 풍진
③ 백일해 ④ 홍역

8

●▲X

환경위생의 개선으로 발생이 감소되는 감염병과 가장 거리가 먼 것은?

① 장티푸스 ② 콜레라
③ 이질 ④ 홍역

9

●▲X

역성비누를 보통비누와 함께 사용할 때 올바른 방법은?

① 보통비누로 먼저 때를 씻어낸 후 역성비누를 사용
② 보통비누와 역성비누를 섞어서 거품을 내며 사용
③ 역성비누를 먼저 사용한 후 보통비누를 사용
④ 역성비누와 보통비누의 사용 순서는 무관하게 사용

10

●▲X

식품취급자가 손을 씻는 방법으로 적합하지 않은 것은?

① 살균효과를 증대시키기 위해 역성비누액에 일반비누액을 섞어 사용한다.
② 팔에서 손으로 씻어 내려온다.
③ 손을 씻은 후 비눗물을 흐르는 물에 충분히 씻는다.
④ 역성비누원액을 몇 방울 손에 받아 30초 이상 문지르고 흐르는 물로 씻는다.

7, 8 경구감염병이자 소화기계 감염병(콜레라, 장티푸스, 파라티푸스, 세균성 이질, 장출혈성대장균감염증, A형간염)은 물, 음식, 식기 등을 매개로 하여 입을 통하여 감염되므로 환경위생을 철저히 함으로 예방이 가능하나 홍역, 풍진, 백일해는 호흡기계 감염병이다.

9, 10 보통비누는 균을 살균하는 것이 아니고 씻어 흘려 없애거나 더러운 먼지 같은 것을 제거하는 작용을 하며, 역성비누(양성비누)는 양이온의 계면활성제로 세척력은 약하나 살균력은 강하다. 따라서 섞어 사용하면 효과가 떨어지므로 보통비누로 먼저 때를 씻은 후 역성비누를 사용하는 것이 바람직하다.

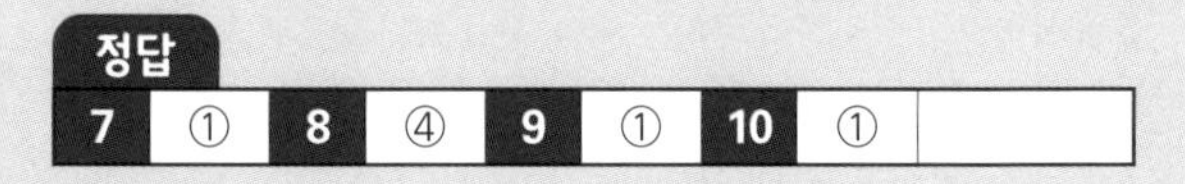

정답

7	①	8	④	9	①	10	①

Chapter 2

식품 위생관리

1 미생물의 종류와 특성

1 미생물의 종류★★

① 곰팡이(mold) : 진균류, 포자번식, 건조 상태에서 증식 가능, 미생물 중 가장 크기가 큼
② 효모(yeast) : 진균류, 곰팡이와 세균의 중간 크기, 출아법 증식, 통성혐기성균
③ 스피로헤타(spirochaeta) : 매독균, 회귀열
④ 세균(bacteria) : 구균, 간균, 나선균, 2분법 증식, 수분을 좋아함
⑤ 리케차(rickettsia) : 세균과 바이러스 중간, 이분법, 살아있는 세포 속에서만 증식, 발진열(Q열), 발진티푸스, 양충병
⑥ 바이러스(virus) : 미생물 중 가장 크기가 작음

Tip 미생물의 크기★
곰팡이 〉 효모 〉 스피로헤타 〉 세균 〉 리케차 〉 바이러스

2 미생물 생육에 필요한 조건★★★

(1) 영양소

탄소원(당질), 질소원(아미노산, 무기질소), 무기염류, 비타민 등이 필요

(2) 수분

미생물의 몸체를 구성하고 생리기능을 조절하는 성분으로 보통 40% 이상 필요
① 수분 활성치(Aw) 순서 : 세균(0.90~0.95) 〉 효모(0.88) 〉 곰팡이(0.65~0.80)
② 세균 : 수분량 15% 이하에서 억제
③ 곰팡이 : 수분량 13% 이하에서 억제

(3) 온도

0℃ 이하와 80℃ 이상에서는 발육하지 못함
① 저온균 : 발육 최적 온도 15~20℃(식품의 부패를 일으키는 부패균)
② 중온균 : 발육 최적 온도 25~37℃(질병을 일으키는 병원균)
③ 고온균 : 발육 최적 온도 55~60℃(온천물에 서식하는 온천균)

(4) 수소이온농도(pH)

① 곰팡이 · 효모 : 최적 pH 4.0~6.0, 약산성에서 생육 활발

② 세균 : 최적 pH 6.5~7.5, 중성이나 약알칼리성에서 생육 활발

(5) 산소

<table>
<tr><td>호기성세균</td><td colspan="2">산소를 필요로 하는 균(초산균, 고초균, 결핵균 등)</td></tr>
<tr><td rowspan="3">혐기성세균</td><td colspan="2">산소를 필요로 하지 않는 균</td></tr>
<tr><td>통성혐기성세균</td><td>산소유무에 관계없이 발육하는 균
(효모, 포도상구균, 대장균, 티푸스균)</td></tr>
<tr><td>편성혐기성세균★</td><td>산소를 절대적으로 기피하는 균
(보툴리누스균, 웰치균, 파상풍균)</td></tr>
</table>

Tip 미생물 증식 5대 조건★

영양소, 수분, 온도, pH, 산소

Tip 미생물 증식 3대 조건★

영양소, 수분, 온도

3 미생물에 의한 식품의 변질

(1) 식품의 변질

식품을 보존하지 않아 여러 가지 환경요인으로 성분이 변화되어 영양소가 파괴되고, 향기나 맛의 손상이 일어나 식품 원래의 특성을 잃게 되는 상태

(2) 변질의 종류★★★

부패	단백질 식품이 혐기성 미생물에 의해 변질되는 현상
후란	단백질 식품이 호기성 미생물에 의해 변질되는 현상
변패	단백질 이외의 식품이 미생물에 의해서 변질되는 현상
산패	유지가 공기 중의 산소, 일광, 금속(Cu, Fe)에 의해 변질되는 현상
발효	탄수화물이 미생물의 작용을 받아 유기산, 알코올 등을 생성하게 되는 현상

Tip 식품의 부패 시 생성되는 물질★

황화수소, 아민류, 암모니아, 인돌 등

(3) 식품의 부패 판정

① 관능검사 : 시각, 촉각, 미각, 후각 이용

② 생균수 검사 : 식품 1g당 10^7~10^8일 때 초기부패로 판정

③ 수소이온농도 : pH 6.0~6.2일 때 초기부패로 판정
④ 트리메틸아민(TMA) : 어류의 신선도 검사로 3~4mg%이면 초기부패로 판정
⑤ 휘발성염기질소량 측정 : 식육의 신선도 검사로 30~40mg%이면 초기부패로 판정
⑥ 히스타민 : 단백질 분해 산물인 히스티딘에서 생성, 히스타민의 함량이 낮을수록 신선

Tip 식품의 오염지표 검사★
- 대장균 검사(분변오염지표균)
- 장구균 검사(분변오염+냉동식품 오염여부 판정)

4 미생물 관리

(1) 냉장·냉동법

구분	설명	종류
냉장법	0~4℃에서 저온 저장하는 방법	과일, 채소
냉동법	−40℃에서 급속동결하여 −20℃에서 저장하는 방법 장기간 저장가능	육류, 어류
움저장법	10℃에서 저장	감자, 고구마, 김치

(2) 건조법

구분	설명	종류
일광건조법	햇빛에 말리는 방법	농산물, 김, 곡류, 건어물
열풍건조법	가열된 공기로 식품을 건조하는 방법 품질변화가 적음	육류, 어류
배건법	직접 불로 건조시켜 식품의 향미를 증가시키는 방법	보리차, 홍차, 담배, 찻잎
냉동건조법★	식품을 −30℃ 이하로 냉동시켜 저온에서 건조시키는 방법	한천, 건조두부, 당면
분무건조법	액체를 분무하여 열풍 건조시키는 방법	분유, 분말주스, 액상건조

(3) 가열살균법★★★

구분	설명	종류
저온살균법	61~65℃에서 약 30분간 가열살균 후 냉각	우유, 주스
고온단시간살균법	70~75℃에서 15~30초 가열살균 후 냉각	우유
초고온순간살균법	130~140℃에서 1~2초 가열살균 후 냉각	우유
고온장시간살균법	90~120℃에서 약 60분간 가열살균	통조림

(4) 조사살균법

자외선 또는 방사선을 이용하여 미생물을 사멸시키는 방법

예 양파, 고구마 등

(5) 화학적 살균법

구분	설명	종류
염장법	소금에 절이는 방법 10% 이상에서 발육 억제	해산물, 채소, 육류
당장법	50% 이상의 설탕액을 이용	잼, 젤리, 가당연유
산저장법	초산, 젖산, 구연산을 사용하여 식품을 저장 (초산율 3~4% 이상)	피클, 장아찌

(6) 발효처리에 의한 방법

구분	설명	종류
세균, 효모의 응용	식품에 유용한 미생물을 번식시켜 유해한 미생물의 번식을 억제	치즈, 김치, 요구르트, 식빵
곰팡이의 응용	식품 자체의 성분을 적당히 변화시켜 다른 식품으로 만든 것	콩 → 간장, 된장 우유 → 치즈

(7) 종합적 처리에 의한 방법

구분	설명	종류
훈연법	수지가 적은 나무(참나무, 벚나무, 떡갈나무)를 불완전 연소시켜서 발생하는 연기에 그을려서 저장	햄, 소시지, 베이컨
염건법	소금을 첨가한 후 건조시켜 저장하는 방법	어패류(조기, 굴비)
밀봉법	용기에 식품을 넣고 수분증발, 수분흡수, 미생물의 침범을 막아 보존하는 방법	통조림, 병조림, 레토르트 파우치
가스저장법★ (CA저장법)	CO_2 농도를 높이거나 O_2의 농도를 낮추거나 N_2(질소가스)를 주입하여 미생물의 발육을 억제시켜 저장하는 방법	과일, 채소

2 식품과 기생충병

1 채소를 통해 감염되는 기생충(중간숙주 x)★★★

분변을 비료로 사용하여 기생충 알이 부착된 야채를 생식함으로써 감염

종류	특징
회충	경구감염, 소독에 저항성 강함
요충	집단감염, 항문에 기생
편충	경구감염
구충(십이지장충)	경구감염, 경피감염
동양모양선충	경구감염, 식염에 강함(김치)

2 육류를 통해 감염되는 기생충(중간숙주 1개)

종류	중간숙주
무구조충(민촌충)	소
유구조충(갈고리촌충)	돼지
선모충	돼지
톡소플라스마	고양이, 쥐, 조류
만손열두조충(만소니열두조충)	닭

3 어패류를 통해 감염되는 기생충(중간숙주 2개)★★★

종류	제1중간숙주	제2중간숙주
간디스토마(간흡충)	왜우렁이	붕어, 잉어(피낭유충)
폐디스토마(폐흡충)	다슬기	가재, 게
요꼬가와흡충(횡천흡충)	다슬기	담수어(은어)
광절열두조충(긴촌충)	물벼룩	담수어(송어, 연어)
아니사키스충 (아니사키스충 속 고래회충)	바다새우류	고등어, 오징어, 대구, 갈치 → (돌)고래, 물개
유극악구충	물벼룩	가물치, 메기

4 기생충의 예방법

① 분변은 위생적으로 처리하고 채소 재배 시 화학비료 사용
② 육류나 어패류는 익혀서 먹음
③ 개인 위생관리를 철저히 하고 조리기구를 잘 소독
④ 야채류는 흐르는 물에서 5회 이상 씻기
⑤ 정기적으로 구충제 복용

3 살균 및 소독의 종류와 방법

1 정의

방부	미생물의 생육을 억제 또는 정지시켜 부패를 방지
소독	병원미생물의 병원성을 약화시키거나 죽여서 감염력을 없앰
살균	미생물을 사멸
멸균	비병원균, 병원균 등 모든 미생물과 아포까지 완전히 사멸

Tip 소독력의 크기 순★
멸균 〉 살균 〉 소독 〉 방부

2 소독 방법의 종류

(1) 물리적 방법

① 무가열처리법 : 자외선조사, 일광조사, 방사선조사(코발트 60:^{60}CO)
② 가열처리법

화염멸균법	불에 타지 않는 금속, 도자기류, 유리병을 불꽃 속에서 20초 이상 가열하는 방법
건열멸균법	주사바늘, 유리기구 등을 건열멸균기(dry oven)를 이용하여 160~180℃에서 30분 이상 가열하는 방법
자비소독(열탕소독)	식기, 행주 등을 끓는 물(100℃)에서 30분간 가열하는 방법
고압증기멸균법★	고압증기멸균기를 이용하여 통조림, 거즈 등을 121℃에서 15~20분간 소독하는 방법, 아포를 형성하는 균까지 사멸
간헐멸균법★	100℃의 유통증기를 20~30분간 1일 1회로 3번 반복하는 방법, 아포를 형성하는 균까지 사멸
유통증기소독법	100℃의 유통증기에서 30~60분간 가열하는 방법, 아포형성균 사멸 불가능
우유살균법	저온살균법, 고온단시간살균법, 초고온순간살균법

(2) 화학적 방법

염소, 차아염소산나트륨	• 야채, 식기, 과일, 음료수에 사용
표백분(클로로칼키)	• 음료수, 우물, 수영장에 사용
역성비누★ (양성비누)	• 과일, 야채, 식기(원액 10%를 200~400배 희석하여 0.01~0.1% 농도로 사용) • 손 소독에 사용 • 무색, 무미, 무취, 무자극성, 강한 살균력 • 유기물이 존재하거나 보통비누와 같이 사용하면 소독력이 떨어지므로 같이 사용하지 않음
석탄산(3%)★	• 변소, 하수도 등 오물소독에 사용 • 소독약의 살균력 지표(유기물이 있어도 살균력이 약화되지 않음) • 석탄산 계수가 낮으면 살균력이 떨어짐 $\text{석탄산 계수} = \frac{\text{다른 소독약의 희석배수}}{\text{석탄산의 희석배수}}$ • 소독액의 온도가 고온일수록 효과가 큼 • 냄새와 독성이 강하고 금속부식성이 있으며 피부점막에 강한 자극성을 줌
크레졸(3%)	• 변소, 하수도 등 오물소독에 사용 • 손 소독에 사용 • 피부 자극은 약하나 석탄산보다 소독력이 2배 강함
생석회★	• 변소, 하수도 등 오물소독에 사용
포르말린	• 포름알데히드를 35~38%로 물에 녹인 액체 • 변소, 하수도 등 오물소독에 사용
과산화수소(3%)	• 자극성이 적어서 피부, 상처 소독에 사용
승홍수(0.1%)★	• 손, 피부 소독에 주로 사용 • 금속부식성이 있어 비금속기구 소독에 사용 • 단백질과 결합 시 침전이 생김
에틸알코올(70%)	• 금속기구, 초자기구, 손 소독에 사용
과망간산칼륨	• 산화작용을 이용해 소독

Tip 소독약의 구비조건★

- 살균력이 강하고 침투력이 강할 것
- 경제적이며 사용하기 편한 것
- 금속부식성, 표백성이 없을 것
- 용해성이 높고 안정성이 있을 것

4 식품의 위생적 취급기준

① 식품 등을 취급하는 원료보관실·제조가공실·조리실·포장실 등의 내부는 항상 청결하게 관리하여야 함

② 식품 등의 원료 및 제품 중 부패·변질이 되기 쉬운 것은 냉동·냉장시설에 보관·관리하여야 함

③ 식품 등의 보관·운반·진열 시에는 식품 등의 기준 및 규격이 정하고 있는 보존 및 유통기준에 적합하도록 관리하여야 하고, 이 경우 냉동·냉장시설 및 운반시설은 항상 정상적으로 작동시켜야 함

④ 식품 등의 제조·가공·조리 또는 포장에 직접 종사하는 사람은 위생모를 착용하는 등 개인위생관리를 철저히 하여야 함

⑤ 제조·가공(수입품을 포함)하여 최소판매 단위로 포장된 식품 또는 식품첨가물을 허가를 받지 아니하거나 신고를 하지 아니하고 판매의 목적으로 포장을 뜯어 분할하여 판매하여서는 아니 됨(다만, 컵라면, 일회용 다류, 그 밖의 음식류에 뜨거운 물을 부어주거나, 호빵 등을 따뜻하게 데워 판매하기 위하여 분할하는 경우는 제외)

⑥ 식품 등의 제조·가공·조리에 직접 사용되는 기계·기구 및 음식기는 사용 후에 세척·살균하는 등 항상 청결하게 유지·관리하여야 하며, 어류·육류·채소류를 취급하는 칼·도마는 각각 구분하여 사용하여야 함

⑦ 유통기한이 경과된 식품 등을 판매하거나 판매의 목적으로 진열·보관하여서는 아니 됨

식품첨가물

1 식품위생법상 정의

식품을 제조·가공·조리 또는 보존하는 과정에서 감미, 착색, 표백 또는 산화방지 등을 목적으로 식품에 사용되는 물질(기구·용기·포장을 살균·소독하는 데에 사용되어 간접적으로 식품으로 옮아갈 수 있는 물질 포함)

2 식품첨가물의 사용목적★★★

① 품질유지, 품질개량에 사용

② 영양 강화

③ 보존성 향상

④ 관능만족

3 식품의 변질 및 부패를 방지하는 식품첨가물

(1) 보존료(방부제)

식품의 변질, 부패를 막고 신선도를 유지시키기 위해서 사용되는 첨가물로 미생물의 증식을 억제

① 데히드로초산 : 치즈, 버터, 마가린, 된장

② 안식향산 : 간장, 청량음료

③ 소르빈산 : 식육제품, 잼류, 어육연제품, 케찹

④ 프로피온산 : 빵, 생과자

Tip 보존료의 구비조건★

- 변질 미생물에 대한 증식 억제효과가 클 것
- 미량으로도 효과가 클 것
- 독성이 없거나 극히 적을 것
- 무미·무취하고 자극성이 없을 것
- 공기, 빛, 열에 안정하고 pH에 의한 영향을 받지 않을 것
- 사용하기 간편하고 값이 쌀 것

(2) 살균제(소독제)

식품부패균, 병원균을 사멸시키기 위해 사용하는 첨가물

① 차아염소산나트륨 : 음료수, 식기소독

② 표백분 : 음료수, 식기소독

(3) 산화방지제(항산화제)

식품의 산패를 방지하기 위해 사용하는 첨가물

천연항산화제	비타민 E(dl-α-토코페롤), 비타민 C(L-아스코르빈산나트륨)	
인공항산화제	지용성	BHA(부틸히드록시아니솔), BHT(디부틸히드록시톨루엔), 몰식자산프로필
	수용성	에르소르빈산염

Tip 비타민 E

- 노화방지, 산화방지
- 모든 비타민 중 열에 가장 강함

4 기호성 향상과 관능을 만족시키는 식품첨가물

조미료★	• 식품에 지미(旨味:맛난맛)를 부여하기 위해 사용하는 첨가물 • 종류 : 글루타민산나트륨(다시마), 호박산(조개류), 이노신산(소고기)
감미료	• 식품에 단맛을 부여하기 위해 사용하는 첨가물 • 종류 : 사카린나트륨, D-소르비톨, 아스파탐, 글리실리진산나트륨, 만니톨, 자일리톨
발색제★ (색소고정제)	• 식품 중의 색소 성분과 반응하여 그 색을 고정(보존)하거나 나타내게 하는 데 사용되는 첨가물 • 육류 발색제 : 아질산나트륨, 질산나트륨, 질산칼륨 – 식육제품, 어육 소시지, 어육 햄 등에 사용 • 식물성 발색제 : 황산 제1,2철 – 과일류, 야채류에 사용
착색료	• 식품에 색을 부여하거나 소실된 색채를 복원시키기 위해 사용하는 첨가물 • 식용색소 녹색 제3호 : 단무지, 주스, 젓갈류(소시지 제외) • 식용색소 황색 제2호(tar계)
착향료	• 식품에 향을 부여, 냄새를 없애거나 강화하기 위해 사용하는 첨가물 • 종류 : 멘톨, 바닐린, 계피알데히드
산미료	• 식품에 신맛을 부여하기 위해 사용되는 첨가물로 식욕을 돋우는 역할 • 종류 : 초산, 구연산, 주석산, 푸말산, 젖산
표백제	• 식품 제조 과정 중 식품의 색소가 변색되는 것을 방지하기 위해 사용되는 첨가물 • 종류 : 과산화수소, 차아염소산나트륨, 아황산나트륨

5 품질유지 및 개량을 위한 식품첨가물

유화제 (계면활성제)	• 서로 혼합이 안 되는 물질을 균일한 혼합물로 만들기 위해 사용되는 첨가물 • 종류 : 난황(레시틴), 대두인지질(레시틴), 글리세린지방산에스테르
밀가루 개량제 (소맥분 개량제)	• 밀가루의 표백 및 숙성기간의 단축, 제빵의 품질을 향상시키기 위해 사용되는 첨가물 • 종류 : 과산화벤조일, 과황산암모늄, 브롬산칼륨, 이산화염소
팽창제	• 제과나 제빵 시 조직을 연하게 하고 기호성을 높이기 위해서 첨가하는 첨가물 • 종류 : 이스트, 명반, 탄산수소나트륨, 탄산암모늄
호료★ (증점제, 안정제)	• 식품의 점착성을 증가시키고 식품의 형태 변화를 방지하기 위해 사용되는 첨가물 • 종류 : 젤라틴, 한천, 알긴산나트륨, 카제인나트륨
피막제★	• 신선도를 유지하기 위하여 표면에 피막을 만들어 호흡작용을 적당히 제한하고 수분의 증발을 방지하는 첨가물 • 종류 : 초산비닐수지, 몰포린지방산염
품질개량제 (결착제)	• 식품의 결착, 탄력성, 보수성, 팽창성 증대 및 조직의 개량 등을 위하여 사용하는 첨가물 • 종류 : 인산염류

6 식품 제조 가공 과정에서 필요한 것

소포제★	• 식품 제조 공정 중에 생기는 거품을 소멸시키거나 억제하기 위해 사용되는 첨가물 • 종류 : 규소수지
추출제	• 유지의 추출을 용이하게 하기 위해 사용되는 첨가물 • 종류 : n-hexane(헥산)
팽창제	• 이산화탄소, 암모니아가스 등을 발생시켜 빵이나 과자 등을 부풀어지게 하는 첨가물 • 종류 : 효모(천연), 명반, 탄산수소나트륨, 탄산암모늄, 탄산수소암모늄
용제	• 착색료, 착향료, 보존료 등을 식품에 첨가할 경우 잘 녹지 않으므로 용해시켜 식품에 균일하게 흡착시키기 위해 사용하는 첨가물 • 종류 : 프로필렌글리콜, 글리세린, 글리세린지방산에스테르, 핵산

7 기타

이형제	• 빵틀로부터 빵의 형태를 손상시키지 않고 분리해 내기 위해 사용 • 종류 : 유동파라핀
껌 기초제	• 껌의 적당한 점성과 탄력성을 갖게 하여 풍미를 유지하는 데 사용 • 종류 : 초산비닐수지, 에스테르껌, 폴리부텐, 폴리이소부틸렌
방충제	• 곡류의 저장 시 곤충이 서식하는 것을 방지하기 위해 사용 • 종류 : 피페로닐부톡사이드(곡류 외 사용금지)
훈증제	• 훈증이 가능한 식품을 훈증에 의하여 살균하는 데 사용 • 종류 : 에틸렌옥사이드(천연 조미료에 사용)

Tip 식품첨가물이 갖추어야 할 조건

- 소량으로도 충분한 효과를 발휘할 것
- 식품의 유해한 변화가 없을 것
- 식품의 외관을 좋게 할 것
- 식품 제조 및 가공에 꼭 필요한 것
- 사용이 간편하고 값이 저렴할 것
- 무미, 무취, 자극성이 없을 것
- 미생물에 대한 증식 억제 효과가 클 것

6 유해물질

1 중금속★★★

카드뮴(Cd)★	이타이이타이병(골연화증)
수은(Hg)★	미나마타병(강력한 신장독, 전신경련)
납(Pb)★	인쇄, 유약 바른 도자기, 구토, 복통, 설사, 소변에서 코프로포르피린 검출
주석(Sn)★	통조림 내부 도장, 구토, 설사, 복통
크롬	금속, 화학공장 폐기물, 비중격천공, 비점막궤양
PCB 중독	일명 가네미유 중독, 미강유 중독, 피부병, 간질환, 신경장애 증세
불소(F)★	반상치, 골경화증, 체중감소
비소(As)	농약, 제초제, 구토, 위통, 습진성 피부질환, 설사, 신경염
아연(Zn)	통조림관의 도금재료, 구토, 복통, 설사, 경련, 오심

2 유해첨가물★★★

착색제	아우라민(단무지), 로다민 B(붉은 생강, 어묵)
감미료	둘신(설탕의 250배, 혈액독), 사이클라메이트(설탕의 40~50배, 발암성), 페릴라(설탕의 2,000배)
표백제	롱가릿, 형광표백제
보존료	붕산(체내 축적), 포름알데히드, 불소화합물, 승홍

3 조리 및 가공에서 생기는 유해물질

메틸알코올★ (메탄올)	• 에탄올 발효 시 펙틴이 존재할 경우 생성 • 두통, 구토, 설사, 심하면 실명
N-니트로사민★ (N-nitrosamine)	• 육가공품의 발색제 사용으로 인한 아질산염과 제2급 아민이 반응하여 생성되는 발암물질
다환방향족탄화수소	• 벤조피렌 • 훈제육이나 태운고기에서 다량 검출되는 발암 작용을 일으키는 유해물질
아크릴아마이드	• 전분식품 가열 시 아미노산과 당이 열에 의해 결합하는 메일라드 반응을 통해 생성되는 발암물질
헤테로고리아민	• 방향족질소화합물 • 육류의 단백질을 300℃ 이상 온도에서 가열할 때 생성되는 발암물질
멜라민	• 중독 시 방광결석, 신장결석 유발 • 신체 내 반감기는 약 3시간으로 대부분 신장을 통해 뇨로 배설 • 반수치사량(투여한 동물의 50%가 사망하는 것으로 추정하는 양)은 3.2kg 이상으로 독성이 낮음 • 영유아를 대상으로 하는 식품(분유, 이유식)에서는 불검출되어야 함

4 식품첨가물의 안전성 평가

① 급성독성시험 : 대량의 검체를 1회 또는 24시간 내에 반복투여하거나 흡입될 수 있는 화학물질을 24시간 동안 노출시킨 후 1~2주 관찰하여 50% 치사량(LD_{50}) 값을 구하는 시험

② 아급성독성시험 : 시험 물질을 3~12개월에 걸쳐 3회 이상 투여하여 독성을 평가하는 시험

③ 만성독성시험 : 실험동물에게 1년 이상 장기간에 걸쳐 연속 투여하여 어떠한 장해나 중독이 일어나는지를 알아보는 시험

지피지기 예상문제

아는 문제(○), 헷갈리는 문제(△), 모르는 문제(x) 표시해 복습에 활용하세요.

1 ○|△|x

식품의 변질에 영향을 주는 요인과 가장 거리가 먼 것은?

① 온도 ② 습도
③ 미생물 ④ 기압

2 ○|△|x

다음 중 크기가 가장 작으면서 조직의 세포 안에 기생하여 암까지도 유발시키는 것은?

① 세균(bacteria)
② 효모(yeast)
③ 곰팡이(mold)
④ 바이러스(virus)

3 ○|△|x

식품을 변질시키는 미생물의 생육이 가능한 최저 수분 활성치(Aw)의 순서가 맞는 것은?

① 효모 〉 박테리아 〉 곰팡이
② 효모 〉 곰팡이 〉 박테리아
③ 박테리아 〉 곰팡이 〉 효모
④ 박테리아 〉 효모 〉 곰팡이

4 ○|△|x

세균 번식이 잘되는 식품과 가장 거리가 먼 것은?

① 온도가 적당한 식품
② 습기가 있는 식품
③ 영양분이 많은 식품
④ 산이 많은 식품

5 ○|△|x

다음 중 위생 지표에 속하는 것은?

① 리조푸스균 ② 캔디다균
③ 대장균 ④ 페니실리움균

6 ○|△|x

미생물학적으로 식품 1g당 세균수가 얼마일 때 초기부패 단계로 판정하는가?

① 10^3~10^4 ② 10^4~10^5
③ 10^7~10^8 ④ 10^{12}~10^{13}

7 ○|△|x

식품의 부패 정도를 알아보는 시험방법이 아닌 것은?

① 유산균 수 검사 ② 관능검사
③ 생균수 검사 ④ 산도 검사

8 ○|△|x

발육 최적 온도가 25~37℃인 균은?

① 저온균 ② 중온균
③ 고온균 ④ 내열균

9

●▲X

곡물 저장 시 수분의 함량에 따라 미생물의 발육 정도가 달라진다. 미생물에 의한 변패를 억제하기 위해 수분함량을 몇 %로 저장하여야 하는가?

① 13% 이하　② 18% 이하
③ 25% 이하　④ 40% 이하

10

●▲X

수분 10% 이하의 건조식품에서 잘 번식하는 미생물은?

① 세균　② 곰팡이
③ 효모　④ 바이러스

11

●▲X

식품의 변질현상에 대한 설명 중 잘못된 것은?

① 변패는 탄수화물, 지방에 미생물이 작용하여 변화된 상태
② 부패는 단백질에 미생물이 작용하여 유해한 물질을 만든 상태
③ 산패는 유지식품이 산화되어 냄새 발생, 색택이 변화된 상태
④ 발효는 탄수화물에 미생물이 작용하여 먹을 수 없게 변화된 상태

12

●▲X

식품의 부패 정도를 측정하는 지표로 가장 거리가 먼 것은?

① 휘발성염기질소(VBN)
② 트리메틸아민(TMA)
③ 수소이온농도(pH)
④ 총질소(TN)

13

●▲X

산소가 없거나 있더라도 미량일 때 생육할 수 있는 균을 무엇이라고 하는가?

① 통성혐기성균　② 통성호기성균
③ 편성혐기성균　④ 편성호기성균

14

●▲X

우유의 살균방법으로 130~150℃에서 0.5~5초간 가열하는 것은?

① 저온살균법
② 고압증기멸균법
③ 고온단시간살균법
④ 초고온순간살균법

---

1 식품이 변질되는 가장 큰 요인은 미생물 번식이며 이러한 미생물이 생육하는데 필요한 조건은 영양소, 수분, 온도, pH, 산소이다.

2 곰팡이 〉 효모 〉 스피로헤타 〉 세균 〉 리케차 〉 바이러스

3 세균(0.90~0.95) 〉 효모(0.88) 〉 곰팡이(0.65~0.80)

4 미생물 생육에는 영양소, 수분, 온도, 산소, pH가 필요하다.

8 중온균 : 발육 최적 온도 25~37℃ (질병을 일으키는 병원균)

11 발효는 다른 식품의 변질현상과 다르게 유기산 등의 이로운 물질을 발생한다.

12 총질소는 수질오염의 측정지표로 사용한다.

13 통성혐기성균은 산소유무에 관계없이 발육하는 균이다.

14 초고온순간살균법 : 130~140℃에서 1~2초 가열살균 후 냉각(우유)

정답

1	④	2	④	3	④	4	④	5	③
6	③	7	①	8	②	9	①	10	②
11	④	12	④	13	①	14	④		

15

회충의 전파 경로는?

① 분변 ② 소변
③ 타액 ④ 혈액

16

집단감염이 잘 되며, 항문 주위나 회음부에 소양증이 생기는 기생충은?

① 회충 ② 편충
③ 요충 ④ 흡충

17

식품과 함께 입을 통해 감염되거나 피부로 직접 침입하는 기생충은?

① 회충 ② 십이지장충
③ 요충 ④ 동양모양선충

18

기생충 감염의 중간숙주의 연결이 바르지 못한 것은?

① 십이지장충 – 모기
② 말라리아 – 사람
③ 폐흡충 – 가재, 게
④ 무구조충 – 소

19

채소로 감염되는 기생충으로 짝지어진 것은?

① 편충, 동양모양선충
② 폐흡충, 회충
③ 구충, 선모충
④ 회충, 무구조충

20

주로 동물성 식품에서 기인하는 기생충은?

① 구충 ② 회충
③ 동양모양선충 ④ 유구조충

21

광절열두조충의 중간숙주(제1중간숙주–제2중간숙주)와 인체감염 부위는?

① 다슬기–가재–폐
② 물벼룩–연어–소장
③ 왜우렁이–붕어–간
④ 다슬기–은어–소장

22

기생충과 중간숙주와의 연결이 틀린 것은?

① 간흡충 – 쇠우렁, 참붕어
② 요꼬가와흡충 – 다슬기, 은어
③ 폐흡충 – 다슬기, 게
④ 광절열두조충 – 돼지고기, 소고기

23

돼지고기를 불충분하게 가열하여 섭취할 경우 감염되기 쉬운 기생충은?

① 간흡충 ② 무구조충
③ 폐흡충 ④ 유구조충

24

●|▲|X

용어에 대한 설명 중 바르지 않은 것은?

① 소독 : 병원성 세균을 제거하거나 감염력을 없애는 것
② 멸균 : 모든 세균을 제거하는 것
③ 방부 : 모든 세균을 완전히 제거하여 부패를 방지하는 것
④ 자외선 살균 : 살균력이 가장 큰 250~260mm의 파장을 써서 미생물을 제거하는 것

25

●|▲|X

병원성 미생물의 발육과 그 작용을 저지 또는 정지시켜 부패나 발효를 방지하는 조작은?

① 산화 ② 멸균
③ 방부 ④ 응고

26

●|▲|X

포자형성균의 멸균에 알맞은 소독법은?

① 자비소독법 ② 저온소독법
③ 고압증기멸균법 ④ 희석법

27

●|▲|X

소독의 지표가 되는 소독제는?

① 석탄산 ② 크레졸
③ 과산화수소 ④ 포르말린

28

●|▲|X

과실류, 채소류 등 식품의 살균 목적으로 사용되는 것은?

① 초산비닐수지 ② 이산화염소
③ 규소수지 ④ 차아염소산나트륨

29

●|▲|X

다음 중 음료수 소독에 가장 적합한 것은?

① 생석회 ② 알코올
③ 염소 ④ 승홍

15 회충은 분변으로 인해 오염된 채소류에 의해 전파된다.

17 회충, 요충, 동양모양선충은 경구감염으로만 발생한다.

18 십이지장충은 중간숙주가 없다.

19 중간숙주가 없이 채소에 의해 발생하는 기생충은 회충, 요충, 편충, 구충(십이지장충), 동양모양선충 등이다.

20 유구조충은 수조육류를 통하여 매개되는 기생충으로 중간숙주는 돼지이다.

21 광절열두조충의 제1중간숙주는 물벼룩, 제2중간숙주는 담수어이고, 인체감염부위는 소장이다.

22 광절열두조충은 제1중간숙주 물벼룩, 제2중간숙주 연어, 송어, 농어 등에 의해 발생한다.

23 간흡충 : 담수어, 무구조충 : 소, 폐흡충 : 가재, 게

24 방부 : 병원성 미생물의 발육과 그 작용을 저지 또는 정지시켜 부패나 발효를 방지하는 것

26 고압증기멸균법은 121℃에서 15~20분 가열하는 방법으로 포자형성균(아포)까지 완전 사멸시킨다.

29 생석회 : 오물소독, 알코올 : 손 소독, 승홍 : 손 소독

정답

15	①	16	③	17	②	18	①	19	①
20	④	21	②	22	④	23	④	24	③
25	③	26	③	27	①	28	④	29	③

30

분변소독에 가장 적합한 것은?

① 생석회 ② 약용비누
③ 과산화수소 ④ 표백분

31

식품 등의 위생적 취급에 관한 기준이 아닌 것은?

① 식품 등을 취급하는 원료보관실, 제조가공실, 포장실 등의 내부는 항상 청결하게 관리한다.
② 식품 등의 원료 및 제품 중 부패 및 변질되기 쉬운 것은 냉동 및 냉장시설에 보관·관리한다.
③ 유통기한이 경과된 식품 등을 판매하거나 판매의 목적으로 진열·보관하여서는 아니 된다.
④ 모든 식품 및 원료는 냉장·냉동시설에 보관·관리한다.

32

식품 등의 위생적 취급에 관한 기준으로 틀린 것은?

① 어류와 육류를 취급하는 칼·도마는 구분하지 않아도 된다.
② 유통기한이 경과된 식품 등을 판매하거나 판매의 목적으로 진열·보관하여서는 아니 된다.
③ 식품원료 중 부패·변질되기 쉬운 것은 냉동·냉장시설에 보관·관리하여야 한다.
④ 식품의 조리에 직접 사용되는 기구는 사용 후에 세척 및 살균하는 등 항상 청결하게 유지·관리하여야 한다.

33

식품첨가물의 사용목적이 아닌 것은?

① 식품의 기호성 증대
② 식품의 유해성 입증
③ 식품의 부패와 변질을 방지
④ 식품의 제조 및 품질개량

34

식품첨가물의 사용 목적과 이에 따른 첨가물의 종류가 바르게 연결된 것은?

① 식품의 영양 강화를 위한 것 – 착색료
② 식품의 관능을 만족시키기 위한 것 – 조미료
③ 식품의 변질이나 변패를 방지하기 위한 것 – 감미료
④ 식품의 품질을 개량하거나 유지하기 위한 것 – 산미료

35

다음 식품첨가물 중 보존료가 아닌 것은?

① 데히드로초산 ② 소르빈산
③ 안식향산 ④ 아스파탐

36

다음 중 식품첨가물과 주요 용도의 연결이 바르게 된 것은?

① 안식향산 – 착색제
② 토코페롤 – 표백제
③ 질산나트륨 – 산화방지제
④ 피로인산칼륨 – 품질개량제

37

천연 산화방지제가 아닌 것은?

① 세사몰(sesamol)
② 티아민(thiamin)
③ 토코페롤(tocopherol)
④ 고시폴(gossypol)

38

○ △ X

껌 기초제로 사용되며 피막제로도 사용되는 식품첨가물은?

① 초산비닐수지 ② 에스테르검
③ 폴리이소부틸렌 ④ 폴리소르베이트

39

○ △ X

과채, 식육 가공 등에 사용하여 식품 중 색소와 결합하여 식품본래의 색을 유지하게 하는 식품첨가물은?

① 식용타르색소 ② 천연색소
③ 발색제 ④ 표백제

40

○ △ X

사용이 허가된 산미료는?

① 구연산 ② 계피산
③ 말톨 ④ 초산에틸

41

○ △ X

식품의 제조 공정 중에 발생하는 거품을 제거하기 위해 사용되는 식품첨가물은?

① 소포제 ② 발색제
③ 살균제 ④ 표백제

42

○ △ X

다음 중 국내에서 허가된 인공감미료는?

① 둘신 ② 사카린나트륨
③ 사이클라민산나트륨 ④ 에틸렌글리콜

43

○ △ X

유해감미료에 속하는 것은?

① 둘신 ② D-소르비톨
③ 자일리톨 ④ 아스파탐

44

○ △ X

미나마타병의 원인이 되는 오염유형과 물질의 연결이 옳은 것은?

① 수질오염-수은 ② 수질오염-카드뮴
③ 방사능오염-구리 ④ 방사능오염-아연

---

31 식품 등의 원료 및 제품 중 부패·변질이 되기 쉬운 것만 냉장·냉동시설에 보관·관리한다.

32 칼, 도마는 식재료에 따라 각각 구분하여 사용해야 교차오염을 방지하고 위생적으로 조리할 수 있다.

33 식품첨가물은 식품을 제조, 가공, 저장하는 과정에서 변질부패 방지, 관능개선, 품질개량, 품질유지를 위해 사용된다.

34 식품의 영양 강화를 위한 것은 영양강화제, 식품의 변질이나 변패를 방지하는 것은 보존료(방부제), 식품의 품질을 개량하거나 유지하기 위한 것은 품질개량제이다.

35 아스파탐은 감미료이다.

36 안식향산은 보존료, 토코페롤은 산화방지제, 질산나트륨은 발색제이다.

38 껌 기초제 : 초산비닐수지, 에스테르검
피막제 : 초산비닐수지, 몰포린지방산염

39 발색제에 대한 설명이며 발색제의 종류에는 아질산나트륨, 질산나트륨, 질산칼륨 등이 있다.

44 미나마타병은 미나마타시에서 메틸수은이 포함된 어패류를 먹은 주민들에게 집단적으로 발생한 병이다.

정답

30	①	31	④	32	①	33	②	34	②
35	④	36	④	37	②	38	①	39	③
40	①	41	①	42	②	43	①	44	①

45

칼슘과 인의 대사이상을 초래하여 골연화증을 유발하는 유해금속은?

① 철　② 카드뮴
③ 수은　④ 주석

46

다음에서 설명하는 중금속은?

> 도련, 제련, 배터리, 인쇄 등의 작업에 많이 사용되며 유약을 바른 도자기 등에서 중독이 일어날 수 있다. 중독 시 안면 창백, 연연, 말초신경염 등의 증상이 나타난다.

① 납　② 주석
③ 구리　④ 비소

47

통조림 식품의 통조림 관에서 유래될 수 있는 식중독 원인물질은?

① 카드뮴　② 주석
③ 페놀　④ 수은

48

중독될 경우 소변에서 코프로포르피린이 검출될 수 있는 중금속은?

① 철(Fe)　② 크롬(Cr)
③ 납(Pb)　④ 시안화합물(CN)

49

만성중독 시 비점막염증, 피부궤양, 비중격천공 등의 증상을 나타내는 것은?

① 수은　② 벤젠
③ 카드뮴　④ 크롬

50

에탄올 발효 시 생성되는 메탄올의 가장 심각한 중독 증상은?

① 구토　② 경기
③ 실명　④ 환각

51

식육 및 어육제품의 가공 시 첨가되는 아질산염과 제2급 아민이 반응하여 생기는 발암물질은?

① 벤조피렌　② PCB
③ N-니트로사민　④ 말론알데히드

52

다환방향족탄화수소이며, 훈제육이나 태운 고기에서 다량 검출되는 발암 작용을 일으키는 것은?

① 질산염　② 알코올
③ 벤조피렌　④ 포름알데히드

45 카드뮴 중독에 의해 발생되는 질병은 이타이이타이병으로 칼슘(Ca)과 인(P)의 대사이상을 초래하여 골연화증을 유발한다.

48 납에 중독되면 구토, 복통, 설사를 하며 소변에서 코프로포르피린이 검출된다.

50 메탄올 섭취 시 구토, 복통, 설사가 나타나고 심하면 실명된다.

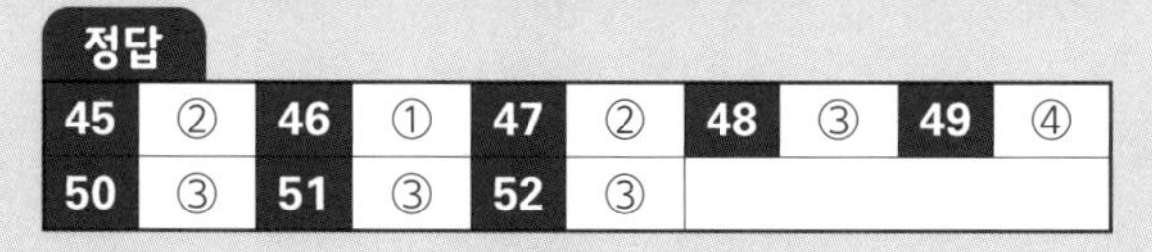

정답

45	②	46	①	47	②	48	③	49	④
50	③	51	③	52	③				

Chapter 3

작업장 위생관리

1 주방 위생 위해요소

1 주방 위생관리

① 조리장에 음식물과 음식물 찌꺼기 방치 방지
② 조리장의 출입구에 신발을 소독할 수 있는 시설 구비
③ 조리사의 손을 소독할 수 있도록 손소독기 구비
④ 조리장의 내부 및 시설은 1일 1회 이상 청소하여 청결을 유지
⑤ 음식물 및 식재료는 위생적으로 보관하고, 남은 재료나 주방쓰레기는 위생적으로 처리
⑥ 가스기기의 조립부분은 모두 분리해서 세제로 깨끗이 닦고, 가스가 새어나오지 않도록 가스 연결부 등을 점검
⑦ 조리기구는 사용 시와 사용 후 잘 씻고, 1일 1회 이상 세척하여 청결을 유지
⑧ 냉장, 냉동고는 주 1회 정도 세정·소독하고 서리 제거
⑨ 칼, 도마, 행주는 중성세제로 세척하여 바람이 잘 통하고 햇볕이 잘 드는 곳에서 매일 1회 이상 건조 소독
⑩ 조리장의 위생해충은 방충·방서시설, 살충제 등을 사용하여 방제를 위해 지속적으로 노력

2 식품안전관리인증기준(HACCP)

1 HACCP의 정의★★★

식품의 원료, 제조, 가공 및 유통의 모든 과정에서 위해물질이 식품에 혼입되거나 오염되는 것을 사전에 방지하기 위하여 각 과정을 중점적으로 관리하는 기준

2 준비 5단계

① HACCP팀 구성
② 제품설명서 확인
③ 제품 용도 확인

④ 공정흐름도 작성

⑤ 공정흐름도 현장 확인

3 HACCP 제도의 7단계 수행절차★★★

① 식품의 위해요소 분석

② 중점관리점 결정

③ 중점관리점에 대한 한계기준 설정

④ 중점관리점의 감시 및 측정방법의 설정

⑤ 위해 허용한도 이탈 시의 시정조치 설정

⑥ 검증절차의 설정

⑦ 기록보관 및 문서화 절차 확립

4 HACCP 대상 식품(식품위생법 시행규칙 제62조. 2024.1.1.)

① 수산가공식품류의 어육가공품류 중 어묵·어육소시지

② 기타수산물가공품 중 냉동 어류·연체류·조미가공품

③ 냉동식품 중 피자류·만두류·면류

④ 과자류, 빵류 또는 떡류 중 과자·캔디류·빵류·떡류

⑤ 빙과류 중 빙과

⑥ 음료류(다류 및 커피류 제외) → 비가열 음료

⑦ 레토르트식품

⑧ 절임류 또는 조림류의 김치류 중 김치

⑨ 코코아가공품 또는 초콜릿류 중 초콜릿

⑩ 면류 중 유탕면 또는 곡분, 전분, 전분질원료 등을 주원료로 반죽하여 손이나 기계 따위로 면을 뽑아내거나 자른 국수로서 생면·숙면·건면

⑪ 특수용도식품

⑫ 즉석섭취·편의식품류 중 즉석섭취식품

⑬ 즉석섭취·편의식품류 중 즉석섭취식품 중 순대

⑭ 식품 제조·가공업의 영업소 중 전년도 총 매출이 100억 원 이상인 영업소에서 제조·가공하는 식품

5 HACCP 제도를 위한 위생관리

① 작업장 : 공정간 오염 방지, 온도·습도 관리, 환기시설·방충·방서관리

② 종업원 : 위생복·위생모·위생화 항시 착용하고 개인용 장신구의 착용 금지

③ 기구, 용기, 앞치마, 고무장갑 등은 교차오염 방지 위해 식재료 특성 또는 구역별로 구분하여 사용

④ 해동 : 냉장해동(10℃ 이하), 전자레인지 해동 또는 흐르는 물에서 실시, 조리 후 남은 재료는 재냉동 불가

⑤ 조리과정 중 냉각 시 4시간 이내에 60℃에서 5℃ 이하로 냉각

⑥ 보존식 : 조리한 식품은 매회 1인분 분량을 −18℃ 이하에서 144시간 이상 보관

⑦ 조리 후 식품 보관(보온고 65℃ 이상, 냉장고 5℃ 이하, 냉동고 −18℃ 이하)

⑧ 조리장에는 식기류 소독 위한 살균소독기 또는 열탕소독 시설 구비

3 작업장 교차오염 발생요소

1 교차오염

오염되지 않은 식재료나 음식이 오염된 식재료, 기구, 종사자와의 접촉으로 인해 미생물이 혼입되어 오염되는 것

2 교차오염이 발생하는 원인

① 맨손으로 식품 취급

② 손을 깨끗이 씻지 않을 경우

③ 식품 쪽에서 기침을 할 경우

④ 칼, 도마 등을 혼용 사용할 경우

3 교차오염 예방★★★

① 일반구역과 청결구역을 설정하여 전처리, 조리, 기구 세척 등을 별도의 구역에서 이행

일반작업구역	검수구역, 전처리구역, 식재료 저장구역, 세정구역
청결작업구역	조리구역, 배선구역, 식기보관구역

② 칼, 도마 등의 기구나 용기는 용도별(조리 전후) 구분하여 전용으로 준비하여 사용
→ 완제품, 가공식품용, 육류용, 어류용, 채소용으로 색 구분 사용

③ 반드시 손을 세척·소독한 후에 식품 취급 작업을 하며, 조리용 고무장갑도 세척·소독하여 사용

④ 세척 용기(또는 세척대)는 어육류, 채소류를 구분하여 사용하고, 사용 전후에 충분히 세척·소독한 후 사용
⑤ 식품 취급 등의 작업은 바닥으로부터 60cm 이상 떨어진 곳에서 실시하여 바닥의 오염된 물이 튀지 않도록 주의
⑥ 전처리 시 사용하는 물은 반드시 먹는물로 사용
⑦ 전처리하기 전후의 식품을 분리 보관
⑧ 반지, 팔찌 등의 장신구는 착용 금지
⑨ 핸드폰 사용 시, 코풀기, 재채기, 난류·어류·육류 만진 후, 화장실 이용 후 반드시 손을 씻어 청결 유지
⑩ 오염도에 따른 식재료 구분 보관

냉장고	냉동고
소스류/완제품(소독 후 야채)(맨 윗칸)	완제품(맨 윗칸)
소독 전 야채류	가공품
육류, 어패류	어패류
해동 중 식재료(맨 아래칸)	육류(맨 아래칸)

지피지기 예상문제

아는 문제(○), 헷갈리는 문제(△), 모르는 문제(x) 표시해 복습에 활용하세요.

1 ● ▲ x

HACCP 제도의 7원칙 중 원칙 4단계에 해당하는 것은?

① 모니터링 방법의 설정
② 중요관리점 확인
③ 위해분석
④ 기록유지설정

2 ● ▲ x

기존 위생관리방법과 비교하여 HACCP의 특징에 대한 설명으로 옳은 것은?

① 주로 완제품 위주의 관리이다.
② 위생상의 문제 발생 후 조치하는 사후적 관리이다.
③ 시험분석방법에 장시간이 소요된다.
④ 가능성 있는 모든 위해요소를 예측하고 대응할 수 있다.

3 ● ▲ x

HACCP에 대한 설명으로 틀린 것은?

① 어떤 위해를 미리 예측하여 그 위해요인을 사전에 파악하는 것이다.
② 위해방지를 위한 사전 예방적 식품안전관리체계를 말한다.
③ 미국, 일본, 유럽연합, 국제기구(Codex, WHO) 등에서도 모든 식품에 HACCP을 적용할 것을 권장하고 있다.
④ HACCP 12절차의 첫 번째 단계는 위해요소 분석이다.

4 ● ▲ x

식품의 위생적인 준비를 위한 조리장의 관리로 알맞은 것은?

① 조리장 출입시 신발은 소독할 필요가 없다.
② 조리장의 내부 및 시설은 1주일에 1회 이상 청소한다.
③ 조리장의 위생해충 방제는 방충·방서시설, 살충제 등을 사용하여 지속적으로 노력한다.
④ 칼, 도마, 행주는 중성세제로 세척하여 바로 살균기에 넣어 보관한다.

1 HACCP 수행의 7원칙 ① 위해요소의 분석 ② 중요관리점 결정 ③ 중요관리점 한계기준 설정 ④ 중요관리점 모니터링체계 확립 ⑤ 개선조치방법 수립 ⑥ 검증절차 및 방법 수립 ⑦ 문서화 및 기록유지

2 HACCP은 기존 위생관리방법과 비교하여 가능성 있는 모든 위해요소를 예측하고 대응할 수 있다.

3 HACCP 12절차의 첫 번째 단계는 HACCP팀 구성이다. 위해요소 분석은 HACCP 7단계의 첫 번째 단계이다.

4 조리장에 신발 소독시설, 손 소독시설을 준비하고, 1일 1회 이상 청소하여 청결을 유지하며 칼, 도마, 행주는 중성세제로 세척하여 바람이 잘 통하고 햇볕이 잘 드는 곳에서 매일 1회 이상 건조 소독한다.

정답

1	①	2	④	3	④	4	③	

5 ○△X

도마의 사용방법에 관한 설명 중 잘못된 것은?

① 합성세제를 사용하여 43~45℃의 물로 씻는다.
② 염소소독, 열탕소독, 자외선살균 등을 실시한다.
③ 식재료 종류별로 전용 도마를 사용한다.
④ 세척, 소독 후에는 건조시킬 필요가 없다.

6 ○△X

살균소독제를 사용하여 조리기구를 소독한 후 처리 방법으로 옳은 것은?

① 마른 타월을 사용하여 닦아낸다.
② 자연 건조시킨다.
③ 표면의 수분을 완전히 마르지 않게 한다.
④ 최종 세척 시 음용수로 헹구지 않고 세제를 탄 물로 헹군다.

7 ○△X

다음의 정의에 해당하는 것은?

식품의 원료 관리, 제조·조리·유통의 모든 과정에서 위해한 물질이 식품에 섞이거나 식품이 오염되는 것을 방지하기 위하여 각 과정을 중점적으로 관리하는 기준

① 식품안전관리인증기준(HACCP)
② 식품 Recall 제도
③ 식품 CODEX 기준
④ ISO 인증제도

8 ○△X

HACCP의 의무적용 대상 식품에 해당하지 않는 것은?

① 빙과류
② 비가열음료
③ 껌류
④ 레토르트식품

9 ○△X

다음 중 식품안전관리인증기준(HACCP)을 수행하는 단계에 있어서 가장 먼저 실시하는 것은?

① 중점관리점 규명
② 관리기순의 설정
③ 기록유지방법의 설정
④ 식품의 위해요소를 분석

10 ○△X

교차오염을 예방하는 방법으로 바르지 않은 것은?

① 도마는 용도별로 색 구분하여 사용한다.
② 식품을 손질하기 전 반드시 손을 씻는다.
③ 날 음식과 익은 음식을 분리하여 보관한다.
④ 해동하는 육류는 빠른 해동을 위해 냉장고 중간 칸에 보관한다.

11

HACCP 인증 단체급식업소(집단급식소, 식품접객업소, 도시락류 포함)에서 조리한 식품은 소독된 보존식 전용 용기 또는 멸균 비닐봉지에 매회 1인분 분량을 담아 몇 ℃ 이하에서 얼마 이상의 시간 동안 보관하여야 하는가?

① 4℃ 이하, 48시간 이상
② 0℃ 이하, 100시간 이상
③ −10℃ 이하, 200시간 이상
④ −18℃ 이하, 144시간 이상

12

급식산업에 있어서 식품안전관리인증기준(HACCP)에 의한 중요관리점(CCP)에 해당하지 않는 것은?

① 교차오염 방지
② 권장된 온도에서의 냉각
③ 생물학적 위해요소 분석
④ 권장된 온도에서의 조리와 재가열

13

교차오염이 발생하는 경우가 아닌 것은?

① 흙이 묻은 식재료를 손질하고 흐르는 물로만 세척하고 조리한 경우
② 식품을 조리하다 식품에 기침을 한 경우
③ 도마를 색으로 구분하여 사용한 경우
④ 화장실에 안전화를 신고 다녀온 후 식품을 취급한 경우

14

주방의 청결작업구역인 것은?

① 전처리구역
② 식재료 저장구역
③ 세정구역
④ 조리구역

5 칼, 도마, 행주는 중성세제로 세척하고, 바람이 잘 통하고 햇볕이 잘 드는 곳에서 매일 1회 이상 건조, 소독한다.

6 살균소독제를 사용하여 조리기구를 소독한 후 바람이 잘 통하고 햇볕이 잘 드는 곳에서 자연 건조한다.

8 HACCP 대상 식품에 껌류는 포함되지 않는다.

9 HACCP 수행의 7원칙 ① 위해요소의 분석 ② 중요관리점 결정 ③ 중요관리점 한계기준 설정 ④ 중요관리점 모니터링체계 확립 ⑤ 개선조치방법 수립 ⑥ 검증절차 및 방법 수립 ⑦ 문서화 및 기록유지

10 해동 중 핏물이 떨어질 수 있고, 다른 식품의 오염을 방지하기 위해 맨 아래칸에서 해동, 보관한다.

12 위해요소분석은 HACCP 7원칙 중 1원칙 위해요소분석(HA)에 해당된다.

14 청결작업구역은 조리구역, 배선구역, 식기보관구역이다.

정답

5	④	6	②	7	①	8	③	9	④
10	④	11	④	12	③	13	③	14	④

식중독 관리

1 식중독

1 식중독의 정의

일반적으로 음식물을 통하여 체내에 들어간 병원미생물, 유독·유해물질에 의해 일어나는 것으로 급성위장염 증상을 주로 보이는 건강장애로 90% 이상이 6~9월(여름철) 사이에 발생

2 식중독 발생 시 신고(식품위생법 제86조. 2024.9.20.)

24시간이내 즉시 신고

의사 또는 한의사 집단급식소의 설치·운영자	➡	시장·군수·구청장	➡	식품의약품안전처장 시·도지사

Tip 식중독 발생 시 대처요령

- 식중독 증상이 나타나면 가까운 의료기관을 방문해 의사의 진료를 받거나 보건소로 신고한다.
- 설사 환자는 탈수 방지를 위해 수분을 충분히 섭취시킨다.
- 구토가 심한 환자는 옆으로 눕혀 기도가 막히지 않도록 한다.
- 지사제 등 설사약을 함부로 복용하지 않는다.

2 세균성 식중독

세균성 식중독 원인 물질이 세균이며 일정 수 이상으로 번식한 세균이 있는 식품을 섭취했을 때 발병	
감염형 식중독 식품과 함께 섭취한 병원체가 체내에서 증식하여 발생	독소형 식중독 세균이 증식하여 독소를 생산한 식품을 섭취하여 발생
① 살모넬라 식중독 ② 장염비브리오 식중독 ③ 병원성 대장균 식중독 ④ 웰치균 식중독	① 황색포도상구균 식중독 ② 클로스트리디움 보툴리늄 식중독

1 감염형 식중독

① 살모넬라 식중독

감염원	쥐, 파리, 바퀴벌레, 닭 등
원인식품	육류 및 그 가공품, 어패류, 알류, 우유 등
잠복기	12~24시간(평균 18시간)
증상	급성위장염 및 급격한 발열
예방대책	방충, 방서, 60℃에서 30분 이상 가열

② 장염비브리오 식중독

감염원	어패류
원인식품	어패류 생식
잠복기	10~18시간(평균 12시간)
증상	급성위장염
예방대책	가열 섭취, 여름철 생식 금지

③ 병원성 대장균 식중독

감염원	환자나 보균자의 분변, 물이나 흙 속에 존재
원인식품	우유, 채소, 샐러드 등
잠복기	평균 13시간
증상	급성대장염(대표균 : O157)
예방대책	분변오염 방지

④ 클로스트리디움 퍼프리젠스 식중독(웰치균 식중독)

원인균	웰치균(원인균은 A형, F형은 치명률 높음, A, C는 감염형, B, D, E, F는 독소형, 편성혐기성균, 아포 형성, 내열성균)
감염원	사람·동물의 분변, 식품의 오염 증식
원인식품	육류 및 가공품
잠복기	8~22시간(평균 12시간)
증상	구토, 설사, 복통
예방대책	분변오염이 되지 않도록 주의, 조리 후 저온·냉동 보관, 재가열 섭취 금지

2 독소형 식중독

① 황색포도상구균 식중독

원인균	포도상구균(열에 약함)
원인독소	엔테로톡신(장독소, 열에 강함)
잠복기	평균 3시간(잠복기가 가장 짧다)
원인식품	유가공품(우유, 크림, 버터, 치즈), 조리식품(떡, 콩가루, 김밥, 도시락)
증상	급성위장염
예방대책	손이나 몸에 화농이 있는 사람 식품취급 금지

② 클로스트리디움 보툴리늄 식중독

원인균	보툴리늄균(A, B, C, D, E, F형 중에서 A, B, E형이 원인균)
원인독소	뉴로톡신(신경독소)
잠복기	12~36시간(잠복기가 가장 길다)
원인식품	통조림, 햄, 소시지
증상	신경마비증상(사시, 동공확대, 운동장애, 언어장애) → 치사율이 가장 높다
예방대책	통조림 제조 시 멸균을 철저히 하고 섭취 전 가열

3 바이러스성 식중독

1 노로바이러스

감염경로	• 경구감염 : 오염식수, 오염된 물로 재배된 채소·과일·식품 등 섭취 • 접촉감염 : 감염환자 가검물의 비위생적 처리, 조리도구의 오염 • 비말감염 : 기침, 재채기, 대화를 통한 감염
증상	• 24~48시간 내에 구토, 설사, 복통이 발생하고 발병 2~3일 후 없어짐 • 겨울에 발생빈도 높음
예방대책	• 손 씻기, 식품을 충분히 가열
특징	• 백신 및 치료법 없음

2 로타바이러스

감염경로	• 경구감염 : 가열 처리하지 않은 샐러드, 과일 등 섭취 • 2차 감염 : 환자의 분변, 경구 및 손으로 전파
증상	• 잠복기 1~3일 후 설사(특히 2~6세 미만 영유아에게 심함) • 구토, 미열 등
예방대책	• 식재료의 세척, 조리기구의 위생관리, 손 씻기 및 개인위생관리 철저 • 충분한 가열섭취

3 아데노바이러스

감염경로	• 경구감염 : 가열 처리하지 않은 해산물, 과일 등 섭취 • 2차 감염 : 환자의 분변
증상	• 잠복기 약 7일 후 설사, 구토, 발열
예방대책	• 식품 취급자의 개인위생, 환경위생관리 철저 • 어패류 생식 금지, 가열 섭취
특징	• 인두 및 비말감염 가능

Tip 세균성 식중독과 바이러스성 식중독의 차이점

구분	세균	바이러스
특성	균 자체 또는 균이 생산하는 독소에 의해 발생	비세포 구조로 핵이 없으며 DNA나 RNA가 단백질 외피에 둘러싸여 있음
증식	자체 증식 가능	자체 증식 불가능, 숙주가 존재해야 증식 가능
발병 가능 미생물 수	10^5 이상의 균이 존재해야 발병	미량의 개체로도 발병 가능
증상	설사, 구토, 복통, 메스꺼움, 발열, 두통 등 증상은 유사함	
치료	항생제로 치료 가능	일반적으로 치료법이나 백신 없음
2차 감염	거의 없음	감염됨

4 자연독 식중독★★★

복어	테트로도톡신(난소 〉 간 〉 내장 〉 피부), 열에 파괴 ×, 치사율이 높음
섭조개(홍합), 대합	삭시톡신
모시조개, 굴, 바지락, 고동	베네루핀
독버섯	무스카린, 뉴린, 콜린, 아마니타톡신(알광대버섯)
감자	솔라닌, 셉신(부패한 감자)
독미나리	시큐톡신
청매, 살구씨, 복숭아씨	아미그달린
피마자	리신
면실유(목화씨)	고시폴
독보리(독맥)	테무린(테물린)
미치광이풀	아트로핀
소라, 고둥	테트라민

5 화학적 식중독

1 유해물질에 의한 식중독

카드뮴(Cd)	이타이이타이병(골연화증)
수은(Hg)	미나마타병(강력한 신장독, 전신경련)
납(Pb)	인쇄, 유약 바른 도자기, 구토, 복통, 설사, 소변에서 코프로포르피린 검출
주석(Sn)	통조림 내부 도장, 구토, 설사, 복통
크롬(Cr)	금속, 화학공장 폐기물, 비중격천공, 비점막궤양
PCB	일명 가네미유 중독, 미강유 중독, 피부병, 간질환, 신경장애 증세
방사능	유전자 변이, 백혈병, 생식불능 등

2 유해첨가물에 의한 식중독★★★

착색제	아우라민(단무지), 로다민 B(붉은 생강, 어묵)
감미료	둘신(설탕의 250배, 혈액독), 사이클라메이트(설탕의 40~50배, 발암성), 페릴라(설탕의 2,000배)
표백제	롱가릿, 형광표백제
보존료	붕산(체내 축적), 포름알데히드, 불소화합물, 승홍

3 농약에 의한 식중독

살포 시 흡입주의, 과채류의 산성액 세척, 수확 전 15일 이내 살포금지

유기인제★	파라티온, 말라티온, 다이아지논 등(신경독) : 신경증상, 혈압상승, 근력감퇴
유기염소제	DDT, BHC(신경독) : 복통, 설사, 구토, 두통, 시력감퇴, 전신권태
비소화합물	비산칼슘 : 목구멍과 식도의 수축, 위통, 구토, 설사, 혈변, 소변량 감소

4 메틸알코올(메탄올) 식중독★★★

① 주류 발효과정에서 펙틴이 존재할 경우 과실주에서 생성

② 두통, 구토, 설사, 실명, 사망(심하면)

6 곰팡이 독소(마이코톡신)★★★

황변미 중독(쌀)	• 페니실리움 속 푸른곰팡이에 의해 저장 중인 쌀에 번식 • 시트리닌(신장독), 시트레오비리딘(신경독), 아이슬란디톡신(간장독)
맥각 중독(보리, 호밀)	• 맥각균이 번식하여 독소 생성 • 에르고톡신(간장독)
아플라톡신 중독(곡류, 땅콩)	• 아스퍼질러스 플라버스 곰팡이가 번식하여 독소(간장독) 생성

7 알레르기성 식중독★★★

원인독소	히스타민
원인균	프로테우스 모르가니
원인식품	꽁치, 고등어 같은 붉은 살 어류 및 그 가공품
증상	두드러기, 열증
예방	항히스타민제 투여

지피지기 예상문제

아는 문제(○), 헷갈리는 문제(△), 모르는 문제(x) 표시해 복습에 활용하세요.

1 ○ △ x

일 년 중 식중독이 가장 많이 발생하는 기간은?

① 1~3월　② 3~5월
③ 6~9월　④ 10~12월

2 ○ △ x

식품위생법상 식중독 환자를 진단한 의사는 누구에게 이 사실을 제일 먼저 보고하여야 하는가?

① 보건복지부장관
② 경찰서장
③ 질병관리청
④ 관할 시장·군수·구청장

3 ○ △ x

일반적으로 식중독을 방지하는데 기본적으로 가장 중요한 사항은?

① 취급자의 마스크 사용
② 감염자의 예방접종
③ 식품의 냉장과 냉동보관
④ 위생복의 착용

4 ○ △ x

세균성 식중독의 가장 대표적인 증상은?

① 요통　② 시력장애
③ 두통　④ 급성위장염

5 ○ △ x

세균성 식중독의 원인이 되는 것은?

① 카드뮴　② 수은
③ 병원 미생물　④ 시안화칼륨

6 ○ △ x

세균성 식중독 중 독소형은?

① 살모넬라 식중독
② 장염비브리오 식중독
③ 알레르기성 식중독
④ 포도상구균 식중독

5 세균성 식중독 중 감염형 식중독은 살모넬라균, 장염비브리오균, 병원성 대장균에 의해, 독소형 식중독은 포도상구균, 보툴리누스균 등 다양한 병원성 미생물로 발생한다.

6 세균성 식중독에는 감염형 식중독, 독소형 식중독이 있다. 감염형 식중독은 살모넬라 식중독, 병원성 대장균 식중독, 장염비브리오 식중독이다. 독소형 식중독은 황색포도상구균 식중독, 클로스트리디움 보툴리늄 식중독이다.

정답

1	③	2	④	3	③	4	④	5	③
6	④								

7 ●|▲|X

세균성 식중독의 일반적인 특성으로 틀린 것은?

① 주요 증상은 두통, 구역질, 구토, 복통, 설사이다.
② 살모넬라균, 장염비브리오균, 포도상구균 등이 원인이다.
③ 감염 후 면역성이 획득된다.
④ 발병하는 식중독의 대부분은 세균에 의한 세균성 식중독이다.

8 ●|▲|X

가장 심한 발열을 일으키는 식중독은?

① 포도상구균 식중독
② 살모넬라균 식중독
③ 보툴리누스균 식중독
④ 복어독 식중독

9 ●|▲|X

살모넬라의 주 감염원은?

① 채소 ② 육류
③ 과일 ④ 물

10 ●|▲|X

다음 식중독 중 여름에 해산어류를 통해 많이 발생하는 것은?

① 보툴리누스 식중독
② 포도상구균 식중독
③ 살모넬라 식중독
④ 장염비브리오 식중독

11 ●|▲|X

다음 중 일반적으로 사망률이 가장 높은 식중독은?

① 살모넬라 식중독
② 장염비브리오 식중독
③ 클로스트리디움 보툴리늄 식중독
④ 포도상구균 식중독

12 ●|▲|X

장염비브리오 식중독 예방법으로 가장 옳은 것은?

① 어패류를 바닷물로 씻는다.
② 먹기 전에 반드시 가열한다.
③ 식품을 실온에서 보관한다.
④ 내장을 제거하지 않는다.

13 ●|▲|X

웰치균에 대한 설명으로 옳은 것은?

① 아포는 60℃에서 10분 가열하면 사멸한다.
② 혐기성 균주이다.
③ 냉장온도에서 잘 발육한다.
④ 당질식품에서 주로 발생한다.

14 ●|▲|X

식사 후 식중독이 발생했다면 평균적으로 가장 빨리 식중독을 유발시킬 수 있는 원인균은?

① 살모넬라균 ② 리스테리아균
③ 포도상구균 ④ 장구균

15

○ △ X

식품취급자의 화농성 질환에 의해 감염되는 식중독은?

① 살모넬라 식중독
② 황색포도상구균 식중독
③ 장염비브리오 식중독
④ 병원성 대장균 식중독

16

○ △ X

포도상구균 식중독의 원인물질은?

① 엔테로톡신(enterotoxin)
② 테트로도톡신(tetrodotoxin)
③ 에르고톡신(ergotoxine)
④ 아플라톡신(aflatoxin)

17

○ △ X

일반 가열조리법으로 예방하기 가장 어려운 식중독은?

① 살모넬라에 의한 식중독
② 웰치균에 의한 식중독
③ 포도상구균에 의한 식중독
④ 병원성 대장균에 의한 식중독

18

○ △ X

다음 중 포도상구균 식중독과 관계가 적은 것은?

① 치명률이 낮다.
② 잠복기는 보통 3시간이다.
③ 조리인의 화농균이 원인이 된다.
④ 균이나 독소는 80℃에서 30분 정도면 사멸·파괴된다.

19

○ △ X

클로스트리디움 보툴리늄의 어떤 균형에 의해 식중독이 발생될 수 있는가?

① C형 ② D형
③ E형 ④ G형

20

○ △ X

클로스트리디움 보툴리늄균이 생산하는 독소는?

① enterotoxin(엔테로톡신)
② neurotoxin(뉴로톡신)
③ saxitoxin(삭시톡신)
④ ergotoxine(에르고톡신)

7 감염 후 면역성은 획득되지 않아 여러 번 세균성 식중독이 발생할 수 있다.

8 식중독의 대부분의 주요 증상은 급성위장염이지만 급격한 발열을 일으키는 것은 살모넬라 식중독이다.

9 살모넬라의 주 감염원은 육류, 알류 등이다.

13 웰치균의 아포는 내열성이 커서 가열해도 쉽게 사멸하지 않으며 냉장온도에서는 잘 발육하지 못하고 주로 어패류의 냉동품, 육류에서 발생한다.

17 황색포도상구균은 가열하면 사멸하지만 원인독소인 엔테로톡신은 내열성이 매우 강해 가열조리법으로도 파괴되지 않아 포도상구균에 의한 식중독 예방이 어렵다.

18 포도상구균은 열에 약하나 몸속에 발생하는 장독소(엔테로톡신)는 열에 의해 쉽게 파괴되지 않는다.

19 클로스트리디움 보툴리늄 식중독은 보툴리누스균 A~G형 중에서 A, B, E형이 원인균이 된다.

정답

7	③	8	②	9	②	10	④	11	③
12	②	13	②	14	③	15	②	16	①
17	③	18	④	19	③	20	②		

21 ●▲X

통조림, 병조림과 같은 밀봉식품의 부패가 원인이 되는 식중독과 가장 관계 깊은 것은?

① 살모넬라 식중독
② 클로스트리디움 보툴리늄 식중독
③ 포도상구균 식중독
④ 리스테리아균 식중독

22 ●▲X

식중독에 관한 설명으로 틀린 것은?

① 자연독이나 유해물질이 함유된 음식물을 섭취함으로써 생긴다.
② 발열, 구역질, 구토, 설사, 복통 등의 증세가 나타난다.
③ 세균, 곰팡이, 화학물질 등이 원인물질이다.
④ 대표적인 식중독은 콜레라, 세균성 이질, 장티푸스 등이 있다.

23 ●▲X

세균성 식중독을 예방하는 방법과 가장 거리가 먼 것은?

① 조리장의 청결유지　② 조리기구의 소독
③ 유독한 부위의 제거　④ 신선한 재료의 사용

24 ●▲X

포도상구균에 의한 식중독 예방대책으로 가장 적당한 것은?

① 토양의 오염을 방지하고 특히 통조림의 살균을 철저히 해야 한다.
② 어패류를 저온에서 보존하며 생식하지 않는다.
③ 화농성 질환자의 식품 취급을 금지한다.
④ 쥐나 곤충 및 조류의 접근을 막아야 한다.

25 ●▲X

식물성 자연독 성분이 아닌 것은?

① 무스카린　② 테트로도톡신
③ 솔라닌　④ 고시폴

26 ●▲X

복어독의 독성이 가장 높은 시기는?

① 산란기 직후　② 산란기 직전
③ 겨울 동면 시　④ 해빙한 봄

27 ●▲X

복어독에 관한 설명으로 잘못된 것은?

① 복어독은 햇볕에 약하다.
② 난소, 간, 내장 등에 독이 많다.
③ 복어독은 테트로도톡신이다.
④ 복어독에 중독되었을 때에는 신속하게 위장 내의 독소를 제거하여야 한다.

28 ●▲X

섭조개 속에 들어 있으며 특히 신경계통의 마비증상을 일으키는 독성분은?

① 무스카린　② 시큐톡신
③ 베네루핀　④ 삭시톡신

29 ●▲X

살구씨에 들어있는 독성분은?

① 아미그달린　② 시큐톡신
③ 고시폴　④ 베네루핀

30

식품과 독성분의 연결이 틀린 것은?

① 복어 – 테트로도톡신
② 섭조개 – 시큐톡신
③ 모시조개 – 베네루핀
④ 청매 – 아미그달린

31

다음 중 발아한 감자와 청색 감자에 많이 함유된 독성분은?

① 콜린 ② 아코니틴
③ 솔라닌 ④ 테무린

32

유해보존료에 속하지 않는 것은?

① 붕산 ② 소르빈산
③ 불소화합물 ④ 포름알데히드

33

식품첨가물 중 유해한 착색료는?

① 아우라민 ② 둘신
③ 롱가릿 ④ 붕산

34

우리나라에서 식품첨가물로 허용된 표백제가 아닌 것은?

① 무수아황산 ② 차아황산나트륨
③ 롱가릿 ④ 과산화수소

35

다음 중 화학성 식중독의 원인이 아닌 것은?

① 설사성 패류 중독
② 환경오염에 기인하는 식품 유독성분 중독
③ 중금속에 의한 중독
④ 유해성 식품첨가물에 의한 중독

---

22 콜레라, 세균성 이질, 장티푸스는 경구감염병(소화기계 감염병)이다.

23 유독한 부위의 제거를 통해 예방할 수 있는 식중독은 자연독 식중독이다.

24 ①은 클로스트리디움 보툴리눔 식중독 ②은 장염비브리오 식중독 ④은 살모넬라 식중독의 예방대책이다.

25 무스카린은 독버섯, 솔라닌은 감자, 고시폴은 목화씨의 자연독 성분이며 테트로도톡신은 복어독 성분이다.

27 복어독은 햇볕에 강하여 쉽게 파괴되지 않는다.

28 무스카린–버섯, 시큐톡신–독미나리, 베네루핀–모시조개, 굴

29 시큐톡신 : 독미나리, 고시폴 : 면실유, 베네루핀 : 모시조개

30 섭조개–삭시톡신, 독미나리–시큐톡신

33, 34 둘신은 유해감미료, 롱가릿은 유해표백제, 붕산은 유해보존료이다.

35 설사성 패류 중독은 세균성 식중독 중 장염비브리오 식중독과 관련이 있다.

정답

21	②	22	④	23	③	24	③	25	②
26	②	27	①	28	④	29	①	30	②
31	③	32	②	33	①	34	③	35	①

36

●|▲|X

화학적 식중독에 대한 설명으로 틀린 것은?

① 체내흡수가 빠르다.
② 중독량에 달하면 급성증상이 나타난다.
③ 체내분포가 느려 사망률이 낮다.
④ 소량의 원인물질 흡수로도 만성중독이 일어난다.

37

●|▲|X

곰팡이 중독증의 예방법으로 틀린 것은?

① 곡류 발효식품을 많이 섭취한다.
② 농수축산물의 수입 시 검역을 철저히 행한다.
③ 식품 가공 시 곰팡이가 피지 않은 원료를 사용한다.
④ 음식품은 습기가 차지 않고 서늘한 곳에 밀봉해서 보관한다.

38

●|▲|X

다음 중 곰팡이 독소가 아닌 것은?

① 아플라톡신 ② 시트리닌
③ 삭시톡신 ④ 파툴린

39

●|▲|X

식품에서 흔히 볼 수 있는 푸른곰팡이는?

① 누룩곰팡이속 ② 페니실리움속
③ 거미줄곰팡이속 ④ 푸사리움속

40

●|▲|X

다음 중 곰팡이 독소와 독성을 나타내는 곳을 잘못 연결한 것은?

① 오크라톡신 – 간장독
② 아플라톡신 – 신경독
③ 시트리닌 – 신장독
④ 스테리그마토시스틴 – 간장독

41

●|▲|X

파라티온, 말라티온과 같이 독성이 강하지만 빨리 분해되어 만성중독을 일으키지 않는 농약은?

① 유기인제 농약
② 유기염소제 농약
③ 유기불소제 농약
④ 유기수은제 농약

42

●|▲|X

화학물질에 의한 식중독의 원인물질과 거리가 먼 것은?

① 제조과정 중에 혼합되는 유해중금속
② 기구, 용기, 포장, 재료에서 용출 이행하는 유해물질
③ 식품자체에 함유되어 있는 동식물성 유해물질
④ 제조, 가공 및 저장 중에 혼입된 유해 약품류

43

단백질이 탈탄산 반응에 의해 생성되어 알레르기성 식중독의 원인이 되는 물질은?

① 암모니아　② 아민류
③ 지방산　④ 알코올류

44

알레르기성 식중독이 일어나는 식품은?

① 꽁치　② 감자
③ 닭고기　④ 돼지고기

45

알레르기성 식중독을 유발하는 세균은?

① 병원성 대장균
② 모르가넬라 모르가니
③ 엔테로박터 사카자키
④ 비브리오 콜레라

46

노로바이러스 식중독의 예방 빛 확산 방지 방법으로 틀린 것은?

① 오염 지역에서 채취한 어패류는 85℃에서 1분 이상 가열하여 섭취한다.
② 항바이러스 백신을 접종한다.
③ 오염이 의심되는 지하수의 사용을 자제한다.
④ 가열 조리한 음식물은 맨손으로 만지지 않도록 한다.

47

노로바이러스에 대한 설명으로 틀린 것은?

① 발병 후 자연 치유되지 않는다.
② 크기가 매우 작고 구형이다.
③ 급성위장염을 일으키는 식중독 원인체이다.
④ 감염되면 설사, 복통, 구토 등의 증상이 나타난다.

36 화학적 식중독은 체내분포가 빨라서 사망률이 높다.

37 곰팡이에 관련된 식중독은 곡류 발효식품의 저장에 관계되는 것이므로 섭취하는 것과 상관없다.

38 삭시톡신은 섭조개, 대합의 자연독 성분이다.

40 아플라톡신은 간장독이다.

42 식품자체에 함유되어 있는 동식물성 유해물질은 자연독에 의한 식중독의 원인물질이다.

44 알레르기성 식중독은 꽁치나 고등어 등의 붉은살 생선에 프로테우스 모르가니라는 세균이 히스타민을 생성하여 발생한다.

45 알레르기성 식중독의 원인균은 모르가니이다.

46, 47 노로바이러스 식중독은 바이러스에 의한 식중독으로 오염된 식수나 오염된 물로 씻은 채소, 과일 등을 섭취할 때 발생한다. 우리나라에서는 특히 겨울철에 많이 발생하며 현재까지 치료법은 없으나 대부분 2~3일이면 자연 치유된다.

정답

36	③	37	①	38	③	39	②	40	②
41	①	42	③	43	②	44	①	45	②
46	②	47	①						

Chapter

식품위생 관계법규

식품위생법(식품위생법 2024.9.20./식품위생법 시행령 2024.7.24./식품위생법 시행규칙 2024.8.7.)

1 식품위생법의 목적(식품위생법 제1조)★★★

① 식품으로 인하여 생기는 위생상의 위해 방지

② 식품영양의 질적 향상 도모

③ 식품에 관한 올바른 정보 제공

④ 국민 건강의 보호·증진에 이바지함

2 용어 정의(식품위생법 제2조)

① 식품 : 모든 음식물(의약으로 섭취되는 것 제외)

② 식품첨가물 : 식품을 제조·가공·조리 또는 보존하는 과정에서 감미, 착색, 표백 또는 산화 방지 등을 목적으로 식품에서 사용되는 물질

③ 기구 : 식품 또는 식품첨가물에 직접 닿는 기계·기구나 그 밖의 물건(음식을 먹을 때 사용하거나 담는 것, 식품 또는 식품첨가물의 채취·제조·가공·조리·저장·소분·운반·진열할 때 사용하는 것)

④ 영업 : 식품 또는 식품첨가물을 채취·제조·가공·조리·저장·소분·운반 또는 판매하거나 기구 또는 용기·포장을 제조·운반·판매하는 업

⑤ 집단급식소 : 영리를 목적으로 하지 아니하면서 특정 다수인에게 계속하여 음식을 공급하는 급식시설로서 1회 50인 이상에게 식사를 제공하는 급식소(기숙사, 학교, 유치원, 어린이집, 병원, 사회복지시설, 산업체, 공공기관, 그 밖의 후생기관 등)

3 식품 등의 취급(식품위생법 제3조)

① 누구든지 판매를 목적으로 식품 또는 식품첨가물을 채취·제조·가공·사용·조리·저장·소분·운반 또는 진열을 할 때에는 깨끗하고 위생적으로 하여야 한다.

② 영업에 사용하는 기구 및 용기·포장은 깨끗하고 위생적으로 다루어야 한다.

③ 식품, 식품첨가물, 기구 또는 용기·포장의 위생적인 취급에 관한 기준은 총리령으로 정한다.

4 식품 등의 공전(식품위생법 제14조)

식품의약품안전처장은 식품 또는 식품첨가물의 기준과 규격, 기구 및 용기·포장의 기준과 규격 등을 실은 식품 등의 공전을 작성·보급하여야 한다.

Tip 식품공전상 온도(식품공전 제1.총칙 1.일반원칙)

- 표준온도 : 20℃
- 상온 : 15~25℃
- 실온 : 1~35℃
- 미온 : 30~40℃

5 식품위생감시원의 직무(식품위생법 시행령 제17조)★★★

① 식품 등의 위생적인 취급에 관한 기준의 이행 지도
② 수입·판매 또는 사용 등이 금지된 식품 등의 취급 여부에 관한 단속
③ 표시 또는 광고기준의 위반 여부에 관한 단속
④ 출입·검사 및 검사에 필요한 식품 등의 수거
⑤ 시설기준의 적합 여부의 확인·검사
⑥ 영업자 및 종업원의 건강진단 및 위생교육의 이행 여부의 확인·지도
⑦ 조리사 및 영양사의 법령 준수사항 이행 여부의 확인·지도
⑧ 행정처분의 이행 여부 확인
⑨ 식품 등의 압류·폐기 등
⑩ 영업소의 폐쇄를 위한 간판 제거 등의 조치
⑪ 그 밖에 영업자의 법령 이행 여부에 관한 확인·지도

6 영업의 종류(식품위생법 시행령 제21조)

① 식품제조·가공업
② 즉석판매제조·가공업
③ 식품첨가물제조업
④ 식품운반업
⑤ 식품소분·판매업
⑥ 식품보존업
⑦ 용기·포장류제조업
⑧ 식품접객업

Tip 소분·판매할 수 있는 식품★

빵가루, 벌꿀 등

7 식품접객업(식품위생법 시행령 제21조)★★★

휴게음식점영업	주로 다류, 아이스크림류 등을 조리·판매하거나 패스트푸드점, 분식점 형태의 영업 등 음식류를 조리·판매하는 영업으로서 음주행위가 허용되지 아니하는 영업
일반음식점영업	음식류를 조리·판매하는 영업으로서 식사와 함께 부수적으로 음주행위가 허용되는 영업
단란주점영업	주로 주류를 조리·판매하는 영업으로서 손님이 노래를 부르는 행위가 허용되는 영업
유흥주점영업	주로 주류를 조리·판매하는 영업으로서 유흥종사자를 두거나 유흥시설을 설치할 수 있고 손님이 노래를 부르거나 춤을 추는 행위가 허용되는 영업
위탁급식영업	집단급식소를 설치·운영하는 자와의 계약에 따라 그 집단급식소에서 음식류를 조리하여 제공하는 영업
제과점영업	주로 빵, 떡, 과자 등을 제조·판매하는 영업으로서 음주행위가 허용되지 아니하는 영업

8 영업허가 등(식품위생법 제37조)

(1) 허가를 받아야 하는 영업 및 허가관청(식품위생법 시행령 제23조)

① 식품조사처리업 : 식품의약품안전처장

② 단란주점영업, 유흥주점영업 : 특별자치시장·특별자치도지사 또는 시장·군수·구청장

(2) 영업신고를 하여야 하는 업종(식품위생법 시행령 제25조)

① 즉석판매제조·가공업

② 식품운반업

③ 식품소분·판매업

④ 식품냉동·냉장업

⑤ 용기·포장류제조업

⑥ 휴게음식점영업, 일반음식점영업, 위탁급식영업 및 제과점영업

Tip 영업신고의 대상

시장·군수·구청장

(3) 영업신고를 하지 않아도 되는 업종(식품위생법 시행령 제25조)

① 양곡가공업 중 도정업을 하는 경우

② 수산물가공업의 신고를 하고 해당 영업을 하는 경우

③ 축산물가공업의 허가를 받아 해당 영업을 하거나 식육즉석판매가공업 신고를 하고 해당 영업을 하는 경우

④ 건강기능식품제조업 및 건강기능식품판매업의 영업허가를 받거나 영업신고를 하고 해당 영업을 하는 경우

⑤ 식품첨가물이나 다른 원료를 사용하지 아니하고 농산물·임산물·수산물을 단순히 자르거나, 껍질을 벗기거나, 말리거나, 소금에 절이거나, 숙성하거나, 가열하는 등의 가공과정 중 위생상 위해가 발생할 우려가 없고 식품의 상태를 관능검사로 확인할 수 있도록 가공하는 경우

⑥ 농업인과 어업인 및 영농조합법인과 영어조합법인이 생산한 농산물·임산물·수산물을 집단급식소에 판매하는 경우

9 건강진단(식품위생법 제40조)★★★

① 건강진단 횟수 : 매년 1회(식품위생 분야 종사자의 건강진단 규칙 제2조)

② 영업에 종사시키지 못하는 질병의 종류 : 소화기계감염병(콜레라, 장티푸스, 파라티푸스, 세균성이질, 장출혈성대장균감염증, A형간염), 결핵(비감염성인 경우는 제외), 피부병 및 기타 고름형성(화농성) 질환, B형간염, 후천성면역결핍증(식품위생법 시행규칙 제50조)

10 식품위생교육(식품위생법 제41조)(식품위생법 시행규칙 제52조)

영업자 및 유흥종사자를 둘 수 있는 식품접객업 영업자의 종업원은 매년 식품위생에 관한 교육을 받아야 한다.

구분		교육시간
영업자와 종업원	영업자(식용얼음판매업자와 식품자동판매기영업자 제외)	3시간
	유흥주점영업의 유흥종사자	2시간
	집단급식소를 설치·운영하는 자	3시간
영업을 하려는 자	식품제조·가공업, 식품첨가물제조업, 공유주방운영업 영업을 하려는 자	8시간
	식품운반업, 식품소분·판매업, 식품보존법, 용기·포장류제조업 영업을 하려는 자	4시간
	즉석판매제조·가공업, 식품접객업 영업을 하려는 자	6시간
	집단급식소를 설치·운영하려는 자	6시간

11 조리사 등

(1) 조리사를 두어야 하는 곳(식품위생법 제51조)(식품위생법 시행령 제36조)★★★

① 식품접객업 중 복어독 제거가 필요한 복어를 조리·판매하는 영업을 하는 자

② 집단급식소

(2) 영양사를 두어야 하는 곳(식품위생법 제52조)

상시 1회 50인 이상에게 식사를 제공하는 집단급식소

(3) 조리사의 결격 사유(식품위생법 제54조)★★★

① 정신질환자(전문의가 조리사로서 적합하다고 인정하는 자 제외)
② 감염병 환자(B형간염 제외)
③ 마약이나 그 밖의 약물 중독자
④ 조리사 면허의 취소처분을 받고 그 취소한 날부터 1년이 지나지 아니한 자

(4) 면허취소(식품위생법 시행규칙 별표 23)★★★

위반사항	행정처분		
	1차 위반	2차 위반	3차 위반
결격사유 중 하나에 해당하게 된 경우	면허취소	-	-
교육을 받지 아니한 경우	시정명령	업무정지 15일	업무정지 1개월
식중독이나 그 밖에 위생과 관련한 중대한 사고 발생에 직무상의 책임이 있는 경우	업무정지 1개월	업무정지 2개월	면허취소
면허를 타인에게 대여하여 사용하게 한 경우	업무정지 2개월	업무정지 3개월	면허취소
업무정시기간 중에 조리사의 입무를 한 경우	면허취소		-

(5) 교육(식품위생법 제56조)

식품의약품안전처장은 식품위생 수준 및 자질의 향상을 위하여 필요한 경우 조리사와 영양사에게 교육을 받을 것을 명할 수 있다. 다만, 집단급식소에 종사하는 조리사와 영양사는 1년마다 교육을 받아야 한다.

2 농수산물 원산지 표시에 관한 법령

(원산지표시법 2022.1.1. / 원산지표시법 시행령 2023.12.12. / 원산지표시법 시행규칙 2023.12.8.)

1 용어 정의(농수산물의 원산지 표시 등에 관한 법률 제2조)

① 농산물 : 농작물재배업, 축산업, 임업 등의 농업활동으로 생산되는 산물
② 수산물 : 어업, 어획물운반업, 수산물가공업, 수산물유통업, 양식업 등의 수산업 활동으로 생산되는 산물
③ 원산지 : 농산물이나 수산물이 생산·채취·포획된 국가·지역이나 해역

2 원산지 표시 의무자(농수산물의 원산지 표시 등에 관한 법률 제5조)

① 농수산물 또는 그 가공품을 수입하는 자

② 생산·가공하여 출하하거나 판매(통신판매 포함)하는 자

③ 판매할 목적으로 보관·진열하는 자

3 원산지 표시대상(농수산물의 원산지 표시 등에 관한 법률 시행령 제3조)

① 유통질서의 확립과 소비자의 올바른 선택을 위하여 필요하다고 인정하여 농림축산식품부장관과 해양수산부장관이 공동으로 고시한 농수산물 또는 그 가공품

② 산업통상자원부장관이 공고한 수입 농수산물 또는 그 가공품

4 원산지 표시기준(농수산물의 원산지 표시 등에 관한 법률 시행령 별표 1)

구분	표시기준
국산 농산물	'국산'이나 '국내산' 또는 그 농산물을 생산·채취·사육한 지역의 시·도명이나 시·군·구명을 표시
국산 수산물	'국산'이나 '국내산' 또는 '연근해산'으로 표시
수입 농수산물과 반입 농수산물	• 수입 농산물은 「대외무역법」에 따른 통관 시의 원산지를 표시 • 「남북교류협력에 관한 법률」에 따라 반입한 농산물은 같은 법에 따른 반입 시의 원산지를 표시

5 원산지 표시방법(농수산물의 원산지 표시 등에 관한 법률 시행규칙 별표 1)

구분	내용	
위치	소비자가 쉽게 알아볼 수 있는 곳에 표시	
문자	한글로 하되, 필요한 경우에는 한글 옆에 한문 또는 영문 등으로 추가하여 표시할 수 있음	
글자크기	포장 표면적이 3,000cm^2 이상인 경우	20포인트 이상
	포장 표면적이 50cm^2 이상 3,000cm^2 미만인 경우	12포인트 이상
	포장 표면적이 50cm^2 미만인 경우	8포인트 이상. 다만, 8포인트 이상의 크기로 표시하기 곤란한 경우에는 다른 표시사항의 글자 크기와 같은 크기로 표시할 수 있음
글자색	포장재의 바탕색 또는 내용물의 색깔과 다른 색깔로 선명하게 표시	
그 밖의 사항	• 포장재에 직접 인쇄하는 것을 원칙으로 하되, 지워지지 않는 잉크·각인·소인 등을 사용해 표시하거나 스티커, 전자저울에 의한 라벨지 등으로도 표시할 수 있음 • 그물망 포장을 사용하는 경우 또는 포장을 하지 않고 엮거나 묶은 상태인 경우에는 꼬리표, 내찰 등으로도 표시할 수 있음	

6 거짓 표시 등의 금지(농수산물의 원산지 표시 등에 관한 법률 제6조)

누구든지 다음의 행위를 하여서는 아니 된다.

① 원산지 표시를 거짓으로 하거나 이를 혼동하게 할 우려가 있는 표시를 하는 행위

② 원산지 표시를 혼동하게 할 목적으로 그 표시를 손상·변경하는 행위

③ 원산지를 위장하여 판매하거나, 원산지표시를 한 농산물에 다른 농산물이나 가공품을 혼합하여 판매하거나 판매할 목적으로 보관이나 진열하는 행위

7 과태료(농수산물의 원산지 표시 등에 관한 법률 제18조)

(1) 1천만 원 이하의 과태료

① 원산지 표시를 하지 아니한 자

② 원산지의 표시방법을 위반한 자

3 식품 등의 표시·광고에 관한 법령

(식품 등의 표시·광고에 관한 법률 2024.7.3./식품 등의 표시·광고에 관한 법률 시행규칙 2024.7.3.)

1 용어 정의(식품 등의 표시·광고에 관한 법률 제2조)

① 표시 : 식품, 식품첨가물, 기구, 용기·포장, 건강기능식품, 축산물 및 이를 넣거나 싸는 것에 적는 문자·숫자 또는 도형

② 영양표시 : 식품, 식품첨가물, 건강기능식품, 축산물에 들어있는 영양성분의 양 등 영양에 관한 정보를 표시하는 것

③ 광고 : 라디오·텔레비전·신문·잡지·인터넷·인쇄물·간판 또는 그 밖의 매체를 통하여 음성·음향·영상 등의 방법으로 식품 등에 관한 정보를 나타내거나 알리는 행위

④ 소비기한 : 식품 등에 표시된 보관방법을 준수할 경우 섭취하여도 안전에 이상이 없는 기한

2 영양표시(식품 등의 표시·광고에 관한 법률 시행규칙 제6조)

① 열량

② 나트륨

③ 탄수화물

④ 당류

⑤ 지방

⑥ 트랜스지방

⑦ 포화지방

⑧ 콜레스테롤

⑨ 단백질

⑩ 영양표시나 영양강조표시를 하려는 경우에는 1일 영양성분 기준치에 명시된 영양성분

Tip 식품 등의 표시기준상 과자류

과자, 추잉껌, 빙과류, 캔디류

3 부당한 표시 또는 광고행위의 금지(허위표시 및 과대광고)(식품 등의 표시·광고에 관한 법률 제8조)

① 질병의 예방·치료에 효능이 있는 것으로 인식할 우려가 있는 표시 또는 광고

② 식품 등을 의약품으로 인식할 우려가 있는 표시 또는 광고

③ 건강기능식품이 아닌 것을 건강기능식품으로 인식할 우려가 있는 표시 또는 광고

④ 거짓·과장된 표시 또는 광고

⑤ 소비자를 기만하는 표시 또는 광고

⑥ 다른 업체나 다른 업체의 제품을 비방하는 표시 또는 광고

⑦ 객관적인 근거 없이 자기 또는 자기의 식품 등을 다른 영업자나 다른 영업자의 식품 등과 부당하게 비교하는 표시 또는 광고

⑧ 사행심을 조장하거나 음란한 표현을 사용하여 공중도덕이나 사회윤리를 현저하게 침해하는 표시 또는 광고

⑨ 식품 등이 아닌 물품의 상호, 상표 또는 용기·포장 등과 동일하거나 유사한 것을 사용하여 해당 물품으로 오인·혼동할 수 있는 표시 또는 광고

⑩ 심의를 받지 아니하거나 심의 결과에 따르지 아니한 표시 또는 광고

방사선조사식품★	HACCP	축산물이력제	친환경인증농산물

4 수입식품법(수입식품안전관리 특별법 2024.8.7./ 수입식품안전관리 특별법 시행규칙 2024.8.7.)

1 수입신고 등(수입식품안전관리 특별법 제20조)

영업자가 판매를 목적으로 하거나 영업상 사용할 목적으로 수입식품 등을 수입하려면 해당 수입식품 등을 식품의약품안전처장에게 수입신고를 하여야 한다.

2 수입식품 등의 검사 방법(수입식품안전관리 특별법 시행규칙 별표 9)

① 서류검사 : 신고서류 등을 검토하여 그 적합 여부를 판단하는 검사

② 현장검사 : 제품의 성질·상태·맛·냄새·색깔·표시·포장상태 및 정밀검사 이력 등을 종합하여 그 적합 여부를 판단하는 검사(식품의약품안전처장이 별도로 정하는 기준과 방법에 따라 실시하는 관능검사 포함)

③ 정밀검사 : 물리적·화학적 또는 미생물학적 방법에 따라 실시하는 검사(서류검사 및 현장검사 포함)

④ 무작위표본검사 : 식품의약품안전처장의 표본추출계획에 따라 물리적·화학적 또는 미생물학적 방법으로 실시하는 검사(서류검사 및 현장검사 포함)

3 수입식품의 검사결과 부적합한 수입식품 등에 대하여 수입신고인이 취해야 하는 조치(수입식품안전관리 특별법 시행규칙 제34조)★★★

① 수출국으로의 반송 또는 다른 나라로의 반출

② 농림축산식품부장관의 승인을 받은 후 사료로의 용도 전환

③ 폐기

5 제조물 책임법(PL:Product Liability)(제조물 책임법 2018.4.19.)

1 제조물 책임법의 정의

제조물의 결함으로 발생한 손해에 대한 피해자 보호를 위해 제정된 법률로, 제조물의 결함으로 인한 생명, 신체 또는 재산상의 손해에 대하여 제조업자 등이 무과실책임의 원칙에 따라 손해배상책임을 지도록 하는 규정을 말함

2 제조물 책임법의 목적

제조물의 결함으로 발생한 손해에 대한 제조업자 등의 손해배상 책임을 규정함으로써 피해자 보호를 도모하고 국민생활의 안전향상과 국민경제의 건전한 발전에 이바지함을 목적으로 함

3 제조물 책임법상 용어의 뜻

① 제조물 : 제조되거나 가공된 동산(다른 동산이나 부동산의 일부를 구성하는 경우 포함)

② 결함 : 해당 제조물에 다음 중 어느 하나에 해당하는 제조상·설계상 또는 표시상의 결함이 있거나 그 밖에 통상적으로 기대할 수 있는 안전성이 결여되어 있는 것

제조상의 결함	제조업자가 제조물에 대하여 제조상·가공상의 주의의무를 이행하였는지에 관계없이 제조물이 원래 의도한 설계와 다르게 제조·가공됨으로써 안전하지 못하게 된 경우
설계상의 결함	제조업자가 합리적인 대체설계를 채용하였더라면 피해나 위험을 줄이거나 피할 수 있었음에도 대체설계를 채용하지 아니하여 해당 제조물이 안전하지 못하게 된 경우
표시상의 결함	제조업자가 합리적인 설명·지시·경고 또는 그 밖의 표시를 하였더라면 해당 제조물에 의하여 발생할 수 있는 피해나 위험을 줄이거나 피할 수 있었음에도 이를 하지 아니한 경우

지피지기 예상문제

아는 문제(○), 헷갈리는 문제(△), 모르는 문제(x) 표시해 복습에 활용하세요.

1 ●|▲|X

식품위생법의 목적과 거리가 먼 것은?

① 국민보건의 향상과 증진에 기여
② 식품 영양의 질적 향상 도모
③ 식품의 유통과 판매량의 향상
④ 식품으로 인한 위생상의 위해 방지

2 ●|▲|X

식품위생법상 식품의 정의는?

① 모든 음식물과 화학적 합성품을 말한다.
② 의약품을 제외한 모든 음식물을 말한다.
③ 모든 음식물을 말한다.
④ 모든 음식물과 식품첨가물을 말한다.

3 ●|▲|X

식품위생법상의 식품이 아닌 것은?

① 비타민 C 약제
② 식용얼음
③ 유산균 음료
④ 채종유

4 ●|▲|X

식품위생법상에서 정의하는 '집단급식소'에 대한 정의로 옳은 것은?

① 영리를 목적으로 하는 모든 급식시설을 일컫는 용어이다.
② 영리를 목적으로 하지 않고 비정기적으로 1개월에 1회씩 음식물을 공급하는 급식시설도 포함된다.
③ 영리를 목적으로 하지 아니하면서 특정 다수인에게 계속하여 음식을 공급하는 급식시설을 말한다.
④ 영리를 목적으로 하지 않고 계속적으로 불특정 다수인에게 음식물을 공급하는 급식시설을 말한다.

5 ●|▲|X

식품위생법에서 사용하는 '표시'에 대한 용어의 정의는?

① 식품, 식품첨가물에 기재하는 문자, 숫자를 말한다.
② 식품, 식품첨가물에 기재하는 문자, 숫자 또는 도형을 말한다.
③ 식품, 식품첨가물, 기구 또는 용기, 포장에 기재하는 문자, 숫자를 말한다.
④ 식품, 식품첨가물, 기구 또는 용기, 포장에 적는 문자, 숫자 또는 도형을 말한다.

6 ●▲X

식품위생법상 '허위표시의 범위'에 해당되지 않는 것은?

① 허가받은 사항이나 신고한 사항과 다른 내용의 표시
② 제조연월일 또는 유통 기한을 표시함에 있어서 사실과 같은 내용의 표시
③ 의약품으로 혼동할 우려가 있는 표시
④ 질병의 치료에 효능이 있다는 표시

7 ●▲X

식품 등의 표시기준을 수록한 식품 등의 공전을 작성, 보급하여야 하는 자는?

① 식품의약품안전처장
② 보건소장
③ 시·도지사
④ 식품위생감시원

8 ●▲X

식품공전상 표준온도라 함은 몇 ℃인가?

① 5℃ ② 10℃
③ 15℃ ④ 20℃

9 ●▲X

식품 등의 표시기준에 의해 표시해야 하는 대상 성분이 아닌 것은?

① 나트륨 ② 지방
③ 열량 ④ 칼슘

10 ●▲X

아래의 식품 등의 표시기준상 영양성분별 세부표시방법에서 ( )안에 알맞은 것은?

> 열량의 단위는 킬로칼로리(kcal)로 표시하되, 그 값을 그대로 표시하거나 그 값에 가장 가까운 ( ) 단위로 표시하여야 한다. 이 경우 ( ) 미만은 "0"으로 표시할 수 있다.

① 5kcal ② 10kcal
③ 15kcal ④ 20kcal

11 ●▲X

식품을 구입하였는데 포장에 아래와 같은 표시가 있었다. 어떤 종류의 식품 표시인가?

① 방사선조사식품 ② 녹색신고식품
③ 자진회수식품 ④ 유기농법제조식품

---

1 식품위생법은 식품으로 인하여 생기는 위생상의 위해를 방지하고 식품 영양의 질적 향상을 도모하며 식품에 관한 올바른 정보를 제공하여 국민보건의 증진에 이바지함을 목적으로 한다.

2, 3 '식품'이란 의약품을 제외한 모든 음식물을 말한다.

6 제조연월일 또는 유통기한을 표시함에 있어서 사실과 다를 때를 허위표시라 한다.

9 식품 등의 표시기준에 의해 표시해야 하는 영양 성분에는 열량, 나트륨, 탄수화물 및 당류, 지방, 콜레스테롤, 단백질 등이 있다.

11 방사선조사식품이란 열을 가하지 않고 방사선을 이용하여 식품 속의 세균, 기생충 등을 살균한 식품을 말한다.

정답

1	③	2	②	3	①	4	③	5	④
6	②	7	①	8	④	9	④	10	①
11	①								

12

○ △ X

중국에서 수입한 배추(절임 배추 포함)를 사용하여 국내에서 배추김치로 조리하여 판매하는 경우, 메뉴판 및 게시판에 표시하여야 하는 원산지 표시 방법은?

① 배추김치(중국산)
② 배추김치(배추 중국산)
③ 배추김치(국내산과 중국산을 섞음)
④ 배추김치(국내산)

13

○ △ X

식품위생법상 허위표시, 과대광고, 비방광고 및 과대포장 범위에 해당하지 않는 것은?

① 허가·신고 또는 보고한 사항이나 수입신고한 사항과 다른 내용의 표시·광고
② 제조방법에 관하여 연구하거나 발견한 사실로서 식품학·영양학 등의 분야에서 공인된 사항의 표시
③ 제품의 원재료 또는 성분과 다른 내용의 표시 광고
④ 제조연월일 또는 유통기한을 표시함에 있어서 사실과 다른 내용의 표시·광고

14

○ △ X

식품위생법규상 수입식품 검사결과 부적합한 식품 등에 대하여 취하여지는 조치가 아닌 것은?

① 수출국으로의 반송
② 식용외의 다른 용도로의 전환
③ 관할 보건소에서 재검사 실시
④ 다른 나라로의 반출

15

○ △ X

식품위생법규상 무상수거 대상 식품으로 바르지 않은 것은?

① 출입검사의 규정에 의하여 검사에 필요한 식품 등을 수거할 때
② 유통 중인 부정, 불량식품 등을 수거할 때
③ 식품 등의 기준 및 규격제정을 위한 참고용으로 수거할 때
④ 수입식품 등을 검사할 목적으로 수거할 때

16

○ △ X

식품위생감시원의 직무가 아닌 것은?

① 식품 제조방법에 대한 기준 설정
② 시설기준의 적합 여부의 확인·검사
③ 식품 등의 압류, 폐기 등
④ 영업소의 폐쇄를 위한 간판 제거 등의 조치

17

○ △ X

식품위생법상 수입식품 검사의 종류가 아닌 것은?

① 서류검사
② 관능검사
③ 정밀검사
④ 종합검사

18

○ △ X

식품위생법상 명시된 영업의 종류에 포함되지 않는 것은?

① 식품조사처리업
② 식품접객업
③ 즉석판매제조·가공업
④ 먹는샘물제조업

19

○ △ X

다음 중 소분업 판매를 할 수 있는 식품은?

① 벌꿀제품 ② 어육제품
③ 과당 ④ 레토르트 식품

20

○ △ X

다음접객업 중 시설기준상 객실을 설치할 수 없는 영업은?

① 유흥주점영업 ② 일반음식점영업
③ 단란주점영업 ④ 휴게음식점영업

21

○ △ X

식품접객업 중 주로 주류를 조리·판매하는 영업으로서 유흥종사자를 두지 않고 손님이 노래를 부르는 행위가 허용되는 영업은?

① 휴게음식점영업 ② 일반음식점영업
③ 단란주점영업 ④ 유흥주점영업

22

○ △ X

식품접객업 중 음주행위가 허용되지 않는 영업은?

① 일반음식점영업 ② 단란주점영업
③ 휴게음식점영업 ④ 유흥주점영업

23

○ △ X

식품접객업 중 단란주점영업을 허가하는 자는?

① 시장·군수·구청장 ② 시·도지사
③ 보건복지부장관 ④ 식품의약품안전처장

12 배추만을 중국에서 수입했으므로 배추김치(배추 중국산)로 표시한다.

13 신체조직과 기능의 일반적인 증진을 주목적으로 하는 건강유지·건강증진·체력유지·체질개선·식이요법·영양보급 등에 도움을 준다는 표현은 허위표시 및 과대광고로 보지 않는다.

18 식품위생법상 명시된 영업의 종류에는 식품제조·가공업, 즉석판매제조·가공업, 식품첨가물제조업, 식품운반업, 식품소분·판매업, 식품보존업(식품조사처리업, 식품냉동·냉장업), 용기·포장류제조업, 식품접객업이다.

19 소분 판매할 수 있는 식품은 빵가루, 벌꿀 등이다.

20 휴게음식점 또는 제과점은 객실(투명한 칸막이 또는 투명한 차단벽을 설치하여 내부가 전체적으로 보이는 경우는 제외)을 둘 수 없다.

22 휴게음식점영업은 주로 다류, 아이스크림류 등을 조리, 판매하거나 패스트푸드점, 분식점 형태의 영업 등 음식류를 조리, 판매하는 영업으로서 음주행위, 주류판매가 허용되지 아니하는 영업이다.

정답

12	②	13	②	14	③	15	③	16	①
17	④	18	④	19	①	20	④	21	③
22	③	23	①						

24

다음 중 영업허가를 받아야 할 업종이 아닌 것은?

① 단란주점영업 ② 유흥주점영업
③ 식품제조·가공업 ④ 식품조사처리업

25

식품위생법상 영업신고를 하지 않는 업종은?

① 즉석판매제조·가공업
② 양곡관리법에 따른 양곡가공업 중 도정업
③ 식품운반업
④ 식품소분·판매업

26

일반음식점의 영업신고는 누구에게 하는가?

① 동사무소장
② 관할 시장·군수·구청장
③ 관할 지방 식품의약품안전처장
④ 관할 보건소장

27

식품 등의 표시기준상 과자류에 포함되지 않는 것은?

① 캔디류 ② 추잉껌
③ 유바 ④ 빙과류

28

식품위생법상 조리사를 두어야 하는 영업장은?

① 유흥주점 ② 단란주점
③ 일반 레스토랑 ④ 복어조리점

29

식품위생법상 조리사 면허를 받을 수 없는 사람은?

① 미성년자
② 마약중독자
③ B형간염환자
④ 조리사 면허의 취소처분을 받고 그 취소된 날부터 1년이 지난 자

30

조리사 면허의 취소처분을 받고 그 취소된 날부터 얼마의 기간이 경과되어야 면허를 받을 자격이 있는가?

① 1개월 ② 3개월
③ 6개월 ④ 1년

31

O △ X

다음 중 영양사의 직무가 아닌 것은?

① 식단작성
② 검식 및 배식관리
③ 식품 등의 수거 지원
④ 구매식품의 검수

32

O △ X

아래는 식품위생법상 교육에 관한 내용이다. (　) 안에 알맞은 것을 순서대로 나열하면?

> (　　)은 식품위생 수준 및 자질의 향상을 위하여 필요한 경우 조리사와 영양사에게 교육을 받을 것을 명할 수 있다. 다만, 집단급식소에 종사하는 조리사와 영양사는 (　　) 마다 교육을 받아야 한다.

① 식품의약품안전처장, 1년
② 식품의약품안전처장, 2년
③ 보건복지부장관, 1년
④ 보건복지부장관, 2년

33

O △ X

조리사 면허 취소에 해당하지 않는 것은?

① 식중독이나 그밖에 위생과 관련한 중대한 사고 발생에 직무상의 책임이 있는 경우
② 면허를 타인에게 대여하여 사용하게 한 경우
③ 조리사가 마약이나 그 밖의 약물에 중독이 된 경우
④ 조리사 면허의 취소처분을 받고 그 취소된 날부터 2년이 지나지 아니한 경우

34

O △ X

식품위생법상 조리사가 식중독이나 그 밖에 위생과 관련한 중대한 사고 발생의 직무상 책임에 대한 1차 위반 시 행정처분 기준은?

① 시정명령　② 업무정지 1개월
③ 업무정지 2개월　④ 면허취소

35

O △ X

제조물 책임법상 제조물의 결함의 종류로 바르지 않은 것은?

① 제조상의 결함　② 설계상의 결함
③ 표시상의 결함　④ 판매상의 결함

24 영업허가를 받아야 하는 업종은 단란주점업, 유흥주점영업, 식품조사처리업이다.

26 일반음식점의 영업신고는 특별자지시장, 특별자치도지사 또는 시장, 군수, 구청장에게 하여야 한다.

27 식품 등의 표시기준상 과자류는 과자, 추잉껌, 빙과류, 캔디류 등이다.

29, 30 조리사 면허를 받을 수 없는 자 : 정신질환자, 감염병 환자(B형간염환자는 제외), 마약이나 그 밖의 약물중독자, 조리사 면허의 취소처분을 받고 그 취소된 날부터 1년이 지나지 아니한 자

31 출입 및 검사에 필요한 식품 등의 수거는 식품위생감시원의 직무이다.

34 조리사가 식중독 기타 위생상 중대한 사고를 발생하게 한 때 : 1차 위반 업무정지 1월, 2차 위반 업무정지 2월, 3차 위반 면허취소

35 제조물 책임법상 결함은 제조상의 결함, 설계상의 결함, 표시상의 결함 등이 있다.

정답

24	③	25	②	26	②	27	③	28	④
29	②	30	④	31	③	32	①	33	④
34	②	35	④						

공중보건

1 공중보건의 개념

1 공중보건의 정의

(1) 세계보건기구(WHO)의 정의

질병을 예방하고, 건강을 유지·증진시킴으로써 육체·정신적인 능력을 발휘할 수 있도록 하기 위한 과학적 지식을 사회의 조직적 노력으로 사람들에게 적용하는 기술

Tip WHO(세계보건기구)

- 1948년 4월에 창설됨
- 본부 : 스위스(제네바)
- 회원국에 대한 주요 기능 : 기술지원 및 자료 공급, 국제보건사업 지휘 및 조정, 전문가 파견에 의한 기술자문 역할

(2) 윈슬로우(C.E.A Winslow)의 정의

조직적인 지역사회의 공동 노력을 통해 질병을 예방하고, 생명을 연장시키며 신체적·정신적 효율을 증진시키는 기술이며 과학

(3) 공중보건의 대상

개인이 아닌 지역사회(시·군·구)가 최소단위이며 더 나아가 국민전체가 대상

(4) 공중보건의 사업내용

① 환경보건 : 환경위생, 식품위생, 공해문제, 산업환경
② 질병관리 : 역학, 감염병 관리 및 소독, 급·만성 감염병 관리, 기생충 질환관리
③ 보건관리 : 인구보건, 모자보건, 학교보건, 노인보건, 보건교육, 산업보건, 도시 및 농어촌 보건, 정신보건, 보건영양, 보건통계

2 건강의 정의(WHO의 정의)★★★

건강이란 단순한 질병이나 허약의 부재 상태만을 나타내는 것이 아니라 육체적·정신적·사회적으로 완전한 상태

Tip 건강의 3요소

환경, 유전, 개인의 행동 및 습관

3 공중보건의 평가지표

한 지역이나 국가의 보건수준을 나타내는 지표로 국가의 영아사망률, 일반사망률, 비례사망지수, 질병이환률, 사인별 사망률, 모성사망률, 평균수명 등

(1) 보건수준 지표

① 영아사망률(가장 대표적인 보건수준 평가지표) : 영아는 환경악화나 비위생적 생활환경에 가장 예민한 시기로 일정 연령군으로 통계적 유의성 나타냄

$$\text{영아사망률} = \frac{\text{연간 영아 사망수}}{\text{연간 출생아 수}} \times 1{,}000$$

Tip 영아 사망 원인

- 폐렴 및 기관지염
- 장염 및 설사
- 신생아 고유질환 및 사고

Tip 신생아와 영아

- 신생아 : 생후 28일 미만의 아기
- 영아 : 생후 1년 미만의 아기

② 평균수명(기대수명) : 인간의 생존 기대 기간

Tip 건강수명

평균수명에서 질병이나 부상으로 인하여 활동하지 못하는 기간을 뺀 수명

③ 조사망률(보통사망률)

$$\text{조사망률} = \frac{\text{연간 사망자 수}}{\text{그해 인구수}} \times 1{,}000$$

④ 비례사망지수

$$\text{비례사망지수} = \frac{\text{50세 이상의 사망자 수}}{\text{연간 총 사망수}} \times 100$$

⑤ 모성사망률 : 임신·분만·산욕과 연관된 질병 또는 이로 인한 합병증 때문에 일어나는 사망률

⑥ 사인별 사망률 : 사망 원인에 따른 사망률

⑦ 질병이환률 : 인구수에 대한 1년 내에 발생한 환자 수 비율

환경위생 및 환경오염 관리

1 환경위생

① 목표 : 인간을 둘러싸고 있는 환경을 조정·개선하여 쾌적하고 건강한 생활을 영위

② 생활환경

자연환경	기후(기온, 기습, 기류, 일광, 기압), 공기, 물 등
인위적 환경	채광, 조명, 환기, 냉방, 상하수도, 오물처리, 곤충의 구제, 공해 등
사회적 환경	교통, 인구, 종교 등

2 일광

자외선★	• 일광의 3분류 중 파장이 가장 짧음 • 살균력 : 2,500~2,800Å일 때 살균력이 가장 강해 소독에 이용 • 도르노선(dorno선 ; 생명선, 건강선) : 2,800~3,200Å일 때 사람에게 유익한 작용 • 구루병 예방(비타민 D 형성), 피부결핵 및 관절염 치료 효과 • 살균작용(결핵균·디프테리아균·기생충 사멸, 물·공기·식기 살균) • 적혈구 생성 촉진, 혈압강하 • 피부색소 침착, 심하면 결막염, 설안염, 백내장, 피부암 등 유발
가시광선	• 인간에게 색채와 명암 부여 • 조명 불충분 : 시력저하, 눈의 피로 • 조명 강렬 : 어두운 곳에서 암순응 능력 저하
적외선★	• 파장이 가장 길(7,800Å 이상) • 광선이 닿는 곳에 열이 생겨 지상에 열을 주어 기온을 좌우 • 열에 관계하는 광선, '열선'이라 함 • 장시간에 걸쳐 과도하게 받게 되면 일사병(열사병), 피부온도상승, 국소혈관의 확장작용, 백내장에 걸리기 쉬움

Tip 파장의 단파순★

자외선 〈 가시광선 〈 적외선

3 온열환경

① 감각온도의 3요소 : 기온, 기습, 기류

기온 (온도)	• 지상 1.5m에서의 건구온도 • 쾌감온도 : 18±2℃
기습 (습도)	• 일정 온도의 공기 중에 포함된 수증기량 • 쾌적한 습도 : 40~70% • 습도 높음 : 피부질환 발생 • 습도 낮음 : 호흡기질환 발생
기류 (공기의 흐름)	• 1초당 1m 이동할 때 건강에 좋음 • 기온과 기압의 차이에 의해 발생

② 온열조건인자 : 기온, 기습, 기류, 복사열

Tip 복사열

물체에서 방출하는 전자기파를 직접 물체가 흡수하여 열로 변했을 때의 에너지

③ 기타

불감기류	• 공기의 흐름이 0.2~0.5m/sec로 약하게 움직여 사람들이 바람이 부는 것을 감지하지 못하는 것(0.1m/sec : 무풍, 0.5m/sec 이하 : 불감기류)
실외 기온 측정	• 지상 1.5m에서 건구온도 측정 • 최고온도 : 오후 2시 • 최저온도 : 일출 전
카타온도계	• 불감기류와 같은 미풍을 정확히 측정하는 기류측정의 미풍계
불쾌지수 (discomfort index)	• DI 70 : 10%의 사람이 불쾌감을 느낌 • DI 75 : 50%의 사람이 불쾌감을 느낌 • DI 80 : 대다수의 사람이 불쾌감을 느낌

4 공기 및 대기오염

(1) 공기조성

① 공기는 인간 생명 유지를 위한 기본 요소(공기, 물, 음식 등)

② 0℃ 1기압 하에서 공기조성 : 질소(N_2) 78% 〉 산소(O_2) 21% 〉 아르곤(Ar) 0.9% 〉 이산화탄소(CO_2) 0.03% 〉 기타 원소 0.07%

(2) 공기 오염도 요인

산소 (O_2)	• 대기 중 산소의 양 : 약 21% • 산소 10% 이하 : 호흡곤란 • 산소 7% 이하 : 질식사
이산화탄소 (CO_2)	• 실내공기 오염 지표 • 위생학적 허용한계 : 0.1%(1,000ppm)
일산화탄소 (CO)	• 물체의 불완전 연소 시 발생(무색, 무미, 무취, 무자극, 맹독성) • 혈액속의 헤모글로빈과의 친화력이 산소보다 250~300배 강해 조직 내 산소결핍증 초래 • 4시간 기준 위생학적 허용한계 : 0.04%(400ppm) • 8시간 기준 위생학적 허용한계 : 0.01%(100ppm)
아황산가스 (SO_2)	• 실외공기 오염(대기오염) 지표 • 중유의 연소과정에서 다량 발생하는 자극성 가스로 도시공해의 주범(자동차 배기가스) • 식물황사 및 고사현상, 호흡기 점막염증, 호흡곤란, 금속부식

Tip ppm

1/1,000,000(100만 분의 1)

1ppm : 0.0001%

Tip 대기오염 중 1차, 2차 오염물질

- 1차 오염물질 : 먼지, 연기, 탄소산화물, 황산화물, 질소산화물, 탄화수소 등
- 2차 오염물질(광화학적 오염물질) : 오존, 알데히드, 케톤, 과산화수소 등

(3) 공기의 자정작용★★★

① 공기 자체의 희석작용(확산, 이동)

② 강우, 강설 등에 의한 세정작용

③ 산소, 오존, 과산화수소 등에 의한 산화작용

④ 일광(자외선)에 의한 살균작용

⑤ 식물에 의한 탄소동화작용(산소와 이산화탄소 교환 작용)

(4) 군집독★★★

① 다수인이 밀집한 곳의 실내공기가 화학적 조성이나 물리적 조성의 변화로 인해 두통, 불쾌감, 권태, 현기증, 구토 등의 생리적 이상을 일으키는 현상

② 원인 : 구취, 체취, 산소 부족, 이산화탄소 증가, 고온·고습한 기류 상태에서 유해가스 및 취기 등에 의해 복합적으로 발생

③ 예방법 : 환기

(5) 기온역전현상★★★

① 지표면에서 상공으로 갈수록 상부기온이 하부기온보다 낮아지지만, 일부지역에서는 상공으로 갈수록 반대로 상부기온이 하부기온보다 높아지는 현상

② 발생 시 대기오염물질의 확산이 이루어지지 않으므로 대기오염의 피해가 더 커짐

③ 대표적으로 LA스모그는 자동차, 배기가스, 런던스모그는 석탄배기가스 등이 원인

5 물

(1) 물

① 인체의 주요 구성 성분, 체중의 약 2/3 차지(체중의 60~70% 정도)

② 성인 하루 필요량 : 2.0~2.5L

③ 인체 내 물의 10%를 상실하면 신체기능 이상, 20%를 상실하면 생명이 위험

(2) 물의 오염 및 질병

수인성 감염병	• 물을 통해서 전염되는 질병 • 장티푸스, 파라티푸스, 세균성 이질, 콜레라, 아메바성 이질 등
반상치	• 불소가 과다 함유된 물을 장기 음용 시 • 불소가 이의 성장을 막아 치아표면에 얼룩 모양이나 줄무늬 모양이 나타남
우치	• 불소가 없거나 적게 들어 있는 물을 장기 음용 시
청색아 (blue baby)	• 질산염이 다량 함유된 물을 장기 음용 시 • 사망 가능
설사	• 황산마그네슘($MgSO_4$)이 다량 함유된 물 음용 시

Tip 수인성 감염병의 특징★

- 환자 발생이 폭발적임
- 오염원 제거로 일시에 종식될 수 있음
- 음료수 사용 지역과 유행 지역이 일치함
- 치명률이 낮고 잠복기가 짧음
- 2차 감염환자의 발생이 거의 없음
- 계절에 관계 없이 발생
- 성별, 나이, 생활수준, 직업에 관계 없이 발생

(3) 물의 소독

① 물리적 소독 : 가열법, 자외선법, 오존법

② 화학적 소독 : 염소소독법(수도), 표백분소독법(우물)

Tip 염소소독의 장·단점★

장점	단점
소독력이 강함 잔류효과가 큼 조작이 간편 가격이 쌈	냄새가 남 염소의 독성이 있음

Tip 염소소독으로 사멸되지 않는 감염병

유행성 간염, 뇌염, 홍역 등의 바이러스성 감염병

(4) 물의 자정작용

지표수가 시간이 경과되면 자연적으로 정화되어 가는 현상

① 물리학적 정화 : 침전, 희석, 확산, 여과 등

② 화학적 정화 : 산화, 환원, 중화 등

③ 생물학적 정화 : 호기성 미생물에 의한 유기물질 분해

(5) 먹는물의 수질기준(먹는물 수질기준 및 검사 등에 관한 규칙 별표 1)

① 경도는 1,000mg/L를 넘지 않을 것

② 소독으로 인한 냄새와 맛 이외의 냄새와 맛이 없을 것

③ 색도는 5도를 넘지 않을 것

④ 수소이온농도(pH) : pH 5.8~8.5

⑤ 일반세균 : 1mL 중 100CFU을 넘지 않을 것

⑥ 총 대장균군 : 100mL 중에 검출되지 않을 것

⑦ 질산성 질소 : 10mg/L를 넘지 않을 것

⑧ 암모니아성 질소 : 0.5mg/L를 넘지 않을 것

⑨ 불소 : 1.5mg/L를 넘지 않을 것

Tip 먹는물, 샘물, 먹는샘물, 수처리제(먹는물관리법 제3조)

먹는물	먹는 데에 통상 사용하는 자연 상태의 물, 자연 상태의 물을 먹기에 적합하도록 처리한 수돗물, 먹는샘물, 먹는염지하수, 먹는해양심층수 등
샘물	암반대수층 안의 지하수 또는 용천수 등 수질의 안전성을 계속 유지할 수 있는 자연 상태의 깨끗한 물을 먹는 용도로 사용할 원수
먹는샘물	샘물을 먹기에 적합하도록 물리적 처리 등의 방법으로 제조한 물
수처리제	자연 상태의 물을 정수 또는 소독하거나 먹는물 공급시설의 산화방지 등을 위하여 첨가하는 제제

6 채광·조명

(1) 채광(자연조명)

① 태양광선을 이용하는 자연조명

② 창의 방향은 남향이 좋으며 창의 면적은 방바닥 면적의 $\frac{1}{7}$~$\frac{1}{5}$이 적당

③ 실내 각 점의 개각은 4~5°, 입사각은 28° 이상이 좋음

④ 창의 높이는 높을수록 좋음

(2) 조명(인공조명)

눈 보호	• 간접조명
인공조명 시 고려사항	• 균등한 조명도 유지 • 취급이 간단하고 가격이 저렴할 것 • 폭발, 화재의 위험이 없을 것 • 조명색은 주황색(일광)에 가까울 것 • 유해가스가 발생하지 않을 것
부적당한 조명에 의한 장애	• 가성근시 : 조도가 낮을 때 • 안정피로 : 조도 부족이나 눈부심이 심할 때 • 안구진탕증 : 부적당한 조명으로 안구가 좌, 우, 상, 하로 흔들리는 현상(탄광부) • 전광성 안염, 백내장 : 순간적으로 과도한 조명(용접·고열작업자) • 기타 작업능률의 저하 및 재해발생

7 환기·냉난방

자연환기	• 특별한 장치 없이 출입문, 창, 벽, 천장 등의 틈으로 환기가 이루어짐 • 실내외의 온도차, 풍력, 기체의 확산작용, 실외의 바람에 의해 이루어짐 • 실내외 온도차 5℃ 이상일 때 환기가 잘 됨 • 환기량(1시간 내 실내에 교환된 공기량)은 CO_2를 기준으로 측정
인공환기	• 기계력(환풍기, 후드장치)을 이용한 환기 • 흡인법(실내의 오염된 공기를 실외로 내보내는 것), 송인법(실내로 불어넣는 것) • 조리장은 고온다습하므로 1시간에 2~3회 정도의 환기가 필요 • 환기창은 5% 이상으로 내야 함
냉난방	• 실내온도 18±2℃(16~20℃), 습도 40~70%를 유지할 수 있도록 냉난방 실시 • 냉방 : 실내온도 26℃ 이상 시 필요, 실내외 온도차는 5~8℃ 이내로 유지 • 난방 : 실내온도 10℃ 이하 시 필요, 머리와 발의 온도차는 2~3℃ 내외 유지

Tip 중성대

실내온도가 실외온도보다 높을 때, 압력차이로 하부로는 공기가 들어오고 상부로는 공기가 나가는데 그 중간의 압력이 '0'인 지점. 중성대가 높은 위치에 형성될수록 환기량이 커서 방의 천장 가까이에 있는 것이 좋음

8 상하수도

(1) 상수도

상수도 정수 과정
취수 → 도수 → 정수(침전 → 여과 → 소독) → 송수 → 배수 → 급수

① 일반적으로 염소소독을 하며 염소소독 시 잔류량 0.2ppm 유지

② 단, 수영장, 제빙용수, 감염병 발생 시 0.4ppm 유지

Tip 여과법

- 완속사여과법 : 물을 모래층에 천천히 통과하도록 하여 불순물을 제거시키는 방법
- 급속사여과법 : 빠른 속도로 응집제를 사용하여 불순물을 제거시키는 방법(역류세척, 대도시 사용)

(2) 하수도

① 하수도의 구조

구분	내용
합류식	인간용수(가정하수, 공장폐수)와 천수(눈, 비)를 함께 처리 (장점 : 하수관 자연청소, 수리 편함, 시설비 쌈)
분류식	천수를 별도로 운반하는 구조
혼합식	천수와 사용수의 일부를 함께 운반하는 구조

② 하수 처리과정 : 예비처리 → 본처리 → 오니처리

구분		내용
예비처리		하수 유입구에 제진망을 설치하여 부유물, 고형물을 제거하고 토사 등을 침전시키며 보통 침전 또는 약품침전을 이용
본처리	호기성처리	활성오니법(활성슬러지법), 살수여과법, 산화지법, 회전원판법
	혐기성처리	부패조법, 임호프탱크법
오니처리		사상건조법, 소화법, 퇴비법, 소각법 등

③ 하수의 위생측정

구분	내용
생화학적 산소요구량 (BOD)	• BOD 수치가 높다는 것은 하수오염도가 높다는 뜻 • 20℃에서 5일간 하수 중의 유기물 분해에 의한 용존산소량의 손실량을 측정 • 20ppm 이하여야 함
용존산소량 (DO)	• 물에 녹아 있는 산소량 • 용존산소량의 부족은 오염도가 높은 것을 의미 • 4~5ppm 이상이어야 함 • BOD가 많고 DO가 적다는 것은 많이 오염되었다는 것
화학적 산소요구량 (COD)	• 물속의 유기물질을 산화제(과망간산칼륨)로 산화시킬 때 소모되는 산화제의 양에 상당하는 산소량 • COD가 높다는 것은 오염도가 높음을 의미 • 5ppm 이하여야 함

Tip 오염된 물★
BOD↑, DO↓, COD↑

9 오물 처리

(1) 분뇨처리

① 감염병이나 기생충 질환을 일으킬 수 있음
② 분뇨처리 방법 : 습식산화법, 화학적처리법, 소화처리법, 비료화법 등

(2) 진개(쓰레기) 처리

① 쓰레기 처리 비용 중에서 가장 많은 비용 차지 : 수거비용
② 가장 많은 쓰레기 : 음식물 쓰레기
③ 가정에서 나오는 주개(부엌에서 나오는 진개) 및 잡개, 공장 및 공공건물의 진개
④ 가정에서는 2분법(주개와 잡개를 분리) 처리가 좋고, 3가지 처리법이 있음

매립법	• 도시에서 많이 사용, 쓰레기를 땅속에 묻고 흙으로 덮는 방법 • 진개의 두께는 2m를 초과하지 말고, 복토 두께는 60cm~1m 적당
소각법★	• 가장 위생적(세균사멸), 대기오염 발생원인 우려(다이옥신 발생)
비료화법 (퇴비화법)	• 유기물이 많은 쓰레기를 발효시켜서 비료로 이용

10 구충·구서

(1) 구충·구서의 일반적 원칙★★★

① 발생 원인 및 서식처 제거(가장 근본 대책)
② 발생 초기에 실시
③ 구제 대상 동물의 생태, 습성에 맞추어 실시
④ 광범위하게 동시에 실시

(2) 위생해충의 종류와 구제 방법

파리★	질병	• 장티푸스, 파라티푸스, 이질, 콜레라, 식중독
	구제방법	• 진개 및 오물의 완전 처리 • 소독과 변소 개량 • 각종 살충제 분무법

모기★	종류	• 학질모기(말라리아) • 작은빨간집모기(일본뇌염) • 토고숲모기(사상충증)
	질병	• 사상충, 말라리아, 일본뇌염, 이질, 황열, 식중독
	구제방법	• 발생지 제거 • 하수도와 고인 물 장시간 정체하지 않도록 할 것
이, 벼룩★	질병	• 페스트, 발진티푸스
	구제방법	• 의복, 침실 및 신체청결과 침구류 일광소독 • 쥐의 구제 필요 • 살충제나 훈증소독법
바퀴	종류	• 독일바퀴(우리나라에 가장 많이 서식) • 일본바퀴(집바퀴) • 미국바퀴(이질바퀴) • 검정바퀴(먹바퀴)
	습성	• 잡식성, 야간활동성, 군서성(집단서식)
	질병	• 이질, 콜레라, 장티푸스, 살모넬라 및 폴리오 등 유발
	구제방법	• 항상 청결 • 살충제 및 붕산에 의한 독이법
진드기	종류	• 긴털가루 진드기(가장 흔한 종류, 곡물, 곡분, 분유, 건어물, 고춧가루, 치즈 등에 발생)
	질병	• 양충병, 쯔쯔가무시증, 큐열
	구제방법	• 밀봉포장 • 열처리(70℃ 이상) • 냉장(0℃ 전후 또는 냉동) • 방습(수분함량 10% 이하, 곡물 저장 시 습도 60% 이하) • 살충제
쥐★	종류	• 집쥐, 시궁쥐, 천장쥐, 들쥐 등
	질병	• 세균성 질병(페스트, 와일씨병, 서교증, 살모넬라 등) • 리케차성 질병(발진열) • 바이러스성 질병(유행성 출혈열)
	조리장에서의 구제방법	• 방충과 함께 방서할 수 있는 조치 필요 • 창문, 하수구 등에 방서망 설치 • 쥐가 숨을 수 있는 장소 두지 말 것 • 음식물이나 찌꺼기를 방치하지 말 것 • 살서제, 훈증법(조리장에서는 고양이를 기를 수 없음)

11 공해

(1) 소음

① 음의 크기 : phon

② 음의 강도 : dB

③ 측정단위 : dB

④ 소음의 허용기준 : 1일 8시간을 기준으로 90dB을 넘어서는 안 됨

⑤ 소음에 의한 피해 : 수면장애, 두통, 위장기능 저하, 작업능률 저하, 정신적 불안정, 불쾌감, 신경쇠약 등

(2) 진동

① 기계, 기구, 시설, 그 밖의 물체의 사용으로 인하여 발생하는 강한 흔들림

② 진동에 의한 피해 : 혈압상승, 수면장애, 불안감, 심장·신장·뇌 기능 손상 등

③ 진동의 허용 기준 : 60dB을 넘어서는 안 됨

(3) 대기오염★★★

대기오염원	• 공장 매연, 자동차 배기가스, 연기, 먼지 등
대기오염물질	• 아황산가스(공장 매연에 의한 것이 가장 많음, 실외공기 오염지표) • 일산화탄소(자동차 배기가스) • 질소산화물, 옥시던트(광화학 스모그 현상) • 분진(공사장), 자동차 배기가스와 각종 입자상 가스물질
대기오염의 피해	• 호흡기 질병유발(인간) • 물질의 부식 • 경제적 손실 • 식물의 고사(유황산화물) • 자연환경 악화
대기오염 대책	• 공장측 : 입지 대책, 연료배출 대책 • 공공기관측 : 도시계획의 합리화, 대기오염 실태파악과 방지, 계몽, 지도, 법적 규제와 방지, 기술개발

(4) 수질오염★★★

수질오염원	• 농업, 공업, 광업, 도시하수 등
수질오염 물질	• 카드뮴, 유기수은, 시안, 농약, 폴리염화비닐(PCB)
수질오염에 의한 피해	• 인체 피해 : 이타이이타이병(카드뮴), 미나마타병(수은), 미강유증(PCB) • 농작물의 고사, 어류 사멸, 상수원 오염, 악취로 인한 불쾌감

Tip PCB중독(쌀겨유 중독)

식욕부진, 구토, 체중감소

Tip 수질오염에 의한 공해 질병★

- 수은 중독증 : 미나마타병(증상 : 지각이상, 언어장애)
- 카드뮴 중독증 : 이타이이타이병(증상 : 골연화증)

Tip 부영양화

강, 바다, 호수 등에 유기물질(질소, 인)이 증가해서 발생하는 수질오염현상

3 역학

1 역학 일반

(1) 역학의 정의

인간집단에서 발생하고 존재하는 질병의 분포를 관찰하고 그와 관련된 원인을 규명하여 그 질병을 예방하는 것을 목적으로 하는 학문

(2) 역학의 목적★

① 질병의 예방을 위하여 질병 발생을 결정하는 요인 규명

② 질병의 측정과 유행 발생의 감시

③ 질병의 자연사 연구

④ 보건의료의 기획과 평가를 위한 자료 제공

⑤ 임상 연구에서의 활용

4 감염병

식품위생상 문제가 되는 것은 음식물을 매개로 하는 경구감염병과 인수공통감염병

Tip 경구감염병과 세균성 식중독의 차이점★

구분	경구감염병(소화기계 감염병)	세균성 식중독
감염원	감염병균에 오염된 식품과 음용수 섭취에 의해 경구감염	식중독균에 오염된 식품 섭취에 의해 감염
감염균의 양	적은 양의 균으로도 감염	많은 양의 균과 독소
잠복기	상대적으로 길다	짧다
2차 감염	있음	없음(살모넬라 제외)
면역성	있음	없음
독성	강함	약함
예방	예방접종 되는 경우도 있지만 대부분 불가능	가능(식품 중 균의 증식을 억제함)

1 감염병 발생의 3대 요소★★★

(1) 감염원(병인)★★★

① 질병을 일으키는 원인

② 병원체, 병원소(환자, 보균자, 매개동물이나 곤충, 오염토양, 오염식품, 오염식기구, 생활용구 등)

Tip 병원소의 종류

활성	• 매개 역할을 하는 생물로서 매개곤충, 흡충류가 여기에 속함 • 기계적 전파(파리, 바퀴), 생물학적 전파(모기, 빈대, 벼룩)
비활성	• 물, 식품, 공기, 완구, 기구 등을 말함 • 숙주 내부로는 들어가지 않고 병원체를 운반하는 수단으로 작용하는 손수건, 완구, 의복 등은 개달물(매개물)이라 함

(2) 감염경로(환경)★★★

감염원으로부터 병원체가 전파되는 과정, 직·간접적 감염, 공기감염, 절지동물 감염 등

(3) 숙주의 감수성★★★

숙주가 병원체를 받아들이는 감수성에 따라 감염병 발생

숙주	• 한 생물체가 다른 생물체의 침범을 받아 영양물질의 탈취 및 조직 손상 등을 당하는 생물체
감수성	• 숙주에 침입한 병원체에 대항하여 감염이나 발병을 저지할 수 없는 상태 • 감수성이 높으면 면역성이 낮으므로 질병이 발병하기 쉬움

Tip 감수성 지수(접촉감염지수)★

두창, 홍역(95%) 〉 백일해(60~80%) 〉 성홍열(40%) 〉 디프테리아(10%) 〉 폴리오(0.1%)

2 감염병의 생성과정

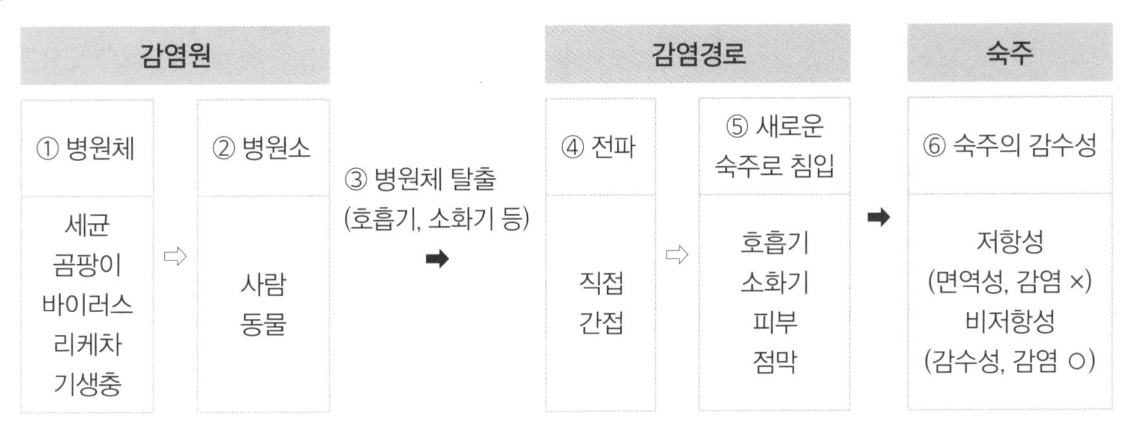

3 법정감염병(감염병의 예방 및 관리에 관한 법률 [2024.9.15. 시행])

구분	특징	해당 질병
제1급 감염병	생물테러감염병 또는 치명률이 높거나 집단 발생의 우려가 커서 발생 또는 유행 즉시 신고하여야 하고, 음압격리와 같은 높은 수준의 격리가 필요한 감염병	에볼라바이러스병, 마버그열, 라싸열, 크리미안콩고출혈열, 남아메리카출혈열, 리프트밸리열, 두창, 페스트, 탄저, 보툴리눔독소증, 야토병, 신종감염병증후군, 중증급성호흡기증후군(SARS), 중동호흡기증후군(MERS), 동물인플루엔자 인체감염증, 신종인플루엔자, 디프테리아
제2급 감염병	전파가능성을 고려하여 발생 또는 유행 시 24시간 이내에 신고하여야 하고, 격리가 필요한 감염병	결핵, 수두, 홍역, 콜레라, 장티푸스, 파라티푸스, 세균성 이질, 장출혈성대장균감염증, A형간염, 백일해, 유행성이하선염, 풍진, 폴리오, 수막구균 감염증, b형헤모필루스인플루엔자, 폐렴구균 감염증, 한센병, 성홍열, 반코마이신내성황색포도알균(VRSA) 감염증, 카바페넴내성장내세균목(CRE) 감염증, E형간염
제3급 감염병	그 발생을 계속 감시할 필요가 있어 발생 또는 유행 시 24시간 이내에 신고하여야 하는 감염병	파상풍, B형간염, 일본뇌염, C형간염, 말라리아, 레지오넬라증, 비브리오패혈증, 발진티푸스, 발진열, 쯔쯔가무시증, 렙토스피라증, 브루셀라증, 공수병, 신증후군출혈열, 후천성면역결핍증(AIDS), 크로이츠펠트-야콥병(CJD) 및 변종크로이츠펠트-야콥병(vCJD), 황열, 뎅기열, 큐열, 웨스트나일열, 라임병, 진드기매개뇌염, 유비저, 치쿤구니야열, 중증열성혈소판감소증후군(SFTS), 지카바이러스 감염증, 매독
제4급 감염병	1~3급 외에 유행 여부를 조사하기 위하여 표본감시 활동이 필요한 감염병	인플루엔자, 회충증, 편충증, 요충증, 간흡충증, 폐흡충증, 장흡충증, 수족구병, 임질, 클라미디아감염증, 연성하감, 성기단순포진, 첨규콘딜롬, 반코마이신내성장알균(VRE) 감염증, 메티실린내성황색포도알균(MRSA) 감염증, 다제내성녹농균(MRPA) 감염증, 다제내성아시네토박터바우마니균(MRAB) 감염증, 장관감염증, 급성호흡기감염증, 해외유입기생충감염증, 엔테로바이러스감염증, 사람유두종바이러스 감염증

Tip 검역감염병과 최대 잠복기간★(검역법 시행규칙 제14조의 3[2022.11.1. 시행])

- 콜레라 : 5일, 120시간
- 페스트 : 6일, 144시간
- 황열 : 6일, 144시간
- 중증급성호흡기증후군(SARS) : 10일
- 동물인플루엔자 인체감염증 : 10일
- 중동호흡기증후군(MERS) :14일
- 에볼라바이러스병 : 21일

4 감염병의 분류

소화기계 감염병	• 경구침입 • 콜레라, 장티푸스, 파라티푸스, 세균성 이질, 아메바성 이질, 소아마비, 유행성 간염, 기생충병 등
호흡기계 감염병	• 비말감염, 진애감염 • 디프테리아, 백일해, 결핵, 홍역, 천연두, 유행성 이하선염, 풍진 등

(1) 병원체에 따른 분류

① 바이러스

소화기계 침입	소아마비(폴리오), 유행성 간염 등
호흡기계 침입	인플루엔자, 홍역, 유행성 이하선염, 두창 등
피부점막 침입	일본뇌염, 광견병(공수병), AIDS 등

② 세균

소화기계 침입	콜레라, 장티푸스, 파라티푸스, 세균성 이질 등
호흡기계 침입	디프테리아, 백일해, 나병(한센병), 결핵, 폐렴, 성홍열 등
피부점막 침입	파상풍, 페스트 등

③ 리케차 : 발진티푸스, 발진열, 쯔쯔가무시증(양충병) 등

④ 스피로헤타 : 와일씨병, 매독, 서교증 등

⑤ 원충 : 말라리아, 아메바성 이질, 톡소플라스마, 트리파노소마(아프리카 수면병) 등

(2) 인체 침입구에 따른 분류★★★

소화기계 침입	콜레라, 장티푸스, 파라티푸스, 세균성 이질, 아메바성 이질, 소아마비(폴리오) 등
호흡기계 침입	디프테리아, 백일해, 홍역, 천연두(두창), 유행성 이하선염, 결핵, 인플루엔자, 풍진, 성홍열 등
피부점막 침입	매독, 파상풍, 광견병, 일본뇌염 등

Tip **용어이해**

- 경구감염병 : 병원균이 먹는 물과 음식을 통하여 감염되는 병
- 호흡기계 감염병 : 병원균이 공기, 호흡, 비말(대화나 기침, 재채기에 튀어나오는 수분 알갱이)을 통하여 감염되는 병
- 피부점막 감염병 : 병원균이 있는 피부나 눈, 가구, 그릇 등과 접촉하여 감염되는 병

(3) 기타 감염경로에 따른 분류

직접전파	• 신체접촉 : 매독, 임질, 성병 등 • 토양으로부터 감염 : 파상풍, 탄저 등
간접전파	• 비말감염(기침, 재채기를 통한 감염) : 홍역, 인플루엔자, 폴리오(소아마비) 등 • 진애감염(먼지를 통한 감염) : 결핵, 천연두, 디프테리아 등
공기전파	• 기침을 하거나 대화중일 때 병원체가 대기 중에 부유하여 감염 • Q열, 브루셀라, 결핵 등
절족동물 매개감염병	• 발진티푸스(이), 황열(모기), 말라리아(모기), 일본뇌염(모기), 페스트(벼룩), 발진열(벼룩), 양충병(진드기), 유행성 출혈열(진드기) 등
수인성 감염으로 전파	• 콜레라, 이질, 장티푸스, 파라티푸스 등
식품(음식물)으로 전파	• 콜레라, 이질, 장티푸스, 폴리오(소아마비), 유행성 간염 등
개달물 감염으로 전파★	• 의복, 침구, 서적, 완구 등에 의한 감염 • 결핵, 트라코마, 천연두 등
토양 감염으로 전파	• 파상충, 구충(십이지장충) 등

5 감염병의 잠복기

① 잠복기 1주일 이내 : 콜레라, 이질, 성홍열, 파라티푸스, 뇌염, 인플루엔자 등

② 잠복기 1~2주일 : 장티푸스, 홍역, 급성회백수염, 수두, 풍진 등

③ 잠복기가 긴 것 : 한센병, 결핵

6 감염병 유행의 시간적 현상

변화	주기	감염병
순환변화(단기변화) 단기 주기로 유행하는 것	2~5년	백일해(2~4년) 홍역(2~4년) 일본뇌염(3~4년)
추세변화(장기변화)★	10~40년	디프테리아(20년) 성홍열(30년) 장티푸스(30~40년)
계절적 변화	하계	소화기계 감염병
	동계	호흡기계 감염병
불규칙 변화	질병 발생 양상이 돌발적으로 발생하는 경우(외래 감염병)	

7 감염병의 예방 대책

① 환자에 대한 대책 : 환자의 조기 발견, 격리 및 감시와 치료 실시, 법정감염병 환자 신고 잘하기

② 보균자에 대한 대책 : 보균자의 조기발견으로 감염병의 전파를 막음
(특히 식품을 다루는 업무에 종사하는 사람에 대한 검색을 중점적으로 실시)

Tip 보균자의 종류★

건강보균자	병원체를 몸에 지니고 있으나 겉으로는 증상이 나타나지 않는 건강한 사람 (감염병 관리가 가장 어려움)
잠복기보균자	병원체에 감염되어 있지만 임상증상이 아직 나타나지 않은 상태의 사람
회복기보균자	질병의 임상증상이 회복되는 시기에도 여전히 병원체를 지닌 사람

③ 외래 감염병에 대한 대책 : 병에 걸린 동물을 신속히 없앰

④ 역학조사 : 검병호구조사, 집단검진 등 각종 자료에서 감염원을 조사 추구하여 대책을 세움

⑤ 감수성 숙주의 관리 : 예방접종 실시

8 면역

① 면역의 종류

구분		특징
선천적 면역		• 체내에 자연적으로 형성된 면역 • 종속면역, 인종면역, 개인의 특이성
후천적 면역 : 감염병의 환후나 예방접종 등에 형성된 면역	능동면역	• 자연능동면역 : 질병감염 후 획득한 면역 • 인공능동면역 : 예방접종(백신)으로 획득한 면역
	수동면역	• 자연수동면역 : 모체로부터 얻는 면역(태반, 수유) • 인공수동면역 : 혈청 접종으로 얻는 면역

Tip 능동면역과 수동면역

- 능동면역 : 숙주 스스로 면역체를 만들어 가진 것
- 수동면역 : 다른 숙주가 만든 면역체를 받아서 면역력을 가진 것

Tip 면역과 질병

영구면역이 잘 되는 질병	홍역, 폴리오, 천연두, 수두, 풍진, 백일해 등
면역이 형성되지 않는 질병	매독, 이질, 말라리아 등

② 예방접종(인공면역)

구분	연령	종류
기본접종	생후 4주 이내	BCG(결핵 예방접종)
	생후 2, 4, 6개월	경구용 소아마비, DPT
	15개월	홍역, 볼거리, 풍진
	3~15세	일본뇌염
추가접종	18개월, 4~6세, 11~13세	경구용 소아마비, DPT
	매년	유행전 접종(독감)

Tip **DPT** ★
- D : 디프테리아
- P : 백일해
- T : 파상풍

9 인수공통감염병★★★

사람과 동물이 같은 병원체에 의해서 감염증상을 일으키는 것

결핵(세균)	소	돈단독(세균)	소, 돼시, 말
탄저병(세균)	소, 말 ,양	Q열(리케차)	소, 양
파상열(세균)★	소, 돼지, 염소 증상 : 사람(열병), 동물(유산)	광견병(바이러스)★	개
야토병(세균)	토끼	페스트(세균)	쥐
조류인플루엔자 (바이러스)	닭, 칠면조, 야생조류	렙토스피라증 (세균)	쥐

Tip **투베르쿨린 반응 검사**
결핵균 감염 유무 검사

5 산업보건관리

1 산업보건의 정의 및 목적

국제노동기구(ILO)와 세계보건기구(WHO) 공동위원회(1950년)의 정의

① 모든 직업의 근로자들이 신체적, 정신적, 사회적으로 최상의 안녕상태를 유지증진하기 위하여

② 작업조건으로 인한 질병을 예방하고
③ 건강에 유해한 작업조건으로부터 근로자들을 보호하며
④ 생리적으로나 심리적으로 적합한 작업환경에서 일하도록 배치하는 것

2 직업병★★★

특정 직업에 종사함으로써 그 직업에 종사하는 사람에게만 장시간에 걸쳐 만성적으로 발생하는 질병

<table>
<tr><th>원인별</th><th colspan="2">질병명</th></tr>
<tr><td>고열 환경(이상고온)</td><td colspan="2">열중증(열경련증, 열허탈증, 열쇠약증, 열사병)</td></tr>
<tr><td>저온 환경(이상저온)</td><td colspan="2">동상, 동창, 참호족염(습하거나 꼭 끼는 신발)</td></tr>
<tr><td>고압 환경(이상고기압)</td><td colspan="2">잠함병</td></tr>
<tr><td>저압 환경(이상저기압)</td><td colspan="2">고산병, 항공병, 이명현상</td></tr>
<tr><td>자외선</td><td colspan="2">피부화상, 피부암, 눈의 결막(각막) 손상 등</td></tr>
<tr><td>적외선</td><td colspan="2">일사병, 백내장, 피부홍반 등</td></tr>
<tr><td>방사선</td><td colspan="2">조혈기능 장애, 피부점막 궤양과 암 형성, 생식기 장애, 백내장</td></tr>
<tr><td>조명 불량</td><td colspan="2">안구진탕증, 근시, 안정피로, 작업능률 저하</td></tr>
<tr><td>분진</td><td colspan="2">진폐증
• 규폐증(유리규산)
• 석면폐증(석면)
• 활석폐증(활석)</td></tr>
<tr><td>진동</td><td colspan="2">레이노드병 : 혈액순환 저해로 손가락이 창백해지는 청색증과 동통을 유발</td></tr>
<tr><td>소음</td><td colspan="2">직업성 난청
• 방지 : 귀마개 사용, 방음벽 설치, 작업 방법 개선
• dB(데시벨) : 음의 강도 측정단위
• 폰(phon) : 음의 크기 측정단위
• 근로기준법상 1일 8시간 근무자의 소음허용한계 : 90dB</td></tr>
<tr><td rowspan="4">공업 중독
(중금속 중독)</td><td>카드뮴(Cd)</td><td>이타이이타이병(폐기종, 신장애, 단백뇨, 골연화증 증세)</td></tr>
<tr><td>수은(Hg)</td><td>미나마타병(언어장애, 지각이상, 보행곤란 증세)</td></tr>
<tr><td>납(Pb)</td><td>연연, 소변에서 코프로포피린 검출, 권태, 체중감소, 염기성 과립적혈구 수 증가, 요독증 증세</td></tr>
<tr><td>크롬(Cr)</td><td>비중격천공, 비염, 인두염, 기관지염</td></tr>
</table>

3 산업재해 지표

① 건수율 : 산업재해 지표의 하나로 근로자 수에 대한 재해 발생의 빈도

(재해 건수 / 평균 실 근로자 수) × 1,000

② 도수율 : 산업 재해 지표의 하나로 근로시간에 대한 재해 발생의 빈도

(재해 건수/연 근로시간 수) × 1,000,000

③ 강도율 : 근로시간 합계 1,000시간당 재해로 인한 근로손실일 수

재해강도율 = (총 근로손실일 수/연 근로시간 수) × 1,000

④ 재해일수율

(연 재해일 수/연 근로시간 수) × 100

지피지기 예상문제

아는 문제(○), 헷갈리는 문제(△), 모르는 문제(x) 표시해 복습에 활용하세요.

1

○ △ x

건강의 정의를 가장 잘 나타낸 것은?

① 질병이 없으며 허약하지 않은 상태
② 육체적·정신적 및 사회적 안녕의 완전한 상태
③ 식욕이 좋으며 심신이 연약한 상태
④ 육체적 고통이 없고 정신적으로 편안한 상태

2

○ △ x

다음 중 공중보건의 목적은?

① 질병예방, 생명연장, 건강증진
② 건강증진, 생명연장, 질병치료
③ 생명연장, 건강증진, 조기발견
④ 조기치료, 조기발견, 격리치료

3

○ △ x

공중보건 사업의 최소단위가 되는 것은?

① 가족 ② 국가
③ 개인 ④ 지역사회

4

○ △ x

세계보건기구(WHO) 보건헌장에 의한 건강의 의미로 가장 적합한 것은?

① 질병과 허약의 부재상태를 포함한 육체적으로 완전무결한 상태
② 육체적으로 완전하며 사회적 안녕이 유지되는 상태
③ 단순한 질병이나 허약의 부재 상태를 포함한 육체적, 정신적 및 사회적 안녕의 완전한 상태
④ 각 개인의 건강을 제외한 사회적 안녕이 유지되는 상태

5

○ △ x

평균수명에서 질병이나 부상으로 인하여 활동하지 못하는 기간을 뺀 수명은?

① 기대수명 ② 건강수명
③ 비례수명 ④ 자연수명

6

○ △ x

국민의 건강상태를 국가 간에 비교하고자 할 때 사용되는 지표라 할 수 없는 것은?

① 평균수명 ② 조사망률
③ 비례사망지수 ④ 성인병 발생률

1 세계보건기구(WHO) 보건헌장에 의한 건강의 의미는 단순한 질병이나 허약의 부재 상태를 포함한 육제적, 정신적 및 사회적 안녕의 완전한 상태를 말한다.

2 감염병 치료는 공중보건이 아니라 임상의학이다.

6 세계보건기구의 국가 간 비교 건강지표는 비례사망지수, 조사망률, 평균수명이다.

정답

1	②	2	①	3	④	4	③	5	②
6	④								

7 ● ▲ X

태양광선 중에서 실내의 밝고 어두움과 관련 있는 광선은?

① 자외선 ② 가시광선

③ 적외선 ④ 엑스선

8 ● ▲ X

자외선의 인체에 대한 설명으로 틀린 것은?

① 살균작용과 피부암을 유발한다.

② 체내에서 비타민 D를 생성시킨다.

③ 피부결핵이나 관절염에 유해하다.

④ 신진대사 촉진과 적혈구 생성을 촉진시킨다.

9 ● ▲ X

건강선과 가장 관계가 깊은 것은?

① 가시광선

② 감각온도를 표시한 도표

③ 자외선 중 살균 효과를 가지는 파장

④ 강력한 진동으로 살균 작용을 하는 음파

10 ● ▲ X

자외선의 작용과 거리가 먼 것은?

① 피부암 유발

② 안구진탕증 유발

③ 살균 작용

④ 비타민 D 형성

11 ● ▲ X

과량조사 시에 열사병의 원인이 될 수 있는 것은?

① 마이크로파 ② 적외선

③ 자외선 ④ 엑스선

12 ● ▲ X

4대 온열요소에 속하지 않는 것은?

① 기류 ② 기압

③ 기습 ④ 복사열

13 ● ▲ X

불쾌지수 측정에 필요한 요소는?

① 건구온도, 습구온도

② 기온, 풍속

③ 기습, 풍속

④ 기습, 기류

14 ● ▲ X

실내공기 오염의 지표로 이용되는 기체는?

① 산소

② 이산화탄소

③ 일산화탄소

④ 질소

15 ● ▲ X

공기의 자정작용에 속하지 않는 것은?

① 산소, 오존 및 과산화수소에 의한 산화작용

② 공기 자체의 희석작용

③ 세정작용

④ 여과작용

16 ● ▲ X

무색, 무취, 무자극성 기체로써 불완전 연소 시 잘 발생하며 연탄가스 중독의 원인물질인 것은?

① CO ② CO_2

③ SO ④ NO

17

일산화탄소(CO)에 대한 설명으로 틀린 것은?

① 무색, 무취이다.
② 물체의 불완전 연소 시 발생한다.
③ 자극성이 없는 기체이다.
④ 이상 고기압에서 발생하는 잠함병과 관련이 있다.

18

이산화탄소(CO_2)를 실내 공기의 오탁지표로 사용하는 가장 주된 이유는?

① 유독성이 강하므로
② 실내 공기조성의 전반적인 상태를 알 수 있으므로
③ 일산화탄소로 변화되므로
④ 항상 산소량과 반비례하므로

19

기온역전현상의 발생 조건은?

① 상부기온이 하부기온보다 낮을 때
② 상부기온이 하부기온보다 높을 때
③ 상부기온과 하부기온이 같을 때
④ 안개와 매연이 심할 때

20

다수인이 밀집한 장소에서 발생하며 화학적 조성이나 물리적 조성의 큰 변화를 일으켜 불쾌감, 두통, 권태, 현기증, 구토 등의 생리적 이상을 일으키는 현상은?

① 빈혈 ② 일산화탄소 중독
③ 분압 현상 ④ 군집독

21

각 환경요소에 대한 연결이 잘못된 것은?

① 이산화탄소(CO_2)의 서한량 : 5%
② 실내의 쾌감습도 : 40~70%
③ 일산화탄소(CO)의 서한량 : 0.01%
④ 실내 쾌감기류 : 0.2~0.3m/sec

22

물의 자정작용에 해당되지 않는 것은?

① 희석작용 ② 침전작용
③ 소독작용 ④ 산화작용

---

7 가시광선은 인간에게 색채와 명암을 부여하며 조명 불량으로 인해 시력저하 및 암순응 능력이 저하될 수 있다.

8 자외선은 피부결핵이나 관절염에 유익하다.

9 자외선은 도르노선 즉 건강선으로 사람에게 유익한 작용을 한다.

10 안구진탕증은 조명불량으로 발생하는 질환으로 가시광선과 관련이 있다.

11 적외선은 장시간에 걸쳐 과다하게 조사하면 두통, 백내장, 현기증, 열경련, 일사병 등을 유발한다.

13 불쾌지수란 사람이 날씨에 대하여 불쾌감을 느끼는 정도를 기온과 습도를 이용하여 나타낸 수치를 말한다.

15 공기의 자정작용 : 바람에 의한 공기 자체의 희석작용, 눈, 비 등에 의한 세정작용, 산소, 오존, 과산화수소 등에 의한 산화작용, 일광(자외선)에 의한 살균작용, 식물의 광합성 작용으로 인한 O_2와 CO_2의 교환 작용

17 ④는 질소(N_2)에 대한 설명이다.

21 이산화탄소(CO_2)의 서한량 : 0.1%

22 물의 자정작용이란 지표면의 물이 시간이 지남에 따라 물리적 작용(희석, 확산, 여과, 침전 등)·화학적 작용(산화, 환원, 중화 등)·생물학적 작용(호기성 미생물에 의한 유기물질 분해)으로 자연적으로 정화되는 것을 말한다.

정답

7	②	8	③	9	③	10	②	11	②
12	②	13	①	14	②	15	④	16	①
17	④	18	②	19	②	20	④	21	①
22	③								

23

먹는물의 수질기준으로 틀린 것은?

① 색도는 7도 이상이어야 한다.
② 냄새와 맛은 소독으로 인한 냄새와 맛 이외의 냄새와 맛이 있어서는 안 된다.
③ 대장균·분원성 대장균군은 100ml에서 검출되지 않아야 한다(단, 샘물·먹는샘물 및 먹는해양심층수 제외).
④ 수소이온의 농도는 pH 5.8 이상, pH 8.5 이하이어야 한다.

24

인공조명 시 고려해야 할 사항으로 틀린 것은?

① 작업하기 충분한 조명도를 유지해야 한다.
② 균등한 조명도를 유지해야 한다.
③ 조명 시 유해가스가 발생하지 않아야 한다.
④ 가급적 직접조명이 되도록 해야 한다.

25

실내 자연환기의 근본 원인이 되는 것은?

① 기온의 차이 ② 채광의 차이
③ 동력의 차이 ④ 조명의 차이

26

다음의 상수 처리과정에서 가장 마지막 단계는?

① 급수 ② 취수
③ 정수 ④ 도수

27

하수처리의 본처리과정 중 혐기성 분해처리에 해당하는 것은?

① 활성오니법 ② 접촉여상법
③ 살수여상법 ④ 부패조법

28

상수도와 관계된 보건 문제가 아닌 것은?

① 수도열 ② 반상치
③ 레이노드병 ④ 수인성 감염병

29

〈예비처리-본처리-오니처리〉 순서로 진행되는 것은?

① 하수 처리 ② 쓰레기 처리
③ 상수도 처리 ④ 지하수 처리

30

하수오염 조사 방법과 관련이 없는 것은?

① THM의 측정 ② COD의 측정
③ DO의 측정 ④ BOD의 측정

31

하수 오염도 측정 시 생화학적 산소요구량(BOD)을 결정하는 가장 중요한 인자는?

① 물의 경도 ② 수중의 유기물량
③ 하수량 ④ 수중의 광물질량

32

( )안에 차례대로 들어갈 알맞은 내용은?

> 생물화학적 산소요구량(BOD)은 일반적으로 ( )을 ( )에서 ( )간 안정화 시키는 데 소비한 산소량을 말한다.

① 무기물질, 15℃, 5일
② 무기물질, 15℃, 7일
③ 유기물질, 20℃, 5일
④ 유기물질, 20℃, 7일

33

●▲X

일반적으로 생물화학적 산소요구량(BOD)과 용존산소량(DO)은 어떤 관계가 있는가?

① BOD가 높으면 DO도 높다.
② BOD가 높으면 DO는 낮다.
③ BOD와 DO는 항상 같다.
④ BOD와 DO는 무관하다.

34

●▲X

수질오염의 부영양화에 대한 설명으로 틀린 것은?

① 혐기성 분해로 인한 냄새가 난다.
② 물의 색이 변한다.
③ 수면에 엷은 피막이 생긴다.
④ 용존산소가 증가된다.

35

●▲X

질산염이나 인물질 등이 증가해서 오는 수질오염 현상은?

① 수온상승 현상
② 수인성 병원체 증가 현상
③ 부영양화 현상
④ 난분해물 축적 현상

36

●▲X

다음 중 진개의 처리방법이 아닌 것은?

① 소각법 ② 위생매립법
③ 고속퇴비화 ④ 활성오니법

37

●▲X

다음 중 공해로 분류되지 않는 것은?

① 대기오염 ② 수질오염
③ 식품오염 ④ 진동, 소음

23 색도는 5도 이하이어야 한다.

24 가급적 간접조명이 되도록 해야 한다.

25 자연환기는 특별한 장치 없이 방의 출입구, 창문의 틈을 통해 이루어지는 환기로, 실내·외의 온도차, 기체의 확산, 실외의 바람에 의해 발생한다.

26 상수 처리과정은 취수 → 도수 → 정수(침전 → 여과 → 소독) → 송수 → 배수 → 급수이다.

28 레이노드병은 진동에 의한 질병(직업병)이다.

29 하수 처리과정은 예비처리 → 본처리 → 오니처리 순서로 진행된다.

30 THM(트리할로메탄)은 물의 염소소독 과정에서 발생하는 발암물질로 하수오염 조사 방법과 관련이 없다.

31, 32 생물학적 산소요구량(BOD)은 세균이 호기성 상태에서 수중의 유기물질을 20℃에서 5일간 안정화 시키는 데 필요한 산소량이다.

33 일반적으로 생물화학적 산소요구량(BOD)과 용존산소량(DO)은 서로 반비례 관계에 있다. 예를 들어 물이 오염된 경우 BOD는 높고, DO는 낮다.

34 용존산소가 부족하게 된다.

36 활성오니법은 하수 처리과정 중 호기성 분해처리법이다.

37 공해는 산업이나 교통의 발달, 인구의 도시집중 등 여러 가지 원인에 의해서 사람의 건강·생명·재산 등에 위해를 끼치는 현상으로, 종류에는 대기오염, 수질오염, 토양오염, 소음, 진동, 악취 등이 있다.

정답

23	①	24	④	25	①	26	①	27	④
28	③	29	①	30	①	31	②	32	③
33	②	34	④	35	③	36	④	37	③

38 ●|▲|X

쓰레기 처리방법 중 미생물까지 사멸할 수는 있으나 대기오염을 유발할 수 있는 것은?

① 소각법 ② 투기법
③ 매립법 ④ 재활용법

39 ●|▲|X

폐기물 소각 처리 시의 가장 큰 문제점은?

① 악취가 발생되며 수질이 오염된다.
② 다이옥신이 발생한다.
③ 처리방법이 불쾌하다.
④ 지반이 약화되어 균열이 생길 수 있다.

40 ●|▲|X

소음에 있어서 음의 크기를 측정하는 단위는?

① 데시벨(dB) ② 폰(phon)
③ 실(SIL) ④ 주파수(Hz)

41 ●|▲|X

소음의 측정단위인 데시벨은(dB)은?

① 음의 강도 ② 음의 질
③ 음의 파장 ④ 음의 전파

42 ●|▲|X

소음으로 인한 피해와 거리가 먼 것은?

① 불쾌감 및 수면장애
② 작업능률 저하
③ 위장기능 저하
④ 맥박과 혈압의 저하

43 ●|▲|X

다음 중 환경위생에 속하지 않는 것은?

① 상하수도의 관리
② 음료수의 위생 관리
③ 예방접종 관리
④ 쓰레기 처리 관리

44 ●|▲|X

역학의 목적으로 옳지 않은 것은?

① 질병의 예방을 위하여 질병 발생을 결정하는 요인 규명
② 보건의료의 기획과 평가를 위한 자료 제공
③ 경제 연구에서의 활용
④ 질병의 측정과 유행 발생의 감시

45 ●|▲|X

수인성 감염병의 특징을 설명한 것 중 틀린 것은?

① 단시간에 다수의 환자가 발생한다.
② 환자의 발생은 그 급수지역과 관계가 깊다.
③ 발생율이 남녀노소, 성별, 연령별로 차이가 크다.
④ 오염원의 제거로 일시에 종식될 수 있다.

46 ●|▲|X

경구감염병과 세균성 식중독의 주요 차이점에 대한 설명으로 옳은 것은?

① 경구감염병은 다량의 균으로, 세균성 식중독은 소량의 균으로 발병한다.
② 세균성 식중독은 2차 감염이 많고, 경구감염병은 거의 없다.
③ 경구감염병은 면역성이 없고, 세균성 식중독은 있는 경우가 많다.
④ 세균성 식중독은 잠복기가 짧고, 경구감염병은 일반적으로 길다.

47

●|▲|X

만성감염병과 비교할 때 급성감염병의 역학적 특성은?

① 발생률은 높고, 유병률은 낮다.
② 발생률은 낮고, 유병률은 높다.
③ 발생률과 유병률이 모두 낮다.
④ 발생률과 유병률이 모두 높다.

48

●|▲|X

다음 중 감염병을 관리하는 데 있어 가장 어려운 대상은?

① 급성 감염병환자　② 만성 감염병환자
③ 건강보균자　④ 식중독환자

49

●|▲|X

감수성지수(접촉감염지수)가 가장 높은 감염병은?

① 폴리오　② 홍역
③ 백일해　④ 디프테리아

50

●|▲|X

회복기 보균자에 대한 설명으로 옳은 것은?

① 병원체에 감염되어 있지만 임상증상이 아직 나타나지 않은 상태의 사람
② 병원체를 몸에 지니고 있으나 겉으로는 증상이 나타나지 않는 건강한 사람
③ 질병의 임상 증상이 회복되는 시기에도 여전히 병원체를 지닌 사람
④ 몸에 세균 등 병원체를 오랫동안 보유하고 있으면서 자신은 병의 증상을 나타나지 아니하고 다른 사람에게 옮기는 사람

51

●|▲|X

세균의 감염에 의하여 일어나는 경구감염병은?

① 콜레라　② 인플루엔자
③ 유행성 이하선염　④ 후천성 면역결핍증

52

●|▲|X

바이러스에 의한 감염이 아닌 것은?

① 폴리오　② 인플루엔자
③ 장티푸스　④ 유행성 감염

42 소음에 의한 피해로는 수면장애, 두통, 위장기능 저하, 작업능률 저하, 정신적 불안정, 불쾌감, 신경쇠약 등이 있다.

43 예방접종은 감염병 예방을 위한 면역을 키우는 것으로 환경위생과 관련이 없다.

44 역학은 임상연구에서의 활용을 위한 목적을 가지고 있다. 경제연구는 관련이 없다.

45 수인성 감염병은 일반적으로 남녀노소, 성별, 연령별, 직업별 이환율(병에 걸리는 비율)의 차이가 적다.

46 ① 경구감염병은 소량의 균으로, 세균성 식중독은 다량의 균으로 발병한다.
② 세균성 식중독은 2차 감염이 없고, 경구감염병은 있다.
③ 경구감염병은 면역성이 있고, 세균성 식중독은 없다.

48 병원체를 몸에 지니고 있으나 겉으로는 증상이 나타나지 않는 건강한 사람인 건강보균자는 감염병을 관리하는 데 있어 가장 어려운 대상이다.

49 두창, 홍역(95%) 〉 백일해(60~80%) 〉 디프테리아(10%) 〉 폴리오(0.1%)

50 ① 잠복기보균자 ② 건강보균자 ④ 불현성감염자

51 인플루엔자, 유행성, 이하선염, 후천성 면역결핍증 : 바이러스

52 장티푸스는 세균에 의한 감염이다.

정답

38	①	39	②	40	②	41	①	42	④
43	③	44	③	45	③	46	④	47	①
48	③	49	②	50	③	51	①	52	③

53 ●|▲|X

리케차(rickettsia)에 의해서 발생되는 감염병은?

① 세균성 이질 ② 파라티푸스
③ 발진티푸스 ④ 디프테리아

54 ●|▲|X

다음 중 모기가 전파하는 감염병이 아닌 것은?

① 일본뇌염 ② 사상충증
③ 재귀열 ④ 황열

55 ●|▲|X

호흡기계 감염병에 속하지 않는 것은?

① 홍역 ② 일본뇌염
③ 디프테리아 ④ 백일해

56 ●|▲|X

곤충을 매개로 간접 전파되는 감염병과 가장 거리가 먼 것은?

① 재귀열 ② 말라리아
③ 인플루엔자 ④ 쯔쯔가무시병

57 ●|▲|X

심한 설사로 인하여 탈수 증상을 나타내는 감염병은?

① 콜레라 ② 백일해
③ 결핵 ④ 홍역

58 ●|▲|X

음식물이나 식수에 오염되어 경구적으로 침입되는 감염병이 아닌 것은?

① 유행성 이하선염 ② 파라티푸스
③ 세균성 이질 ④ 폴리오

59 ●|▲|X

환경위생을 철저히 함으로서 예방 가능한 감염병은?

① 콜레라 ② 풍진
③ 백일해 ④ 홍역

60 ●|▲|X

쌀뜨물 같은 설사를 유발하는 경구감염병의 원인균은?

① 살모넬라균 ② 포도상구균
③ 장염비브리오균 ④ 콜레라균

61 ●|▲|X

감염병 중에서 비말감염과 관계가 먼 것은?

① 백일해 ② 디프테리아
③ 발진열 ④ 결핵

62 ●|▲|X

감염병과 주요한 감염경로의 연결이 틀린 것은?

① 공기감염 – 폴리오
② 직접 접촉감염 – 성병
③ 비말감염 – 홍역
④ 절지동물 매개 – 황열

63 ●|▲|X

감염병과 발생원인의 연결이 틀린 것은?

① 장티푸스 – 파리
② 일본뇌염 – 큐렉스속 모기
③ 임질 – 직접 감염
④ 유행성 출혈열 – 중국얼룩날개 모기

64

●▲X

질병을 매개하는 위생해충과 그 질병의 연결이 틀린 것은?

① 모기 – 사상충증, 말라리아
② 파리 – 장티푸스, 발진티푸스
③ 진드기 – 유행성 출혈열, 쯔쯔가무시증
④ 벼룩 – 페스트, 발진열

65

●▲X

일반적으로 개달물(介達物) 전파가 가장 잘 되는 것은?

① 공수병　② 일본뇌염
③ 트라코마　④ 황열

66

●▲X

감염병 관리상 환자의 격리를 요하지 않는 것은?

① 콜레라　② 디프테리아
③ 파상풍　④ 장티푸스

67

●▲X

병원체가 인체에 침입한 후 자각적·타각적 임상증상이 발병할 때까지의 기간은?

① 세대기　② 이환기
③ 잠복기　④ 전염기

68

●▲X

다음 중 잠복기가 가장 긴 감염병은?

① 한센병　② 파라티푸스
③ 콜레라　④ 디프테리아

69

●▲X

동물과 관련된 감염병의 연결이 틀린 것은?

① 소 – 결핵
② 고양이 – 디프테리아
③ 개 – 광견병
④ 쥐 – 페스트

---

53 ①②④ 세균

54 재귀열은 이와 빈대가 전파하는 질병이다.

56 ① 재귀열 – 진드기, 이, 쥐 ② 말라리아 – 모기 ④ 쯔쯔가무시병 – 진드기

59 경구감염병은 환경위생을 철저히 함으로서 예방가능하다. ②③④는 호흡기계 감염병이다.

61 호흡기계 감염병은 환자의 대화, 기침, 재채기 등을 통해 전파되어 호흡기를 통해 감염되는 질병으로 비말감염이라고 한다.

62 폴리오는 물이나 음식물의 섭취를 통해 감염되는 소화기계 감염병(경구감염병)이다.

63 유행성 출혈열 – 쥐

64 파리 – 장티푸스, 파라티푸스

66 파상풍은 상처부위에서 자라는 파상풍균이 생성하는 독소에 의해 근육에 경련을 수반하는 질병으로 감염병 관리상 환자의 격리를 요하지 않는다.

68 잠복기 1주일 이내 : 파라티푸스, 콜레라, 디프테리아

69 고양이 – 톡소플라스마증, 살모넬라증

정답

53	③	54	③	55	②	56	③	57	①
58	①	59	①	60	④	61	③	62	①
63	④	64	②	65	③	66	③	67	③
68	①	69	②						

70

●▲X

생균을 사용하는 예방접종으로 면역이 되는 질병은?

① 파상풍 ② 콜레라
③ 폴리오 ④ 백일해

71

●▲X

인수공통감염병으로 그 병원체가 바이러스(virus)인 것은?

① 발진열 ② 탄저
③ 광견병 ④ 결핵

72

●▲X

감염병의 예방대책 중 특히 감염경로에 대한 대책은?

① 환자를 치료한다.
② 예방주사를 접종한다.
③ 면역혈청을 주사한다.
④ 손을 소독한다.

73

●▲X

사람이 예방접종을 통하여 얻는 면역은?

① 선천면역 ② 자연수동면역
③ 자연능동면역 ④ 인공능동면역

74

●▲X

모체로부터 태반이나 수유를 통해 얻어지는 면역은?

① 자연능동면역 ② 인공능동면역
③ 자연수동면역 ④ 인공수동면역

75

●▲X

우리나라에서 출생 후 가장 먼저 인공능동면역을 실시하는 것은?

① 파상풍 ② 결핵
③ 백일해 ④ 홍역

76

●▲X

다음 중 DPT 예방접종과 관계가 없는 감염병은?

① 페스트 ② 디프테리아
③ 백일해 ④ 파상풍

77

공기 중에 먼지가 많으면 어떤 장애를 일으키는가?

① 진폐증 ② 울열
③ 저산소증 ④ 군집독

78

●|▲|X

규폐증에 대한 설명으로 틀린 것은?

① 먼지 입자의 크기가 0.5~5.0㎛일 때 잘 발생한다.

② 대표적인 진폐증이다.

③ 납중독, 벤젠중독과 함께 3대 직업병이라 하기도 한다.

④ 위험요인에 노출된 근무 경력이 1년 이후에 잘 발생한다.

79

●|▲|X

공기의 성분 중 잠함병과 관련이 있는 것은?

① 산소 ② 질소

③ 아르곤 ④ 이산화탄소

80

●|▲|X

작업장의 부적당한 조명과 가장 관계가 적은 것은?

① 열경련 ② 안정피로

③ 가성근시 ④ 재해발생의 원인

81

●|▲|X

작업환경 조건에 따른 질병의 연결이 맞는 것은?

① 고기압-고산병

② 저기압-잠함병

③ 조리장-열쇠약

④ 채석장-소화불량

82

●|▲|X

굴착, 착암작업 등에서 발생하는 진동으로 인해 발생할 수 있는 직업병은?

① 공업중독 ② 잠함병

③ 레이노드병 ④ 금속열

83

●|▲|X

산업재해지표와 관련이 적은 것은?

① 건수율 ② 이환율

③ 도수율 ④ 강도율

70 생균백신을 통해 영구면역되는 질병은 결핵, 홍역, 폴리오, 탄저, 두창 등이다.

71 ① 리케차 ②④ 세균

72 감염경로에 대한 대책으로는 손, 식기, 용기, 행주 등을 철저히 소독하는 것이다.

74 모체로부터 태반이나 수유를 통해 얻은 후천적인 면역은 자연수동면역이다.

75 우리나라에서 아기가 태어나서 가장 먼저 실시하는 것은 BCG(결핵 예방접종)이다.

77 진폐증 : 규소, 활석가루

78 규폐증 : 광부, 모래나 화강암, 슬레이트를 직업적으로 다루는 공장 근로자나 도공, 세공업자에게 많이 발생한다. 규폐증이 일어나려면 보통 15~20년이 걸린다.

79 잠함병 : 잠수 작업과 같은 고압 환경에서 혈액 속의 질소가 기포를 형성하여 모세혈관에 혈전을 일으켜 잠함병(감압병)을 일으킨다.

80 열경련 : 고열환경 시 발생

81 고기압-잠함병, 저기압-고산병, 채석장-진폐증

82 레이노드 병 : 진동 작업자에게 발생되는 직업병으로 혈액순환 저해로 손가락이 창백해지는 청색증과 동통을 유발

83 이환율 : 어떤 일정한 기간 내에 발생한 환자의 수를 인구당의 비율로 나타낸 것. 집단의 건강지표로 사용

정답

70	③	71	③	72	④	73	④	74	③
75	②	76	①	77	①	78	④	79	②
80	①	81	③	82	③	83	②		

복습하기

직업병 암기하기

원인	질병	원인	질병
고열	열중증	저온	동상, 동창, 참호족염
고압	잠함병	저압	고산병, 항공병
자외선	피부암	적외선	일사병
조명 불량	안구진탕증	분진	진폐증
진동	레이노드병	소음	직업성 난청
카드뮴	이타이이타이병	수은	미나마타병
납	연연	크롬	비중격천공

Part
2
음식
안전관리

Chapter

개인 안전관리

1 개인 안전사고 예방 및 사후 조치

1 안전사고 예방을 위한 개인 안전관리 대책

(1) 위험도 경감의 원칙

① 사고발생 예방과 피해 심각도의 억제

② 위험도 경감전략의 핵심요소 : 위험요인 제거, 위험발생 경감, 사고피해 경감

③ 사람, 절차, 장비의 3가지 시스템 구성요소를 고려하여 다양한 위험도 경감접근법 검토

(2) 안전사고 예방 과정

① 위험요인 제거

② 위험요인 차단 : 안전방벽 설치

③ 예방(오류) : 위험사건을 초래할 수 있는 인적·기술적·조직적 오류를 예방

④ 교정(오류) : 위험사건을 초래할 수 있는 인적·기술적·조직적 오류를 교정

⑤ 제한(심각도) : 위험사건 발생 이후 재발방지를 위하여 대응 및 개선 조치

2 재해

근로자가 물체나 사람과의 접촉으로 혹은 몸담고 있는 환경의 갖가지 물체나 작업조건에 작업자의 동작으로 말미암아 자신이나 타인에게 상해를 입히는 것, 구성요소의 연쇄반응현상

(1) 구성요소의 연쇄반응

① 사회적 환경과 유전적 요소

② 개인적인 성격의 결함

③ 불안전한 행위와 불안전한 환경 및 조건

④ 산업재해의 발생

(2) 재해발생의 원인

① 부적합한 지식

② 부적합한 태도와 습관

③ 불완전한 행동

④ 불완전한 기술

⑤ 위험한 환경

(3) 재해발생의 문제점

재해발생 비율을 줄이기 위한 노력으로 안전관리가 집중적으로 필요한 중소 규모의 사업장에 재해관리를 전담할 수 있는 안전관리자를 선임할 수 있는 법적 근거가 없음. 근로자와 기업주 모두 안전제일을 생각하고 임해야 함

3 안전교육의 목적★★★

① 상해, 사망 또는 재산 피해를 불러일으키는 불의의 사고를 예방하는 것

② 일상생활에서 개인 및 집단의 안전에 필요한 지식, 기능, 태도 등을 이해시키는 것

③ 안전한 생활을 영위할 수 있는 습관을 형성시키는 것

④ 개인과 집단의 안전성을 최고로 발달시키는 교육

⑤ 인간 생명의 존엄성을 인식시키는 것

4 응급처치의 목적★★★

① 다친 사람이나 급성질환자에게 사고현장에서 즉시 취하는 조치

② 119신고부터 부상이나 질병을 의학적 처치 없이도 회복될 수 있도록 도와주는 행위까지 포함

③ 건강이 위독한 환자에게 전문적인 의료가 실시되기에 앞서 긴급히 실시되는 처치

④ 생명을 유지시키고 더 이상의 상태악화를 방지 또는 지연시키는 것

2 작업 안전관리

1 사고발생 시 대처요령

① 작업을 중단하고 즉시 관리자에게 보고

② 환자가 움직일 수 있는 상황이면 다른 조리종사원과의 접촉을 피한 후 조리장소로부터 격리

③ 출혈이 있는 경우 상처부위를 눌러 지혈시키고, 출혈이 계속되면 출혈부위를 심장보다 높게 하여 병원으로 이송

④ 경미한 상처는 소독액으로 소독하고 포비돈 용액이나 항생제를 함유한 연고 등을 조치

⑤ 상처는 박테리아균의 원인이 되므로 일회용 방수성 반창고로 상처부위를 감쌈

⑥ 부득이 작업에 임할 경우 청결한 음식물이나 식기를 담당하는 대신 다른 작업에 배치

2 조리작업 시의 유해·위험요인★★★

유해·위험요인	원인	예방
베임, 절단	• 칼, 절단기, 슬라이서, 자르는 기계 및 분쇄기의 사용 시 • 다듬기 작업, 깨진 그릇이나 유리조각 등의 취급 시	• 조리기구의 올바른 사용과 작업대의 정리정돈
화상, 데임	• 화염, 뜨거운 기름, 스팀, 오븐, 전자제품, 솥 등의 기구와 접촉 시 • 뜨거운 물에 데치기, 끓이기, 소독하기 등의 작업 시	• 고온물체를 취급하기 전에 고온임을 인식하여 이에 맞는 작업방법을 선택하고 보호구 사용
미끄러짐, 넘어짐	• 미끄럽고 어수선한 바닥 및 부적절한 조명 사용 시 • 정리정돈 미흡으로 인해 걸려 넘어지는 위험 등	• 작업 전·중·후의 청소로 바닥을 깨끗하게 유지 • 정리정돈 철저히 하여 통로와 작업장소 주변에 장애물이 없도록 조치
전기감전, 누전	• 조리실 전자제품의 청소 및 정비 시 • 부적절한 전자제품이나 조리기구 사용 시	• 적절한 접지 및 누전차단기의 사용 • 절연상태의 수시점검 등 올바른 전기 사용
유해화학물질 취급 등으로 인한 피부질환 (피부 가려움, 부풀어 오름, 붉어짐)	• 고온접촉 또는 신체 찰과상 • 부적절한 합성세제, 세척용제, 식품첨가물에 접촉 시 • 일부 야채재료 및 과일과 채소의 살충제에 접촉 시	• 화학물질의 성분과 위험성, 올바른 취급방법을 정확히 알고 사용
화재발생 위험	• 전기용 조리기구 사용 시의 전기화재 • 가스버너 사용 시 또는 끓는 식용유 취급 시 화재	• 조기진압과 대피 등의 요령 미리 숙지
근골격계질환 (요통, 손목·팔 저림)	• 반복되는 불편한 움직임 또는 진동에 노출 시(누적외상성 장해) • 장시간 한 자리에서 작업 시 • 불편한 자세와 과도한 적재, 무거운 물건 취급 시	• 안전한 자세로 조리, 작업 전 간단한 체조로 신체의 긴장 완화

지피지기 예상문제

아는 문제(○), 헷갈리는 문제(△), 모르는 문제(x) 표시해 복습에 활용하세요.

1 ○ △ x

위험도 경감의 원칙에서 핵심요소를 위해 고려해야 할 사항이 아닌 것은?

① 위험요인 제거
② 위험발생 경감
③ 사고피해 경감
④ 사고피해 치료

2 ○ △ x

위험도 경감의 3가지 시스템 구성요소가 아닌 것은?

① 사람
② 절차
③ 기술
④ 장비

3 ○ △ x

재해에 대한 설명으로 틀린 것은?

① 구성요소의 연쇄반응으로 일어난다.
② 불완전한 행동과 기술에 의해 발생한다.
③ 재해발생 비율을 줄이기 위해 안전관리가 집중적으로 필요하다.
④ 환경이나 작업조건으로 인해 자신에게만 상처를 입었을 때를 재해라 한다.

4 ○ △ x

안전교육의 목적으로 바르지 않은 것은?

① 인간생명의 존엄성을 인식시키는 것
② 안전한 생활을 영위할 수 있는 습관을 형성시키는 것
③ 상해, 사망 또는 재산 피해를 불러일으키는 불의의 사고를 완전히 제거하는 것
④ 개인과 집단의 안전성을 최고로 발달시키는 교육

1 위험도 경감전략의 핵심요소는 위험요인 제거, 위험발생 경감, 사고피해 경감을 고려해야 한다.

2 위험도 경감의 3가지 시스템 구성요소는 사람, 절차, 장비이다.

3 재해란 환경이나 작업조건으로 인해 자신이나 타인에게 상해를 입히는 것이다.

4 안전교육이란 일어날 수 있는 재해를 사전에 예방하기 위한 방법 중 하나이다.

정답

1	④	2	③	3	④	4	③

5

●|▲|X

작업장에서 안전사고가 발생했을 때 가장 먼저 해야 하는 것은?

① 사고발생 관리자 보고
② 사고원인 물질 및 도구 회수
③ 역학조사
④ 모든 작업자 대피

6

●|▲|X

응급처치의 목적으로 알맞지 않은 것은?

① 생명을 유지시키고 더 이상의 상태악화를 방지
② 사고발생 예방과 피해 심각도를 억제하기 위한 조치
③ 다친 사람이나 급성질환자에게 사고현장에서 즉시 취하는 조치
④ 건강이 위독한 환자에게 전문적인 의료가 실시되기 전에 긴급히 실시

7

●|▲|X

작업 시 근골격계 질환을 예방하는 방법으로 알맞은 것은?

① 조리기구의 올바른 사용 방법 숙지
② 작업 전 간단한 체조로 신체 긴장 완화
③ 작업대 정리정돈
④ 작업보호구 사용

8

●|▲|X

조리작업 시 발생할 수 있는 안전사고의 위험요인과 원인의 연결이 바르지 않은 것은?

① 베임, 절단 – 칼 사용 미숙
② 미끄러짐 – 부적절한 조명
③ 전기감전 – 연결코드 제거 후 전자제품 청소
④ 화재발생 – 끓는 식용유 취급

5 작업장에서 안전사고가 발생하면 작업을 중단하고 즉시 관리자에게 보고한다.

6 응급처치는 재해가 발생한 후 취하는 행동으로 사고발생 예방과는 상관이 없다.

7 작업 시 근골격계 질환을 예방하기 위해서는 안전한 자세로 조리하고 작업 전 간단한 체조로 신체의 긴장을 완화하는 것이 좋다.

8 연결코드 제거 후 전자제품 청소는 전기감전을 예방하는 방법이다.

정답

5	①	6	②	7	②	8	③	

Chapter

장비·도구 안전작업

조리장비·도구의 안전관리 지침

1 조리장비·도구의 원리원칙

① 모든 조리장비와 도구는 사용방법과 기능을 충분히 숙지하고 전문가의 지시에 따라 정확히 사용

② 장비의 사용용도 이외의 사용 금지

③ 장비나 도구에 무리가 가지 않도록 유의

④ 장비나 도구에 무리가 있을 경우 즉시 사용을 중단하고 적절한 조치

⑤ 전기를 사용하는 장비나 도구의 경우 전기사용량과 사용법을 확인한 후 사용

⑥ 사용도중 모터에 물이나 이물질 등이 들어가지 않도록 항상 주의하고 청결유지

2 안전장비류의 취급관리

(1) 일상점검

주방관리자가 매일 조리기구 및 장비를 사용하기 전에 육안을 통해 주방 내에서 취급하는 기계·기구·전기·가스 등의 이상여부와 보호구의 관리실태 등을 점검하고 그 결과를 기록·유지하도록 하는 것

(2) 정기점검

안전관리책임자가 조리작업에 사용되는 기계·기구·전기·가스 등의 설비기능 이상 여부와 보호구의 성능 유지 여부 등에 대하여 매년 1회 이상 정기적으로 점검을 실시하고 그 결과를 기록·유지

(3) 긴급점검

관리주체가 필요하다고 판단될 때 실시하는 정밀점검 수준의 안전점검

① 손상점검 : 재해나 사고에 의해 비롯된 구조적 손상 등에 대하여 긴급히 시행하는 점검

② 특별점검 : 결함이 의심되는 경우나, 사용제한 중인 시설물의 사용 여부 등을 판단하기 위해 실시하는 점검

3 조리장비·도구 위험요소 및 예방★★★

구분	위험요소	예방
조리용 칼	• 용도에 맞지 않는 칼 사용 • 주의력 결핍 • 숙련도 미숙 • 동일한 자세로 오랜 시간 칼 사용 (근골격계 질환)	• 작업용도에 적합한 칼 사용 • 조리용 칼 운반 시 칼집이나 칼꽂이에 넣어서 운반 • 칼 사용 시 불필요한 행동 자제 및 충분한 휴식 • 칼의 방향은 몸 반대쪽으로 • 작업 전 충분한 스트레칭
가스레인지	• 노후화 • 중간밸브 손상 • 가스관의 부적합 설치 • 부주의 • 가스밸브 개방상태로 장시간 방치	• 가스관 정기적으로 점검 • 가스관을 작업에 지장을 주지 않는 위치에 설치 • 가스레인지 주변 작업 공간 충분히 확보 • 가스레인지 사용 후 즉시 밸브 잠금
야채절단기	• 불안정한 설치 • 청결관리 불량 • 칼날의 체결상태 불량 • 사용방법 미숙지	• 야채절단기 수평으로 안정되게 설치 • 작업 전 투입구에 대한 점검 실시 • 작업 전 칼날의 체결상태 점검 • 재료투입 시 누름봉을 이용한 안전한 사용 • 이물질 및 청소 시 반드시 전원 차단 • 사용방법의 올바른 숙지
튀김기	• 기름 과도하게 많이 사용 • 고온에서 장시간 사용 • 후드의 청결관리 미숙 • 기름에 물 혼입 • 부주의	• 기름량 적정하게 사용 • 기름탱크에 물기접촉 방지막 부착 • 기름 교환 시 기름온도 체크 • 튀김기 세척 시 물기 완전 제거 • 조리작업의 적절한 온도 유지 • 정기적인 후드 청소
육류절단기	• 사용방법 미숙지 • 칼날의 불량 • 부주의 • 청소 시 절연파괴 등으로 인한 누전 발생 • 점검 시 전원 비차단으로 인한 감전사고	• 날 접촉 예방장치 부착 • 재료투입 시 누름봉을 이용한 안전한 사용 • 작업 전 칼날의 고정상태 확인 • 이물질 및 청소 시 반드시 전원 차단

지피지기 예상문제

아는 문제(○), 헷갈리는 문제(△), 모르는 문제(x) 표시해 복습에 활용하세요.

1 ○ △ x

주방에서 조리장비류를 취급할 때 결함이 의심되거나 시설제한 중인 시설물의 사용여부를 판단하기 위해 실시하는 점검은?

① 일상점검
② 정기점검
③ 손상점검
④ 특별점검

2 ○ △ x

조리작업에 사용되는 설비기능 이상 여부와 보호구 성능 유지 등에 대한 정기점검은 최소 매년 몇 회 이상 실시해야 하는가?

① 1회
② 2회
③ 3회
④ 4회

3 ○ △ x

조리용 칼을 사용할 때 위험요소로부터 예방하는 방법이 알맞지 않은 것은?

① 작업용도에 적합한 칼 사용
② 칼의 방향은 몸 안쪽으로 사용
③ 칼 사용 시 불필요한 행동 자제
④ 작업 전 충분한 스트레칭

4 ○ △ x

가스레인지를 사용할 때 위험요소로부터 예방하는 방법이 알맞지 않은 것은?

① 문제가 의심될 때만 가스관 점검
② 가스관은 작업에 지장을 주지 않는 곳에 위치
③ 가스레인지 주변 작업공간 확보
④ 가스레인지 사용 후 즉시 밸브 잠금

2 매년 1회 이상 정기적으로 점검을 실시하고 그 결과를 유지한다.
3 칼의 방향은 몸의 반대쪽으로 놓고 사용한다.
4 가스관은 정기적으로 점검한다.

정답

1	④	2	①	3	②	4	①	

작업환경 안전관리

1 주방(작업장) 내 환경관리

1 조리작업장 환경요소 ★★★

온도와 습도의 조절, 조명시설, 주방 내부의 색깔, 주방의 소음, 환기, 조리사의 건강관리 등

2 시설물

안전기준	설명
• 시설물의 유지 보수는 신속하게 실시 – 파손된 벽·바닥·천장 – 수명 지난 형광등 – 깨진 창문, 고장난 출입문 등	시설이 파손되면 오물이 끼기 쉽고 유해미생물이 번식하기 좋으며, 해충이 침입하여 해충서식의 좋은 환경을 제공함
• 환기시설 충분히 설치 • 환기팬의 기름때 확인 제거 • 정기적으로 점검, 청결유지	환기가 원활히 이루어지지 않으면 벽, 천장 등에 결로 현상 및 곰팡이가 발생되어 주방과 홀을 오염시킬 수 있음
• 파손된 컵이나 소리장비 등 확인 교체	손님에게 제공되는 용기나 조리장비 등 파손 시 금속, 유리, 플라스틱 등이 손님에게 물리적 위해를 일으킬 수 있음

3 방충·방서

안전기준	설명
정기적인 해충과 설치류의 침입 여부 확인	해충(파리, 나방, 바퀴벌레, 개미 등)과 설치류(쥐)는 음식물을 통해 사람에게 직접 또는 간접적으로 기생충이나 병원균을 전파하는 중요한 매개체임
식재료 검수 시 갉아 먹거나 벌레의 흔적 여부 철저히 확인	해충이 식재료 등을 통해 조리장으로 들어올 수 있음
벌레, 쥐 등이 들어오지 않도록 벽, 천장, 바닥, 출입문, 창문 등에 틈새가 없도록 함	쥐는 0.6~0.7cm 틈새만 있어도 침입할 수 있음
고객용 출입문 관리 필요	개방형 주방의 경우 고객 출입문을 통해 해충의 침입 가능성이 큼

4 청소관리

구분	세척 또는 살균소독 방법	주기
작업대	• 스펀지를 이용하여 세척제로 세척 • 흐르는 물에 헹굼 • 소독수 분무	사용 시 마다
싱크대	• 거름망 찌꺼기 제거 및 세척 • 개수대 내·외부 세척제로 세척 • 흐르는 물에 헹군 후 소독	사용 시 마다
냉장냉동고	• 전원차단 • 식재료 제거 • 선반을 분리하여 세척제로 세척, 헹굼 • 성에 등 제거 • 스펀지로 세척제를 묻혀 냉장고 내벽, 문을 닦은 후 젖은 행주로 세제를 닦아냄 • 마른 행주로 닦아 건조시킴 • 선반을 넣은 후 소독제로 소독	1회/일
가스기기류	• 가스밸브 잠그기 • 상판과 외장은 사용할 때마다 세척 • 버너 밑의 물 받침대 등 분리 가능한 것은 모두 분리하여 세척제를 사용하여 세척 • 가스호스, 콕, 가스 개폐 손잡이 등에는 세척제를 분무하여 불린 다음 세척 후 건조 • 버너는 불구멍이 막히지 않도록 솔을 사용하여 가볍게 닦기 • 물이 들어가지 않도록 주의	1회/일
바닥	• 빗자루로 쓰레기 제거 • 세척제 뿌린 뒤 대걸레나 솔로 바닥 구석구석 문지르기 • 대걸레로 세척액 제거 • 기구 등의 살균소독제로 소독하고 자연 건조	1회/일
배수구	• 배수로 덮개 걷어내기 • 배수로 덮개는 세척하고 깨끗한 물로 씻어낸 후 기구 등의 살균소독제로 소독 • 호스의 분사력을 이용하여 배수로 내 찌꺼기 제거 • 솔을 이용하여 닦은 후 물로 씻어내기 • 배수구 뚜껑을 열고 거름망을 꺼내어 이물 제거 • 거름망과 뚜껑 내부를 세척제로 세척 후 물로 헹구기 • 거름망 소독 후 배수로 덮개 덮기	1회/일

쓰레기통	• 쓰레기 비우기 • 쓰레기통 및 뚜껑을 세척제로 세척 • 흐르는 물로 헹군 후 뒤집어서 건조	1회/일
내벽	• 세제를 묻힌 면 걸레로 이물질 제거 • 젖은 면 걸레로 세제 닦아내기 • 소독된 면 걸레로 살균 소독하기	1회/주
천장	• 전기함 차단 및 조리도구 비닐 등으로 덮기 • 솔 등을 사용하여 먼지 및 이물 제거 • 청소용 수건을 세척하고 깨끗한 물에 적셔 닦은 후 자연 건조	1회/주
배기후드	• 청소 전 후드 아래의 조리기구는 비닐로 덮기 • 후드 내 거름망 떼어내기 • 거름망은 세척제에 불린 후 세척 헹굼 • 스펀지에 세척제를 묻혀 후드 내·외부 닦기	1회/주
유리창틀	• 세척제에 적신 스펀지로 유리창 및 창틀 닦기 • 청소용 수건을 깨끗한 물로 적셔 닦은 후 자연 건조 • 여분의 물기나 얼룩을 제거하려면 청소용 마른 수건 이용	1회/월

5 폐기물 처리

안전기준	설명
• 음식물쓰레기통, 재활용쓰레기통, 일반쓰레기통으로 분리 사용 • 뚜껑은 발로 개폐가능 구조 • 용량은 2/3 이상 채워지지 않도록 수시로 비워야 함	쓰레기 관리가 적절하지 않으면 파리, 해충 등을 유인할 수 있고 악취나 오물이 작업장과 홀을 오염시킬 수 있음

2 주방(작업장) 내 안전관리

1 주방(작업장) 내 안전사고 발생원인

① 고온, 다습한 환경조건 하에서 조리(환경적 요인)

② 주방시설의 노후화

③ 주방시설의 관리 미흡

④ 주방바닥의 미끄럼방지 설비 미흡

⑤ 주방종사원들의 재해방지 교육 부재로 인한 안전지식 결여

⑥ 주방시설과 기물의 올바르지 못한 사용

⑦ 가스 및 전기의 부주의 사용

⑧ 종사원들의 육체적·정신적 피로

Tip 주방 내 미끄럼 사고 원인★

① 바닥이 젖은 상태
② 기름이 있는 바닥
③ 시야가 차단된 경우
④ 낮은 조도로 인해 어두운 경우
⑤ 매트가 주름진 경우
⑥ 노출된 전선

2 안전수칙

(1) 주방장비 및 기물의 안전수칙

① 바닥에 물이 고여 있거나 조리작업자의 손에 물기가 있을 때 전기 장비 접촉 불가

② 각종 기기나 장비의 작동방법과 안전 숙지 교육 철저

③ 가스밸브 사용 전후 꼭 확인

④ 전기기기나 장비를 세척할 플러그 유무 확인

⑤ 냉장·냉동실의 잠금장치의 상태 확인

⑥ 가스나 전기오븐의 온도를 확인

(2) 조리작업자의 안전수칙

① 안전한 자세로 조리

② 조리작업에 편안한 조리복과 안전화 착용

③ 뜨거운 용기를 이용할 때에는 마른 면이나 장갑 사용

④ 무거운 통이나 짐을 들 때 허리를 구부리는 것보다 쪼그리고 앉아서 들고 일어나기

⑤ 짐을 옮길 때 충돌 위험 감지

3 화재예방 및 조치방법

1 화재원인★★★

① 전기제품 누전으로 인한 전기화재

② 조리기구(가스레인지) 주변 가연물에 의한 화재

③ 가스레인지 주변 벽이나 환기구 후드에 있는 기름 찌꺼기 화재

④ 조리 중 자리이탈 등 부주의에 의한 화재

⑤ 식용유 사용 중 과열로 인한 화재

⑥ 기타 화기취급 부주의

2 화재의 종류

"A"급 화재 일반화재	종이, 섬유, 나무 등과 같은 가연성 물질에 발생하는 화재로 연소 후 재로 남음 (적용소화기는 백색바탕에 "A"표시)
"B"급 화재 유류화재	페인트, 알코올, 휘발유, 가스 등의 가연성 액체나 기체에 발생하는 화재로 연소 후 재가 남지 않음 (적용소화기는 황색바탕에 "B"표시)
"C"급 화재 전기화재	모터, 두꺼비집, 전선, 전기기구 등에 발생하는 전기화재 (적용소화기는 청색바탕에 "C"표시)

3 화재예방★★★

① 화재 위험성이 있는 화기나 설비 주변은 정기적으로 점검

② 지속적이고 정기적으로 화재예방에 대한 교육 실시

③ 지정된 위치에 소화기 유무 확인 및 소화기 사용법 교육실시

④ 화재발생 위험 요소가 있을 수 있는 기계나 기기의 수리 및 점검

⑤ 전기의 사용지역에서는 접선이나 물의 접촉 금지

⑥ 뜨거운 오일이나 유지 화염원 근처 방치 금지

4 화재 시 대처요령★★★

① 화재 발생 시 경보를 울리거나 큰소리로 주위에 먼저 알린다.

② 신속히 원인을 제거한다.

예 가스 누출 시 밸브 잠그기

③ 몸에 불이 붙었을 경우 제자리에서 바닥에 구른다.

④ 소화기나 소화전을 사용하여 불을 끈다(평소 소화기 사용방법 및 비치 장소를 숙지).

Tip 소화기와 소화전

소화기 설치 및 관리요령	소화기 사용법	소화전 사용방법
• 소화기는 눈에 잘 띠고 통행에 지장을 주지 않도록 설치 • 습기가 적고 건조하며 서늘한 곳에 설치 • 유사시에 대비 수시로 점검하여 파손, 부식 등을 확인 • 사용한 소화기는 다시 사용할 수 있도록 허가업체에서 약제를 보충	• 당황하지 말고 화원으로 이동한다. • 소화기 안전핀을 뽑는다. • 호스를 들고 레버를 움켜쥔다. • 빗자루로 쓸 듯이 방사한다. • 불이 꺼지면 손잡이를 놓는다(약제 방출이 중단된다).	• 소화전함의 문을 연다. • 결합된 호스와 관창을 화재지점 가까이 끌고 가서 늘어뜨린다. • 소화전함에 설치된 밸브를 시계방향으로 틀면 물이 나온다. (단, 기동스위치로 작동하는 경우에는 ON(적색)스위치를 누른 후 밸브를 연다)

4 산업안전보건법 및 관련 지침(산업안전보건법 2024.5.17./산업안전보건법 시행규칙 2024.9.26.)

1 용어 정의(산업안전보건법 제2조)

① 산업재해 : 노무를 제공하는 사람이 업무에 관계되는 건설물·설비·원재료·가스·증기·분진 등에 의하거나 작업 또는 그 밖의 업무로 인하여 사망 또는 부상하거나 질병에 걸리는 것

② 중대재해 : 산업재해 중 사망 등 재해 정도가 심하거나 다수의 재해자가 발생한 경우로서 고용노동부령으로 정하는 재해

③ 근로자 : 직업의 종류와 관계없이 임금을 목적으로 사업이나 사업장에 근로를 제공하는 사람

④ 도급 : 명칭에 관계없이 물건의 제조·건설·수리 또는 서비스의 제공, 그 밖의 업무를 타인에게 맡기는 계약

⑤ 도급인 : 물건의 제조·건설·수리 또는 서비스의 제공, 그 밖의 업무를 도급하는 사업주(건설공사발주자는 제외)

⑥ 수급인 : 도급인으로부터 물건의 제조·건설·수리 또는 서비스의 제공, 그 밖의 업무를 도급받은 사업주

⑦ 사업주 : 근로자를 사용하여 사업을 하는 자

⑧ 안전보건진단 : 산업재해를 예방하기 위하여 잠재적 위험성을 발견하고 그 개선대책을 수립할 목적으로 조사·평가하는 것

⑨ 작업환경측정 : 작업환경 실태를 파악하기 위하여 해당 근로자 또는 작업장에 대하여 사업주가 유해인자에 대한 측정계획을 수립한 후 시료(試料)를 채취하고 분석·평가하는 것

2 안전 담당자

(1) 안전보건관리책임자(산업안전보건법 제15조)

사업주는 사업장을 실질적으로 총괄하여 관리하는 사람에게 해당 사업장의 산업재해 예방, 안전보건교육 등의 업무를 총괄하여 관리하도록 하여야 한다.

(2) 관리감독자(산업안전보건법 제16조)

사업주는 사업장의 생산과 관련되는 업무와 그 소속 직원을 직접 지휘·감독하는 직위에 있는 자에게 산업 안전 및 보건에 관한 업무를 수행하도록 하여야 한다.

(3) 안전관리자, 보건관리자, 안전보건관리담당자(산업안전보건법 제17조 제18조 제19조)

① 사업의 종류와 상시근로자 수에 따라 안전관리자, 보건관리자, 안전보건관리담당자를 지정하거나 선임 또는 전문기관에 위탁하여 관리감독자에게 지도·조언 업무를 수행해야 한다.

② 안전관리자 : 안전에 관한 기술적인 사항에 관하여 사업주 또는 안전보건관리책임자를 보좌하고 관리감독자에게 지도·조언하는 업무를 수행하는 사람

③ 보건관리자 : 보건에 관한 기술적인 사항에 관하여 사업주 또는 안전보건관리책임자를 보좌하고 관리감독자에게 지도·조언하는 업무를 수행하는 사람

④ 안전보건관리담당자 : 사업주는 사업장에 안전 및 보건에 관하여 사업주를 보좌하고 관리감독자에게 지도 조언하는 업무를 수행하는 사람을 두어야 한다. 안전관리자 또는 보건관리자가 있거나 이를 두어야 하는 경우에는 그러하지 아니하다.

3 안전보건관리규정

(1) 안전보건관리규정의 작성(산업안전보건법 제25조)

사업주는 사업장의 안전 및 보건을 유지하기 위하여 안전보건관리규정을 작성하여야 한다.

(2) 법령 요지 등의 게시 등(산업안전보건법 제34조)

사업주는 산업안전보건법과 법에 따른 명령의 요지 및 안전보건관리규정을 근로자가 쉽게 볼 수 있는 장소에 게시하거나 갖추어 두어 근로자에게 널리 알려야 한다.

4 교육

(1) 근로자에 대한 안전보건교육(산업안전보건법 제29조)

① 사업주는 소속 근로자에게 정기적으로 안전보건교육을 하여야 한다.

② 근로자 안전보건교육(산업안전보건법 시행규칙 별표4)

<table>
<tr><th>교육과정</th><th colspan="2">교육대상</th><th>교육시간</th></tr>
<tr><td rowspan="4">정기교육</td><td colspan="2">사무직 종사 근로자</td><td>매분기 3시간 이상</td></tr>
<tr><td rowspan="2">비사무직 종사 근로자</td><td>판매업무에 직접 종사하는 근로자</td><td>매분기 3시간 이상</td></tr>
<tr><td>판매업무에 직접 종사하는 근로자 외의 근로자</td><td>매분기 6시간 이상</td></tr>
<tr><td colspan="2">관리감독자의 지위에 있는 사람</td><td>연간 16시간 이상</td></tr>
<tr><td rowspan="2">채용 시 교육</td><td colspan="2">일용근로자</td><td>1시간 이상</td></tr>
<tr><td colspan="2">일용근로자를 제외한 근로자</td><td>8시간 이상</td></tr>
<tr><td rowspan="2">작업내용 변경 시 교육</td><td colspan="2">일용근로자</td><td>1시간 이상</td></tr>
<tr><td colspan="2">일용근로자를 제외한 근로자</td><td>2시간 이상</td></tr>
<tr><td rowspan="3">특별교육</td><td colspan="2">일용근로자</td><td>2시간 이상</td></tr>
<tr><td colspan="2">타워크레인 신호작업에 종사하는 일용근로자</td><td>8시간 이상</td></tr>
<tr><td colspan="2">일용근로자를 제외한 근로자</td><td>16시간 이상</td></tr>
</table>

(2) 안전보건관리책임자 등에 대한 직무교육(산업안전보건법 제32조)

사업주는 안전보건관리책임자, 안전관리자, 보건관리자, 안전보건관리담당자에게 안전보건교육기관에서 직무와 관련한 안전보건교육을 이수하도록 하여야 한다.

5 위험성평가의 실시(산업안전보건법 제36조)

① 사업주는 유해·위험 요인을 찾아내어 부상 및 질병으로 이어질 수 있는 위험성의 크기가 허용 가능한 범위인지를 평가하여야 한다.

② 평가 결과에 따라 산업안전보건법에 따른 조치를 하여야 한다.

③ 사업주는 위험성평가 시 해당 작업장의 근로자를 참여시켜야 한다.

④ 사업주는 평가의 결과와 조치사항을 기록하여 보존하여야 한다.

6 안전보건표지의 설치·부착(산업안전보건법 제37조)

① 사업주는 안전보건표지를 근로자가 쉽게 알아볼 수 있도록 설치하거나 붙여야 한다.

② 안전보건표지 : 유해하거나 위험한 장소·시설·물질에 대한 경고, 비상시에 대처하기 위한 지시·안내, 근로자의 안전 및 보건 의식을 고취하기 위한 사항 등을 그림, 기호 및 글자 등으로 나타낸 표지

③ 외국인근로자를 사용하는 사업주는 해당 외국인근로자의 모국어로 작성하여야 한다.

7 조치

(1) 안전조치(산업안전보건법 제38조)

사업주는 설비에 의한 위험, 인화성 물질 등에 의한 위험, 에너지에 의한 위험, 불량한 작업방법 등에 의한 위험으로 인한 산업재해를 예방하기 위하여 필요한 조치를 하여야 한다.

예 기계, 폭발성물질, 전기 및 굴착, 하역, 중량물 취급 및 추락, 토사붕괴, 낙하물 등

(2) 보건조치(산업안전보건법 제39조)

사업주는 작업장과 근로자 근무조건 등의 환경에 의한 건강장해를 예방하기 위하여 필요한 조치를 하여야 한다.

예 증기, 흄, 미스트, 방사선, 소음진동, 정밀공작, 단순반복, 환기, 채광, 조명, 보온 등

8 공정안전보고서의 작성·제출(산업안전보건법 제44조)

① 유해하거나 위험한 시설을 보유한 사업주는 중대산업사고를 예방하기 위하여 공정안전보고서(PSM)를 작성하고 고용노동부장관에게 제출하여 심사를 받아야 한다.

② 공정안전보고서의 적합통보 전에는 유해하거나 위험한 설비를 가동해서는 아니 된다.

9 산업재해발생

(1) 산업재해발생 은폐금지(산업안전보건법 제57조)

① 사업주는 산업재해가 발생하였을 때에는 그 발생 사실을 은폐해서는 아니 된다.

③ 사업주는 산업재해의 발생 원인 등을 기록하여 보존하여야 한다.

(2) 산업재해 발생 보고(산업안전보건법 시행규칙 제73조)

산업재해로 사망자가 발생하거나 3일 이상의 휴업이 필요한 부상을 입거나 질병에 걸린 사람이 발생한 경우에는 해당 산업재해가 발생한 날부터 1개월 이내에 산업재해조사표를 작성하여 관할 지방고용노동관서의 장에게 제출해야 한다.

Tip
- 은폐 : 1년 이하의 징역 또는 1천만 원 이하의 벌금
- 미보고 및 거짓 보고 : 1천 500만 원 이하의 과태료

10 도급

(1) 유해한 작업의 도급금지(산업안전보건법 제58조)

사업주는 근로자의 안전 및 보건에 유해하거나 위험한 작업으로서 도금작업 혹은 수은, 납 또는 카드뮴을 제련, 주입, 가공 및 가열하는 작업 및 허가대상물질을 제조하거나 사용하는 작업에 해당하는 작업을 도급하여 자신의 사업장에서 수급인의 근로자가 그 작업을 하도록 해서는 아니 된다.

(2) 도급인의 안전조치 및 보건조치(산업안전보건법 제63조)

도급인은 관계수급인 근로자가 도급인의 사업장에서 작업을 하는 경우에 자신의 근로자와 관계수급인 근로자의 산업재해를 예방하기 위하여 안전 및 보건 시설의 설치 등 필요한 안전조치 및 보건조치를 하여야 한다.

(3) 도급에 따른 산업재해 예방조치(산업안전보건법 제64조)

① 도급인과 수급인을 구성원으로 하는 안전 및 보건에 관한 협의체의 구성 및 운영

② 작업장 순회점검

③ 관계수급인이 근로자에게 하는 안전보건교육을 위한 장소 및 자료의 제공 등 지원

④ 관계수급인이 근로자에게 하는 안전보건교육의 실시 확인

(4) 도급인의 안전 및 보건에 관한 정보 제공 등(산업안전보건법 제65조)

유해성·위험성이 있는 화학물질 또는 그 화학물질을 포함한 혼합물을 제조·사용·운반 또는 저장하는 설비를 개조·분해·해체또는 철거하는 작업, 설비의 내부에서 이루어지는 작업, 질식 또는 붕괴의 위험이 있는 작업을 도급하는 자는 그 작업을 수행하는 수급인 근로자의 산업재해를 예방하기 위하여 해당 작업 시작 전에 수급인에게 안전 및 보건에 관한 정보를 문서로 제공하여야 한다.

11 유해하거나 위험한 기계·기구에 대한 방호조치(산업안전보건법 제80조)

누구든지 동력으로 작동하는 기계·기구는 유해·위험 방지를 위한 방호조치를 하니 아니하고는 양도, 대여, 설치 또는 사용에 제공하거나 양도·대여의 목적으로 진열해서는 아니 된다.

12 물질안전보건자료

(1) 물질안전보건자료의 게시 및 교육(산업안전보건법 제114조)

물질안전보건자료대상물질을 취급하려는 사업주는 물질안전보건자료를 작업장 내에 이를 취급하는 근로자가 쉽게 볼 수 있는 장소에 게시하거나 갖추어 두어야 한다.

(2) 물질안전보건자료대상물질 용기 등의 경고표시(산업안전보건법 제115조)

물질안전보건자료대상물질을 양도하거나 제공하는 자는 이를 담은 용기 및 포장에 경고표시를 하여야 한다.

13 유해·위험물질

(1) 유해·위험물질의 제조 등 금지(산업안전보건법 제117조)

누구든 제조등금지물질을 제조·수입·양도·제공 또는 사용해서는 아니 된다.

① 직업성 암을 유발하는 것으로 확인되어 근로자의 건강에 특히 해롭다고 인정되는 물질

② 유해성·위험성이 평가된 유해인자나 유해성·위험성이 조사된 화학물질 중 근로자에게 중대한 건강장해를 일으킬 우려가 있는 물질

(2) 유해·위험물질의 제조 등 허가(산업안전보건법 제118조)

제조등금지물질로서 대체물질이 개발되지 아니한 물질인 허가대상물질을 제조하거나 사용하려는 자는 고용노동부장관의 허가를 받아야 한다.

(3) 허가 대상 유해물질(산업안전보건법 시행령 제88조)

① α-나프탈아민(α-Naphthylamine)

② 디아니시딘(Dianisidine)

③ 디클로로벤지딘(Dichlorobenzidine)

④ 베릴륨(Beryllium)

⑤ 벤조트리클로라이드(Benzotrichloride)

⑥ 비소(Arsenic)

⑦ 염화비닐(Vinyl chloride)

⑧ 콜타르피치 휘발물(Coal tar pitch volatiles)

⑨ 크롬광 가공(열을 가하여 소성 처리하는 경우만 해당한다)(Chromite ore processing)

⑩ 크롬산 아연(Zinc chromates)

⑪ o-톨리딘(o-Tolidine)

⑫ 황화니켈류(Nickel sulfides)

14 작업환경측정

(1) 작업환경측정(산업안전보건법 제125조)

사업주는 유해인자로부터 근로자의 건강을 보호하고 쾌적한 작업환경을 조성하기 위하여 인체에 해로운 작업을 하는 작업장에 대하여 자격을 가진 자로 하여금 작업환경측정을 하도록 하여야 한다.

(2) 작업환경측정 대상 작업장 등(산업안전보건법 시행규칙 제186조)

소음(80dB 이상), 화학물질, 분진, 고열 등에 근로자가 노출되는 작업장

15 건강진단

(1) 일반건강진단(산업안전보건법 제129조 산업안전보건법 시행규칙 제197조)

사업주는 근로자의 건강관리를 위하여 건강진단을 실시하여야 한다.

① 사무직 : 2년에 1회 이상

② 그 밖의 근로자 : 1년에 1회 이상

(2) 특수건강진단(산업안전보건법 제130조 산업안전보건법 시행규칙 별표23)

① 유해인자에 노출되는 업무에 종사하는 근로자

② 인자별로 6~24개월 1회 이상

(3) 배치전건강진단(산업안전보건법 제130조)

특수건강진단대상업무에 종사할 근로자의 배치 예정 업무에 대한 적합성 평가를 위하여 건강진단을 실시하여야 한다.

16 벌칙

7년 이하의 징역 또는 1억 원 이하의 벌금	• 안전조치 위반으로 근로자를 사망에 이르게 한 자 • 보건조치 위반으로 근로자를 사망에 이르게 한 자 • 도급인의 안전조치 및 보건조치를 위반하여 근로자를 사망에 이르게 한 자
5년 이하의 징역 또는 5천만 원 이하의 벌금	• 안전조치를 위반한 자 • 보건조치를 위반한 자 • 제조등금지물질을 사용한 자 • 허가대상물질을 허가 받지 않고 사용한 자
3년 이하의 징역 또는 3천만 원 이하의 벌금	• 공정안전보고서의 통보를 받지 않고 유해하거나 위험한 설비를 가동한 자 • 도급인의 안전조치 및 보건조치를 위반한 자
1년 이하의 징역 또는 1천만 원 이하의 벌금	• 중대재해 발생 현장을 훼손하거나 고용노동부장관의 원인조사를 방해한 자 • 산업재해 발생 사실을 은폐한 자 또는 그 발생 사실을 은폐하도록 교사하거나 공모한 자 • 도급인의 안전 및 보건에 관한 정보를 제공하지 않은 자 • 유해하거나 위험한 기계기구에 대한 방호조치를 하지 않은 자
1천만 원 이하의 벌금	• 작업환경측정 결과에 따라 해당 시설·설비의 설치·개선 또는 건강진단의 실시 등의 조치를 하지 아니한 자
500만 원 이하의 벌금	• 도급에 따른 산업재해 예방조치를 하지 아니한 자

Tip 500만 원 이하의 과태료

- 안전보건관리책임자, 관리감독자, 안전관리자, 보건관리자, 안전관리담당자를 두지 않은 경우
- 안전보건관리규정을 작성하지 않은 경우
- 근로자에 대한 안전보건교육을 하지 않은 경우
- 안전보건관리책임자등에 대한 직무교육을 하지 않은 경우
- 안전보건관리규정을 게시하지 않은 경우
- 안전보건표지를 설치·부착하지 않은 경우

지피지기 예상문제

아는 문제(○), 헷갈리는 문제(△), 모르는 문제(x) 표시해 복습에 활용하세요.

1 ● ▲ X

다음 중 안전관리에 대한 설명이 바른 것은 무엇인가?

① 난로는 불을 붙인 채 기름을 넣는 것이 좋다.
② 조리실 바닥의 음식찌꺼기는 모아 두었다 한꺼번에 치운다.
③ 떨어지는 칼은 위생을 생각하여 즉시 잡도록 한다.
④ 깨진 유리를 버릴 때는 '깨진 유리'라는 표시를 해서 버린다.

2 ● ▲ X

다음은 전기안전에 관한 내용이다. 틀린 것은?

① 1개의 콘센트에 여러 개의 선을 연결하지 않는다.
② 물 묻은 손으로 전기기구를 만지지 않는다.
③ 전열기 내부는 물을 뿌려 깨끗이 청소한다.
④ 플러그를 콘센트에서 뺄 때는 줄을 잡아당기지 말고 콘센트를 잡고 뺀다.

3 ● ▲ X

주방 내 미끄럼 사고의 원인이 아닌 것은?

① 바닥이 젖은 상태
② 기름이 있는 바닥
③ 높은 조도로 인해 밝은 경우
④ 노출된 전선

4 ● ▲ X

작업장 내에서 조리작업자의 안전수칙으로 바르지 않은 것은?

① 안전한 자세로 조리
② 조리작업을 위해 편안한 조리복만 착용
③ 짐을 옮길 때 충돌 위험 감지
④ 뜨거운 용기를 이용할 때에는 장갑 사용

5 ● ▲ X

화재 시 대처요령으로 바르지 않은 것은?

① 화재 발생 시 큰소리로 주위에 먼저 알린다.
② 소화기 사용방법과 장소를 미리 숙지하여 소화기로 불을 끈다.
③ 신속히 원인 물질을 찾아 제거하도록 한다.
④ 몸에 불이 붙었을 경우 움직이면 불길이 더 커지므로 가만히 조치를 기다린다.

6 ● ▲ X

화재를 사전에 예방하기 위한 방법으로 바르지 않은 것은?

① 화재 위험성이 있는 화기나 설비 주변은 정기적으로 점검한다.
② 지속적으로 화재예방 교육을 실시한다.
③ 화재발생 위험 요소가 있는 기계 근처에는 가지 않는다.
④ 전기의 사용지역에서는 접선이나 물의 접촉을 금지한다.

7

산업안전보건법에서 정의한 용어의 연결이 바르지 않은 것은?

① 근로자 : 직업의 종류와 관계없이 임금을 목적으로 사업이나 사업장에 근로를 제공하는 사람
② 도급 : 명칭에 관계없이 물건의 제조、건설、수리 또는 서비스의 제공, 그 밖의 업무를 타인에게 맡기는 계약
③ 사업자 : 근로자를 사용하여 사업을 하는 자
④ 수급인 : 물건의 제조·건설·수리 또는 서비스의 제공, 그 밖의 업무를 도급하는 사업주

8

●▲X

식품안전보건법에서 정의하는 '산업재해'에 대한 정의로 옳은 것은?

① 노무를 제공하는 사람이 업무로 인하여 사망 또는 부상하거나 질병에 걸리는 것
② 재해 정도가 심하거나 다수의 재해자가 발생한 경우로서 고용노동부령으로 정하는 재해
③ 업무와 관련하여 부상을 당하거나 질병에 걸리는 경우만 해당
④ 잠재적 위험성을 발견하고 그 개선대책을 수립할 목적으로 조사·평가하는 것

9

●▲X

사업장의 안전 및 보건을 유지하기 위하여 안전보건관리규정을 작성하지 않은 경우 행정처분 벌칙은?

① 300만 원 이하의 과태료
② 500만 원 이하의 과태료
③ 1천만 원 이하의 과태료
④ 7년 이하의 징역 또는 1억 원 이하의 벌금

1 난로는 기름을 넣은 뒤 불을 붙이고 조리실 바닥의 음식물 찌꺼기는 발견 즉시 바로 처리하며 떨어지는 칼은 잡지 않고 피해 안전사고를 예방한다.

2 전열기에 물이 접촉되면 전기감전이 발생할 수 있다.

3 낮은 조도로 인해 어두운 경우 미끄럼 사고가 발생한다.

4 조리작업을 위해서는 조리복, 안전화, 위생모 등 적합한 복장을 모두 갖추어야 한다.

5 몸에 불이 붙었을 경우 제자리에서 바닥에 구른다.

6 화재발생 위험 요소가 있을 수 있는 기계나 기기는 수리 및 정기적인 점검을 실시하여 관리한다.

7 수급인 도급인으로부터 물건의 제조 · 건설 · 수리 또는 서비스의 제공, 그 밖의 업무를 도급받은 사업주

8 산업재해 : 노무를 제공하는 사람이 업무에 관계되는 건설물·설비·원재료·가스·증기·분진 등에 의하거나 작업 또는 그 밖의 업무로 인하여 사망 또는 부상하거나 질병에 걸리는 것

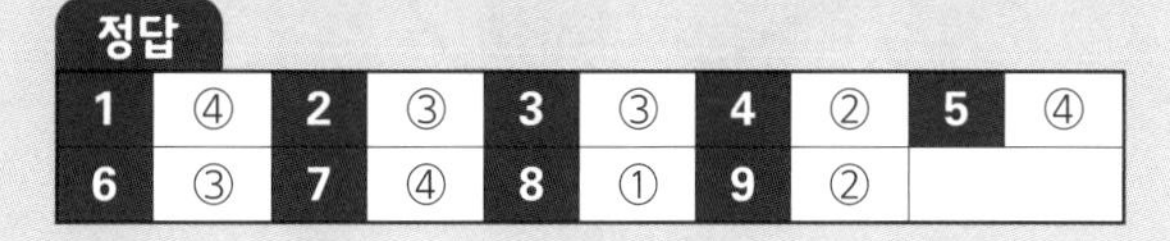

정답

1	④	2	③	3	③	4	②	5	④
6	③	7	④	8	①	9	②		

복습하기

소, 돼지, 닭 부위

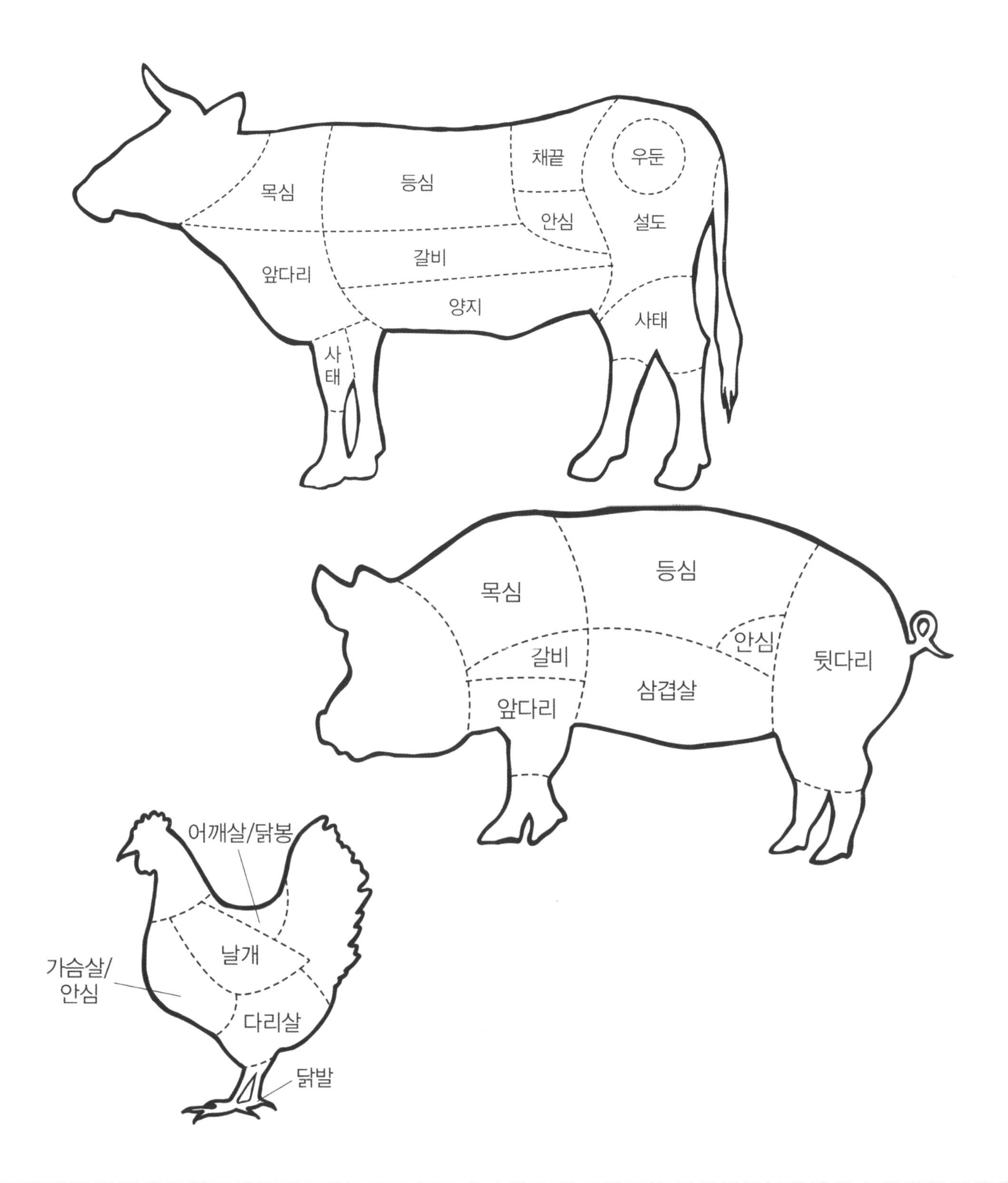

목심
등심
채끝
우둔
안심
설도
앞다리
갈비
양지
사태
사
태
목심
등심
안심
갈비
뒷다리
삼겹살
앞다리
어깨살/닭봉
날개
가슴살/
안심
다리살
닭발

음식 재료관리

Chapter 1

식품재료의 성분

1 수분

1 수분의 종류(식품 중 존재 상태에 따라 분류)

유리수(자유수)★	결합수★
식품 중 유리상태로 존재하는 물(보통의 물)	식품 중 탄수화물, 단백질 분자의 일부를 형성하는 물
수용성 물질을 용해시킴	물질을 녹일 수 없음
미생물 생육에 이용	미생물 생육 불가
0℃ 이하에서 동결	0℃ 이하에서 동결되지 않음
건조 시 쉽게 분리	쉽게 건조되지 않음
4℃에서 비중이 가장 큼	유리수보나 밀도가 큼

2 수분의 중요성

① 식품 중 수분함량 : 유리수 + 결합수를 합친 양

② 인체 내 수분함량이 정상보다 10% 부족 시 발열, 경련, 혈액순환장애, 20% 부족 시 사망

③ 정상인의 경우 하루에 수분섭취 2~3L, 2~2.5L 체외로 배출, 체중의 60~70%가 수분

3 수분의 기능★★★

① 체내 영양소와 노폐물 운반

② 신체의 구성영양소

③ 체온조절

④ 윤활제 역할

⑤ 전해질의 평행유지

⑥ 용매작용

4 수분활성도(Aw)

미생물 성장, 식품의 맛, 색, 향을 변화시키는 식품 내 화학적 반응과 관계되어 매우 중요한 특성으로 식품에 자유수의 양이 얼마나 포함되어 있는지를 나타내는 지표

$$\text{식품의 수분활성도} = \frac{\text{식품 속의 수증기압}}{\text{순수한 물의 수증기압}} = \frac{\text{용질의 증기압}}{\text{용매의 증기압}}$$

$$= \frac{\text{용매의 농도/분자량}}{\text{용매의 농도/분자량} + \text{용질의 농도/분자량}}$$

① 물의 수분활성도 : 1(물의 Aw = 1)

② 일반식품의 수분활성도는 항상 1보다 작음(일반식품의 Aw 〈 1)

③ 수분활성도가 낮으면 미생물의 생육이 억제됨

④ 수분활성도 0.8 이상 : 일반식품은 상온에서 곰팡이가 피기 시작

⑤ 곡류나 건조식품 등은 다른 일반식품들에 비해 수분활성도가 낮음

예 건조식품 0.2 이하, 곡류·콩류 0.60~0.64, 과일·어류·채소 0.98~0.99, 육류 0.92~0.97

탄수화물

1 탄수화물의 특징★★★

① 구성 원소 : 탄소(C), 수소(H), 산소(O)

② 하루에 섭취하는 적정량 : 1일 총 열량의 65%

③ 동물의 경우 과잉 섭취 시 간이나 근육에 글리코겐(동물성 탄수화물)으로 저장됨

④ 탄수화물의 대사 작용에는 비타민 B_1(티아민)이 반드시 필요

⑤ 탄수화물은 크게 소화되는 당질과 소화되지 않는 섬유소로 구분

⑥ 식물은 광합성 작용을 통해 포도당, 녹말, 섬유소 등의 탄수화물을 형성

2 탄수화물의 기능★★★

① 에너지 공급원(1g당 4kcal의 에너지 발생)

② 혈당 유지(정상인의 경우 혈당은 항상 0.1% 유지)

③ 단백질의 절약작용

④ 식이섬유소를 공급하여 혈당상승 및 변비 예방

⑤ 지방의 완전 연소 등 지방대사에 관여

3 탄수화물의 분류(단당류, 이당류, 다당류)

(1) 단당류 : 탄수화물의 가장 간단한 구성단위, 더 이상 분해되지 않음

① 5탄당

아라비노스(arabinose)	펙틴, 헤미셀룰로스 등의 구성 성분으로 식물체에 존재
리보스(ribose)	동·식물체에 존재하는 핵산의 구성 성분
자일로스(xylose)	설탕 60% 정도의 단맛, 식물체에 분포

② 6탄당

포도당(glucose)★	• 전분의 최종 분해물 • 동물의 혈액 중에 0.1% 정도 함유(혈당) • 포도, 과일 속에 함유 • 동물체에 글리코겐 형태로 저장
과당(fructose)★	• 당류 중 가장 단맛이 강함 • 체내에서 포도당으로 쉽게 전환 • 자당의 구성 성분 • 꿀, 과일 등에 많이 함유
갈락토오스(galactose)★	• 포도당과 결합하여 젖당이 되어 유즙으로 존재 • 뇌·신경조직 구성
만노오스(mannose)	• 다당류 만난의 구성 성분 • 유리상태로 존재하지 않음

(2) 이당류 : 단당류 2개가 결합된 당

자당★ (설탕, 서당, sucrose)	• 포도당과 과당이 결합한 당 • 160℃ 이상 가열 시 갈색색소(캐러멜화) • 단맛 비교 시 기준 • 전화당 : 설탕 가수분해 시 얻어지는 포도당과 과당이 1:1 동량 혼합(벌꿀에 많음) • 사탕수수나 사탕무에 많이 함유
맥아당★ (엿당, maltose)	• 포도당과 포도당이 결합한 당 • 물엿의 주성분 • 엿기름에 많음
젖당★ (유당, lactose)	• 포도당과 갈락토오스가 결합한 당 • 단맛이 가장 약함 • 칼슘과 단백질의 흡수를 돕고 정장 작용 • 동물 유즙에 많이 존재

(3) 다당류

전분★ (녹말, starch)	• 포도당이 결합된 형태 • 아밀로오스와 아밀로펙틴으로 구성 • 찹쌀 : 아밀로펙틴으로만 구성 • 곡류, 감자류 등에 존재
글리코겐★ (glycogen)	• 동물의 몸에 저장된 탄수화물 형태 • 간, 근육, 조개류에 많이 함유
섬유소★ (cellulose)	• 소화되지 않는 전분 • 영양적 가치는 없으나 배변촉진
펙틴 (pectin)	• 세포벽과 세포 사이에 존재 • 당과 산이 존재하는 조건 하에서 겔(gel)을 형성하여 잼, 젤리를 만드는 데 이용 • 과실류, 감귤류에 많이 함유 • 영양적 가치는 없으나 식이섬유소 역할
한천 (agar)	• 우뭇가사리 등 홍조류에 존재하는 점질물로 동결건조한 제품 • 응고력이 강하고, 응고하면 용융점이 높아 잘 부패하지 않음 • 물과의 친화력이 강해 수분을 일정한 형태로 유지 • 겔(gel) 형성력이 좋음 • 빵, 양갱, 젤리, 우유 등의 안정제로 사용 • 배변을 촉진하여 변비예방에 좋음

Tip 당질의 감미도 순서★

과당 〉 전화당 〉 설탕 〉 포도당 〉 맥아당 〉 갈락토오스 〉 젖당

Tip 키틴

게, 바닷가재 등의 외골격 및 다른 무척추동물의 내부구조에서 발견되는 흰색의 딱딱한 물질로 아미노당인 글루코사민(단당류)을 단위로 이루어진 다당류이다.

3 지질

1 지질의 특징★★★

① 구성 원소 : 탄소(C), 수소(H), 산소(O)

② 하루에 섭취하는 적정량 : 1일 총 열량의 약 20%

③ 3분자의 지방산과 1분자의 글리세롤이 에스테르(ester)상태로 결합

④ 상온에서 액체인 것은 기름(oil), 고체인 것은 지방(fat)

⑤ 과잉섭취 시 피하지방에 저장되며 비만, 고지혈증, 동맥경화, 당뇨병, 심장병 유발

2 지질의 기능★★★

① 에너지 공급원(1g당 9kcal의 에너지 발생)

② 필수지방산(리놀레산, 리놀렌산, 아라키돈산 등) 공급

③ 지용성 비타민(비타민 A, D, E, K)의 흡수를 도움

④ 외부의 충격으로부터 내장기관 보호

⑤ 체온 손실 방지

⑥ 체세포, 뇌, 신경조직 등의 세포막 구성 성분

⑦ 식품의 특별한 맛과 향미, 포만감 제공

3 지질의 분류

단순지질	• 지방산과 글리세롤의 에스테르 결합 • 중성지방(지방산+글리세롤), 왁스(지방산+고급알코올)
복합지질	• 단순지질에 인, 당, 단백질 등이 결합 • 인지질(단순지질+인), 당지질(단순지질+당), 단백지질(단순지질+단백질) 등
유도지질	• 단순지질과 복합지질이 가수분해될 때 생성되는 지용성 물질 • 지방산, 콜레스테롤, 에르고스테롤, 지용성 비타민류 등

4 지방산의 분류

포화지방산★	• 탄소와 탄소 사이의 결합에 이중결합이 없는 지방산 • 융점이 높아 상온에서 고체상태 • 동물성 지방 식품에 함유 • 개미산, 팔미트산, 프로피온산, 카프르산 등
불포화지방산★	• 탄소와 탄소 사이의 결합에 1개 이상의 이중결합이 있는 지방산 • 융점이 낮아 상온에서 액체상태 • 혈관벽에 쌓여있는 콜레스테롤을 제거하는 효과 • 식물성 기름, 어류, 견과류에 함유 • 리놀레산, 리놀렌산, 아라키돈산, 올레산 등
필수지방산★	• 신체성장과 정상적인 기능에 반드시 필요한 지방산으로 체내합성이 불가능해서 반드시 식사로 섭취해야 하는 지방산 • 식물성 기름에 다량 함유 • 결핍 : 피부염, 성장지연 등 • 리놀레산, 리놀렌산, 아라키돈산

5 지질의 기능적 성질

(1) 유화(에멀전화)★★★

① 수중유적형(O/W) : 물 중에 기름이 분산되어 있는 것

예 우유, 생크림, 마요네즈, 아이스크림 등

② 유중수적형(W/O) : 기름 중에 물이 분산되어 있는 것

예 버터, 마가린 등

(2) 수소화(경화)★★★

액체상태의 기름에 수소(H_2)를 첨가하고 니켈(Ni)과 백금(Pt)을 넣어 고체형의 기름을 만든 것

예 마가린, 쇼트닝

(3) 연화(쇼트닝)

밀가루 반죽에 유지를 첨가하면 반죽 내에서 지방을 형성하여 전분과 글루텐의 결합을 방해하는 것

(4) 가소성

외부 조건에 의해 유지의 상태가 변했다가 외부 조건을 복구해도 유지의 변형 상태는 유지되는 성질

(5) 검화(비누화)

① 지방이 수산화나트륨(NaOH)에 의하여 가수분해되어 글리세롤과 지방산의 Na염(비누)을 생성하는 현상

② 저급 지방산일수록 비누화가 잘됨

(6) 요오드가(불포화도)★★★

① 유지 100g 중에 불포화 결합에 첨가되는 요오드의 g 수

② 요오드가가 높다는 것은 불포화도가 높다는 의미

구분	요오드가	종류
건성유	130 이상	들기름, 동유, 해바라기유, 정어리유, 호두기름
반건성유	100~130	대두유(콩기름), 옥수수유, 참기름, 채종유, 면실유
불건성유★	100 이하	피마자유, 올리브유, 야자유, 동백유, 땅콩유

4 단백질

1 단백질의 특성★★★

① 구성 원소 : 탄소(C), 수소(H), 산소(O), 질소(N)
② 하루에 섭취하는 적정량 : 1일 총 열량의 약 15%
③ 아미노산들이 펩티드 결합
④ 열, 산, 알칼리, 효소 등에 응고되는 성질
⑤ 뷰렛에 의한 정색반응으로 보라색을 나타냄
⑥ 단백질은 평균 16%의 질소를 함유하므로 단백질을 분해하여 생기는 질소의 양에 6.25(단백질의 질소계수)를 곱하면 단백질의 양을 알 수 있음

2 단백질의 기능★★★

① 에너지 공급원(1g당 4kcal의 에너지 발생)
② 성장 및 체조직의 구성 성분
③ 효소, 호르몬, 항체 등을 구성
④ 삼투압력 유지를 통한 체내의 수분함량 조절
⑤ 체내의 pH조절

Tip 기초대사량

- 무의식적 활동(호흡, 심장박동, 혈액운반, 소화 등)에 필요한 열량
- 평상시보다 수면 시 10% 정도 감소

Tip 기초대사에 영향을 주는 인자★

- 체표면적이 클수록 소요열량이 크다.
- 남자가 여자보다 소요열량이 크다.
- 근육질인 사람이 지방질인 사람보다 소요열량이 크다.
- 기온이 낮으면 소요열량이 커진다.

Tip 단백질의 변성으로 인한 변화

- 용해도 및 생물학적 활성 감소
- 점도 증가
- 소화효소의 작용을 받기 쉬워 소화율 증가
- 폴리펩티드 사슬이 풀어짐

3 단백질의 분류

(1) 구성 성분에 따른 분류

단순단백질	• 아미노산만으로 구성 • 알부민, 글로불린, 글루테닌, 프롤라민, 히스톤, 알부미노이드 등
복합단백질	• 단순단백질과 비단백질 성분으로 구성된 복합성 단백질 • 인단백질(우유 : 카제인, 난황 : 비텔린) • 당단백질(난백 : 오보뮤코이드, 침 : 뮤신) • 지단백질(혈액, 신경조직) • 핵단백질(세포 핵의 핵산)
유도단백질	• 열, 산, 알칼리 작용으로 변성 또는 분해를 받은 단백질 • 1차 유도단백질(변성단백질) : 젤라틴 • 2차 유도단백질(분해단백질) : 펩톤

(2) 영양학적 분류

완전단백질★	• 생명유지 및 성장에 필요한 필수아미노산이 충분히 들어 있는 단백질 • 달걀(오보알부민, 오보비텔린), 콩(글리시닌), 우유(카제인, 락트알부민), 육류(미오신)
부분적 불완전 단백질	• 필수아미노산을 모두 함유하나 그 중 하나 또는 그 이상 아미노산 함량이 부족한 단백질 • 생명유지는 도움이 되지만 성장에는 도움이 되지 않는 단백질 • 보리(호르데인), 밀·호밀(글리아딘), 쌀(오리제닌)
불완전 단백질	• 하나 또는 그 이상의 필수아미노산이 결여된 단백질 • 생명유지와 성장 모두에 도움이 되지 않는 단백질 • 옥수수(제인), 젤라틴 등

Tip 단백질의 아미노산 보강(상호보강작용)★

다른 식품을 통해 아미노산을 보강하여 완전단백질을 이뤄가는 것

예 쌀(리신 부족) + 콩(리신 풍부) = 콩밥(완전한 형태의 단백질을 공급)

Tip 필수아미노산★

- 체내에서 합성하지 않아 반드시 음식으로 섭취해야 하는 아미노산
- 성인이 필요한 필수아미노산(8가지) : 트립토판, 발린, 트레오닌, 이소루신, 루신, 리신, 페닐알라닌, 메티오닌
- 성장기 어린이에게 필요한 필수아미노산 : 알기닌, 히스티딘

(3) 형태에 따른 분류

섬유상 단백질	• 보통 용매에 녹지 않음 • 콜라겐 : 피부와 결합조직 구성 • 엘라스틴 : 혈관 등에 함유 • 케라틴 : 모발에 함유
구상 단백질	• 묽은 산, 알칼리에 녹음 • 알부민, 글로불린, 글루텔린 등

Tip 황 함유 아미노산★

메티오닌, 시스틴, 시스테인

5 무기질

1 무기질의 특성★★★

① 탄소(C), 수소(H), 산소(O), 질소(N) 등 인체를 구성하는 유기성분을 제외한 나머지 원소

② 인체의 약 4% 차지

③ 체내에서 합성되지 않으므로 반드시 음식물로 섭취

④ 수분과 산·염기의 평형유지, 필수적 신체 구성 성분, 근육수축 및 조절 작용

구분	생리작용	특징	결핍증	급원식품
칼슘★ (Ca)	• 골격, 치아 구성 • 혈액응고 관여 • 근육수축 기능조절	• 흡수촉진 : 비타민 D • 흡수방해 : 수산(옥살산)(칼슘과 결합하여 결석 형성)	골다공증, 골격·치아 발육 불량	우유, 유제품, 뼈째 먹는 생선
인★ (P)	• 인지질과 핵산의 구성 성분 • 칼슘과 결합되어 체조직 구성에 중요한 작용 • 골격과 치아를 구성	※ 칼슘 : 인 섭취비율 성인 1 : 1 성장기 어린이 2 : 1	골격·치아 발육 불량	우유, 치즈, 육류, 어패류 등
마그네슘 (Mg)	• 골격과 치아의 형성 • 근육과 신경흥분 억제 작용	• 신경, 근육수축에 관여	근육떨림, 경련	견과류, 콩류, 녹색채소
나트륨★ (Na)	• 수분 균형 유지 • 삼투압 조절 • 산·염기 평형 유지 • 근육수축에 관련	• 우리나라 과잉섭취 • 과잉 시 고혈압, 심장병 유발	식욕부진, 근육경련, 저혈압	소금, 채소류 등

구분	생리작용	특징	결핍증	급원식품
칼륨 (K)	• 삼투압 조절 • 신경의 자극전달 작용	• 세포내액에 존재 • 필요 이상 섭취 시 신장기능 이상	무기력증, 저혈압, 식욕감퇴	시금치, 양배추, 감자, 과일류 등
철분★ (Fe)	• 헤모글로빈(혈색소) 구성 성분 • 조혈작용	• 근육의 미오글로빈에 들어 있음	철 결핍성 빈혈	간, 난황, 육류, 녹황색 채소
코발트 (Co)	• 비타민 B_{12} 구성 요소 • 적혈구 형성에 중요	–	악성빈혈	채소, 동물의 간
불소★ (F)	• 골격과 치아를 단단하게 함 • 어린이 충치 예방 및 치아의 강도 증가	• 과량 섭취 시 : 반상치	충치(우치)	해조류
요오드★ (I)	• 갑상선 호르몬(티록신) 구성 • 유즙분비 촉진	• 필요 이상 섭취 시 바세도우병(갑상선 기능항진증) 유발	갑상선종, 크레틴증 (성장 정지)	미역, 다시마
구리 (Cu)	• 철분 흡수 • 헤모글로빈 합성 촉진	• 녹색채소 색소고정에 관여	저혈색소성 빈혈	간, 채소류, 해조류, 달걀
아연 (Zn)	• 상처회복, 면역기능	• 필요 이상으로 섭취 시 구토, 복통, 설사, 경련, 오심 유발	탈모, 발육장애	곡류, 두류, 굴, 채소류

Tip 알칼리성 식품★

과일, 야채, 해조류 등(Ca, Na, K, Mg, Fe, Cu, Mn을 많이 함유한 식품)

Tip 산성 식품★

곡류, 육류, 어류 등(P, S, Cl 등을 많이 함유한 식품)

6 비타민

1 비타민의 기능과 특성★★★

① 인체에 없어서는 안 될 필수물질

② 대사작용 조절물질(보조효소 역할)

③ 에너지나 신체구성 물질로 사용되지 않음

④ 여러 가지 결핍증 예방

⑤ 대부분 체내에서 합성되지 않으므로 음식을 통해서 공급해야 함

2 지용성 비타민과 수용성 비타민의 차이점

구분	지용성 비타민★	수용성 비타민★
특징	• 기름에 잘 용해 • 기름과 함께 섭취하면 흡수율 증가 • 과잉섭취 시 체내 저장 • 결핍증이 서서히 나타남 • 식사 때마다 공급받을 필요 없음	• 물에 잘 용해 • 과잉섭취 시 필요량 제외하고 모두 배출 • 결핍증이 바로 나타남 • 매일 식사에서 필요한 양 만큼 섭취
종류	비타민 A, D, F, K	비타민 B군(B_1, B_2, B_6, B_9, B_{12}), C, 나이아신

3 비타민의 종류

(1) 지용성 비타민

구분	생리작용	특징	결핍증	급원식품
비타민 A★ (레티놀)	• 상피세포 보호 • 눈의 작용 좋게 • 성장촉진	• 카로틴 → 비타민 A로 전환 • α, β, γ 카로틴 중 β 카로틴이 비타민 A	야맹증, 안구건조증	간, 난황, 시금치, 당근
비타민 D★ (칼시페롤)	• 골격의 석회화 촉진(칼슘 흡수 도움) • 골격, 치아 발육 촉진	• 반드시 음식으로 섭취하지 않아도 됨(자외선 쬐면 합성됨) • 비타민 D 전구물질 : 에르고스테롤	구루병, 골다공증	건조식품 (말린생선류, 버섯류)
비타민 E (토코페롤)	• 항산화제 역할(인체 노화방지) • 비타민 A 흡수 촉진	• α-토코페롤의 활성이 가장 좋음 • 지질 흡수에 좋음	노화촉진(인간), 불임증(동물)	곡물의 배아, 식물성유

비타민 K (필로퀴논)	• 혈액응고(지혈작용)	• 장내 세균에 의해 인체 내에서 합성	혈액응고 지연	녹색채소, 콩류, 당근, 달걀
비타민 F (리놀레산)	• 성장과 영양에 필요	• 체내에 합성되지 않음	피부건조증, 피부염	식물성 기름

(2) 수용성 비타민

구분	생리작용	특징	결핍증	급원식품
비타민 B_1★ (티아민)	• 탄수화물 대사 조효소 • 뇌와 신경조직 유지 • 위액분비 촉진, 식욕 증진	• 알리신(마늘 성분)에 의해 흡수율 증가 • 포도당이 분해될 때 필요	각기병, 식욕감퇴	돼지고기, 곡물의 배아, 땅콩
비타민 B_2★ (리보플라빈)	• 성장촉진 • 피부, 점막 보호	• 열, 산에 안정하나 빛, 알칼리에 불안정	구순염, 구각염, 설염	우유, 유제품, 달걀, 콩, 동물성 식품
비타민 B_3★ (나이아신)	• 탄수화물 대사 작용 증진	• 니코틴산이라고 함 • 체내 필수아미노산 트립토판을 60mg 섭취하면 나이아신 1mg 생성	펠라그라 (옥수수가 주식인 나라에서 많이 생김)	육류, 어류, 가금류, 유제품, 땅콩
비타민 B_6 (피리독신)	• 항피부염성 비타민 • 단백질 대사에 관여	• 열에 안정하나 빛에 분해	피부염	효모, 밀, 옥수수
비타민 B_9 (엽산)	• 적혈구 등의 세포 생성에 도움 • 항 빈혈작용	• 산에서 열을 가하면 쉽게 파괴	빈혈	간, 달걀, 현미, 과일
비타민 B_{12} (코발라민)	• 성장 촉진 작용 • 증혈작용 (적혈구 생성 조효소)	• 코발트(Co) 함유 비타민 • 동물성 식품에만 있음	악성빈혈	동물의 간, 시금치
비타민 C★ (아스코르브산)	• 혈관벽 튼튼하게 유지 • 산화 환원 작용 관여 • 세포질 성장촉진 • 철분흡수 촉진 • 피로회복	• 알칼리, 열 등에 불안정 • 물에 잘 녹음 (조리 시 손실이 큼)	괴혈병, 면역력 감소	딸기, 감귤류, 채소류

Tip 비타민 C 파괴 효소★

당근, 호박 등에 비타민 C를 파괴하는 아스코르비나아제라는 효소가 있는데 비타민 C가 많은 식품과 당근, 호박을 같이 섞어서 방치하면 비타민 C가 손실됨

7 식품의 색

식품의 색은 식품의 품질을 결정하는 척도로 식욕과도 깊은 관계가 있음

1 식물성 색소

<table>
<tr><td>클로로필★</td><td colspan="2">• 녹색채소의 색깔(마그네슘(Mg) 함유)
• 물에 녹지 않음
• 산성(식초물)에 녹황색(페오피틴)
• 알칼리(소다첨가)에 진한 녹색(클로로필린) : 비타민 C 등이 파괴되고 조직이 연화됨
• 구리(Cu)나 철(Fe) : 선명한 초록색(완두콩 가공 시 황산구리 첨가)
• 오이나 배추로 김치를 담그거나, 시금치를 오래 삶았을 때 녹색이 갈색으로 변함</td></tr>
<tr><td rowspan="3">플라보노이드★</td><td colspan="2">• 식물에 넓게 분포하는 황색계통의 수용성 색소
• 옥수수, 밀가루, 양파의 색소
• 산성 : 흰색(연근, 우엉 + 식초물 삶기 → 흰색)
• 알칼리 : 진한 황색(밀가루 반죽 + 소다 → 빵의 색이 진한 황색)</td></tr>
<tr><td>안토잔틴</td><td>• 백색이나 담황색의 수용성 색소로 식물의 뿌리, 줄기, 잎 등에 분포
• 산성 : 백색
• 알칼리 : 황색
• 밀가루에 식소다(알칼리)를 넣어 빵을 만들면 빵 색이 누렇게 됨
• 우엉, 연근 삶을 때 식초(산성)를 첨가하면 백색</td></tr>
<tr><td>안토시안</td><td>• 꽃, 과일(사과, 딸기, 가지 등)의 적색, 자색의 색소
• 수용성 색소로 가공 중 쉽게 변색
• 산성(식초물)에 적색
• 알칼리(소다첨가)에 청색
• 가지를 삶을 때 백반을 넣으면 보라색을 유지하고 생강(담황색)을 식초에 절이면 분홍색으로 변화</td></tr>
<tr><td>카로티노이드★</td><td colspan="2">• 동·식물성 식품에 널리 분포
• 황색, 주황색, 적색의 색소(당근, 토마토, 고추, 감 등)
• 비타민 A 기능
• 산, 알칼리, 열에 안정적
• β-카로틴(당근, 녹황색 채소), 라이코펜(토마토, 수박), 푸코크산틴(다시마, 미역), 로테인(난황, 오렌지)</td></tr>
</table>

2 동물성 색소

미오글로빈★	• 동물의 근육색소(Fe 함유) • 신선한 생육은 적자색이며 공기 중 산소와 결합하여 선명한 적색의 옥시미오글로빈이 되고, 가열하면 갈색 또는 회색의 메트미오글로빈이 됨
헤모글로빈★	• 동물의 혈액색소(Fe 함유) • 육가공 시 질산칼륨이나 아질산칼륨을 첨가하면 선홍색 유지
헤모시아닌	• 문어, 오징어(연체류)에 포함되어 있는 파란색 색소 • 가열 시 적자색으로 변함
아스타잔틴	• 새우, 게, 가재 등에 포함된 색소 • 가열 및 부패에 의해 아스타신이 붉은색으로 변함
멜라닌	• 오징어 먹물 색소

8 식품의 갈변

식품을 조리하거나 가공, 저장하는 동안 갈색으로 변색 또는 색이 짙어지는 현상

1 효소적 갈변

폴리페놀옥시다아제★	• 채소류나 과일류를 자르거나 껍질을 벗길 때의 갈변 • 홍차 갈변
티로시나아제★	• 감자 갈변

2 효소에 의한 갈변 방지법★★★

① 열처리 : 데치기(효소의 불활성화)

② 산 이용 : pH를 3 이하로 낮춤(산의 효소작용 억제)

③ 당 또는 염류 첨가 : 껍질 벗긴 사과, 배를 설탕물이나 소금물에 담금(공기접촉 방지)

④ 산소제거 : 식품을 밀폐용기에 저장, 이산화탄소나 질소가스 주입

⑤ 효소의 작용 억제 : 온도를 −10℃ 이하로 낮춤

⑥ 구리, 철로 된 용기 사용금지

3 비효소적 갈변★★★

마이야르 반응★ (아미노카르보닐, 멜라노이드 반응)	• 아미노기와 카르보닐기가 공존할 때 일어나는 반응으로 멜라노이딘 생성 • 외부 에너지 공급 없이 자연발생적으로 일어나는 반응 • 온도, pH, 당의 종류, 수분, 농도 등이 영향을 줌 • 된장, 간장, 식빵, 케이크, 커피(생두 : 녹색 → 갈색, 특유의 향) 등의 반응
캐러멜화 반응★	• 당류를 고온(180~200℃)으로 가열했을 때 산화 및 분해 산물에 의한 중합, 축합 반응 • 간장, 소스, 합성 청주, 약식 등
아스코르브산의 반응	• 감귤류의 가공품인 오렌지주스나 농축산물에서 일어나는 갈색반응

Tip 제과제빵에서는 마이야르 반응과 캐러멜화 반응이 동시에 일어남

9 식품의 맛과 냄새

1 식품의 맛

식품의 맛은 여러 가지 조건에 따라 결정됨(식품의 온도, 맛의 대비, 억제작용 등)

(1) 맛의 온도★★★

① 혀의 미각은 30℃ 전후에서 가장 예민

② 신맛은 온도변화에 거의 영향을 받지 않음

③ 맛의 최적 온도 : 단맛 20~50℃, 짠맛 30~40℃, 신맛 25~50℃, 매운맛 50~60℃

(2) 기본적인 맛(헤닝의 4원미)

단맛	• 포도당, 과당 등의 단당류, 이당류(설탕, 맥아당) • 만니트 : 해조류
짠맛	• 염화나트륨(소금)
신맛	• 식초산, 구연산(감귤류, 살구 등), 주석산(포도)
쓴맛	• 카페인 : 커피, 초콜릿 • 테인 : 차류 • 후물론 : 맥주 • 테오브로민 : 코코아 • 나린진 : 감귤류 • 쿠쿠르비타신 : 오이꼭지

(3) 기타 맛

맛난맛(감칠맛)★	• 이노신산 : 가다랭이 말린 것, 멸치, 육류 • 글루타민산 : 다시마, 된장, 간장 • 시스테인, 리신 : 육류, 어류 • 구아닐산 : 표고버섯, 송이버섯 • 베타인 : 오징어, 새우 • 타우린 : 오징어, 문어, 조개류
매운맛★	• 미각신경을 강하게 자극할 때 형성되는 맛(통각에 가까움) • 캡사이신(고추), 진저롤(생강), 시니그린(겨자), 차비신(후추), 커큐민(강황), 이소티오시아네이트(무, 겨자) • 60℃ 정도에서 가장 강하게 느낌
떫은맛	• 미숙한 과일에서 느껴지는 불쾌한 맛 • 단백질의 응고작용으로 생김 • 탄닌성분 : 미숙한 과일에 포함, 인체 내에서 변비유발
아린맛	• 쓴맛 + 떫은맛의 혼합 맛 • 죽순, 고사리, 고비, 우엉, 토란, 가지 등에서 볼 수 있음 • 아린맛을 제거하기 위해 하루 전 물에 담가둠

(4) 맛의 여러 가지 현상

맛의 대비현상(강화현상)★	서로 다른 2가지 맛이 작용해 주된 맛성분이 강해지는 현상 예 설탕물 + 소금 약간 → 더 달게 느낌
맛의 변조현상★	한 가지 맛을 느낀 후 바로 다른 맛을 보면 원래의 식품 맛이 다르게 느껴지는 현상 예 쓴 약 먹고 난 후 물 마시면 물이 달게 느껴짐 예 오징어 먹고 귤을 먹으면 쓴 맛
맛의 상승현상	같은 맛 성분을 혼합하여 원래의 맛보다 더 강한 맛이 나게 되는 현상 예 설탕에 포도당을 넣으면 단맛이 더 강해지는 것
맛의 상쇄현상	상반되는 맛이 서로 영향을 주어 각각의 맛을 느끼지 못하고 조화로운 맛을 느끼는 것(새콤 달콤) 예 간장에는 소금이 많이 들어 있으나 감칠맛과 상쇄되어 짠맛을 강하게 느끼지 못함
맛의 억제현상	다른 맛이 혼합되어 주된 맛이 억제 또는 손실되는 현상 예 커피에 설탕을 넣었을 때 쓴맛이 억제 예 신맛이 강한 과일에 설탕을 넣으면 신맛이 억제
맛의 미맹현상	쓴 맛 성분 PTC(Phenyl Thiocarbamide)를 느끼지 못하는 것 맛을 보는 감각에 장애가 있어 정상인이 느낄 수 있는 맛을 느끼지 못함
맛의 피로현상	같은 맛을 계속 섭취하면 미각이 둔해져 그 맛을 알 수 없게 되거나 다르게 느끼는 현상

2 식품의 냄새

식품의 냄새는 음식의 기호에 영향을 주는데, 쾌감을 주는 것을 향이라 하고, 불쾌감을 주는 것을 취라고 함

(1) 식물성 식품의 냄새

① 테르펜류 : 녹차, 차 잎, 레몬, 오렌지 등

② 알코올 및 알데히드류 : 주류, 감자, 복숭아, 오이, 계피 등

③ 에스테르류 : 주로 과일향

④ 황화합물 : 마늘, 양파, 파, 무, 부추, 고추냉이 등

(2) 동물성 식품의 냄새

① 휘발성 아민류 및 암모니아류 : 육류, 어류

② 지방산류 : 유제품

③ 카르보닐 화합물 : 고기 굽는 냄새

Tip 기타 특수성분

생선비린내성분	트리메틸아민	참기름	세사몰	마늘	알리신
고추	캡사이신	겨자	시니그린	후추	차비신, 피페린
울금	커큐민	생강	진저롤	맥주	호프(후물론)
산초	산쇼올	커피, 조콜릿	카페인	홍어	암모니아

지피지기 예상문제

아는 문제(○), 헷갈리는 문제(△), 모르는 문제(x) 표시해 복습에 활용하세요.

1 ○|△|x

결합수에 관한 특성 중 맞는 것은?

① 식품조직을 압착하여도 제거되지 않는다.
② 끓는점과 녹는점이 매우 높다.
③ 미생물의 번식과 발아에 이용된다.
④ 보통의 물보다 밀도가 작다.

2 ○|△|x

다음 중 결합수의 특징이 아닌 것은?

① 용질에 대해 용매로 작용하지 않는다.
② 자유수보다 밀도가 크다.
③ 식품에서 미생물의 번식과 발아에 이용되지 못한다.
④ 대기 중에서 100℃로 가열하면 쉽게 수증기가 된다.

3 ○|△|x

자유수와 결합수의 설명으로 맞는 것은?

① 결합수는 용매로서 작용한다.
② 자유수는 4℃에서 비중이 제일 크다.
③ 자유수는 표면장력과 점성이 작다.
④ 결합수는 자유수보다 밀도가 작다.

4 ○|△|x

식품의 수분활성도(Aw)에 대한 설명으로 틀린 것은?

① 식품이 나타내는 수증기압과 순수한 물의 수증기압의 비를 말한다.
② 일반적인 식품의 Aw 값은 1보다 크다.
③ Aw의 값이 작을수록 미생물의 이용이 쉽지 않다.
④ 어패류의 Aw는 0.98~0.99 정도이다.

5 ○|△|x

일반적으로 신선한 어패류의 수분활성도(Aw)는?

① 1.10~1.15
② 0.98~0.99
③ 0.65~0.66
④ 0.50~0.55

1, 2, 3 자유수(유리수) : 용매로 작용, 식품을 압착하면 제거됨, 미생물의 번식과 발아에 이용, 0℃ 이하에서 동결, 식품을 건조시키면 증발, 4℃에서 비중이 제일 큼, 표면장력과 점성이 큼
결합수 : 용매로 작용 ×, 식품을 압착해도 제거 ×, 미생물의 번식과 발아에 이용 ×, 0℃ 이하에서 동결 ×, 100℃ 이상에서 증발 ×, 자유수보다 밀도가 큼

4 일반적인 식품의 Aw 값은 1보다 작다.

5 식품별 수분활성도는 곡류·콩류(0.60~0.64), 육류(0.92~0.98), 어패류·과일·채소(0.98~0.99)이다.

정답

1	①	2	④	3	②	4	②	5	②

6 ● ▲ X

탄수화물의 구성요소가 아닌 것은?

① 탄소 ② 질소
③ 산소 ④ 수소

7 ● ▲ X

당질의 기능에 대한 설명 중 틀린 것은?

① 당질은 평균 1g당 4kcal를 공급한다.
② 혈당을 유지한다.
③ 단백질 절약작용을 한다.
④ 당질의 섭취가 부족해도 체내 대사의 조절에는 큰 영향이 없다.

8 ● ▲ X

다음 중 5탄당은?

① 갈락토오스(galactose)
② 만노오스(mannose)
③ 자일로스(xylose)
④ 프럭토오스(fructose)

9 ● ▲ X

다음 중 이당류가 아닌 것은?

① 설탕(sucrose) ② 유당(lactose)
③ 과당(fructose) ④ 맥아당(maltose)

10 ● ▲ X

당류 가공품 중 결정형 캔디는?

① 퐁당(fondant)
② 캐러멜(caramel)
③ 마쉬멜로우(marshmellow)
④ 젤리(jelly)

11 ● ▲ X

칼슘과 단백질의 흡수를 돕고 정장 효과가 있는 당은?

① 설탕 ② 과당
③ 유당 ④ 맥아당

12 ● ▲ X

당류와 그 가수분해 생성물이 옳은 것은?

① 맥아당 = 포도당 + 과당
② 유당 = 포도당 + 갈락토오스
③ 설탕 = 포도당 + 포도당
④ 이눌린 = 포도당 + 셀룰로오스

13 ● ▲ X

다음 당류 중 단맛이 가장 약한 것은?

① 포도당 ② 과당
③ 맥아당 ④ 설탕

14 ● ▲ X

게, 가재, 새우 등의 껍질에 다량 함유된 키틴(chitin)의 구성 성분은?

① 다당류 ② 단백질
③ 지방질 ④ 무기질

15 ● ▲ X

다음의 당류 중 영양소를 공급할 수 없으나 식이섬유소로서 인체에 중요한 기능을 하는 것은?

① 전분 ② 설탕
③ 맥아당 ④ 펙틴

16 ○△X

1g당 발생하는 열량이 가장 큰 것은?

① 당질 ② 단백질
③ 지방 ④ 알코올

17 ○△X

지방에 대한 설명으로 틀린 것은?

① 에너지가 높고 포만감을 준다.
② 모든 동물성 지방은 고체이다.
③ 기름으로 식품을 가열하면 풍미를 향상시킨다.
④ 지용성 비타민의 흡수를 좋게 한다.

18 ○△X

중성지방의 구성 성분은?

① 탄소와 질소
② 아미노산
③ 지방산과 글리세롤
④ 포도당과 지방산

19 ○△X

다음 중 유도지질(derived lipids)은?

① 왁스 ② 인지질
③ 지방산 ④ 단백지질

20 ○△X

다음 중 필수지방산이 아닌 것은?

① 리놀레산 ② 스테아르산
③ 리놀렌산 ④ 아라키돈산

21 ○△X

유화의 형태가 나머지 셋과 다른 것은?

① 우유 ② 마가린
③ 마요네즈 ④ 아이스크림

22 ○△X

불포화지방산을 포화지방산으로 변화시키는 경화유에는 어떤 물질이 첨가되는가?

① 질소 ② 수소
③ 산소 ④ 칼슘

---

6 탄수화물은 탄소(C), 수소(H), 산소(O)로 구성된 유기화합물로 당질이라고도 한다.

7 당질의 섭취가 부족하면 체중이 감소하거나 발육이 늦어지는 등의 현상이 발생하므로, 체내 대사의 조절에 영향을 많이 미친다.

8 5탄당에는 리보스, 아라비노스, 자일로스가 있다.

9 과당은 단당류이다.

10 퐁당(fondant)은 설탕에 물을 첨가해 가열한 후 급랭시켜 저어서 만든 결정이다.

12 ① 맥아당 = 포도당 + 포도당, ③ 설탕 = 포도당 + 과당, ④ 이눌린 : 과당의 결합체

13 당질의 감미도 : 과당 〉 전화당 〉 자당 〉 포도당 〉 맥아당 〉 갈락토오스 〉 유당

16 ① 당질 : 4kcal/g ② 단백질 : 4kcal/g ③ 지방 : 9kcal/g ④ 알코올 : 7kcal/g

17 동물성 지방은 대부분 고체이지만, 반고체인 것도 있다.

20 필수지방산은 리놀레산, 리놀렌산, 아라키돈산 등이다.

21 마가린은 기름 속에 물이 분산되어 있는 유중수적형(W/O)이고, 나머지 지문은 물속에 기름이 분산되어 있는 수중유적형(O/W)이다.

22 경화유는 불포화지방산에 수소(H_2)를 첨가하여 포화지방산으로 변화시킨 것이다.

정답

6	②	7	④	8	③	9	③	10	①
11	③	12	②	13	③	14	①	15	④
16	③	17	②	18	③	19	③	20	②
21	②	22	②						

23

지방산의 불포화도에 의해 값이 달라지는 것으로 짝지어진 것은?

① 융점, 산가 ② 검화가, 요오드가
③ 산가, 유화가 ④ 융점, 요오드가

24

다음 유지 중 건성유는?

① 참기름 ② 면실유
③ 아마인유 ④ 올리브유

25

불건성유에 속하는 것은?

① 들기름 ② 땅콩기름
③ 대두유 ④ 옥수수기름

26

요오드값(iodine value)에 의한 식물성유의 분류로 맞는 것은?

① 건성유 – 올리브유, 우유유지, 땅콩기름
② 반건성유 – 참기름, 채종유, 면실유
③ 불건성유 – 아마인유, 해바라기유, 동유
④ 경화유 – 미강유, 야자유, 옥수수유

27

단백질의 특성에 대한 설명으로 틀린 것은?

① C, H, O, N, S, P 등의 원소로 이루어져 있다.
② 단백질은 뷰렛에 의한 정색반응을 나타내지 않는다.
③ 조단백질은 일반적으로 질소의 양에 6.25를 곱한 값이다.
④ 아미노산은 분자 중에 아미노기와 카르복실기를 갖는다.

28

단백질의 구성단위는?

① 아미노산 ② 지방산
③ 과당 ④ 포도당

29

육류, 생선류, 알류 및 콩류에 함유된 주된 영양소는?

① 단백질 ② 탄수화물
③ 지방 ④ 비타민

30

단백질에 관한 설명 중 옳은 것은?

① 인단백질은 단순단백질에 인산이 결합한 단백질이다.
② 지단백질은 단순단백질에 당이 결합한 단백질이다.
③ 당단백질은 단순단백질에 지방이 결합한 단백질이다.
④ 핵단백질은 단순단백질 또는 복합단백질이 화학적 또는 산소에 의해 변화된 단백질이다.

31

카제인(casein)은 어떤 단백질에 속하는가?

① 당단백질 ② 지단백질
③ 유도단백질 ④ 인단백질

32

완전단백질(complete protein)이란?

① 필수아미노산과 불필수아미노산을 모두 함유한 단백질
② 함황아미노산을 다량 함유한 단백질
③ 성장을 돕지는 못하나 생명을 유지시키는 단백질
④ 정상적인 성장을 돕는 필수아미노산이 충분히 함유된 단백질

33

필수아미노산이 아닌 것은?

① 메티오닌(methionine)
② 트레오닌(threonine)
③ 글루타민산(glutamic acid)
④ 리신(lysine)

34

황 함유 아미노산이 아닌 것은?

① 트레오닌(threonine)
② 시스틴(cystine)
③ 메티오닌(methionine)
④ 시스테인(cysteine)

35

무기질만으로 짝지어진 것은?

① 지방, 나트륨, 비타민 A
② 칼슘, 인, 철
③ 지방산, 염소, 비타민 B
④ 아미노산, 요오드, 지방

36

다음 중 알칼리성의 식품의 성분에 해당하는 것은?

① 유즙의 칼슘(Ca) ② 생선의 유황(S)
③ 곡류의 염소(Cl) ④ 육류의 산소(O)

37

양질의 칼슘이 가장 많이 들어있는 식품끼리 짝지어진 것은?

① 곡류, 서류
② 돼지고기, 소고기
③ 우유, 건멸치
④ 달걀, 오리알

23 불포화지방산은 탄소와 탄소 사이의 결합에 1개 이상의 이중결합이 있는 지방산이다. 이중결합이 많을수록 불포화도가 높아지고(요오드가가 높아지고) 융점이 낮아 상온에서 액체로 존재한다.

24, 25, 26 건성유 : 아마인유, 들기름, 동유, 해바라기유, 정어리유, 호두기름 등
반건성유 : 대두유(콩기름), 쌀겨, 옥수수유, 청어기름, 채종유, 면실유, 참기름 등
불건성유 : 피마자유, 올리브유, 야자유, 동백유, 땅콩유 등

27 단백질은 탄소(C), 수소(H), 산소(O), 질소(N), 황(S), 인(P) 등으로 구성된 고분자 유기 화합물로 뷰렛에 의한 정색반응으로 보라색을 나타낸다.

30 ② 지단백질 : 단순단백질 + 지질
③ 당단백질 : 단순단백질 + 당질
④ 핵단백질 : 단순단백질 + 핵산

33 성인에게 필요한 필수아미노산은 리신, 루신, 이소루신, 트레오닌, 트립토판, 발린, 메티오닌, 페닐알라닌이다.

34 트레오닌은 성인에게 필요한 필수아미노산으로 황을 함유하고 있지 않다.

36, 37 알칼리성 식품은 칼슘(Ca), 마그네슘(Mg), 칼륨(K), 나트륨(Na), 철(Fe) 등을 함유하고 있는 식품으로 채소, 과일, 우유 등에 들어있다.

정답

23	④	24	③	25	②	26	②	27	②
28	①	29	①	30	①	31	④	32	④
33	③	34	①	35	②	36	①	37	③

38

칼슘(Ca)의 기능이 아닌 것은?

① 골격, 치아의 구성
② 혈액의 응고작용
③ 헤모글로빈의 생성
④ 신경의 전달

39

칼슘의 흡수를 방해하는 인자는?

① 유당 ② 단백질
③ 비타민 C ④ 옥살산

40

신체를 구성하는 전체 무기질의 1/4 정도를 차지하며 골격과 치아조직을 구성하는 무기질은?

① 구리 ② 철
③ 인 ④ 마그네슘

41

철(Fe)에 대한 설명으로 옳은 것은?

① 헤모글로빈의 구성 성분으로 신체의 각 조직에 산소를 운반한다.
② 골격과 치아에 가장 많이 존재하는 무기질이다.
③ 부족 시에는 갑상선종이 생긴다.
④ 철의 필요량은 남녀에게 동일하다.

42

다음 중 어떤 무기질이 결핍되면 갑상선종이 발생될 수 있는가?

① 칼슘(Ca) ② 요오드(I)
③ 인(P) ④ 마그네슘(Mg)

43

영양소와 그 기능의 연결이 틀린 것은?

① 유당(젖당) – 정장 작용
② 셀룰로오스 – 변비 예방
③ 비타민 K – 혈액 응고
④ 칼슘 – 헤모글로빈 구성 성분

44

비타민 A가 부족할 때 나타나는 대표적인 증세는?

① 괴혈병 ② 구루병
③ 불임증 ④ 야맹증

45

카로틴은 동물 체내에서 어떤 비타민으로 변하는가?

① 비타민 D ② 비타민 B_1
③ 비타민 A ④ 비타민 C

46

비타민 A의 전구물질로 당근, 호박, 고구마, 시금치에 많이 들어 있는 성분은?

① 안토시아닌 ② 카로틴
③ 리코펜 ④ 에르고스테롤

47

우유에 들어있는 비타민 중에서 함유량이 적어 강화우유에 사용되는 지용성 비타민은?

① 비타민 D ② 비타민 C
③ 비타민 B_1 ④ 비타민 E

48

다음 중 비타민 D의 전구물질로 프로비타민 D로 불리는 것은?

① 프로게스테론(progesterone)
② 에르고스테롤(ergosterol)
③ 시토스테롤(sitosterol)
④ 스티그마스테롤(stigmasterol)

49

비타민에 관한 설명 중 틀린 것은?

① 카로틴은 프로비타민 A이다.
② 비타민 E는 토코페롤이라고도 한다.
③ 비타민 B_{12}는 코발트를 함유한다.
④ 비타민 C가 결핍되면 각기병이 발생한다.

50

지용성 비타민의 결핍증이 틀린 것은?

① 비타민 A – 안구건조증, 안염, 각막 연화증
② 비타민 D – 골연화증, 유아발육 부족
③ 비타민 K – 불임증, 근육 위축증
④ 비타민 F – 피부염, 성장정지

51

다음 중 물에 녹는 비타민은?

① 레티놀 ② 토코페롤
③ 리보플라빈 ④ 칼시페롤

38 헤모글로빈의 생성 – 철(Fe)에 대한 설명이다.

41 ② 칼슘(Ca) ③ 요오드(I) ④ 철의 필요량은 남녀에 따라 다르다.

43 철(Fe) – 헤모글로빈 및 미오글로빈의 구성 성분

44 ① 비타민 C ② 비타민 D ③ 비타민 E

45, 46 식물체의 색소인 카로틴은 동물 체내에서 쉽게 비타민 A로 변하여 '프로비타민 A'라고도 한다. 식물성 식품(당근, 호박, 고구마, 시금치)에 많이 들어 있다. 특히 α–카로틴 · β–카로틴 · γ–카로틴 중 β–카로틴은 비타민 A로서의 활성을 가장 많이 지니고 있다.

47 비타민 D는 칼슘의 흡수에 도움을 주어 강화우유에 사용한다.

49 비타민 C가 결핍되면 괴혈병이 발생한다.

50 비타민 E – 불임증, 근육 위축증

51 비타민의 종류에는 유지에 녹는 지용성 비타민(A, D, E, K)과 물에 녹는 수용성 비타민(B군, C)이 있다.

정답

38	③	39	④	40	③	41	①	42	②
43	④	44	④	45	③	46	②	47	①
48	②	49	④	50	③	51	③		

52
○△X

쌀에서 섭취한 전분이 체내에서 에너지를 발생하기 위해서 반드시 필요한 것은?

① 비타민 A ② 비타민 B_1
③ 비타민 C ④ 비타민 D

53
○△X

마늘의 매운맛과 향을 내는 것으로 비타민 B의 흡수를 도와주는 성분은?

① 알리신(allicin)
② 알라닌(alanine)
③ 헤스페리딘(hesperidine)
④ 아스타신(astacin)

54
○△X

비타민 B_2가 부족하면 어떤 증상이 생기는가?

① 구각염 ② 괴혈병
③ 야맹증 ④ 각기병

55
○△X

다음 중 가열조리에 의해 가장 파괴되기 쉬운 비타민은?

① 비타민 C ② 비타민 B_6
③ 비타민 A ④ 비타민 D

56
○△X

영양 결핍증상과 원인이 되는 영양소의 연결이 잘못된 것은?

① 빈혈 – 엽산
② 구순구각염 – 비타민 B_{12}
③ 야맹증 – 비타민 A
④ 괴혈병 – 비타민 C

57
○△X

4가지 기본적인 맛이 아닌 것은?

① 단맛 ② 신맛
③ 떫은맛 ④ 쓴맛

58
○△X

맛성분과 주요 소재식품의 연결이 틀린 것은?

① 초산(acetic acid) – 식초
② 젖산(lactic acid) – 김치류
③ 구연산(citric acid) – 시금치
④ 주석산(tartarci acid) – 포도

59
○△X

알칼로이드성 물질로 커피의 자극성을 나타내고 쓴맛에도 영향을 미치는 성분은?

① 주석산(tartaric acid)
② 카페인(caffein)
③ 탄닌(tannin)
④ 개미산(formic acid)

60

조개류에 들어있으며 독특한 국물 맛을 나타내는 유기산은?

① 젖산 ② 초산
③ 호박산 ④ 피트산

61

육류나 어류의 구수한 맛을 내는 성분은?

① 이노신산 ② 호박산
③ 알리신 ④ 나린진

62

감칠맛 성분과 소재식품의 연결이 잘못된 것은?

① 베타인(betaine) – 오징어, 새우
② 크레아티닌(creatinine) – 어류, 육류
③ 카노신(carnosine) – 육류, 어류
④ 타우린(taurine) – 버섯, 죽순

63

다음 중 알리신(allicin)이 가장 많이 함유된 식품은?

① 마늘 ② 사과
③ 고추 ④ 무

64

고추의 매운맛 성분은?

① 무스카린(muscarine)
② 캡사이신(capsaicin)
③ 뉴린(neurine)
④ 몰핀(morphine)

65

식미에 긴장감을 주고 식욕을 증진시키며 살균작용을 돕는 매운맛 성분의 연결이 틀린 것은?

① 마늘 – 알리신 ② 생강 – 진저롤
③ 산초 – 호박산 ④ 고추 – 캡사이신

56 구순구각염 – 비타민 B_2

57 헤닝(Henning)은 단맛, 짠맛, 신맛, 쓴맛, 4가지를 기본적인 맛으로 분류하였다.[헤닝(Henning)의 4원미]

58 구연산(citric acid) – 감귤류, 딸기, 살구

60 사과·청주·조개류에 들어 있으며, 조개류의 조리 시 독특한 국물맛을 내는 유기산은 호박산이다.

62 타우린(taurine) – 오징어, 문어, 조개류

64 고추의 매운맛 성분은 캡사이신이다.

65 산초 – 산쇼올

정답

52	②	53	①	54	①	55	①	56	②
57	③	58	③	59	②	60	③	61	①
62	④	63	①	64	②	65	③		

66

○ △ X

아린맛은 어느 맛의 혼합인가?

① 신맛과 쓴맛 ② 쓴맛과 단맛
③ 신맛과 떫은맛 ④ 쓴맛과 떫은맛

67

○ △ X

단팥죽을 만들 때 약간의 소금을 넣었더니 맛이 더 달게 느껴졌다. 이 현상을 무엇이라고 하는가?

① 맛의 상쇄 ② 맛의 대비
③ 맛의 변조 ④ 맛의 억제

68

○ △ X

쓰거나 신 음식을 맛 본 후 금방 물을 마시면 물이 달게 느껴지는데 이는 어떤 원리에 의한 것인가?

① 변조현상 ② 대비효과
③ 순응현상 ④ 억제현상

69

○ △ X

오이나 배추의 녹색이 김치를 담갔을 때 점차 갈색을 띠게 되는데 이것은 어떤 색소의 변화 때문인가?

① 카로티노이드 ② 클로로필
③ 안토시아닌 ④ 안토잔틴

70

○ △ X

오이피클 제조 시 오이의 녹색이 녹갈색으로 변하는 이유는?

① 클로로필리드가 생겨서
② 클로로필린이 생겨서
③ 페오피틴이 생겨서
④ 잔토필이 생겨서

71

○ △ X

클로로필에 대한 설명으로 틀린 것은?

① 산을 가해주면 pheophytin이 생성된다.
② chlorophyllase가 작용하면 chlorophyllide가 된다.
③ 수용성 색소이다.
④ 엽록체 안에 들어있다.

72

○ △ X

녹색 채소 조리 시 중조($NaHCO_3$)를 가할 때 나타나는 결과에 대한 설명으로 틀린 것은?

① 진한 녹색으로 변한다.
② 비타민 C가 파괴된다.
③ 페오피틴(pheophytin)이 생성된다.
④ 조직이 연화된다.

73

○ △ X

완두콩을 조리할 때 정량의 황산구리를 첨가하면 특히 어떤 효과가 있는가?

① 비타민이 보강된다.
② 무기질이 보강된다.
③ 냄새를 보유할 수 있다.
④ 녹색을 보유할 수 있다.

74

○ △ X

카로티노이드에 대한 설명으로 옳은 것은?

① 클로로필과 공존하는 경우가 많다.
② 산화효소에 의해 쉽게 산화되지 않는다.
③ 자외선에 대해서 안정하다.
④ 물에 쉽게 용해된다.

75

난황에 함유되어 있는 색소는?

① 클로로필　② 안토시아닌
③ 카로티노이드　④ 플라보노이드

76

토마토의 붉은색을 나타내는 색소는?

① 카로티노이드　② 클로로필
③ 안토시아닌　④ 탄닌

77

아래의 안토시아닌(anthocyanin)의 화학적 성질에 대한 설명에서 (　) 안에 알맞은 것을 순서대로 나열한 것은?

> anthocyanin은 산성에서는 (　), 중성에서는 (　), 알칼리성에서는 (　)을 나타낸다.

① 적색 – 자색 – 청색
② 청색 – 적색 – 자색
③ 노란색 – 파란색 – 검정색
④ 검정색 – 파란색 – 노란색

78

안토시아닌 색소를 함유하는 과일의 붉은색을 보존하려고 할 때 가장 좋은 방법은?

① 식초를 가한다.
② 중조를 가한다.
③ 소금을 가한다.
④ 수산화나트륨을 가한다.

79

식초의 기능에 대한 설명으로 틀린 것은?

① 생선에 사용하면 생선살이 단단해진다.
② 붉은 비츠(beets)에 사용하면 선명한 적색이 된다.
③ 양파에 사용하면 황색이 된다.
④ 마요네즈 만들 때 사용하면 유화액을 안정시켜준다.

80

흰색 야채의 경우 흰색을 그대로 유지할 수 있는 방법으로 옳은 것은?

① 야채를 데친 후 곧바로 찬물에 담가둔다.
② 약간의 식초를 넣어 삶는다.
③ 야채를 물에 담가 두었다가 삶는다.
④ 약간의 중조를 넣어 삶는다.

---

69 오이나 배추로 김치를 담그거나 시금치를 오래 삶았을 때 클로로필의 녹색이 갈색으로 변한다.

71 지용성 색소이다.

72 페오피틴은 산성 용액에서 생성된다.

73 클로로필은 구리(Cu)나 철(Fe) 등의 이온이나 이들의 염과 함께 열을 가하면 선명한 녹색을 유지한다.

74 ② 산화효소에 의해 쉽게 산화된다.
③ 자외선에 대해서 불안정하다.
④ 물에 쉽게 용해되지 않는다.

76 토마토의 붉은색을 나타내는 색소는 라이코펜(카로티노이드)이다.

77 안토시아닌은 꽃, 채소, 과일 등(사과·가지·적색 양배추 등)에 널리 존재하는 수용성 색소로, 일반적으로 산성에서는 적색, 중성에서는 자색, 알칼리성에서는 청색을 띤다.

78 안토시아닌 색소를 함유하는 과일의 붉은색을 보존하려고 할 때에는 식초(산성)를 가해주면 가장 좋다.

79 무나 양파를 오래 익힐 때나 우엉이나 연근을 삶을 때, 식초를 첨가하면 백색으로 변한다.

정답

66	④	67	②	68	①	69	②	70	③
71	③	72	③	73	④	74	①	75	③
76	①	77	①	78	①	79	③	80	②

81

○ △ X

식소다(baking soda)를 넣어 만든 빵의 색깔이 누렇게 되는 이유는?

① 밀가루의 플라본 색소가 산에 의해서 변색된다.
② 밀가루의 플라본 색소가 알칼리에 의해서 변색된다.
③ 밀가루의 안토시아닌 색소가 가열에 의해서 변색된다.
④ 밀가루의 안토시아닌 색소가 시간이 지나면서 퇴색된다.

82

○ △ X

다음 물질 중 동물성 색소는?

① 클로로필 ② 플라보노이드
③ 헤모글로빈 ④ 안토잔틴

83

○ △ X

신선한 생육의 환원형 미오글로빈이 공기와 접촉하면 분자상의 산소와 결합하여 옥시미오글로빈으로 되는데 이때의 색은?

① 어두운 적자색 ② 선명한 적색
③ 어두운 회갈색 ④ 선명한 분홍색

84

○ △ X

소고기를 가열하였을 때 생성되는 근육색소는?

① 헤모글로빈(hemoglobin)
② 미오글로빈(myoglobin)
③ 옥시헤모글로빈(oxyhemoglobin)
④ 메트미오글로빈(metmyoglobin)

85

○ △ X

새우나 게 등의 갑각류에 함유되어 있으며 사후 가열되면 적색을 띠는 색소는?

① 안토시아닌(anthocyanin)
② 아스타산틴(astaxanthin)
③ 클로로필(chlorophyll)
④ 멜라닌(melanine)

86

○ △ X

스파게티와 국수 등에 이용되는 문어나 오징어 먹물의 색소는?

① 타우린(taurine)
② 멜라닌(melanin)
③ 미오글로빈(myoglobin)
④ 히스타민(histamine)

87

○ △ X

사과, 바나나, 파인애플 등의 중 향미성분은?

① 에스테르(ester)류
② 고급지방산류
③ 유황화합물류
④ 퓨란(furan)류

88

○ △ X

참기름이 다른 유지류보다 산패에 대하여 비교적 안정성이 큰 이유는 어떤 성분 때문인가?

① 레시틴(lecithin)
② 세사몰(sesamol)
③ 고시폴(gossypol)
④ 인지질(phospholipid)

89

간장이나 된장의 착색은 주로 어떤 반응이 관계하는가?

① 아미노카르보닐(aminocarbonyl) 반응
② 캐러멜(caramel)화 반응
③ 아스코르빈산(ascorbic acid) 산화반응
④ 페놀(phenol) 산화반응

90

사과의 갈변촉진 현상에 영향을 주는 효소는?

① 아밀라아제(amylase)
② 리파아제(lipase)
③ 아스코르비나아제(ascorbinase)
④ 폴리페놀옥시다아제(polyphenol oxidase)

91

효소적 갈변반응에 의해 색을 나타내는 식품은?

① 분말 오렌지 ② 간장
③ 캐러멜 ④ 홍차

92

감자를 썰어 공기 중에 놓아두면 갈변되는데 이 현상과 가장 관계가 깊은 효소는?

① 아밀라이제 ② 티로시나아제
③ 알라핀 ④ 미로시나제

93

식품의 갈변현상을 억제하기 위한 방법과 거리가 먼 것은?

① 효소의 활성화
② 염류 또는 당 첨가
③ 아황산 첨가
④ 열처리

94

감자는 껍질을 벗겨 두면 색이 변화되는데 이를 막기 위한 방법은?

① 물에 담근다.
② 냉장고에 보관한다.
③ 냉동시킨다.
④ 공기 중에 방치한다.

81 밀가루의 플라본 색소가 알칼리에 의해서 변색되면 식소다(backing soda)를 넣어 만든 빵의 색깔이 누렇게 된다.

82 헤모글로빈은 동물성 식품(육류)의 혈액색소로, 철(Fe)을 함유하고 있다.

87 사과, 배, 바나나, 파인애플 등 과일의 향미성분은 에스테르류이다.

89 마이야르(아미노카르보닐, 멜라노이딘) 반응은 비효소적 갈변으로 온도, pH, 당의 종류, 수분, 농도 등이 영향을 준다.

93 효소의 불활성화

정답

81	②	82	③	83	②	84	④	85	②
86	②	87	①	88	②	89	①	90	④
91	④	92	②	93	①	94	①		

95 ○ △ X

다음 중 사과, 배 등 신선한 과일의 갈변 현상을 방지하기 위한 가장 좋은 방법은?

① 철제 칼로 껍질을 벗긴다.
② 뜨거운 물에 넣었다 꺼낸다.
③ 레몬즙에 담가 둔다.
④ 신선한 공기와 접촉시킨다.

96 ○ △ X

귤의 경우 갈변 현상이 심하게 나타나지 않는 이유는?

① 비타민 C의 함량이 높기 때문에
② 갈변효소가 존재하지 않기 때문에
③ 비타민 A의 함량이 높기 때문에
④ 갈변의 원인 물질이 없기 때문에

97 ○ △ X

마이야르(maillard) 반응에 대한 설명으로 틀린 것은?

① 식품은 갈색화가 되고 독특한 풍미가 형성된다.
② 효소에 의해 일어난다.
③ 당류와 아미노산이 함께 공존할 때 일어난다.
④ 멜라노이딘 색소가 형성된다.

98 ○ △ X

식품의 갈변 현상 중 성질이 다른 것은?

① 고구마 절단변의 변색
② 홍차의 적색
③ 간장의 갈색
④ 다진 양송이의 갈색

99 ○ △ X

마이야르(maillard) 반응에 영향을 주는 인자가 아닌 것은?

① 수분 ② 온도
③ 당의 종류 ④ 효소

100 ○ △ X

캐러멜화(caramelization) 반응을 일으키는 것은?

① 당류 ② 아미노산
③ 지방질 ④ 비타민

97 비효소적 갈변의 하나인 마이야르 반응은 카르보닐기(〉C=O)를 가진 당화합물과 아미노기(−NH_2)를 가진 질소화합물이 관여하는 반응으로, 갈색 물질인 멜라노이딘 색소가 형성된다.

98 간장이나 된장이 갈색으로 변하는 것은 마이야르(아미노 카르보닐, 멜라노이딘) 반응으로 비효소적 갈변현상이고, 나머지 ①, ②, ④는 효소적 갈변현상이다.

99 마이야르(아미노카르보닐, 멜라노이딘) 반응은 비효소적 갈변으로 온도, pH, 당의 종류, 수분, 농도 등이 영향을 준다.

100 캐러멜화 반응은 당류를 160~180℃로 가열할 때 산화, 분해되어 생성된 물질이 계속 종합, 축합하여 갈색 물질인 캐러멜 색소를 형성하는 반응이다.

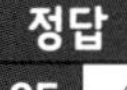
정답

95	③	96	①	97	②	98	③	99	④
100	①								

Chapter

효소

1 식품과 효소

1 효소의 이용에 따른 분류

분류	내용
식품 중에 함유되어 있는 효소의 이용	• 육류, 치즈, 된장의 숙성
효소 작용을 억제하는 경우	• 변화 방지를 목적으로 효소 작용을 억제
효소를 식품에 첨가하는 경우	• 펙틴 분해효소를 첨가해 포도주의 혼탁 예방 • 육류 연화를 위해 프로테아제 첨가
효소를 사용하여 식품을 제조하는 경우	• 전분으로부터 포도당 제조 • 효소반응을 이용해 글루타민산과 아스파틱산 제조

2 효소 반응에 영향을 미치는 인자

(1) 온도

① 효소의 최적온도는 30~40℃(활성이 가장 큼), 일부 내열성 효소는 70℃ 정도에서 활성을 유지

② 효소의 활성은 온도가 올라갈수록 증가하지만, 특정 온도 이상이 되면 열변성에 의해 활성은 떨어지거나 사라짐

(2) pH

① 효소의 최적 pH는 4.5~8 정도이며, 이 경우 효소의 활성이 가장 큼

② 효소의 종류에 따라 최적의 pH가 다르며 최적의 pH가 아니면 활성을 잃기 쉬움

(3) 효소농도

① 효소농도가 낮을 때, 효소농도는 반응속도와 직선적으로 정비례(기질농도가 일정할 때)

② 효소농도가 최대 반응속도 지점을 지나게 되면, 기질농도를 증가시킬 경우에만 반응속도 증가

(4) 기질농도

① 기질농도가 낮을 때, 기질농도는 반응속도와 직선적으로 정비례(효소농도가 일정할 때)

② 기질농도가 점차 높아지면 반응속도와 정비례하지 않으며, 기질농도가 일정치를 넘으면 반응속도는 일정하게 됨

2 소화와 흡수

1 소화작용

소화 과정의 순서
입 → 식도 → 위 → 소장 → 대장 → 직장 → 항문

(1) 입에서의 소화작용

① 프티알린(아밀라아제) : 전분 → 맥아당

② 말타아제 : 맥아당 → 포도당

(2) 위에서의 소화작용

① 펩신 : 단백질 → 펩톤

② 레닌 : 우유(카제인) → 응고

③ 리파아제 : 지방 → 지방산, 글리세롤

(3) 췌장에서 분비되는 소화효소

① 아밀롭신(아밀라아제) : 전분 → 맥아당

② 트립신 : 단백질, 펩톤 → 아미노산

③ 스테압신 : 지방 → 지방산, 글리세롤

(4) 장에서의 소화작용

① 수크라아제 : 자당 → 포도당 + 과당

② 말타아제 : 맥아당 → 포도당 + 포도당

③ 락타아제 : 젖당 → 포도당 + 갈락토오스

④ 리파아제 : 지방 → 지방산 + 글리세롤

Tip 담즙

① 간에서 생성 ② 이자에 저장되었다가 분비 ③ 지방의 유화작용에 관여 ④ 인체 내의 해독작용에 관여 ⑤ 산의 중화작용에 관여

2 흡수(소화된 영양소는 소장에서 흡수됨)

① 탄수화물은 단당류(포도당, 과당, 갈락토오스)로 분해되어 소장에서 흡수

② 지방은 지방산과 글리세롤로 분해되어 위와 장에서 흡수

③ 단백질은 아미노산으로 분해되어 소장에서 흡수

④ 수용성 영양소(포도당, 아미노산, 글리세롤, 수용성 비타민, 무기질)는 소장벽 융털의 모세혈관으로 흡수

⑤ 지용성 영양소(지방산, 지용성 비타민)는 림프관으로 흡수

⑥ 물은 큰창자(대장)에서 흡수

지피지기 예상문제

아는 문제(○), 헷갈리는 문제(△), 모르는 문제(x) 표시해 복습에 활용하세요.

1 ○ △ x

효소에 대한 일반적인 설명으로 틀린 것은?

① 기질특이성이 있다.
② 최적온도는 30~40℃ 정도이다.
③ 100℃에서도 활성은 그래도 유지된다.
④ 최적 pH는 효소마다 다르다.

2 ○ △ x

침(타액)에 들어있는 소화효소의 작용은?

① 전분을 맥아당으로 변화시킨다.
② 단백질을 펩톤으로 분해시킨다.
③ 설탕을 포도당과 과당으로 분해시킨다.
④ 카제인을 응고시킨다.

3 ○ △ x

영양소와 그 소화효소가 바르게 연결된 것은?

① 단백질 – 리파아제
② 탄수화물 – 아밀라아제
③ 지방 – 펩신
④ 유당 – 트립신

4 ○ △ x

영양소와 해당 소화효소의 연결이 잘못된 것은?

① 단백질 – 트립신
② 탄수화물 – 아밀라아제
③ 지방 – 리파아제
④ 설탕 – 말타아제

5 ○ △ x

다음 중 담즙의 기능이 아닌 것은?

① 산의 중화작용
② 유화작용
③ 당질의 소화
④ 약물 및 독소 등의 배설작용

6 ○ △ x

다음 중 효소가 아닌 것은?

① 말타아제(maltase) ② 펩신(pepsin)
③ 레닌(rennin) ④ 유당(lactose)

1 효소의 활성은 온도가 올라갈수록 증가하지만, 특정 온도 이상이 되면 열변성에 의해 활성은 떨어지거나 사라진다.

2 프티알린(아밀라아제)이 전분을 맥아당으로 분해한다.

3 ① 지방 – 리파아제 ③ 단백질 – 펩신 ④ 단백질 – 트립신

4 설탕–수크라아제

5 담즙(쓸개즙)은 간에서 생성되며 이자에 저장되었다가 분비되는 소화액으로 소화효소는 아니다. 이는 산의 중화작용, 유화작용, 약물 및 독소 배설작용(해독작용) 등을 한다.

6 유당은 이당류의 탄수화물로 효소가 아니다.

정답

1	③	2	①	3	②	4	④	5	③
6	④								

식품과 영양

1 영양소의 기능 및 영양소 섭취기준

1 영양소

사람의 생명 및 생리적 기능을 유지하기 위해 섭취하는 식품에 함유되어 있는 성분

예 탄수화물, 지방, 단백질, 비타민, 무기질, 물 등

2 기능에 따른 분류

열량영양소★	체온유지 등 사람이 활동하는 데 필요한 열량	탄수화물, 지방, 단백질
구성영양소★	몸의 조직을 구성하는 성분을 공급	단백질, 무기질, 물
조절영양소★	체내의 생리작용(소화, 호흡, 배설 등) 조절	무기질, 비타민, 물

3 기초식품군

사람의 생활과 식습관의 개선을 위해 반드시 섭취해야 하는 식품, 6가지 분류

식품군	영양소	종류
곡류	탄수화물	쌀, 보리, 빵, 떡, 감자, 고구마 등
고기·생선·달걀·콩류	단백질	소고기, 돼지고기, 닭고기, 고등어, 오징어, 두부 등
채소류	무기질·비타민	배추, 무, 오이, 마늘, 김 등
과일류	무기질·비타민	사과, 배, 딸기, 수박 등
우유·유제품	칼슘	우유, 치즈, 아이스크림, 요구르트 등
유지·당류	지방	참기름, 콩기름, 마요네즈, 버터, 꿀 등

4 식품구성자전거

식품구성자전거 / 자료출처 : 보건복지부·한국영양학회, 2015 한국인 영양소 섭취기준

5 영양섭취기준

한국인의 질병을 예방하고 건강을 최적의 상태로 유지하기 위해 섭취해야 하는 영양소의 기준을 제시한 것

구분	내용
평균필요량	대상 집단을 구성하는 건강한 사람들의 절반에 해당하는 사람들에게 1일 필요량을 충족시키는 섭취수준
권장섭취량★	대부분의 사람들에 대해 필요량을 충족시키는 섭취수준으로 평균필요량에 표준편차의 2배를 더하여 정함(평균섭취량 + 표준편차 × 2)
충분섭취량	영양소 필요량에 대한 자료가 부족하여 권장섭취량을 설정할 수 없을 때 제시되는 섭취수준
상한섭취량	사람의 건강에 유해영향이 나타나지 않는 최대영양소의 섭취수준

Tip 한국인의 영양섭취기준에 따른 성인의 3대 영양소 섭취량★

탄수화물 : 55~70%, 지방 : 15~30%, 단백질 : 7~20%

지피지기 예상문제

아는 문제(○), 헷갈리는 문제(△), 모르는 문제(x) 표시해 복습에 활용하세요.

1 ○ △ x

영양소에 대한 설명 중 틀린 것은?

① 영양소는 식품의 성분으로 생명현상과 건강을 유지하는데 필요한 요소이다.
② 건강이라 함은 신체적, 정신적, 사회적으로 건전한 상태를 말한다.
③ 물은 체조직 구성 요소로서 보통 성인 체중의 2/3를 차지하고 있다.
④ 조절소란 열량을 내는 무기질과 비타민을 말한다.

2 ○ △ x

식단 작성 시 무기질과 비타민을 공급하려면 다음 중 어떤 식품으로 구성하는 것이 가장 좋은가?

① 곡류, 감자류 ② 채소류, 과일류
③ 유지류, 어패류 ④ 육류

3 ○ △ x

다음의 식단에서 부족한 영양소는?

보리밥, 시금치 된장국, 달걀부침, 콩나물 무침, 배추김치

① 탄수화물 ② 단백질
③ 지방 ④ 칼슘

4 ○ △ x

알코올 1g당 열량산출 기준은?

① 0kcal ② 4kcal
③ 7kcal ④ 9kcal

5 ○ △ x

한국인의 영양섭취기준에 의한 성인의 탄수화물 섭취량은 전체 열량의 몇 % 정도인가?

① 15~30% ② 55~70%
③ 75~90% ④ 90~100%

6 ○ △ x

한국인 영양섭취기준(KDRIs)의 구성요소가 아닌 것은?

① 평균필요량 ② 권장섭취량
③ 하한섭취량 ④ 충분섭취량

1 조절소는 체내의 생리작용(소화, 호흡, 배설 등)을 조절하는 영양소로 무기질, 비타민, 물이 이에 해당한다.

3 탄수화물 : 보리밥, 단백질 : 된장국·달걀, 지방 : 부침·무침, 무기질·비타민 : 시금치·콩나물·배추김치

5 탄수화물 : 55~70%, 지방 : 15~30%, 단백질 : 7~20%

정답

1	④	2	②	3	④	4	③	5	②
6	③								

음식 구매관리

Chapter

시장조사 및 구매관리

1 시장조사

마케팅 의사결정을 위해 실행 가능한 정보를 제공하는 목적으로 다양한 자료를 체계적으로 획득하고 분석하는 객관적이고 공식적인 과정

1 시장조사의 의의

① 구매활동에 필요한 자료를 수집하고 이를 분석·검토하여 보다 좋은 구매방법을 발견하고 그 결과로 구매방침 결정, 비용절감, 이익증대를 도모하기 위한 조사

② 구매시장의 예측은 가격변동, 수급현황, 신자재 개발, 공급업자와 업계 동향 파악을 위해 중요

2 시장조사의 목적

① 구매예정가격의 결정

② 합리적인 구매계획의 수립

③ 신제품의 설계

④ 제품개량

3 시장조사의 내용★★★

① 품목 : 제조회사 및 대체품 고려

② 품질 : 물품의 가치 고려

③ 수량 : 예비구매량, 대량구매에 따른 원가절감, 보존성 고려

④ 가격 : 물품의 가치와 거래조건 변경 등에 의한 가격인하 여부 고려

⑤ 시기 : 구매가격, 사용시기와 시세 고려

⑥ 구매거래처 : 최소 두 곳 이상의 업체로부터 견적으로 받은 후 검토, 한 군데와 거래하는 경우 정기적인 시장가격조사를 통해 가격 확인

⑦ 거래조건 : 인수 및 지불 조건 고려

4 시장조사의 종류

① 일반 기본 시장조사 : 구매정책을 결정하기 위해 시행, 전반적인 경제계와 관련업계의 동향, 기초자재의 시가, 관련업체의 수급변동상황, 구입처의 대금결제조건 등을 조사
② 품목별 시장조사 : 현재 구매하고 있는 물품의 수급 및 가격변동에 대한 조사로 구매물품의 가격산정을 위한 기초자료와 구매수량 결정을 위한 자료로 활용
③ 구매거래처의 업태조사 : 계속 거래인 경우 안정적인 거래를 유지하기 위해서 주거래 업체의 개괄적 상황, 기업의 특색, 금융상황, 판매상황, 노무상황, 생산상황, 품질관리, 제조원가 등의 업무조사
④ 유통경로의 조사 : 구매가격에 직접적인 영향을 미치는 유통경로를 조사

5 시장조사의 원칙★★★

① 비용 경제성의 원칙 : 최소의 비용으로 시장조사
② 조사 적시성의 원칙 : 시장조사는 구매업무를 수행하는 소정의 기간 내에 끝내야 함
③ 조사 탄력성의 원칙 : 시장의 수급상황이나 가격변동에 탄력적으로 대응 조사
④ 조사 계획성의 원칙 : 사전에 시장조사 계획을 철저히 세워 실시
⑤ 조사 정확성의 원칙 : 세운 계획의 내용을 정확하게 조사

2 식품구매관리

1 구매관리의 정의

구매자가 물품을 구입하기 위해 계약을 체결하고 그 계약조건에 따라 물품을 인수하고 대금을 지불하는 전반적인 과정

2 구매관리의 목적

① 적정한 품질 및 적정한 수량의 물품을 적정한 시기에 적정한 가격으로 적정한 공급원으로부터 적정한 장소에 납품
② 특정물품, 최적품질, 적정수량, 최적가격, 필요시기를 기본으로 목적달성을 위한 효율적인 경영관리를 달성

3 구매관리의 목표

① 필요한 물품과 용역을 지속적으로 공급
② 품질, 가격, 제반 서비스 등 최적의 상태 유지
③ 재고와 저장관리 시 손실 최소화

④ 신용이 있는 공급업체와 원만한 관계를 유지하면서 대체 공급업체 확보

⑤ 구매 관련 정보 및 시장조사를 통한 경쟁력 확보

⑥ 표준화, 전문화, 단순화의 체계 확보

4 식품구매방법★★★

① 식품의 종류를 고려하여 대량 또는 공동으로 값싸게 구입

② 폐기율과 비가식부율 등을 고려하여 위생적으로 안전한 제철식품 구입

③ 곡류, 건어물, 공산품 등 쉽게 부패하지 않는 식품은 1개월분을 한꺼번에 구입

④ 육류(소고기)는 중량과 부위에 유의하여 구입하며, 냉장시설의 구비 시 1주일분을 구입

⑤ 생선·과채류 등은 신선도가 중요하므로 필요할 때마다 수시로 구입

⑥ 과일은 산지, 상자당 개수, 품종 등에 유의하며 필요할 때마다 수시로 구입

⑦ 단체급식에서 식품을 구매하고자 할 때에는 식품단가를 최소한 1개월에 2회 정도 점검

5 식품구매 절차

필요성 인식 → 물품의 종류 및 수량 결정 → 물품 구매명세서 작성 → 공급업체 선정 및 계약 → 발주 → 납품 및 검수 → 대금지급 → 입고 → 구매기록 보관

6 공급업체 선정방법

(1) 경쟁입찰계약★★★

① 공급업자에게 견적서를 제출받고 품질이나 가격을 검토한 후 낙찰자를 정하여 계약을 체결하는 방법

② 공식적 구매방법

③ 일반경쟁입찰, 지명경쟁입찰로 나뉨

④ 쌀, 건어물 등 저장성이 높은 식품 구매 시 적합

⑤ 공평하고 경제적

(2) 수의계약★★★

① 공급업자들을 경쟁 시키지 않고 계약을 이행할 수 있는 특정업체와 계약을 체결하는 방법

② 비공식적 구매방법

③ 복수견적, 단일견적으로 나뉨

④ 채소류, 두부, 생선 등 저장성이 낮고 가격변동이 많은 식품 구매 시 적합

⑤ 절차 간편, 경비와 인원 감소 가능

7 발주량 산출방법

① 총 발주량

$$총\ 발주량 = \frac{정미량}{(100-폐기율)} \times 100 \times 인원수$$

② 필요비용

$$필요비용 = 필요량 \times \frac{100}{가식부율} \times 1kg당\ 단가$$

③ 출고계수

$$출고계수 = \frac{100}{(100-폐기율)} = \frac{100}{가식부율}$$

④ 폐기율

$$폐기율 = \frac{폐기량}{전체중량} \times 100 = 100 - 가식부율$$

Tip **폐기율(%) 순서★**

곡류·두류·해조류·유지류 등(0) < 달걀(20) < 서류(30) < 채소류·과일류(50) < 육류(60) < 어패류(85)

3 식품재고관리

① 물품부족으로 인한 급식생산 계획의 차질을 미연에 방지
② 도난과 부주의로 인한 식품재료의 손실을 최소화
③ 급식생산에 요구되는 식품재료와 일치하는 최소한의 재고량 유지
④ 정확한 재고수량을 파악함으로써 불필요한 주문을 방지하여 구매비용 절약

지피지기 예상문제

아는 문제(○), 헷갈리는 문제(△), 모르는 문제(x) 표시해 복습에 활용하세요.

1 ○ △ x

시장조사의 내용으로 바르지 않은 것은?

① 품목 ② 수량
③ 가격 ④ 판매거래처

2 ○ △ x

일반적으로 시장조사에서 행해지는 조사내용이 아닌 것은?

① 품질 ② 수량
③ 날씨 ④ 가격

3 ○ △ x

구매정책을 결정하기 위한 시장조사의 종류로 전반적인 경제계와 관련업계 동향, 기초자재의 시가, 관련업체의 수급변동상황을 조사하는 것은?

① 일반 기본 시장조사
② 품목별 시장조사
③ 구매거래처의 업태조사
④ 유통경로의 조사

4 ○ △ x

시장조사의 원칙이 아닌 것은?

① 비용 소비성의 원칙
② 조사 적시성의 원칙
③ 조사 계획성의 원칙
④ 조사 정확성의 원칙

5 ○ △ x

다음에서 설명하는 시장조사의 원칙은 무엇인가?

> 시장조사에 사용된 비용이 조사로부터 얻을 수 있는 이익을 초과해서는 안 되므로 소요비용이 최소가 되도록 하여 조사비용과 효용성 간에 조화를 이루어야 함

① 조사 적시성의 원칙
② 조사 탄력성의 원칙
③ 조사 계획성의 원칙
④ 비용 경제성의 원칙

6 ○ △ x

단체급식의 식품 구입에 대한 설명으로 잘못된 것은?

① 폐기율을 고려한다.
② 값이 싼 대체식품을 구입한다.
③ 곡류나 공산품은 1년 단위로 구입한다.
④ 제철식품을 구입하도록 한다.

7 ○ △ x

일반적인 식품의 구매방법으로 가장 옳은 것은?

① 고등어는 2주일분을 한꺼번에 구입한다.
② 느타리버섯은 3일에 한 번씩 구입한다.
③ 쌀은 1개월분을 한꺼번에 구입한다.
④ 소고기는 1개월분을 한꺼번에 구입한다.

8

단체급식에서 식품을 구매하고자 할 때 식품단가는 최소한 어느 정도 점검해야 하는가?

① 1개월에 2회　② 2개월에 1회
③ 3개월에 1회　④ 4개월에 2회

9

식품의 구매방법으로 필요한 품목, 수량을 표시하여 업자에게 견적서를 제출받고 품질이나 가격을 검토한 후 낙찰자를 정하여 계약을 체결하는 것은?

① 수의계약　② 경쟁입찰
③ 대량구매　④ 계약구입

10

채소류, 두부, 생선 등 저장성이 낮고 가격변동이 많은 식품구매시 적합한 계약 방법은?

① 수의계약　② 장기계약
③ 일반경쟁계약　④ 지명경쟁입찰계약

11

식품을 구매하는 방법 중 경쟁입찰과 비교하여 수의계약의 장점이 아닌 것은?

① 절차가 간편하다.
② 경쟁이나 입찰이 필요 없다.
③ 싼 가격으로 구매할 수 있다.
④ 경비와 인원을 줄일 수 있다.

12

식품구매 시 폐기율을 고려한 총 발주량을 구하는 식은?

① 총 발주량 = (100 − 폐기율) × 100 × 인원수
② 총 발주량 = [(정미중량 − 폐기율)/(100 − 가식률)] × 100
③ 총 발주량 = (1인당 사용량 − 폐기율) × 인원수
④ 총 발주량 = [정미중량/(100 − 폐기율)] × 100 × 인원수

13

삼치구이를 하려고 한다. 정미중량 60g을 조리하고자 할 때 1인당 발주량은 약 얼마인가?(단, 삼치의 폐기율은 34%)

① 43g　② 67g
③ 91g　④ 110g

1 시장조사의 내용에는 품목, 수량, 시기, 가격, 구매거래처 등이 있다.

2 시장조사의 내용은 품목, 품질, 수량, 가격, 시기, 구매거래처, 거래조건이다.

4 시장조사의 원칙 : 비용 경제성의 원칙, 조사 적시성의 원칙, 조사 탄력성의 원칙, 조사 계획성의 원칙, 조사 정확성의 원칙

6 곡류, 건어물, 공산품 등 쉽게 부패하지 않는 식품은 1개월분을 한꺼번에 구입한다.

7 고등어, 느타리버섯은 필요할 때마다 수시로, 소고기는 냉장시설의 구비 시 1주일분을 구입한다.

11 수의계약은 공급업자들의 경쟁 없이 계약을 이행할 수 있는 특정 업체와 계약을 체결하므로 오히려 불리한 가격으로 계약하기 쉽다.

13 총 발주량=(100/100−폐기율(%))×정미량×인원수={100/(100 −34)}×60×1≒91

정답

1	④	2	③	3	①	4	①	5	④
6	③	7	③	8	①	9	②	10	①
11	③	12	④	13	③				

14

김장용 배추포기김치 46kg을 담그려는데 배추 구입에 필요한 비용은 얼마인가?(단, 배추 5포기(13kg)의 값은 13,260원, 폐기율은 8%)

① 23,920원 ② 38,934원
③ 46,000원 ④ 51,000원

15

가식부율이 70%인 식품의 출고계수는?

① 1.25 ② 1.43
③ 1.64 ④ 2.00

16

폐기율이 20%인 식품의 출고계수는 얼마인가?

① 0.5 ② 1
③ 1.25 ④ 2.0

17

다음 중 일반적으로 폐기율이 가장 높은 식품은?

① 살코기 ② 달걀
③ 생선 ④ 곡류

18

다음 중 비교적 가식부율이 높은 식품으로만 나열된 것은?

① 고구마, 동태, 파인애플
② 닭고기, 감자, 수박
③ 대두, 두부, 숙주나물
④ 고추, 대구, 게

19

급식소에서 재고관리의 의의가 아닌 것은?

① 물품부족으로 인한 급식생산 계획의 차질을 미연에 방지할 수 있다.
② 도난과 부주의로 인한 식품재료의 손실을 최소화 할 수 있다.
③ 재고도 자산인 만큼 가능한 많이 보유하고 있어 유사시에 대비하도록 한다.
④ 급식생산에 요구되는 식품재료와 일치하는 최소한의 재고량이 유지되도록 한다.

---

14 필요비용 = 필요량 × (100/가식부율(%)) × 1kg당 단가
= 46kg × [100/(100−8)] × (13,260원/13kg) = 51,000원

15 출고계수 = 100/가식부율% = 100/70 = 1.43

16 출고계수 = [100/(100−폐기율%)] = [100/(100−20)] = 1.25

17 폐기율 : 곡류·두류·해조류·유지류 등(0) 〈 달걀(20) 〈 서류(30) 〈 채소류·과일류(50) 〈 육류(60) 〈 어패류(85)

18 가식부율은 곡류·두류·해조류·유지류 등(100) 〉 달걀(80) 〉 서류(70) 〉 채소류·과일류(50) 〉 육류(40) 어패류(15) 순이다.

19 재고는 물품부족으로 인한 급식생산 계획의 차질을 미연에 방지할 수 있는 정도로만 보유하는 것이 적당하다.

정답

14	④	15	②	16	③	17	③	18	③
19	③								

Chapter

검수관리

1 식재료의 품질 확인 및 선별

1 식품의 검수

① 검수공간은 식품을 감별할 수 있도록 충분한 조도가 확보되어야 함

② 계측기나 운반차 등을 구비하여 이용함

③ 저장공간의 크기는 배식의 규모, 식품반입 횟수, 저장식품의 양 등을 고려해야 함

2 식품감별★★★

쌀★	• 잘 건조, 알맹이가 투명하고 고르며 타원형 • 광택이 있고 냄새가 안남
소맥분(밀가루)	• 백색, 잘 건조, 냄새가 안남 • 가루가 미세하고 뭉쳐지지 않으며 감촉이 부드러운 것
어류★	• 물에 가라앉는 것 • 윤이 나고 광택이 있으며 비늘이 고르게 밀착되어 있는 것 • 살에 탄력성이 있는 것 • 눈이 투명하고 돌출되어 있고 아가미 색이 선홍색인 것
육류★	• 고유의 선명한 색을 가지며 탄력성이 있는 것 • 고기의 결이 고운 것 • 소고기는 적색, 돼지고기는 연분홍색
서류 (감자, 고구마 등)	• 병충해, 발아, 외상, 부패 등이 없는 것
과채류	• 색이 선명하고, 윤기가 흐르며, 상처가 없는 것 • 형태를 잘 갖춘 것 • 성숙하고 신선하며 청결한 것
달걀★	• 껍질이 까칠까칠한 것, 광택이 없는 것, 흔들었을 때 소리가 나지 않는 것 • 6% 소금물에 담갔을 때 가라앉는 것 • 빛을 비추었을 때 난황이 중심에 위치하고 윤곽이 뚜렷하며 기실의 크기가 작은 것

우유	• 이물질이 없고, 냄새가 없으며, 색이 이상하지 않은 것 • 물속에 한 방울 떨어뜨렸을 때 구름같이 퍼져가며 내려가는 것 • 신선한 우유 : pH 6.6
통조림	• 외관이 녹슬었거나 찌그러지지 않은 것 • 개봉했을 때 식품의 형태, 색, 맛, 냄새 등에 이상이 없을 것

2 조리기구 및 설비 특성과 품질 확인

1 조리기기의 선정★★★

① 기기는 가능한 한 디자인이 단순하고 사용하기에 편리한 것

② 위생성, 능률성, 내구성, 실용성이 있는 것

③ 성능, 동력, 크기, 용량이 기존 설치 공간에 적합한 것

④ 가능하면 용도가 다양한 것

⑤ 가격과 유지 관리비가 경제적이고 쉬운 것

⑥ 사후 관리가 쉬운 것

Tip 기기의 배치

- 각 기기의 연관성 : 기기나 식재료의 흐름이 원활하도록 배열
- 동선 : 과도하게 움직이지 않도록 하고, 시간과 에너지를 소모하는 십자형 교차나 반복 동선은 피함
- 각 작업 구역의 연관성 : 관련 작업 구역 간의 연결을 배려

2 조리작업별 주요작업과 기기★★★

작업구분		작업내용	주요기기
반입·검수		반입, 검수, 일시보관, 분류 및 정리	검수대, 계량기, 운반차, 온도계, 손소독기
저장		식품별·온도별 저장, 식기·소모품 저장	일반저장고(마른 식품, 조미료 등), 쌀저장고, 냉장·냉동고, 온도계
전처리 및 조리 준비		식재료의 세척, 다듬기, 절단, 침지	싱크, 탈피기, 혼합기, 절단기
조리	취반	계량, 세미, 취반	저울, 세미기, 취반기
	가열조리	해동, 가열, 튀김, 찜, 지짐, 굽기, 볶음	증기솥, 튀김기, 브로일러, 번철, 회전식 프라이팬, 오븐, 레인지
배식		음식나누기, 보온, 저온보관, 음식담기, 배식	보온고, 냉장고, 이동운반차, 제빙기, 온·냉 식수기

세척·소독	식기 회수, 세척, 샤워싱크, 소독, 잔반처리	세척용 선반, 식기세척기, 식기소독고, 칼·도마 소독고, 손소독기, 잔반 처리기
보관	보관	선반, 식기 소독 보관고

3 검수를 위한 설비 및 장비 활용 방법

1 검수관리

식품의 품질, 무게, 원산지가 주문 내용과 일치하는지를 확인하고, 유통기한, 포장상태 및 운반차의 위생 상태 등을 확인하는 것

2 검수 구비요건★★★

① 식품의 품질을 판단할 수 있는 지식, 능력, 기술을 지닌 검수 담당자 배치

② 검수구역은 배달 구역 입구, 물품저장소(냉장고, 냉동고, 건조창고) 등과 인접한 장소에 위치

③ 검수시간은 공급업체와 협의하여 검수 업무를 혼란 없이 정확하게 수행할 수 있는 시간으로 정함

④ 검수할 때는 구매명세서, 구매청구서 참조

3 검수기구 및 검수시설의 요건

구분	내용
검수기구	• 중량 측정 : 플랫폼형 저울, 전자저울 • 온도 측정 : 전자식 온도계, 적외선 비접촉식 온도계 • 물품 검사가 쉽게 진행 : 책상, 작업대, 기록 보관 캐비닛 • 입고된 식재료와 물품 운반 : 손수레, 운반용 카트
검수시설	• 적절한 조도의 조명 시설(540럭스 이상) • 물건과 사람이 이동하기에 충분한 공간 • 안전성이 확보될 수 있는 장소(해충의 근접방지) • 청소와 배수가 쉬운 장소

4 검수 절차

납품 물품과 발주서, 납품서 대조 및 품질 검사 → 물품의 인수 또는 반품 → 인수물품의 입고 → 검수 기록 및 문서 정리

지피지기 예상문제

아는 문제(○), 헷갈리는 문제(△), 모르는 문제(x) 표시해 복습에 활용하세요.

1 ○|△|x

식품 감별 시 품질이 좋지 않은 것은?

① 석이버섯은 봉우리가 작고 줄기가 단단한 것
② 무는 가벼우며 어두운 빛깔을 띠는 것
③ 토란은 껍질을 벗겼을 때 흰색으로 단단하고 끈적끈적한 감이 상한 것
④ 파는 굵기가 고르고 뿌리에 가까운 부분의 흰색이 긴 것

2 ○|△|x

식품을 고를 때 채소류의 감별법으로 틀린 것은?

① 오이는 굵기가 고르며 만졌을 때 가시가 있고 무거운 느낌이 나는 것이 좋다.
② 당근은 일정한 굵기로 통통하고 마디나 뿔이 없는 것이 좋다.
③ 양배추는 가볍고 잎이 얇으며 신선하고 광택이 있는 것이 좋다.
④ 우엉은 껍질이 매끈하고 수염뿌리가 없는 것으로 굵기가 일정한 것이 좋다.

3 ○|△|x

식품의 감별법 중 틀린 것은?

① 쌀알은 투명하고 앞니로 씹었을 때 강도가 센 것이 좋다.
② 생선은 안구가 돌출되어 있고 비늘이 단단하게 붙어 있는 것이 좋다.
③ 닭고기의 뼈(관절) 부위가 변색된 것은 변질된 것으로 맛이 없다.
④ 돼지고기의 색이 검붉은 것은 늙은 돼지에서 생산된 고기일 수 있다.

4 ○|△|x

식품구입 시의 감별방법으로 틀린 것은?

① 육류가공품인 소시지의 색은 담홍색이며 탄력성이 없는 것
② 밀가루는 잘 건조되고 덩어리가 없으며 냄새가 없는 것
③ 감자는 굵고 상처가 없으며 발아되지 않은 것
④ 생선은 탄력이 있고 아가미는 선홍색이며 눈알이 맑은 것

5 ○|△|x

다음 중 신선한 우유의 특징은?

① 투명한 백색으로 약간의 감미를 가지고 있다.
② 물이 담긴 컵 속에 한 방울 떨어뜨렸을 때 구름같이 퍼져가며 내려간다.
③ 진한 황색이며 특유한 냄새를 가지고 있다.
④ 알코올과 우유를 동량으로 섞었을 때 백색의 응고가 일어난다.

6 ○|△|x

조리기기를 선정할 때 고려할 사항이 아닌 것은?

① 기능이 단순하고 사용하기에 편리해야 한다.
② 위생성, 능률성, 내구성이 있어야 한다.
③ 성능, 동력, 크기와 용량이 기존 설치 공간에 적합해야 한다.
④ 사후 관리가 쉬워야 한다.

7

주요작업별 기기의 연결이 바른 것은?

① 검수 – 운반차, 탈피기
② 전처리 – 저울, 절단기
③ 세척 – 손소독기, 냉장고
④ 조리 – 오븐, 레인지

8

반입, 검수, 일시보관 등을 하기 위해 필요한 주요 기기로 알맞은 것은?

① 운반차 ② 냉장·냉동고
③ 보온고 ④ 브로일러

9

식품의 품질, 무게, 원산지가 주문 내용과 일치하는지 확인하고, 유통기한, 포장상태 및 운반차의 위생상태 등을 확인하는 것은?

① 구매관리 ② 재고관리
③ 검수관리 ④ 배식관리

10

검수를 위한 구비요건으로 바르지 않은 것은?

① 식품의 품질을 판단할 수 있는 지식, 능력, 기술을 지닌 검수 담당자를 배치
② 검수구역이 배달 구역 입구, 물품저장소(냉장고, 냉동고, 건조창고) 등과 최대한 떨어진 장소에 있어야 함
③ 검수시간은 공급업체와 협의하여 검수 업무를 혼란 없이 정확하게 수행할 수 있는 시간으로 정함
④ 검수할 때는 구매명세서, 구매청구서를 참조

11

검수시설의 요건으로 바르지 않은 것은?

① 100럭스 이상의 적절한 조도 조명 시설
② 물건과 사람이 이동하기에 충분한 공간
③ 안전성이 확보될 수 있는 장소
④ 청소와 배수가 쉬운 장소

1 무는 무거우며 밝은 색을 띠는 것이 좋다.

2 양배추는 무겁고 잎이 얇으며 신선하고 광택이 있는 것이 좋다.

3 닭고기의 뼈(관절) 부위가 변색되는 것은 조리하는 과정에서 생길 수 있는 일반적인 현상으로 변질된 것과는 상관이 없다.

4 육류가공품인 소시지의 색은 담홍색이며 탄력성이 있는 것이 좋다.

5 우유는 가열했을 때 응고되지 않고, 이물질이 없으며, 물속에 한 방울 떨어뜨렸을 때 구름같이 퍼져가며 내려가는 것이 좋다.

6 가능하면 기기의 용도가 다양하고 디자인은 단순한 것이 좋다.

7 ① 검수 – 운반차, 온도계
② 전처리 – 탈피기, 절단기, 싱크
③ 세척 – 손소독기, 식기소독고

8 반입, 검수, 일시보관, 분류 및 정리를 위한 주방기기로는 검수대, 계량기, 운반차, 온도계, 손소독기 등이 있다.

10 검수구역이 배달 구역 입구, 물품저장소(냉장고, 냉동고, 건조창고) 등과 인접한 장소에 있어야 한다.

11 검수구역에서는 540럭스 이상의 적절한 조도 조명 시설이 구비되어야 한다.

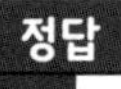
정답

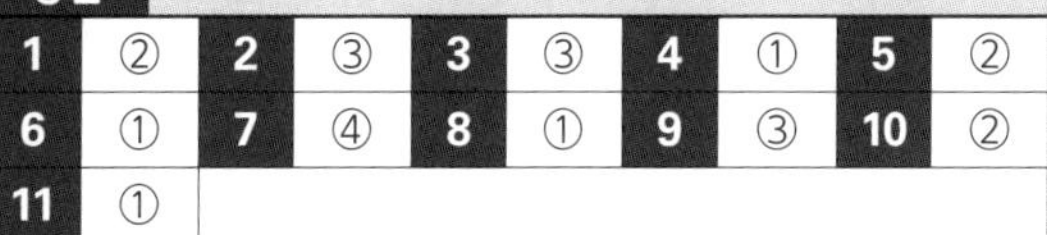

1	②	2	③	3	③	4	①	5	②
6	①	7	④	8	①	9	③	10	②
11	①								

3 Chapter

원가

1 원가의 의의 및 종류

1 원가의 의의

특정한 제품의 판매, 제조, 서비스의 제공을 위해 소비된 경제가치의 총합
(기업이 생산하는 데 소비한 경제가치)

2 원가의 3요소★★★

재료비★	• 제품 제조에 소비된 물품의 원가 • 단체급식시설에 있어 재료비는 급식재료비를 의미 예 급식재료비, 재료구입비 등
노무비★	• 제품 제조에 소비된 노동의 가치 • 노동의 가치 예 임금, 급료, 수당, 상여금, 퇴직금
경비★	• 제품 제조에 소비된 재료비, 노무비 이외의 비용 예 수도, 전력비, 광열비, 감가상각비, 보험료 등

3 원가의 분류

(1) 제품의 생산 관련성

직접비	• 특정 제품에 사용된 것이 확실하여 직접 부담시킬 수 있는 비용 • 직접원가라고 함 • 직접재료비(주요재료비), 직접노무비(임금), 직접경비(외주가공비)
간접비	• 여러 제품에 공통적 또는 간접적으로 소비되는 비용 • 간접재료비(보조재료비), 간접노무비(급료, 수당), 간접경비(보험료, 감가상각비, 전력비, 통신비 등)

(2) 생산량과 비용의 관계

고정비★	• 생산량의 증가와 관계없이 고정적으로 발생하는 비용 • 임대료, 노무비 중 정규직원 급료, 세금, 보험료, 감가상각비, 광고 등
변동비	• 생산량의 증가에 따라 비례하여 함께 증가하는 비용 • 식재료비, 노무비 중 시간제 아르바이트 임금 등

2 원가분석 및 계산

1 원가계산의 목적

원가관리	• 원가계산은 원가관리의 기초자료를 제공 • 원가를 절감하도록 관리
가격결정	• 소비된 원가가 얼마인가를 산출하여 일정한 이윤을 가산하고 결정 • 제품의 판매가격 결정
재무제표	• 재무제표를 작성하는 데 기초자료를 제공 • 기업의 외부 이해 관계자들에게 보고
예산편성	• 예산을 편성할 때 기초자료로 이용

2 원가계산의 원칙★★★

진실성의 원칙	제품의 제조 등에 발생한 원가를 있는 그대로 계산하여 진실성 파악
발생기준의 원칙	모든 비용과 수익은 그 발생시점을 기준으로 계산
계산경제성의 원칙	원가의 계산 시 경제성 고려
확실성의 원칙	원가의 계산 시 여러 방법이 있을 경우 가장 확실한 방법 선택
정상성의 원칙	정상적으로 발생한 원가만 계산
비교성의 원칙	원가계산은 다른 일정기간 또는 다른 부문의 원가와 비교
상호관리의 원칙	원가계산은 일반회계·각요소별·부문별·제품별 계산과 상호관리 가능

3 원가계산의 기간

경우에 따라서 3개월 또는 1년에 한 번씩 실시하기도 하지만 보통 1개월에 한 번씩 실시하는 것이 원칙

4 원가의 구성★★★

① 직접원가(기초원가) : 직접재료비 + 직접노무비 + 직접경비

② 제조원가 : 직접원가 + 제조간접비

③ 총원가 : 판매관리비 + 제조원가

④ 판매원가 : 총원가 + 이익

			이익
		판매관리비	총원가
제조간접비	간접재료비	제조원가	
	간접노무비		
	간접경비		
직접재료비 직접노무비 직접경비	직접원가		
직접원가	제조원가	총원가	판매가격

5 원가계산의 구조

(1) 1단계 요소별 원가계산

① 직접비 : 직접(주요)재료비, 직접노무비(임금 등), 직접경비(외주 가공비 등)

② 간접비 : 간접(보조)재료비, 간접노무비(급여, 수당 등), 간접경비(감가상각비, 보험료, 가스비, 수선비, 전력비, 수도광열비)

(2) 2단계 부분별 원가계산

① 전 단계에서 파악된 원가요소를 분류, 집계하는 원가계산방식

② 원가부분이란 넓은 의미로는 발생한 직능에 따라 원가를 집계하고자 할 때 설정되는 계산상의 구분, 좁은 의미에서는 원가가 발행한 장소를 의미

(3) 3단계 제품별 원가계산

① 재료비 : 제조과정에서 실제로 소비되는 재료의 가치를 화폐액수로 표시한 금액

재료비 = 재료소비량 × 재료소비단가

② 요소별 원가계산에서 이루어진 직접비 제품별로 직접 집계

③ 부분별 원가계산에서 파악된 직접비 기준에 따라 제품별로 배분하여 집계

④ 최종적으로 각 제품의 제조원가를 계산하는 절차

Tip 재료소비량 계산법

재고조사법	전기의 재료 이월량을 당기의 재료 구입량의 합계에서 기말 재고량을 차감함으로써 재료소비량을 파악하는 방법
계속기록법	재료를 동일한 종류별로 분류하고 들어오고 나갈 때마다 수입, 불출 및 재고량을 계속하여 기록함으로써 재료소비량을 파악하는 방법
역계산법	일정단위를 생산하는 데 소요되는 재료의 표준소비량을 정하고, 그것에다 제품의 수량을 곱하여 전체의 재료소비량을 산출하는 방법

Tip 재료의 소비가격 계산법

선입선출법★	재료의 구입순서에 따라 먼저 구입한 재료를 먼저 소비한다는 가정 아래에서 재료의 소비가격을 계산하는 방법
후입선출법	선입선출법과 정반대로 나중에 구입한 재료부터 먼저 사용한다는 가정 아래에서 재료의 소비가격을 계산하는 방법
개별법	재료를 구입단가별로 가격표를 붙여서 보관하다가 출고할 때 그 가격표에 붙어있는 구입단가를 재료의 소비가격으로 하는 방법
단순평균법	일정기간 동안의 구입단가를 구입횟수로 나눈 구입단가의 평균을 재료소비단가로 하는 방법
이동평균법	구입단가가 다른 재료를 구입할 때마다 재고량과의 가중평균가를 산출하여 이를 소비재료의 가격으로 하는 방법

3 원가분석 및 계산

1 원가관리

원가를 적절하게 통제하기 위하여 원가를 합리적으로 절감하려는 경영기법

2 손익분기점

수입과 총비용이 일치하는 점(손실도 이익도 없음)

3 감가상각

시간이 지남에 따라 손상되어 감소하는 고정자산(토지, 건물 등)의 가치를 내용연수에 따라 일정한 비율로 할당하여 감소시켜 나가는 것(감소된 비용 : 감가상각비)

(1) 감가상각의 3요소

기초가격	구입가격(취득원가)
잔존가격	고정자산이 내용연수에 도달했을 때 매각하여 얻을 수 있는 추정가격 (기초 가격의 10%)
내용연수	자신이 취득한 고정자산이 유효하게 사용될 수 있는 추산기간 (사용한 연수)

(2) 감가상각 계산법

① 정률법 : 기초가격에서 감가상각비 누계를 차감한 미상각액에 대하여 매년 일정률을 곱하여 산출한 금액을 상각하는 방법

② 정액법 : 고정자산의 감가총액을 내용연수로 균등히 할당하는 방법

$$\text{매년의 감가상각액} = \frac{(\text{기초가격} - \text{잔존가격})}{\text{내용연수}}$$

$$\text{누적 감가상각액} = \frac{(\text{기초가격} - \text{잔존가격})}{\text{내용연수}} \times \text{누적연수}$$

4 계산★★★

① 식재료 비율

$$\text{식재료 비율(\%)} = \frac{\text{식재료비}}{\text{매출액}} \times 100$$

② 식품의 영양가

$$\text{식품의 영양가} = \frac{\text{식품분석표상의 해당 성분수치}}{100} \times \text{식품의 양}$$

③ 대치식품량

$$\text{대치식품량} = \frac{\text{원래 식품의 식품분석표상의 해당성분수치}}{\text{대치할 식품의 해당성분수치}} \times \text{원래 식품의 양}$$

지피지기 예상문제

아는 문제(○), 헷갈리는 문제(△), 모르는 문제(x) 표시해 복습에 활용하세요.

1 ○ △ x

원가의 3요소에 해당되지 않는 것은?

① 경비 ② 직접비
③ 재료비 ④ 노무비

2 ○ △ x

발생형태를 기준으로 했을 때의 원가 분류는?

① 개별비, 공통비 ② 직접비, 간접비
③ 재료비, 노무비, 경비 ④ 고정비, 변동비

3 ○ △ x

직접원가에 속하지 않는 것은?

① 직접재료비 ② 직접노무비
③ 직접경비 ④ 일반관리비

4 ○ △ x

제품의 제조를 위하여 소비된 노동의 가치를 말하며 임금, 수당, 복리후생비 등이 포함되는 것은?

① 노무비 ② 재료비
③ 경비 ④ 훈련비

5 ○ △ x

제품의 제조수량 증감에 관계없이 매월 일정액이 발생하는 원가는?

① 고정비 ② 비례비
③ 변동비 ④ 체감비

6 ○ △ x

매월 고정적으로 포함해야 하는 경비는?

① 지급운임 ② 감가상각비
③ 복리후생비 ④ 수당

7 ○ △ x

원가계산의 목적이 아닌 것은?

① 가격결정의 목적
② 원가관리의 목적
③ 예산편성의 목적
④ 기말재고량 측정의 목적

8 ○ △ x

다음 중 원가계산의 원칙이 아닌 것은?

① 진실성의 원칙 ② 확실성의 원칙
③ 발생기준의 원칙 ④ 비정상성의 원칙

9 ○ △ x

다음 중 원가의 구성으로 틀린 것은?

① 직접원가 = 직접재료비 + 직접노무비 + 직접경비
② 제조원가 = 직접원가 + 제조간접비
③ 총원가 = 제조원가 + 판매경비 + 일반관리비
④ 판매가격 = 총원가 + 판매경비

2 원가는 발생형태를 기준으로 재료비·노무비·경비로 구분하고, 제품의 생산 관련성을 기준으로 직접비·간접비로 구분하며, 생산량과 비용의 관계를 기준으로 고정비·변동비로 구분한다.

6 고정비에는 임대료·노무비 중 정규직원 급료·세금·보험료·감가상각비 등이 있다.

9 판매가격 = 총원가 + 이익

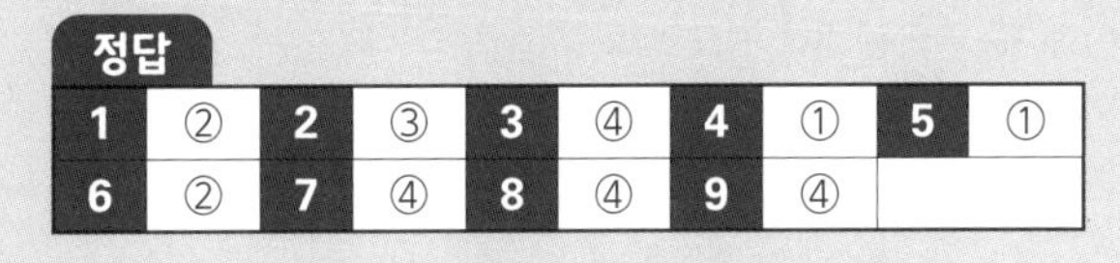

정답

1	②	2	③	3	④	4	①	5	①
6	②	7	④	8	④	9	④		

10

총원가에 대한 설명으로 맞는 것은?

① 제조간접비와 직접원가의 합이다.
② 판매관리비와 제조원가의 합이다.
③ 판매관리비, 제조간접비, 이익의 합이다.
④ 직접재료비, 직접노무비, 직접경비, 직접원가, 판매관리비의 합이다.

11

원가에 대한 설명으로 틀린 것은?

① 원가의 3요소는 재료비, 노무비, 경비이다.
② 간접비는 여러 제품의 생산에 대하여 공통으로 사용되는 원가이다.
③ 직접비에 제조 시 소요된 간접비를 포함한 것은 제조원가이다.
④ 제조원가에 관리비용만 더한 것은 총원가이다.

12

어떤 제품의 원가구성이 다음과 같을 때 제조원가는?

이익 20,000원	제조간접비 15,000원
판매관리비 17,000원	직접재료비 10,000원
직접노무비 23,000원	직접경비 15,000원

① 40,000원 ② 63,000원
③ 80,000원 ④ 100,000원

13

다음 자료에 의해서 총원가를 산출하면 얼마인가?

직접재료비 150,000	간접재료비 50,000
직접노무비 100,000	간접노무비 20,000
직접경비 5,000	간접경비 100,000
판매 및 일반관리비 10,000	

① 435,000원 ② 365,000원
③ 265,000원 ④ 180,000원

14

김치공장에서 포기김치를 만든 원가자료가 다음과 같다면 포기김치의 판매가격은 총 얼마인가?

구분	금액
직접재료비	60,000원
간접재료비	19,000원
직접노무비	140,000원
간접노무비	25,000원
직접제조경비	20,000원
간접제조경비	25,000원
판매비와 관리비	제조원가의 20%
기대이익	총원가의 20%

① 289,000원 ② 346,800원
③ 416,160원 ④ 475,160원

15

가공식품, 반제품, 급식 원재료 및 조미료 등 급식에 소요되는 모든 재료에 대한 비용은?

① 관리비 ② 급식재료비
③ 소모품비 ④ 노무비

16

미역국을 끓일 때 1인분에 사용되는 재료와 필요량, 가격이 아래와 같다면 미역국 10인분에 필요한 재료비는?(단, 총 조미료의 가격 70원은 1인분 기준임)

재료	필요량(g)	가격(원/100g당)
미역	20	150
소고기	60	850
총 조미료	–	70(1인분)

① 610원 ② 6,100원
③ 870원 ④ 8,700원

17

●▲X

일정 기간 내에 기업의 경영활동으로 발생한 경제가치의 소비액을 의미하는 것은?

① 손익 ② 비용
③ 감가상각비 ④ 이익

18

●▲X

구매한 식품의 재고 관리 시 적용되는 방법 중 최근에 구입한 식품부터 사용하는 것으로 가장 오래된 물품이 재고로 남게 되는 것은?

① 선입선출법(first-in, first-out)
② 후입선출법(last-in, first-out)
③ 총 평균법
④ 최소-최대관리법

19

●▲X

다음은 간장의 재고 대상이다. 간장의 재고가 10병일 때 선입선출법에 의한 간장의 재고자산은 얼마인가?

입고일자	수량	단가
5일	5병	3500
12일	10병	3500
20일	7병	3000
27일	5병	3500

① 30,000원 ② 31,500원
③ 32,500원 ④ 35,000원

20

●▲X

총비용과 총수익(판매액)이 일치하여 이익도 손실도 발생되지 않는 기점은?

① 매상선점 ② 가격결정점
③ 손익분기점 ④ 한계이익점

11 제조원가에 판매비와 일반관리비를 더한 것은 총원가이다.

12 제조원가=직접원가(직접재료비+직접노무비+직접경비)+제조간접비=10,000원+23,000원+15,000원+15,000원=63,000원

13 총원가 = (직접재료비 + 직접노무비 + 직접경비) + (간접재료비 + 간접노무비 + 간접경비) + 판매관리비
= (150,000원 + 100,000원 + 5,000원) + (50,000원 + 20,000원 + 100,000원) + 10,000원 = 435,000원

14 직접원가 = 직접재료비 + 직접노무비 + 직접경비
제조간접비 = 간접재료비 + 간접노무비 + 간접경비
제조원가 = 직접원가 + 제조간접비
총원가 = 제조원가 + 판매관리비
판매가격 = 총원가 + 이익
∴ 제조원가 = (직접재료비 + 직접노무비 + 직접경비) + (간접재료비 + 간접노무비 + 간접경비) = 289,000원
∴ 총원가 = 289,000원 + (289,000원 × 20%) = 346,800원
∴ 판매가격 = 346,800원 + (346,800 × 20%) = 416,610원

16 미역국 1인분 재료비는
(20g×150원/100g당)+(60g×850원/100g당)+70 = 610원
∴ 미역국 10인분 재료비 = 610원×10 = 6,100원

17 비용은 일정 기간 내에 기업의 경영활동으로 발생한 경제가치의 소비액이다.

18 후입선출법은 가장 나중에 구입한 재료를 먼저 사용한다는 전제하에 재료의 소비가격을 계산하는 방법으로, 가장 오래된 재료가 재고로 남게 된다.

19 선입선출법은 먼저 구매한 것부터 소비하는 것인데 그로 인해 재고가 10병일 때, 27일 5병, 20일 5병이 남은 상태가 된다. 따라서 (5×3,000)+(3,500×5) = 32,500원

20 손익분기점은 총비용과 총수익이 일치하여 이익도 손실도 발생되지 않는 기점으로 수익이 손익분기점보다 늘어나면 이익이 발생하고, 손익분기점보다 줄어들면 손실이 발생한다.

정답

10	②	11	④	12	②	13	①	14	③
15	②	16	②	17	②	18	②	19	③
20	③								

복습하기

계산식 모아보기

● 총 발주량

$$\text{총 발주량} = \frac{\text{정미량}}{(100-\text{폐기율})} \times 100 \times \text{인원수}$$

● 필요비용

$$\text{필요비용} = \text{필요량} \times \frac{100}{\text{가식부율}} \times \text{1kg당 단가}$$

● 출고계수

$$\text{출고계수} = \frac{100}{(100-\text{폐기율})} = \frac{100}{\text{가식부율}}$$

● 폐기율

$$\text{폐기율} = \frac{\text{폐기량}}{\text{전체중량}} \times 100 = 100 - \text{가식부율}$$

● 식재료비율

$$\text{식재료비율(\%)} = \frac{\text{식재료비}}{\text{매출액}} \times 100$$

● 식품의 영양가

$$\text{식품의 영양가} = \frac{\text{식품분석표상의 해당 성분 수치}}{100} \times \text{식품의 양}$$

● 대치식품량

$$\text{대치식품량} = \frac{\text{원래 식품의 식품분석표상의 해당 성분수치}}{\text{대치할 식품의 해당 성분 수치}} \times \text{원래 식품의 양}$$

중식 기초 조리실무

Chapter

조리준비

1 조리의 정의 및 기본 조리조작

1 조리의 정의

식사계획에서부터 식품의 선택, 조리조작 및 식탁차림 등 준비에서부터 마칠 때까지의 전 과정

2 조리의 목적★★★

① 식품이 함유하고 있는 영양가를 최대로 보유하게 하는 것

② 향미를 더 좋게 향상시키는 것

③ 음식의 색이나 조직감을 더 좋게 하여 맛을 증진시키는 것

④ 소화가 잘 되도록 하는 것

⑤ 유해한 미생물을 파괴시키는 것

3 조리의 방법

(1) 기계적 조리조작

저울에 달기, 씻기, 썰기, 다지기, 담그기, 갈기, 치대기, 섞기, 내리기, 무치기, 담기 등

(2) 가열적 조리조작

① 습열에 의한 조리 : 다량 또는 소량의 물을 넣고 가열하는 방법

예 삶기, 끓이기, 찌기, 조림, 데치기 등

② 건열에 의한 조리 : 물을 사용하지 않고 직접 또는 간접적으로 열에 의해서 조리하는 방법

예 굽기, 석쇠구이, 볶기, 튀기기, 부치기 등

③ 전자레인지에 의한 조리 : 주파수 2,450mhz를 이용한 초단파(전자파) 요리(철로 된 그릇, 은박지 그릇, 법랑으로 된 용기 사용금지)

(3) 화학적 조리조작

알칼리 물질(연화, 표백), 알코올(탈취, 방부), 금속염(응고), 효소(분해), 조미 등

Tip 빵, 술, 된장 등은 조리조작을 병용하여 만들어짐

4 조리의 온도

① 끓이기 : 데치거나 국을 끓일 때 100℃에서 가열

② 찌기 : 수증기 속 85~90℃에서 가열

③ 굽기 : 식품을 오븐에 굽는 간접구이와 금속판이나 석쇠의 열로 160℃ 이상의 온도에서 가열하는 직접구이가 있음

④ 튀기기 : 튀김의 적온은 보통 160~180℃, 고로케와 같이 내용이 미리 가열되어 있는 것은 180~190℃에서 재빨리 튀겨냄

Tip 음식의 최적 온도★

청량음료	3~5℃	밥, 우유, 청국장 발효	40~45℃
냉수, 맥주, 주스	8~12℃	식혜, 술 발효	50~60℃
빵 발효	23~30℃	커피, 홍차, 국, 수프	65~75℃
현미 발아	32~35℃	찌개, 전골	95~98℃

2 기본조리법 및 대량 조리기술

1 비가열조리★★★

① 재료에 열을 가하지 않고 생것으로 먹기 위한 조리방법

② 성분의 손실이 적어 수용성·열분해성 비타민, 무기질 등의 이용률이 높음

③ 식품 본래의 색과 향의 손실이 적어 식품 자체의 풍미를 살림

④ 조리가 간단하고 시간이 절약됨

⑤ 위생적으로 취급하지 않으면 기생충 감염 우려

2 가열조리

① 화학적 성분변화

② 전혀 다른 맛과 조직감

③ 물을 매체로 가열하는 습열조리방법(삶기, 끓이기, 찌기 등)

④ 기름과 복사열에 의해 가열하는 건열조리방법(구이, 볶음, 튀김, 전 등)

3 중식 기본조리법의 특징

① 조리 시간을 단축하고 잘 익게 하기 위하여 미리 물이나 기름으로 데쳐서 밑조리를 한 후 다시 조리하는 복합적인 조리방법이 일반적

② 기름을 많이 사용하고, 조리 마지막 단계에서 물녹말을 넣기 때문에 뜨겁게 먹는 더운 요리가 많음

4 열전도체에 따른 조리법

(1) 물을 이용한 조리법★★★

구분		내용
배★ (ba, 바)		• 조림을 기본으로 하는 조리법 • 조리 시간이 다소 김 • 물 전분을 사용하여 맛이 부드럽고 이질감이 없음 • 북경요리에 많이 사용하는 조리법 • 음식의 형태가 흩어지지 않고 바로 잡혀 있어야 함
소 (shao, 샤오)		• 조림 • 재료를 볶거나 기름에 튀겨 사용하거나 쪄 놓은 상태에 육수를 붓고 센 불에 끓여 서서히 조리면서 진한 맛과 향이 나오도록 함 • 불의 조절 중요 • 전분의 사용 농도에 따라 탕즙의 형태가 달라짐
돈★ (dun, 뚠)		• 육수를 넉넉히 넣어 오래 달이는 방법
	과돈	• 밀가루 또는 전분가루를 입히고 풀어놓은 달걀을 묻힌 다음, 팬에 입힌 재료를 가지고 모양을 만들어 물 또는 육수를 붓고 끓이는 방식 • 버섯 또는 부드러운 재료로 음식을 만들 때 사용
	청돈	• 끓는 물 또는 육수에 재료를 살짝 넣어 데친 뒤 다시 가열하는 방식
	격수돈	• 끓는 물 또는 육수에 재료를 데친 후 그릇에 옮겨 담아 육수를 넣고, 뚜껑을 닫아 직접 끓이거나 간섭적으로 수증기로 익히는 방식
민 (men, 먼)		• 육수를 붓고 은근히 익히는 방식 • 오래 건조된 식재료나 질긴 식재료 이용 시 끓는 물이나 기름에 한 번 데친 후 육수와 조미료를 넣어 센 불과 중불, 약한 불로 조절하여 음식을 만느는 방식 • 음식이 육수와 어우러져 걸쭉하게 될 때 물 전분을 넣어 마무리
외 (wei, 웨이)		• 질긴 힘줄과 같은 식재료 조리 시 주로 사용 • 재료를 크게 썰어 끓는 물에 데친 후 육수를 붓고 은근하게 익힘 • 육수와 재료들이 어우러지게 조려 완성된 음식에 육수가 다소 많음
쇄 (shuan, 쑤안)		• 중국의 훠궈, 일본의 샤브샤브와 비슷 • 뜨거운 육수에 양고기나 채소를 담가 살짝 익힌 후 소스를 찍어 먹음 • 사천지역의 마라탕, 북경의 쇄양육으로 유명
자 (zhu, 쮸)		• 고기를 작게 썰어 육수 붓고 센 불과 중불, 약불로 불 조절하면서 삶아 조리하는 방식 • 재료를 먼저 익히거나 조미를 나중에 하기도 하고, 익은 상태에서 먹거나 다시 익은 재료를 건져 조미를 하고 요리하기도 함

<table>
<tr><td rowspan="5">회
(hui, 후에이)</td><td colspan="2">• 잘게 자른 여러 가지 재료를 물이나 육수에 넣고 센 불과 중불로 잠깐 가열하여 물 전분을 바로 넣고 조리한 것으로 묽은 죽의 형태</td></tr>
<tr><td>홍회</td><td>• 황설탕, 간장, 전분을 사용하여 만드는 요리
• 농도가 진함</td></tr>
<tr><td>청회</td><td>• 전분이 들어가지 않는 조리법</td></tr>
<tr><td>백회</td><td>• 전분을 소량으로 넣어 조리하는 방법</td></tr>
<tr><td>소회</td><td>• 기름과 각종 향신료, 양념을 넣고 재료와 함께 조리하는 방법</td></tr>
<tr><td>탄
(tun, 툰)</td><td colspan="2">• 부드러운 조직의 재료로 완자를 만들어 끓는 물이나 육수에 빠르게 데쳐내는 조리법</td></tr>
</table>

(2) 기름을 이용한 조리법★★★

초★ (chao, 챠오)	• '볶는다' • 팬에 기름을 두르고, 센 불과 중불에 재빠르게 볶아서 만드는 조리법 • 영양 손실이 적고, 기름과 조미료의 복합적 방식으로 다양한 맛과 향을 지닌 조리법 • 중국 요리에서 가장 많이 사용됨 예 부추볶음, 당면잡채 등
팽 (peng, 펑)	• 주재료를 밑간 후 기름에 튀기거나 볶아 낸 뒤, 부재료를 넣어 센 불에서 볶고 육수를 조금 부어 조려주는 방법 • 밑간이 된 주재료에 되직한 전분 옷을 입혀 기름에 바삭하게 튀긴 후 센 불에 양념을 넣어 빠르게 볶아 양념 또는 육수가 음식에 스며들 수 있도록 하는 조리법 예 깐풍기, 칠리새우 등
폭★ (bao, 빠오)	• 깍둑 모양으로 썰거나 칼집을 넣어 뜨거운 물 또는 기름에 데친 후 팬을 달구어 센 불에서 빠르게 볶아내는 방식 • 재료의 질감과 맛이 풍부하게 살아있는 조리법 • 음식이 부드럽고 바삭한 느낌의 질감을 느낄 수 있게 조리 예 궁보계정 등
작★ (zha, 짜)	• 중식 팬에 기름을 넉넉히 넣고 튀기는 방식 • 기름의 온도에 따라 재료의 맛을 살릴 수 있음 • 겉은 바삭하고 속은 부드럽게 만드는 조리법 예 짜장면, 탕수육 등 튀김요리
류★ (liu, 리우)	• 조미료에 잰 재료를 된 전분이나 밀가루 옷을 입혀 튀기거나, 데치거나 쪄낸 후 소스에 빠르게 버무리는 조리법 • 재료의 맛이 깨끗하며 부드럽고 연한 맛 유지 • 소스는 센 불이나 중불에서 버무려야 음식의 향과 맛을 살릴 수 있음 예 류산슬, 라조기 등

첩 (tie, 티에)	• 세 가지 재료를 쓰는 특수한 조리법 • 첫 번째 재료는 곱게 다지고, 두 번째 재료는 넓게 편을 내어 그 위에 첫 번째 재료를 얹고, 다시 세 번째 재료로 덮음 • 편을 낸 재료를 아래로 하여 기름에 지져낸 후 물을 붓고 끓여서 증기로 익힘
전 (jian, 지옌)	• 팬에 기름을 두르고 밑손질한 재료를 넣어 양면 또는 한 면을 익힘 • 재료에 따라 전분이나 밀가루를 발라 지지기도 함 • 속은 부드럽고 겉은 노릇노릇하게 지져내는 방법 예 난젠완쯔 등

(3) 증기를 이용한 조리법★★★

고★ (kao, 카오)	• 중국 요리법 중 가장 원시적이고 오래된 방법 • 직화를 이용하거나 오븐 또는 복사열을 이용하여 음식을 익히는 조리법 • 음식의 수분이 증발되어 튀긴 듯 겉 표면은 바삭하고 음식의 속은 부드럽게 만들어짐 • 장작이나 숯, 석탄, 적외선, 가스 등을 연료로 이용 • 대표적인 요리는 북경 오리구이	
증★ (zheng, 쩽)	• 수증기로 쪄서 만드는 방식 • 영양 손실을 줄이고 본연의 맛과 형태를 유지하기 위한 조리법	
	분증	• 재료에 오향초분 등 조미료를 넣어 골고루 버무린 후 그릇에 옮겨 담고 증기로 익힘
	청증	• 재료를 미리 손질하여 양념에 재운 후 그릇에 담아 증기로 익힘
	포증	• 재료에 양념을 하고 대나무잎이나 연잎에 재료를 싼 후 증기로 익힘

3 기본 칼 기술 습득

1 중식 조리도

채도(菜刀, 차이 다오)	채소를 썰 때 사용하는 칼
딤섬도(點心刀, 디엔 신 다오)	딤섬 종류의 소를 넣을 때 사용하는 칼
조각도(雕刻刀, 띠아오 커 다오)	조각 칼

Tip 중식에 사용하는 칼은 장방형

무거운 칼	• 뼈나 단단한 식재료용
가벼운 칼	• 동식물 원료를 가공할 때 사용하며 썰기, 편뜨기에 적합 • 별로 강하지 않은 재료나 채소를 자를 때

2 칼의 구성 및 역할

① 칼날 : 항상 예리하고 날카롭게 유지, 자를 때 주로 사용하는 부분
② 칼날 끝 : 항상 뾰족하게 유지, 자를 때나 육류의 힘줄 등을 자를 때 주로 사용
③ 칼등 : 고기를 두드리거나 우엉 등의 껍질을 벗길 때 주로 이용
④ 칼날 뒤꿈치 : 칼의 안정성을 유지하기 위해 필요한 부분
⑤ 손잡이 : 기름기나 이물질이 묻지 않도록 항상 깨끗이 유지

3 식재료 썰기 방법

(1) 썰기의 목적★★★

① 모양과 크기를 정리하여 조리하기 쉽게 함
② 먹지 못하는 부분을 없앰
③ 씹기를 편하게 하여 소화하기 쉽게 함
④ 열의 전달이 쉽고, 조미료(양념류)의 침투를 좋게 함

(2) 기본 썰기 방법

<table>
<tr><td>조(條, 티아오, tiao)</td><td colspan="2">• 막대 모양으로 썰기
• 일반적으로 길이 5~6cm, 두께 0.6~1.0cm의 길쭉한 형태로 써는 것이 적당</td></tr>
<tr><td>니(泥, 니, ni)★</td><td colspan="2">• 곱게 다지기</td></tr>
<tr><td rowspan="4">정(丁, 띵, ding)★</td><td colspan="2">• 깍둑썰기(정육면체 썰기)
• 식품 재료를 사각형 모양으로 써는 형태로, 자르는 방법은 먼저 조 형태로 썬 다음 주사위 모양으로 자름</td></tr>
<tr><td>대방정</td><td>1.2cm 크기의 주사위 모양</td></tr>
<tr><td>소방정</td><td>0.8cm 크기의 주사위 모양</td></tr>
<tr><td>감람정</td><td>올리브 열매 모양</td></tr>
<tr><td>사(絲, 쓰, si)★
쓸(絲)</td><td colspan="2">• 한식 채 썰기
• 일반적으로 길이 5~6cm, 두께 0.3cm 정도</td></tr>
<tr><td>편(片, 피엔, pian)★</td><td colspan="2">• 편 썰기
• 식품 재료의 포를 뜨듯이 한쪽으로 어슷하고 얇게 뜨는 것</td></tr>
<tr><td>입(粒, 리, li)★
미(未, 웨이, wei)★</td><td colspan="2">• 쌀알 크기 정도로 썰기</td></tr>
<tr><td>용니(茸尼)</td><td colspan="2">• 식품 재료의 껍질, 뼈, 힘줄을 제거한 후 칼로 아주 곱게 다지는 것</td></tr>
</table>

<table>
<tr><td rowspan="4">괴(塊)★</td><td colspan="4">• 식품 재료를 덩어리 형태의 모양으로 하여 수직으로 써는 것(직도법)
• 기본 크기는 폭과 두께에 관계 없이 2.5cm 정도</td></tr>
<tr><td>릉형괴</td><td>마름모꼴 썰기</td><td>부두괴</td><td>도끼 모양으로 썰기</td></tr>
<tr><td>곤도괴</td><td>재료를 돌리면서 도톰하게 썰기</td><td>방형괴</td><td>주사위 형태로 썰기</td></tr>
<tr><td>와괴</td><td>기와 모양으로 썰기</td><td>골패괴</td><td>직사각형으로 썰기</td></tr>
<tr><td>말(末)</td><td colspan="4">• 참깨 크기로 썰기</td></tr>
</table>

4 칼 가는 방법

(1) 숫돌의 종류

① 거친 숫돌 : 새 칼을 쓸 때나 칼날이 크게 손상되었을 때 사용

② 중간 숫돌 : 칼날을 세울 때, 평상시 칼을 갈 때 보편적으로 사용

③ 마무리 숫돌 : 중간 숫돌로 칼날을 세운 다음 더욱 정교하게 날을 세우고자 할 때, 칼에 나있는 아주 작은 흠집 등을 깨끗이 제거할 때 사용

(2) 칼 갈 때 주의사항

① 칼을 갈 때 칼날의 각도와 힘을 일정하게 주면서 가는 것이 중요하다.

② 앞면을 중심으로 간다.

③ 허리를 30도 정도 앞으로 숙인다.

5 칼 사용 안전 수칙★★★

① 칼은 제작된 목적 이외에 사용해서는 안 된다.

② 용도에 알맞은 칼을 사용해야 한다.

③ 칼날이 무디면 더 안전하지 못하다.

④ 칼을 갈 때에는 주의를 기울여야 한다.

⑤ 칼을 보이지 않는 곳에 두거나 물이 든 개수대 등에 담아 두지 않는다.

⑥ 칼을 들고 이동할 때에는 칼끝을 정면으로 두지 않으며, 칼등을 앞으로 향하게 하고 칼날은 뒤로 가게 한다.

⑦ 칼을 떨어뜨렸을 경우 잡으려 하지 말고 물러서서 피한다.

⑧ 칼을 사용하지 않을 때에는 안전함에 넣어서 보관한다.

조리기구의 종류와 용도

1 기구의 종류

구분	내용
화덕 (중화렌지)	• 조작법이나 크기, 형태 등이 다양하나 모두 강한 불을 사용함 • 화덕을 감싸고 물이 항상 흐르도록 설계됨(청결, 안전) • 양쪽에 수도 형태로 물이 나오도록 설계 • 수도에 물통을 놓아 요리가 끝난 팬을 바로 세척하거나 요리에 필요한 물을 바로 공급 • 화덕 오른쪽에 기름통과 그물망을 두어 튀김 후 바로 건질 수 있음 • 기름통 앞에 육수통을 놓아 요리에 사용하기 편리하게 구성 • 육수통 앞부분에서 양념을 준비하여 바로 사용할 수 있도록 함
중식 팬★ (웍, wok)	• 바닥 부분이 둥근 금속 냄비로 중국 요리의 기본 팬 • 열의 전도가 전체에 골고루 퍼져 빠르게 재료를 익힐 수 있음 • 볶음, 튀김 뿐 아니라 다양한 조리를 할 수 있는 팬
중식 국자	• 식재료를 볶을 때나 국물류를 떠올릴 때, 요리를 덜어 사용할 때 사용하는 자루가 긴 국자
푯 (pot)	• 육수를 끓일 때 사용 • 대량으로 소스를 만들 때 사용하는 커다란 용기(냄비)
튀김 건짐망	• 튀김 재료들을 건질 때나 육수에 삶아 건질 때 사용하는 망 • 소스나 기름을 거를 때도 사용
볶음 튀김 국자	• 바닥 부분이 둥글고 작은 구멍이 나 있음 • 재료를 튀겨 건지거나 식재료를 데치거나 삶아 건질 때 사용
대나무 찜기	• 식재료나 딤섬을 쪄서 낼 때 사용
제면기	• 면을 뽑거나 만두피를 밀 때 사용

5 식재료 계량방법

1 계량도구

(1) 저울

① 무게를 측정하는 기구로 g, kg으로 나타냄

② 저울을 사용할 때는 평평한 것에 수평으로 놓고 지시침이 숫자 '0'에 놓여 있어야 함

(2) 계량컵

① 부피를 측정하는 데 사용

② 미국 등 외국 1컵 240mL, 우리나라 1컵 200mL

(3) 계량스푼

① 양념 등의 부피를 측정하는 데 사용

② 큰술(Table spoon, Ts), 작은술(tea spoon, ts)로 구분

2 계량방법★★★

① 가루 상태의 식품 : 부피보다는 무게를 계량하는 것이 정확, 덩어리가 없는 상태에서 누르지 말고 수북하게 담아 평평한 것으로 고르게 밀어 표면이 평면이 되도록 깎아서 계량

예 밀가루, 설탕 등

② 액체식품 : 액체 계량컵이나 계량스푼에 가득 채워서 계량하거나 평평한 곳에 놓고 눈높이에서 보아 눈금과 액체의 표면 아랫부분을 눈과 같은 높이에 맞추어 읽음

예 기름, 간장, 물, 식초 등

③ 고체식품 : 계량컵이나 계량스푼에 빈 공간이 없도록 가득 채워서 표면을 평면이 되도록 깎아서 계량

예 마가린, 버터, 다짐육, 흑설탕 등

④ 알갱이 상태의 식품 : 계량컵이나 계량스푼에 가득 담아 살짝 흔들어서 공간을 메운 뒤 표면을 평면이 되도록 깎아서 계량

예 쌀, 팥, 통후추, 깨 등

⑤ 농도가 큰 식품 : 계량컵이나 계량스푼에 꾹꾹 눌러 담아 평평한 것으로 고르게 밀어 표면이 평면이 되도록 깎아서 계량

예 고추장, 된장 등

Tip 계량단위

- 1컵 = 1Cup = 1C = 약 13큰술+1작은술 = 물 200mL = 물 200g
- 1큰술 = 1Table spoon = 1Ts = 3작은술 = 물 15mL = 물 15g
- 1작은술 = 1tea spoon = 1ts = 물 5mL = 물 5g
- 1온스(ounce, oz) = 30cc = 28.35g
- 1파운드(pound, 1b) = 453.6g = 16온스
- 1쿼터(quart) = 960mL = 32온스

6 조리장의 시설 및 설비 관리

1 조리장의 시설

(1) 조리장의 3원칙 및 우선적 고려사항

위생 〉 능률 〉 경제

(2) 조리장의 위치★★★

① 통풍, 채광, 배수가 잘 되고 악취, 먼지, 유독가스가 들어오지 않는 곳
② 비상시 출입문과 통로에 방해되지 않는 장소
③ 음식의 운반과 배선이 편리한 곳
④ 재료의 반입과 오물의 반출이 쉬운 곳
⑤ 주변에 피해를 주지 않는 곳
⑥ 사고발생시 대피하기 쉬운 곳

Tip 조리장에 시설과 기기를 배치할 때 작업의 흐름 순서
식재료의 구매·검수 → 전처리 → 조리 → 장식·배식 → 식기의 세척·수납

(3) 조리장의 면적

① 식당 면적의 1/3이 기준
② 일반급식소는 1인당 0.1m², 사업자급식소는 0.2m², 학교급식소는 0.3m², 병원급식소는 0.8~1m²이 기본
③ 조리장 면적을 산출할 때 고려할 사항 : 조리인원, 식단, 조리기기 등

2 조리장의 설비 관리

(1) 조리장

① 개방식 구조, 객실과 객석 구분
② 식품 및 식기류의 세척을 위한 세척시설과 종업원 전용의 수세시설 완비
③ 급수 및 배수시설을 갖추어야 함

(2) 바닥

① 바닥과 1m까지의 내벽은 물청소가 용이한 내수성 자재 사용
② 미끄럽지 않고 내수성, 산, 염, 유기용액에 강한 자재 사용
③ 영구적으로 색상을 유지할 수 있어야 하며, 유지비가 저렴해야 함
④ 청소와 배수가 용이하도록 물매는 1/100 이상

(3) 벽, 창문

① 내벽은 바닥에서 높이 1.5m 이상, 불침투성·내산성·내열성·내수성 재료로 설비·마감

② 창의 면적 : 바닥 면적의 20~30%

③ 창문은 직사광선을 막을 수 있고 방충 설비 구비

(4) 작업대

① 작업대의 설비 : 높이는 신장의 약 52%(80~85cm), 너비는 55~60cm가 적당함

② 작업대의 배치 순서 : 준비대 – 개수대 – 조리대 – 가열대 – 배선대

③ 작업대의 종류

ㄴ자형	동선이 짧은 좁은 조리장에 사용
ㄷ자형	면적이 같을 경우 가장 동선이 짧으며 넓은 조리장에 사용
일렬형	작업동선이 길어 비능률적이지만 조리장이 굽은 경우 사용
병렬형	180도 회전을 요하므로 피로가 빨리 옴
아일랜드형★	동선이 단축되며 공간 활용이 자유롭고 환풍기와 후드 수 최소화 가능

(5) 냉장고·냉동고·창고

① 냉장고 : 5℃ 내외의 내부 온도 유지

② 냉동고 : 0℃ 이하, 장기저장 시 −30℃ 온도 유지

(6) 조명 시설

① 작업하기 충분하고 균등한 조도 유지

② 기준조명 : 객석 30Lux(유흥음식점 10Lux), 단란주점 30Lux, 조리실 50Lux 이상

(7) 환기

① 환기방식은 자연환기(창문)와 인공환기(송풍기(fan), 배기용 환풍기(hood))

② 후드(hood)의 경사각은 30°로 후드의 형태는 4방 개방형으로 하는 것이 가장 효율적

(8) 화장실

① 남녀용으로 구분

② 내수성 자재를 사용하고 손 씻는 시설을 갖추어야 함

Tip

- 일반급식소에서 급수설비 용량 환산 시 1식 당 사용물량 : 6.0~10.0L
- 식당의 면적 : 취식자 1인당 $1.0m^2$
- 식기회수 공간 : 취식 면적의 10%
- 조리장의 면적 : 식당 면적의 1/3

Tip 급식 시설 유형별 1인당 급수량

- 일반급식 : 5~10L
- 학교급식 : 4~6L
- 병원급식 : 10~20L

지피지기 예상문제

아는 문제(○), 헷갈리는 문제(△), 모르는 문제(x) 표시해 복습에 활용하세요.

1 ○ △ x

다음 중 조리를 하는 목적으로 적합하지 않은 것은?

① 소화흡수율을 높여 영양효과를 증진
② 식품 자체의 부족한 영양성분을 보충
③ 풍미, 외관을 향상시켜 기호성을 증진
④ 세균 등의 위해요소로부터 안전성 확보

2 ○ △ x

용량을 측정하는 단위에서 1Cup은 약 몇 큰술이 되는가?

① 5큰술 ② 7큰술
③ 10큰술 ④ 13큰술

3 ○ △ x

계량컵을 사용하여 밀가루를 계량할 때 가장 올바른 방법은?

① 체로 쳐서 가만히 수북하게 담아 주걱으로 깎아서 측정한다.
② 계량컵에 그대로 담아 주걱으로 깎아서 측정한다.
③ 계량컵에 꼭꼭 눌러 담은 후 주걱으로 깎아서 측정한다.
④ 계량컵을 가볍게 흔들어 주면서 담은 후 주걱으로 깎아서 측정한다.

4 ○ △ x

버터나 마가린의 계량방법으로 가장 옳은 것은?

① 냉장고에서 꺼내어 계량컵에 눌러 담은 후 윗면을 직선으로 된 칼로 깎아 계량한다.
② 실온에서 부드럽게 하여 계량컵에 담아 계량한다.
③ 실온에서 부드럽게 하여 계량컵에 눌러 담은 후 윗면을 직선으로 된 칼로 깎아 계량한다.
④ 냉장고에서 꺼내어 계량컵의 눈금까지 담아 계량한다.

5 ○ △ x

다음 중 계량방법이 잘못된 것은?

① 저울은 수평으로 놓고 눈금은 정면에서 읽으며 바늘은 0에 고정시킨다.
② 가루 상태의 식품은 계량기에 꼭꼭 눌러 담은 다음 윗면이 수평이 되도록 스파튤러로 깎아서 잰다.
③ 액체식품은 투명한 계량용기를 사용하여 계량컵으로 눈금과 눈높이를 맞추어서 계량한다.
④ 된장이나 다진 고기 등의 식품 재료는 계량기구에 눌러 담아 빈 공간이 없도록 채워서 깎아준다.

1 조리의 목적은 영양효과를 증진시키나 식품 자체의 부족한 영양성분을 보충하는 것과는 관련이 없다.

2 1컵 = 1Cup = 1C = 약 13큰술+1작은술 = 200mL

5 가루 상태의 식품은 체로 쳐서 스푼으로 계량컵에 가만히 수북하게 담아 주걱으로 깎아서 측정한다.

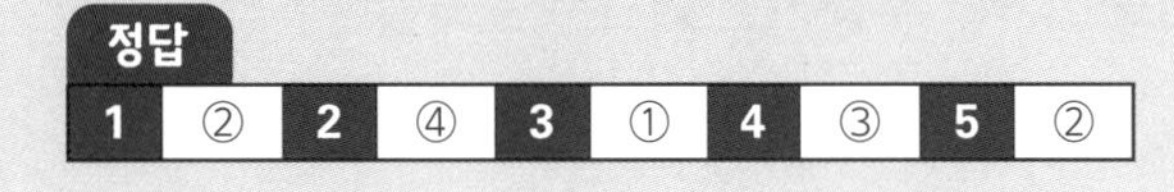

정답

1	②	2	④	3	①	4	③	5	②

6

●|▲|X

음식을 제공할 때 온도를 고려해야 한다. 다음 중 맛있게 느끼는 온도가 가장 높은 것은?

① 전골　② 국
③ 커피　④ 밥

7

●|▲|X

끓이는 조리법의 단점은?

① 식품의 중심부까지 열이 전도되기 어려워 조직이 단단한 식품의 가열이 어렵다.
② 영양분의 손실이 비교적 많고 식품의 모양이 변형되기 쉽다.
③ 식품의 수용성분이 국물 속으로 유출되지 않는다.
④ 가열 중 재료식품에 조미료의 충분한 침투가 어렵다.

8

●|▲|X

다음 중 기름을 이용한 조리법을 뜻하는 것은?

① 배(ba, 바)　② 돈(dun, 뚠)
③ 폭(bao, 빠오)　④ 탄(tun, 툰)

9

●|▲|X

육수를 붓고 은근히 익히는 방법을 의미하는 것은?

① 배(ba, 바)　② 민(men, 먼)
③ 쇄(shuan, 쑤안)　④ 자(zhu, 쮸)

10

●|▲|X

끓는 물에 재료를 데친 후 그릇에 옮겨 육수를 넣고 끓이거나 수증기로 익히는 조리법은?

① 과돈　② 청돈
③ 격수돈　④ 차돈

11

●|▲|X

잘게 자른 재료를 가열하여 묽은 죽과 같은 형태인 조리법 중 전분이 들어가지 않은 조리법은?

① 홍회　② 청회
③ 백회　④ 소회

12

●|▲|X

'볶는다'는 의미를 가지고 있으며, 대표적으로 부추볶음을 만들 때 사용하는 조리법은?

① 초(chao, 챠오)　② 증(zheng, 쩽)
③ 전(jian, 지옌)　④ 작(zha, 짜)

13

●|▲|X

조미료에 잰 재료를 된 전분이나 밀가루 옷을 입혀 튀기거나 데쳐 찐 후 소스에 빠르게 버무리는 방법은?

① 초(chao, 챠오)　② 류(liu, 류)
③ 폭(bao, 빠오)　④ 작(zha, 짜)

14

●|▲|X

썰기의 목적으로 바르지 않은 것은?

① 모양과 크기를 정리한다.
② 먹지 못하는 부분을 없앤다.
③ 씹기 편하게 하여 영양소 함량을 증가시킨다.
④ 열의 전달이 쉽고 조미료 침투에 좋다.

15

세 가지 재료를 쓰는 특수한 조리법으로 편을 낸 재료를 아래로 하여 기름에 지진 후 물을 붓고 끓여 증기로 익히는 방법은?

① 팽(peng, 펑) ② 폭(bao, 빠오)
③ 첩(tie, 티에) ④ 전(jian, 지옌)

16

깐풍기, 칠리새우 등을 만들 때 튀긴 재료에 양념이 스며들 수 있도록 조려주는 방법을 의미하는 조리법은?

① 팽(peng, 펑) ② 폭(bao, 빠오)
③ 첩(tie, 티에) ④ 전(jian, 지옌)

17

고(kao, 카오)와 증(zheng, 찡)의 공통 조리법은?

① 기름 ② 물
③ 증기 ④ 생식

18

중식의 썰기 방법 중 쌀알크기 정도로 써는 방법으로 알맞은 것은?

① 조(條) ② 입(粒)
③ 사(絲) ④ 정(丁)

19

중식 썰기 방법 중 덩어리 썰기를 의미하는 것은?

① 정(丁) ② 사(絲)
③ 편(片) ④ 괴(塊)

20

다음 중 단체급식 조리장을 신축할 때 우선적으로 고려할 사항 순으로 배열된 것은?

가. 위생	나. 경제	다. 능률

① 다 – 나 – 가 ② 나 – 가 – 다
③ 가 – 다 – 나 ④ 나 – 다 – 가

6 전골 : 93~98℃, 국 : 65~75℃, 커피 : 65~75℃, 밥 : 40~45℃

8 ③ 물이나 기름에 데친 후 팬을 달군 후 센 불에서 빠르게 볶아내는 방법
①,②,④는 물을 이용한 조리법이다.

9 ① 배(ba, 바) : 조림을 기본으로 하는 조리법
③ 쇄(shuan, 쑤안) : 뜨거운 육수에 고기나 채소를 담가 익힌 후 소스를 찍어 먹는 조리법
④ 자(zhu, 쮸) : 고기를 작게 썰어 육수를 붓고 불 조절하면서 삶아 조리하는 방법

10 ① 과돈 : 밀가루나 전분 가루를 입혀 풀어놓은 달걀을 묻힌 다음 팬에 입힌 재료를 가지고 모양을 만들어 물을 붓고 끓이는 방법
② 청돈 : 끓는 물에 재료를 살짝 넣어 데친 뒤 다시 가열하는 방법

11 ① 홍회 : 황설탕, 간장, 전분을 사용하여 만든 요리로 농도가 진함
③ 백회 : 전분을 소량으로 넣어 조리하는 방법
④ 소회 : 기름과 각종 향신료, 양념을 넣고 재료와 함께 조리하는 방법

14 씹기 편하게 하여 소화하기 쉽게 하며 영양소의 흡수율을 높일 수는 있으나 함량의 증가와는 관련이 없다.

15, 16 팽(peng, 펑) : 기름에 튀기거나 볶은 뒤 육수를 부어 조려주는 방법
폭(bao, 빠오) : 깍둑 모양으로 썰어 뜨거운 물이나 기름에 데친 후 팬을 달구어 센 불에서 빠르게 볶아내는 방법
전(jian, 지엔) : 팬에 기름을 두르고 양면, 또는 한 면을 노릇하게 지져내는 방법
첩(tie, 티에) : 세 가지 재료를 쓰는 특수한 조리법

19 ① 정 : 깍둑썰기 ② 사 : 채썰기 ③ 편 : 편썰기

20 조리장의 신축 또는 증·개축 시에는 위생성, 능률성, 경제성의 3요소를 차례대로 고려하여야 한다.

정답

6	①	7	②	8	③	9	②	10	③
11	②	12	①	13	②	14	③	15	③
16	①	17	③	18	②	19	④	20	③

21

조리작업장의 위치선정 조건으로 적합하지 않은 것은?

① 보온을 위해 지하인 곳
② 통풍이 잘 되며 밝고 청결한 곳
③ 음식의 운반과 배선이 편리한 곳
④ 재료의 반입과 오물의 반출이 쉬운 곳

22

작업장에서 발생하는 작업의 흐름에 따라 시설과 기기를 배치할 때 작업의 흐름이 순서대로 연결된 것은?

㉠ 전처리	㉡ 장식·배식
㉢ 식기 세척·수납	㉣ 조리
㉤ 식재료의 구매·검수	

① ㉤ – ㉠ – ㉣ – ㉡ – ㉢
② ㉠ – ㉡ – ㉢ – ㉣ – ㉤
③ ㉤ – ㉣ – ㉡ – ㉠ – ㉢
④ ㉢ – ㉠ – ㉣ – ㉤ – ㉡

23

급식 시설에서 주방면적을 산출할 때 고려해야 할 사항으로 가장 거리가 먼 것은?

① 피급식자의 기호 ② 조리기기의 선택
③ 조리인원 ④ 식단

24

주방의 바닥조건으로 맞는 것은?

① 산이나 알칼리에 약하고 습기, 열에 강해야 한다.
② 바닥전체의 물매는 1/20이 적당하다.
③ 조리작업을 드라이 시스템화 할 경우의 물매는 1/100 정도가 적당하다.
④ 고무타일, 합성수지타일 등이 잘 미끄러지지 않으므로 적당하다.

25

다음 중 조리실 바닥 재질의 조건으로 부적합한 것은?

① 산, 알칼리, 열에 강해야 한다.
② 습기와 기름이 스며들지 않아야 한다.
③ 공사비와 유지비가 저렴하여야 한다.
④ 요철(凹凸)이 많아 미끄러지지 않도록 해야 한다.

26

급식시설의 유형 중 1인 1식을 제공하는 데 사용하는 물의 양이 가장 많은 곳은?

① 학교급식 ② 병원급식
③ 사업체급식 ④ 기숙사급식

27

다음 중 급식소의 배수시설에 대한 설명으로 옳은 것은?

① S트랩은 수조형에 속한다.
② 배수를 위한 물매는 1/10 이상으로 한다.
③ 찌꺼기가 많은 경우는 곡선형 트랩이 적합하다.
④ 트랩을 설치하면 하수도로부터의 악취를 방지할 수 있다.

28

조리대를 배치할 때 동선을 줄일 수 있는 효율적인 방법 중 잘못된 것은?

① 조리대의 배치는 오른손잡이를 기준으로 생각할 때 일의 순서에 따라 우에서 좌로 배치한다.
② 조리대에는 조리에 필요한 용구나 기기 등의 설비를 가까이 배치한다.
③ 각 작업공간이 다른 작업의 통로로 이용되지 않도록 한다.
④ 식기와 조리용구의 세정장소와 보관 장소를 가까이 두어 동선을 절약시킨다.

29

●▲X

조리대 배치형태 중 환풍기와 후드의 수를 최소화 할 수 있는 것은?

① 일렬형 ② 병렬형
③ ㄷ자형 ④ 아일랜드형

30

●▲X

집단급식소의 설치, 운영자의 준수사항으로 틀린 것은?

① 유통기한이 경과된 원료 또는 완제품을 조리할 목적으로 보관하거나 이를 음식물의 조리에 사용하여서는 아니 된다.
② 깨끗한 지하수를 식기 세척의 용도로만 사용할 경우 별도의 검사를 받지 않아도 된다.
③ 동물의 내장을 조리한 경우에는 이에 사용한 기계, 기구류 등을 세척하고 살균하여야 한다.
④ 물수건, 숟가락, 젓가락, 식기 등은 살균·소독제 또는 열탕의 방법으로 소독한 것을 사용하여야 한다.

31

●▲X

냄새나 증기를 배출시키기 위한 환기시설은?

① 트랩 ② 트렌치
③ 후드 ④ 컨베이어

32

●▲X

단체급식시설의 작업장별 관리에 대한 설명으로 잘못된 것은?

① 개수대는 생선용과 채소용을 구분하는 것이 식중독균의 교차오염을 방지하는 데 효과적이다.
② 가열, 조리하는 곳에는 환기장치가 필요하다.
③ 식품 보관 창고에 식품을 보관 시 바닥과 벽에 식품이 직접 닿지 않게 하여 오염을 방지한다.
④ 자외선등은 모든 기구와 식품 내부의 완전살균에 매우 효과적이다.

21 조리장이 지하에 위치하면 통풍과 채광이 잘 되지 않아 적합하지 않다.

22 식재료의 구매·검수 → 전처리 → 조리 → 장식·배식 → 식기의 세척·수납 순으로 작업이 진행된다.

23 조리장의 면적을 산출할 때에는 조리인원, 식단, 조리기기 등을 고려하여야 한다.

24 주방의 바닥은 산·알칼리·열에 강해야 하고, 고무타일, 합성수지타일 등이 잘 미끄러지지 않으므로 적당하며, 청소와 배수가 용이하도록 물매는 1/100 이상으로 해야 한다.

25 바닥에 요철이 많으면 물과 오물이 고일 우려가 있다.

26 1식을 제공하는데 사용하는 물의 양은 학교급식은 4~6L, 병원급식은 10~20L, 사업체급식은 5~10L, 기숙사급식은 7~15L이다.

27 ① S트랩은 곡선형에 속한다.
② 배수를 위한 물매는 1/100 이상으로 한다.
③ 찌꺼기가 많은 경우는 수조형 트랩이 적합하다.

28 조리대의 배치는 오른손잡이를 기준으로 생각할 때 일의 순서에 따라 좌에서 우로 배치한다.

29 아일랜드형은 동선이 많이 단축되며, 공간 활용이 자유로워서 환풍기와 후드의 수를 최소화 할 수 있다.

30 급수는 수돗물을 이용하나 지하수 사용 시에는 먹는물 관리법에 따라 수질 검사·관리를 하여야 한다.

31 후드(hood)는 냄새나 증기를 배출시키기 위한 환기설비이다.

32 자외선등은 용기류 등의 살균에 적합하다.

정답

21	①	22	①	23	①	24	④	25	④
26	②	27	④	28	①	29	④	30	②
31	③	32	④						

2
Chapter

식품의 조리원리

1 농산물의 조리 및 가공·저장

1 전분의 특징

① 광합성에 의해 만들어진 식물의 저장 탄수화물

② 아밀로오스(amylose)와 아밀로펙틴(amylopectin)으로 구성

Tip 멥쌀과 찹쌀★

- 멥쌀 : 아밀로펙틴 80%, 아밀로오스 20%
- 찹쌀 : 아밀로펙틴 100%

③ 산과 효소(아밀라아제)에 의해 분해되어 덱스트린과 맥아당 생성

2 전분의 호화(α화)★★★

날 전분(β 전분)에 물을 붓고 열을 가하여 70~75℃ 정도가 될 때 전분입자가 크게 팽창하여 점성이 높은 반투명의 콜로이드 상태인 익힌 전분(α 전분)으로 되는 현상

(1) 호화(α 화)에 영향을 주는 요소★★★

① 가열 온도가 높을수록 호화↑

② 전분 입자가 클수록 호화↑(고구마, 감자가 곡류보다 입자가 커서 호화가 잘됨)

③ pH가 알칼리성일 때 호화↑

④ 알칼리(NaOH) 첨가 시 호화↑

⑤ 수침시간이 길수록 호화↑

⑥ 가열 시 물의 양이 많을수록 호화↑

⑦ 설탕, 지방, 산 첨가 시 호화↓

3 전분의 노화(β화)★★★

호화된 전분(α 전분)을 상온이나 냉장고에 방치하면 수분의 증발 등으로 인해 날 전분(β 전분)으로 되돌아가는 현상

(1) 노화(β화)를 촉진하는 방법★★★

① 아밀로오스의 함량이 많을 때 : 멥쌀 〉 찹쌀

② 수분함량이 30~60%일 때

③ 온도가 0~5℃일 때(냉장은 노화촉진, 냉동은 노화지연)

④ 다량의 수소이온

(2) 노화(β화)를 억제하는 방법★★★

① 수분함량을 15% 이하로 유지

② 환원제, 유화제 첨가

③ 설탕 다량 첨가

④ 0℃ 이하로 급속 냉동(냉동법)시키거나 80℃ 이상으로 급속히 건조

4 전분의 호정화(덱스트린화)★★★

날 전분(β 전분)에 물을 가하지 않고 160~170℃로 가열했을 때 가용성 전분을 거쳐 덱스트린(호정)으로 분해되는 반응

예 누룽지, 토스트, 팝콘, 미숫가루, 뻥튀기 등

Tip 호화와 호정화의 차이점

호화	호정화
보존기간 짧다	보존기간 길다
노화가 일어난다	노화가 일어나지 않는다

5 전분의 당화

전분에 산이나 효소를 작용시키면 가수분해되어 단맛이 증가하는 과정

예 식혜, 조청, 물엿, 고추장 등

Tip 식혜★

- 엿기름 중의 효소 성분에 의하여 전분이 당화를 일으키게 되어 만들어진 식품
- 엿기름을 당화시키는 데 가장 적합한 온도는 50~60℃(아밀라아제 작용 가장 활발)
- 식혜 물에 뜨기 시작한 밥알은 건져내어 냉수에 헹구어 놓았다가 차게 식힌 식혜에 띄움
- 식혜 제조에 사용되는 엿기름의 농도가 높을수록 당화 속도 촉진

6 곡류의 조리

(1) 쌀

① 벼 : 왕겨, 외피(겨), 배아, 배유로 구성(배아 : 영양가↑, 외피 : 소화율↓)

② 현미 : 벼에서 왕겨(층)를 제거한 것(외피(겨)·배아·배유 포함, 영양가↑, 소화율↓)

③ 백미 : 현미에서 외피, 배아를 제거하여 배유만 남은 것(영양가↓, 소화율↑)

④ 쌀의 수분함량 : 생쌀은 13~15%, 불린쌀은 20~30%, 맛있게 지은 밥은 60~65% 정도의 수분 함유

(2) 밥 짓기

① 쌀 씻기(수세) : 쌀을 너무 문질러 씻으면 비타민 B_1 등 수용성 비타민의 손실 큼

② 쌀 불리기(수침) : 쌀을 미리 물에 불리는 것, 쌀의 호화를 도움(멥쌀 30분, 찹쌀 50분)

Tip **불림의 목적★**

- 건조식품이 팽윤되므로 용적이 증대 특히 곡류는 전분의 호화가 충분히 행해짐 (곡류 2.5배, 일반 건조식품 5~7배, 한천 20배 용적 증대)
- 불림한 식품은 팽윤, 수화 등의 물성 변화를 촉진하여 조리시간을 단축
- 단단한 식품은 연화
- 식물성 식품의 변색을 방지
- 불미성분(식품 중의 쓴맛, 떫은 맛 성분, 염장품의 소금기 제거)을 제거

③ 물 붓기

구분	쌀 중량(무게)에 대한 물의 양	물 용량(부피)에 대한 물의 양
백미	1.4~1.5배	1.2배
불린쌀	1.2배	1.0배
햅쌀	1.4배	1.1배
묵은 쌀	1.1배	1.3~1.4배
찹쌀	1.1~1.2배	0.9~1.0배

Tip 일반적으로 맛있게 지어진 밥은 쌀 무게의 1.2~1.4배 정도의 물을 흡수

(3) 밥맛에 영향을 주는 요인★★★

① 밥물 pH 7~8

② 약간의 소금(0.02~0.03%)을 첨가

③ 쌀의 저장기간이 짧을수록(햅쌀 〉 묵은쌀)

④ 재질이 두껍고 무거운 무쇠나 곱돌로 만든 조리 도구 사용

⑤ 밥 짓는 열원은 가스, 전기, 장작, 연탄 등이 있으나 장작불로 만든 것

7 밀가루의 조리

밀가루의 단백질은 탄성이 높은 글루테닌(glutenin)과 점성이 높은 글리아딘(gliadin)으로 구성, 물과 결합하여 점탄성 성질을 갖는 글루텐(gluten) 형성

Tip 밀가루 팽창제

중조(식소다·중탄산나트륨), 이스트(효모), 베이킹파우더 등

Tip 빵 반죽의 발효 시 가장 적합한 온도

23~30℃

① 밀가루의 종류와 용도

종류	글루텐 함량(%)	용도
강력분	13 이상	식빵, 마카로니, 파스타 등
중력분	10 이상 13 미만	국수류(면류), 만두피 등
박력분	10 미만	튀김옷, 케이크, 파이, 비스킷 등

② 글루텐 형성에 영향을 주는 요인

수분★	• 소금의 용해를 도와 반죽을 골고루 섞이게 함 • 반죽의 경도에 영향 • 글루텐 형성 • 전분의 호화 촉진
달걀	• 팽창제 역할 • 글루텐 형성 • 너무 많이 사용하면 반죽이 질겨짐
소금	• 반죽의 점탄성을 높임
지방	• 글루텐 구조형성 방해 • 연화(쇼트닝)작용 • 팽창작용
설탕	• 글루텐 형성 방해 • 점탄성 약화 • 가열 시 캐러멜화 반응으로 표면이 갈색으로 변화

Tip 글루텐과 요인★

글루텐 형성 도움 : 소금, 달걀, 우유

글루텐 형성 방해 : 설탕, 지방

8 서류의 조리

① 식물의 뿌리

② 전분의 함량이 많고 칼륨, 인 등의 무기질이 풍부

③ 수분 70~80%로 많아 곡류에 비해 저장성이 낮음

④ 서류의 종류

감자	• 껍질에 비타민 C를 많이 함유(삶을 때 껍질째) • 공기 중 효소적 갈변이 일어남
고구마	• 감자에 비해 수분이 적고 무기질과 비타민이 많음 • 가열하면 β-amylase가 활성화되어 단맛 증가

9 두류의 조리

(1) 두류의 특성

① 고단백질 식품으로 단백질 함량이 약 40%이고, 콩이 익으면 단백질 소화율과 이용율이 더 높아짐

② 콩 단백질인 글로불린에 가장 많이 함유하고 있는 성분 : 글리시닌

③ 대두와 팥 성분 중 거품을 내며 용혈작용을 하는 독성분 : 사포닌

④ 날콩에는 안티트립신이 함유되어 있어 단백질의 체내 이용을 저해하여 소화를 방해

⑤ 인체 내에서 소화가 잘 안되고, 장내에 가스가 발생하는 대두 소당류 : 스타키오스

(2) 두류의 종류

콩	• 대두, 단백실원 • 두부, 간장, 된장, 콩가루, 과자, 콩기름, 콩나물
팥	• 소두, 적두 • 기포성이 있어 삶으면 거품이 일고 장을 자극하는 성질(과식 시 설사) • 탄수화물 약 50%, 단백질 20%, 사포닌 0.3~0.5% 함유
녹두	• 안두, 길두 • 묵을 쑤는 원료 • 값이 비쌈 • 청포묵(녹두묵), 빈대떡, 소, 떡고물, 녹두차, 녹두죽, 숙주나물
땅콩	• 낙화생 • 대립종 : 단백질 함량↑, 간식용 • 소립종 : 지방 함량↑, 기름, 과자나 빵 가공
강낭콩	• 밥에 넣어서 먹거나 떡이나 과자의 소로 사용 • 채소 : 어린 꼬투리

(3) 두부의 제조

① 단백질(글리시닌)이 무기염류에 응고되는 성질을 이용하여 만든 음식

② 두부응고제 : 염화칼슘($CaCl_2$), 황산칼슘($CaSO_4$), 황산마그네슘($MgSO_4$), 염화마그네슘($MgCl_2$)

10 채소류의 조리

(1) 채소의 분류

① 경채류 : 줄기 식용 예 셀러리, 아스파라거스, 죽순 등

② 엽채류 : 푸른 잎 식용 예 배추, 상추, 시금치, 파슬리, 부추, 파 등

③ 근채류 : 뿌리 식용 예 무, 당근, 우엉, 연근, 비트, 양파 등

④ 과채류 : 열매 식용 예 오이, 토마토, 가지, 수박, 참외 등

⑤ 화채류 : 꽃 식용 예 브로콜리, 아티초크, 콜리플라워 등

(2) 조리에 의한 채소의 변화★★★

① 녹색채소 데칠 때 물의 양 재료의 5배

② 녹색채소에 산(식초) 첨가 시 엽록소가 페오피틴(녹황색)으로 변함

③ 녹색채소에 소다(중조)를 넣으면 푸른색이 더욱 선명해지고, 조직이 연화되며 비타민 C 파괴

④ 녹색채소에 소금을 넣으면 클로로필은 푸른색이 선명한 클로로필린으로 변함

⑤ 토란, 우엉, 죽순 등의 채소는 쌀뜨물이나 식초물에 삶으면 흰색 유지

⑥ 당근 등의 녹황색 채소는 지용성 비타민(비타민 A)의 흡수를 촉진하기 위해 기름 첨가 조리

⑦ 수산(옥살산)은 체내에서 칼슘의 흡수를 방해하여 신장결석을 일으키므로 수산이 많은 시금치, 근대, 아욱은 뚜껑을 열고 데쳐 수산 제거

⑧ 당근에는 비타민 C를 파괴하는 효소인 아스코르비나아제가 있어 무, 오이 등과 같이 섭취할 경우 비타민 C의 파괴가 커짐

Tip 김치조직의 연부현상(물러짐)이 일어나는 이유★

- 조직을 구성하고 있는 펙틴질이 분해되기 때문에
- 미생물이 펙틴분해효소를 생성하기 때문에
- 용기에 꼭 눌러 담지 않아 내부에 공기가 존재하여 호기성 미생물이 성장번식하기 때문에
- 김치 숙성의 적기가 경과되었기 때문에

(3) 채소의 갈변

① 감자 껍질을 벗긴 후 갈변 : 감자의 티로신이 티로시나아제 효소에 의해 갈변(효소적 갈변)

② 가지, 연근, 고구마를 칼로 자르면 식품 속에 존재하는 탄닌과 철이 결합하여 갈색으로 변함

③ 효소적 갈변 현상의 예방법 : 열탕처리, 식염수 침지(저농도), 설탕용액 침지(고농도), pH 3 이하로 처리, 진공포장(산소 제거), 아황산 침지 등

(4) 조리에 의한 색의 변화

클로로필 (엽록소)	• 녹색식물의 엽록체에 존재하는 지용성 색소로 녹색을 띰 • 산(식초)에서 녹갈색의 페오피틴을 생성 • 알칼리(소다)에서 클로로필린(짙은 청록색) 형성
카로티노이드	• 녹황색 식물의 엽록체에 존재하는 지용성 색소로 황색, 주황색, 적색을 띰 • 산, 알칼리, 열에 안정적이지만 산소, 햇빛, 산화효소에는 불안정
플라보노이드	• 채소, 과일 등(옥수수, 양파, 감귤껍질 등)에 존재하는 수용성 색소로 백색, 담황색을 띰 • 일반적으로 산성에서는 백색, 알칼리성에서는 담황색을 띰 • 무나 양파를 오래 익힐 때나 우엉이나 연근을 삶을 때 식초를 첨가하면 백색을 띠게 됨
안토시안	• 꽃, 채소, 과일 등(사과, 가지, 적양배추 등)에 존재하는 수용성 색소로 적색, 자색을 띰 • 일반적으로 산성에서는 적색, 중성에서는 자색, 알칼리성에서는 청색을 띰 • 가지를 삶을 때 백반을 첨가하면 안정적 청자색 유지

11 과일류의 조리

(1) 과일류의 특징

① 당분과 유기산(사과산, 주석산, 구연산 등)의 함량이 많고, 비타민 C와 무기질이 풍부

② 인과류(사과, 배 등), 장과류(포도, 딸기 등), 핵과류(복숭아, 자두 등), 견과류(호두, 밤 등)로 분류

(2) 과일 가공품

① 잼 : 과일(사과, 포도, 딸기, 감귤 등)의 과육을 전부 이용하여 설탕(60~65%)을 넣고 점성을 띠게 농축

Tip 배, 감 등은 펙틴과 유기산의 함량이 부족하여 잼에 이용 안함

② 젤리 : 과일즙에 설탕(70%)을 넣고 가열·농축한 후 냉각

Tip **젤리화의 3효소★**
펙틴(1~1.5%), 당분(60~65%), 유기산(pH 2.8~3.4)

③ 마멀레이드 : 과일즙에 설탕, 과일의 껍질, 과육의 얇은 조각이 섞여 가열·농축

④ 프리저브 : 과일을 설탕시럽과 같이 가열하여 과일이 연하고 투명한 상태로 된 것

⑤ 스쿼시 : 과실 주스에 설탕을 섞은 농축 음료수

(3) 과일의 갈변 방지★★★

설탕물, 소금물, 레몬즙에 담가서 보관

축산물의 조리 및 가공·저장

1 육류의 조리

(1) 육류의 조직

근육조직	• 동물조직의 30~40%를 차지하고 있으며, 동물의 운동을 담당 • 미오신, 액틴, 미오겐, 미오알부민으로 구성
결합조직	• 콜라겐과 엘라스틴으로 구성 • 콜라겐을 장시간 물에 넣어 가열하면 젤라틴으로 변함 • 엘라스틴은 거의 변하지 않음
지방조직	• 피하, 복부, 내장기관의 주위에 많이 분포 • 마블링 : 근육 속에 미세한 흰색의 점이 퍼져 있는 지방으로 고기를 연하게 하고 맛과 질도 좋게 하여 고기 품질에 대한 등급을 결정

(2) 육류 색소단백질

미오글로빈(육색소), 헤모글로빈(혈색소)

도살		공기 중 산소결합		숙성	가열·장기간 저장
미오글로빈(암적색)	→	옥시미오글로빈(적색)	→		메트미오글로빈(갈색)

(3) 육류의 사후경직과 숙성

사후경직★	• 글리코겐으로부터 형성된 젖산이 축적되어 산성으로 변하면서 액틴(근단백질)과 미오신(근섬유)이 결합되면서 액토미오신이 생성되어 근육이 경직되는 현상 • 도살 후 글리코겐이 혐기적 상태에서 젖산을 생성하여 pH가 저하 • 보수성이 저하되고, 육즙이 많이 유출되어 고기는 질기고, 맛이 없으며 가열해도 연해지지 않음
숙성(자기소화)	• 사후경직이 완료되면 단백질의 분해효소 작용으로 서서히 경직이 풀리면서 자기소화가 일어나는 것 • 숙성이 되면 고기가 연해지고 맛이 좋아지며 소화가 잘됨 • 근육의 자기소화에 의해 가용성 질소화합물 증가
부패	• 숙성(자기소화) 후에 미생물의 활성으로 변질 시작

Tip 육류의 사후경직과 숙성시간★

육류의 종류	사후경직시간	숙성(냉장)
소고기	12~24시간	7~10일
돼지고기	12~24시간	3~5일
닭고기	6~12시간	2일

(4) 가열에 의한 육류의 변화★★★

① 단백질(미오신, 미오겐)이 변성(응고)하고, 고기가 수축하며 보수성 및 중량 감소
② 생식할 때보다 풍미(글루타민산, 이노신산 생성)와 소화성이 향상되나, 비타민의 손실을 가져옴
③ 고기의 지방은 근수축과 수분손실을 적게 함
④ 결합조직인 콜라겐이 젤라틴으로 변하여(75~80℃) 고기가 연해짐
⑤ 지방이 융해됨

Tip 니트로소미오글로빈★
소고기를 가공할 때 염지(소금물에 담가 놓는 것)에 의해 원료육의 미오글로빈으로부터 생성되며, 비가열 식육제품인 햄 등의 고정된 육색을 나타내는 물질

(5) 육류의 연화법★★★

① 고기를 섬유의 반대 방향으로 썰거나 두들겨서 칼집을 넣어줌
② 설탕, 청주, 소금 첨가
③ 장시간 물에 넣어 가열
④ 단백질 분해효소에 의한 고기 연화법 : 파파야(파파인, papain), 무화과(피신, ficin), 파인애플(브로멜린, bromelin), 배(프로테아제, protease), 키위(액티니딘, actinidin)

(6) 부위별 조리법과 특징

① 소고기의 부위별 조리법과 특징

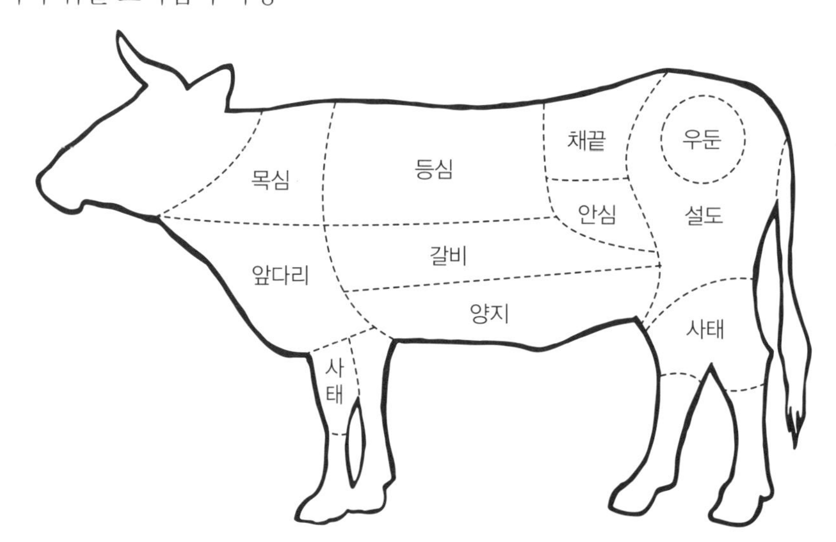

부위 명칭	소분할 부위 명칭 및 특징	용도
안심	• 안심살 • 등심 안쪽에 위치한 부위로 가장 연하며, 고깃결이 곱고 지방이 적어 담백 • 얼룩지방과 근막이 형성되어 최상급 고기	스테이크, 로스구이

부위 명칭	소분할 부위 명칭 및 특징	용도
등심	• 윗등심살, 아랫등심살, 꽃등심살, 살치살 • 갈비 위쪽에 붙은 살로 육질이 곱고 연하며 지방이 적당히 섞여 있어 맛이 좋음 • 결 조직이 그물망 형태로 연하여 풍미가 좋음	스테이크, 불고기, 주물럭
채끝	• 채끝살 • 등심과 이어진 부위의 안심을 에워싸고 있고 육질이 연하고 지방이 적당히 섞여 있음	스테이크, 로스구이, 샤브샤브, 불고기
목심	• 목심살 • 운동량이 많기 때문에 지방이 적고 결합조직이 많아 육질이 질기며 젤라틴이 풍부	구이, 불고기
앞다리	• 꾸리살, 갈비덧살, 부채살, 앞다리살, 부채 덮개살 • 결합조직이 많아 약간 질기나 구이로도 먹음 • 설도, 사태와 비슷한 특징	육회, 탕, 스튜, 장조림, 불고기
우둔	• 우둔살, 홍두깨살 • 지방이 적고 살코기가 많음 • 다릿살의 바깥쪽 부위로 살결이 거칠고 약간 질기나 지방 및 근육막이 적은 살코기로 맛이 좋고 젤라틴이 풍부	산적, 장조림, 육포, 육회, 불고기
설도	• 보섭살, 설깃살, 도가니살, 설깃머리살, 감각살 • 앞다리, 사태와 비슷한 특징	육회, 산적, 장조림, 육포
양지	• 양지머리, 업진살, 차돌박이, 치맛살, 치마양지, 앞치맛살 • 어깨 안쪽 살부터 복부 아래까지 부위로 육질이 질기고 근막이 형성되어 있음 • 오랜 시간에 걸쳐 끓이는 조리를 하면 맛이 좋음 • 업진육은 옆구리 늑골을 감싸고 있는 부위로 근육조직과 지방조직이 교대로 층을 이룸 • 치맛살은 섬유질이 길게 발달	국거리, 찜, 탕, 장조림, 분쇄육
사태	• 아롱사태, 앞사태, 뒷사태, 뭉치사태, 상박살 • 다리오금에 붙은 고기로 결합조직이 많아 질긴 부위 • 콜라겐이나 엘라스틴 등이 질기지만 가열하면 젤라틴이 되어 부드러움 • 기름기가 없어 담백하면서 깊은 맛을 냄	육회, 탕, 찜, 수육, 장조림
갈비	• 갈비, 마구리, 토시살, 안창살, 제비추리, 불갈비, 꽃갈비, 갈비살 • 갈비 안쪽에 붙은 고기로 육질이 가장 부드럽고 연하며 고기의 두께가 조금 얇고 얼룩 지방과 근막이 형성되어 있는 최상급 고기	구이, 찜, 탕

② 돼지고기의 부위별 조리법과 특징

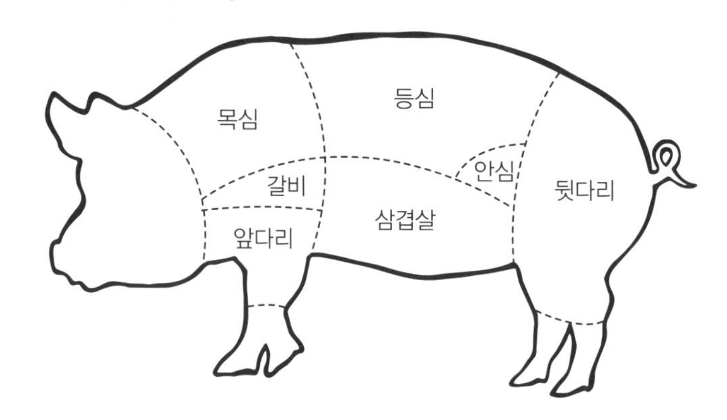

부위 명칭	소분할 부위 명칭 및 특징	용도
안심	• 안심살 • 허리 부분의 안쪽에 위치, 안심주변은 약간의 지방과 밑변의 근막이 형성되어 육질이 부드럽고 연함	로스구이, 스테이크, 주물럭
등심	• 등심살, 알등심살, 등심덧살 • 표피 쪽에 두터운 지방층이 덮인 긴 단일 근육, 지방이 거의 없고 방향이나 진한 맛이 없고 담백	돈까스, 잡채, 폭찹, 탕수육, 스테이크
목심	• 목심살 • 등심에서 목 쪽으로 이어지는 부위, 근육막 사이에 지방이 적당히 박혀 있어 좋은 풍미를 지님	구이, 주물럭, 보쌈
앞다리	• 앞다리살, 사태살, 항정살 • 어깨 부위의 고기로서 안쪽에 어깨뼈를 떼어 낸 넓은 피막이 나타남	찌개, 수육, 불고기
뒷다리	• 볼기살, 설깃살, 도가니살, 보섭살, 사태살 • 볼기 부위의 고기로서 살집이 두터우며 지방이 적음	돈가스, 탕수육
삼겹살	• 삼겹살, 갈매기살 • 갈비를 떼어 낸 부분에서 복부까지 넓고 납작한 모양의 부위, 근육과 지방이 세 겹의 막을 형성하며 풍미가 좋음	구이, 베이컨, 수육
갈비	• 갈비 • 옆구리 늑골(갈비)의 첫 번째부터 다섯 번째 늑골 부위를 말하며 근육 내 지방이 잘 박혀 있어 풍미가 좋음	구이, 찜

Tip 중식 돼지고기 조리법

화(기름에 데치는 방법) : 고기에 전분, 달걀, 청주, 간장이나 소금을 이용하여 옷을 입혀 낮은 온도의 기름에 데쳐 부드럽게 익힌다.

Tip 돼지고기는 두반장(구수한 맛을 내는 콩+매운 맛을 내는 고추), 표고버섯을 이용하여 조리하면 잘 어울림

③ 닭고기의 부위별 조리법과 특징

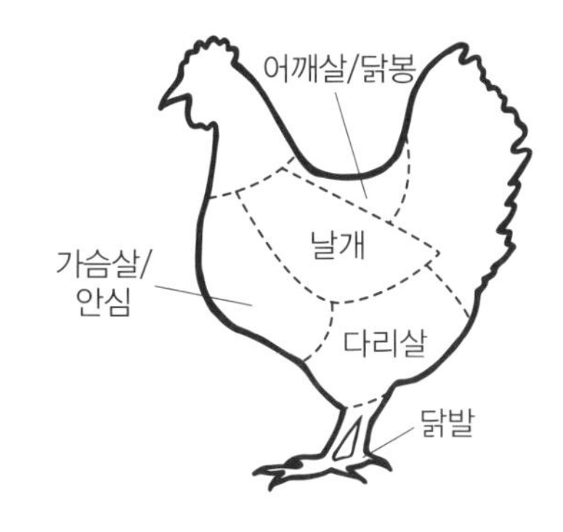

부위 명칭	특징
가슴살/안심	지방이 가장 적고 맛이 담백
다리살	육질이 단단하며 필수아미노산 풍부
어깨살/닭봉	육질이 부드러우며 지방이 적음
날개	단백질과 콜라겐 풍부
닭발	콜라겐 풍부

(7) 육류의 주요 조리법

탕★	• 양지, 사태, 꼬리 활용 • 찬물부터 고기를 넣고 끓여야 지미 성분이 충분히 용출되어 맛이 좋음 • 양파, 무, 마늘, 생강 등의 향신료를 넣어 끓이면 냄새 제거에 좋음
장조림	• 홍두깨, 우둔, 대접살 활용 • 처음부터 간장과 설탕을 넣으면 콜라겐이 젤리화되기 전에 고기 내의 수분이 빠져 나오면서 단단해지므로 물만 넣고 끓이다가 나중에 간장과 설탕 등의 조미료를 넣어야 함
편육★	• 소고기는 양지, 사태, 우설 등 활용 • 돼지고기는 삼겹살, 돼지머리 등 활용 • 끓는 물에 고기를 넣어 삶으면 고기의 맛 성분이 많이 용출되지 않아 맛이 좋음
구이	• 등심, 안심, 갈비 등 활용 • 양면이 갈색이 되도록 지진 후 약한 불로 내부까지 익힘

(8) 육류의 감별

소고기	• 색깔이 빨갛고 윤택이 나며 수분이 충분히 함유된 것 • 손가락으로 누르면 탄력성이 있는 것
돼지고기	• 기름지고 윤기가 있으며 살이 두껍고 살코기의 색이 엷은 것
닭고기	• 고기가 단단하고 껍질막이 투명하고 크림색을 띠는 것 • 털구멍이 울퉁불퉁 튀어나온 것

(9) 육류의 가공품

햄	돼지고기에서 지방이 적은 뒷다리 부분과 소금, 설탕, 아질산염 등을 혼합하여 훈연한 것
베이컨	돼지고기에서 지방이 많은 복부육인 삼겹살 부분과 소금, 설탕, 아질산염 등을 혼합하여 훈연한 것
소시지	햄을 만들 때 나오는 부스러기 고기와 소금, 아질산염을 혼합한 후 갈아서 인공케이싱이나 동물 창자에 넣어 가열·훈연한 것

(10) 소고기의 가열 정도와 내부 상태

레어	내부온도가 55~65℃로, 고기의 표면을 불에 살짝 구워 자르면 육즙이 흐르고 안은 생고기에 가까움
미디움	내부온도가 65~70℃로, 고기 표면의 색깔은 회갈색이나 내부는 장미색 정도이고, 자르면 육즙이 약간 있음
웰던	내부온도가 70~80℃로, 고기의 표면과 내부 모두 갈색 정도로 구우며 육즙은 거의 없음

2 젤라틴(gelatin)★★★

① 동물의 가죽이나 뼈에 다량 존재하는 불완전 단백질인 콜라겐(collagen)의 가수분해로 생긴 물질
② 설탕의 첨가량이 많으면 겔 강도를 감소시켜 농도가 증가할수록 응고력 감소(설탕 첨가량은 20~25%가 적당)
③ 산 첨가 시 응고가 방해되어 부드러움
④ 염류(소금) 첨가 시 응고가 촉진되어 단단해짐
⑤ 단백질 분해효소 사용 시 응고력이 약해짐
⑥ 젤라틴의 농도가 높을수록 빠르게 응고
⑦ 용도 : 족편, 마시멜로, 젤리, 아이스크림 등

3 달걀의 조리

(1) 달걀의 구성

난간	껍질 부분으로 탄산칼슘으로 구성되어 있으며 내부를 보호
난백	흰자 부분으로 수분과 단백질을 포함하고 있는 투명한 액체, 달걀의 약 60% 차지
난황	노른자 부분으로 수분, 단백질, 지방을 포함하고 있으며, 달걀의 30% 차지

Tip 달걀의 주요 단백질

- 난황 : 리보비텔린
- 난백 : 오브알부민

Tip 소화율

달걀프라이 < 생란 < 완숙 < 반숙

(2) 달걀의 응고성(농후제)

① 응고 온도 : 난백 60~65℃, 난황 65~70℃

② 설탕을 넣으면 응고 온도가 높아짐(응고 지연)

③ 식염(소금)이나 산(식초)을 첨가하면 응고 온도가 낮아짐(응고 촉진)

④ 달걀을 물에 넣어 희석하면 응고 온도가 높아지고 응고물은 연해짐

⑤ 온도가 높을수록 가열시간이 단축되지만 응고물은 수축하여 단단하고 질겨짐

⑥ 응고성을 이용한 식품 : 달걀찜, 커스터드, 푸딩, 수란, 오믈렛 등

(3) 난백의 기포성(거품성)★★★

관여 요소	• 단백질인 글로불린	
영향을 미치는 요인	• 수양난백이 많은 달걀(오래된 달걀) 사용하면 거품성 ↑ • 달걀의 적온은 30℃정도에서 거품성 ↑ • 난백을 적당히 거품을 낸 후 설탕을 넣으면 안정도 ↑ • 밑이 좁고 둥근바닥의 그릇을 이용할 경우 거품성 ↑	
첨가물의 영향★	거품성 ↑	식초, 레몬즙 등
	거품성 ↓	지방, 난황, 우유, 주석산, 식염, 설탕 등
기포성을 이용한 식품	• 스펀지 케이크, 머랭 등	

(4) 난황의 유화성★★★

① 난황의 인지질인 레시틴이 유화제로 작용

② 유화성을 이용한 식품 : 마요네즈, 케이크 반죽, 크림수프 등

(5) 달걀의 녹변현상

난백(황화수소, H_2S) + 난황(철분, Fe) → 황화철(FeS) 형성(난황 주위 암녹색)

녹변현상이 잘 일어나는 조건★	• 가열온도 높을수록 • 삶는 시간 길수록 • 오래된 달걀일수록(pH가 알칼리성일 때) • 찬물에 바로 헹구지 않을 때

Tip 달걀의 저장 중 일어나는 품질 변화

pH 증가, 난황막의 약화, 중량 감소, 농후난백 감소, 수양난백 증가

(6) 달걀의 신선도 판별법★★★

외관법	달걀 껍질이 까칠까칠하며 광택이 없고 흔들었을 때 소리가 나지 않는 것		
투광법	난황이 중심에 위치하고 윤곽이 뚜렷하며 기실의 크기가 작은 것		
비중법	6%의 소금물에 담갔을 때 가라앉는 것		
난황계수·난백계수 측정법	난황계수	난황의 높이 / 지름	0.25 이하는 오래된 것 0.36 이상은 신선한 것
	난백계수	난백의 높이 / 지름	0.1 이하는 오래된 것 0.15 이상은 신선한 것

(7) 달걀의 가공품

마요네즈	• 난황에 유지를 소량씩 첨가하며 충분히 저어준 후 식초, 소금, 향신료 첨가 • 분리된 마요네즈는 새로운 난황에 분리된 것을 조금씩 넣으며 한 방향으로 세게 저어주면 재생됨
피단 (송화단)	• 난류를 염류 및 알칼리에 침투시켜 내용물을 응고시키고 숙성한 독특한 풍미와 단단한 조직을 갖는 중국음식 • 주로 오리알을 이용하지만 달걀도 사용 가능

4 우유의 조리

(1) 우유의 성분

단백질	카제인★	• 칼슘과 인이 결합한 인단백질 • 우유 단백질의 약 80% • 산이나 효소(레닌)에 의해 응고 • 열에 의해 응고 × • 요구르트와 치즈 만들 때 활용
	유청단백질★	• 카제인이 응고된 후에도 남아있는 단백질 • 우유 단백질의 약 20% • 열에 의해 응고 • 산과 효소(레닌)에 의해서는 응고 × • α-락토알부민, β-락토글로불린 등이 있음 • 우유 가열 시 유청 단백질은 피막을 형성하고 냄비 밑바닥에 침전물이 생기게 하는데 이 피막은 저으며 끓이거나 뚜껑을 닫고 약한 불에서 은근히 끓이면 억제 가능
지방		• 3~4% 정도 함유 • 대부분 중성지질
탄수화물		• 4~5% 정도 함유 • 대부분 유당
무기질		• 칼슘, 마그네슘, 칼륨 등 함유 • 철, 구리 부족
비타민		• 비타민 A·D, 나이아신 등 대부분 함유 • 비타민 C·E 부족

(2) 우유의 조리 특성★★★

① 단백질 겔(gel)강도를 높여줌(커스터드, 푸딩)

② 요리의 색을 희게 하며 부드러운 질감과 풍미 부여

③ 여러 가지 냄새를 흡착(생선비린내 제거)

④ 고온에서 오랜 시간 우유를 가열하면 마이야르 반응에 의해 갈색 변화(빵, 과자, 케이크)

⑤ 토마토 크림수프에 우유를 넣으면 산에 의해 응고 반응

⑥ 우유를 가열하게 되면 냄새가 나고 표면에 피막(락토알부민)이 생기는데 이 피막은 지방구가 가열에 의해 응고한 단백질과 엉겨 표면에 뜬 것이기 때문에 이것을 제거하면 영양소 손실

⑦ 60~65℃ 이상에서 피막이 생기기 때문에 우유를 끓일 경우에는 저어주면서 끓이거나 중탕으로 데우는 것이 좋음

(3) 우유의 종류

전유	유지방의 함량이 3% 이상인 우유
저염우유	전유 속의 나트륨을 칼륨과 교환시킨 우유
저지방우유	유지방의 함량을 1~2% 이하로 줄인 우유
탈지우유	유지방의 함량을 0.5% 이하로 줄인 우유

(4) 우유의 가공품★★★

연유	• 무당연유 : 우유의 수분을 증발시켜 1/3~1/2로 농축 • 가당연유 : 설탕을 첨가하여 농축
분유	• 전유, 탈지유, 반탈지유 등을 건조시켜 수분을 5% 이하로 분말화
크림	• 우유를 원심분리하였을 때 위로 뜨는 유지방이 많은 부분
버터	• 우유의 유지방을 응고시켜 만든 유중수적형의 유가공 식품 • 80% 이상의 지방을 함유
아이스크림	• 크림에 설탕, 유화제, 안정제(젤라틴), 지방 등을 첨가하여 공기를 불어 넣은 후 동결
요구르트	• 탈지우유를 농축한 후 설탕을 첨가하여 가열, 살균, 발효
치즈	• 자연치즈 : 우유단백질인 카제인을 효소인 레닌에 의하여 응고시켜 말든 발효식품 • 가공치즈 : 자연치즈에 유화제를 가하여 가열한 것으로 발효가 더 이상 일어나지 않아 저장성이 큼
사워크림	• 생크림(유지방)을 발효한 것

Tip 우유의 균질화

- 우유의 지방 입자 크기를 미세하게 하여 유화상태를 유지하려는 과정
- 지방의 소화 용이
- 지방구 크기를 균일하게 만듦
- 큰 지방구의 크림층 형성 방지

3 수산물의 조리 및 가공·저장

1 수산물의 조리

(1) 어패류의 분류

<table>
<tr><td rowspan="3">어류</td><td colspan="2">• 바다에 사는 해수어, 강·호수에 사는 담수어로 구분
• 담수어보다 해수어의 지방함량이 많음
• 해수어는 흰살 생선과 붉은살 생선으로 구분</td></tr>
<tr><td>흰살 생선★</td><td>• 수온이 낮고 깊은 곳에 서식
• 운동량이 적고 지방함량이 5% 이하
• 조기, 광어, 가자미, 도미 등</td></tr>
<tr><td>붉은살 생선★</td><td>• 수온이 높고 얕은 곳에 서식
• 수분함량이 적고 지방함량이 5~20%로 많음
• 꽁치, 고등어, 다랑어 등</td></tr>
<tr><td>패류
(조개류)</td><td colspan="2">• 딱딱한 껍질 속에 먹을 수 있는 근육조직
• 대합, 모시조개, 바지락, 소라, 홍합 등</td></tr>
<tr><td>갑각류</td><td colspan="2">• 키틴질의 딱딱한 껍질로 싸여 있고 여러 조각의 마디를 가짐</td></tr>
<tr><td>연체류</td><td colspan="2">• 몸이 부드럽고 뼈와 마디가 없음
• 오징어, 낙지, 문어, 꼴뚜기 등</td></tr>
</table>

(2) 어류의 성분

단백질	• 15~20% 함유 • 미오신, 액틴 등으로 구성 • 필수아미노산 다량 함유
지방	• 약 80% 불포화지방산, 약 20% 포화지방산으로 구성 • 산란기 직전에 지방함량이 높음
무기질	• 1~2% 정도 함유 • 주로 인(P), 칼슘(Ca), 나트륨(Na), 요오드(I)
비타민	• 지방함량이 많은 어유와 간유에 비타민 A와 D가 많음

(3) 어류의 특징★★★

① 콜라겐과 엘라스틴의 함량이 적어 육류보다 연함

② 산란기 직전에 지방이 많고 살이 올라 가장 맛이 좋음

③ 해수어(바닷물고기)는 담수어보다 지방함량이 많고 맛도 좋음

④ 육류와 다르게 사후강직 후 동시에 자기소화와 부패가 일어남

⑤ 신선도가 저하되면 TMA가 증가하고 암모니아 생성

(4) 어류의 사후변화

구분	내용
사후강직 (사후경직)	• 1~4시간 동안에 최대 강직현상을 보임 • 붉은살 생선이 흰살 생선보다 사후강직 빨리 시작 • 생선은 사후강직 전 또는 경직 중이 신선하며, 사후경직 시에 가장 맛이 좋음
자기소화 (자가소화)	• 사후경직이 끝난 후 어패류 속에 존재하는 단백질 분해효소에 의해 일어남 • 어육이 연해짐 • 풍미 저하
부패	• 세균에 의한 부패 시작 • 담수어는 자체 내 효소의 작용으로 해수어보다 부패 속도 빠름

Tip 어류 부패 시 발생하는 냄새물질★

암모니아, 피페리딘, 트리메틸아민(TMA), 황화수소, 인돌, 메르캅탄 등

Tip 초기부패

TMA(3~4mg), 휘발성염기질소(30~40mg)

(5) 어류의 신선도 판정★★★

구분		내용
관능검사	아가미	• 아가미가 선홍색이고 단단하며 꽉 닫혀있는 것 • 신선도가 저하되면 점액질의 분비가 많아지고 부패취가 증가하여 점차 회색으로 변함
	눈	• 안구가 외부로 돌출하고 생선의 눈이 투명한 것 • 신선도가 저하될수록 눈이 흐리고 각막은 눈 속으로 내려앉음
	복부	• 탄력성이 있는 것(신선한 생선일수록 복부의 탄력성이 좋음)
	표면	• 비늘이 밀착되어 있고 광택이 나며 점액이 별로 없는 것
	근육	• 탄력성이 있고 살이 뼈에 밀착되어 있는 것
	냄새	• 악취, 시큼한 냄새, 암모니아 등의 냄새가 나지 않는 것
생균수 검사		• 세균 수가 10^7~10^8인 경우 초기부패
이화학적 검사		• 휘발성염기질소(VBN), 트리메틸아민(TMA), 히스타민의 함량이 낮을수록 신선

(6) 생선의 비린내(어취) 제거 방법★★★

① 레몬즙, 식초 등의 산 첨가

② 생강, 파, 마늘, 고추냉이, 술, 겨자 등의 향신료 사용, 생강은 생선이 익은 후 첨가

③ 수용성인 트리메틸아민을 물로 씻어서 제거

④ 비린내 흡착성질이 있는 우유(카제인)에 미리 담가두었다가 조리

⑤ 생선을 조릴 때 처음 몇 분간은 뚜껑을 열고 비린내 제거

⑥ 된장, 고추장, 간장 등을 이용하면 어취 제거 효과

⑦ 술을 넣으면 알코올에 의해 어취 약화

(7) 어패류의 조리방법

① 생선구이 조리 시 생선중량의 2~3%에 해당하는 소금을 뿌리면 생선살이 단단해짐

② 생선조림은 물이나 양념장을 먼저 살짝 끓이다가 생선을 넣음(생선의 모양을 유지하고 맛성분의 유출을 막기 위해)

③ 처음 가열할 때 수분간은 뚜껑을 열어 비린내 휘발

④ 지방 함량이 낮은 생선보다는 높은 생선으로 구이를 하는 것이 풍미가 더 좋음

⑤ 어육단백질은 열, 산, 소금 등에 응고

⑥ 탕을 끓일 경우 국물을 먼저 끓인 후 생선을 넣어야 단백질 응고작용으로 국물이 맑고 생선살이 풀어지지 않고 비린내가 덜남

⑦ 조개류는 낮은 온도에서 서서히 조리하여야 단백질의 급격한 응고로 인한 수축을 막음

⑧ 생선숙회는 신선한 생선편을 끓는 물에 살짝 데치거나 끓는 물을 생선에 끼얹어 회로 이용

⑨ 선도가 약간 저하된 생선은 조미를 비교적 강하게 하여 뚜껑을 열고 짧은 시간 내에 끓임

⑩ 생강은 생선이 거의 익은 후 넣음(열변성이 되지 않은 어육단백질이 생강의 탈취작용을 방해)

Tip 어류의 가열조리 시 일어나는 변화★

결합조직 단백질인 콜라겐의 수축 및 용해, 근육섬유 단백질의 응고 및 수축, 열응착성 강화, 지방의 용출

(8) 어패류의 가공품

① 연제품 : 어육에 소금을 넣고 으깬 후 전분, 조미료 등을 가하여 반죽한 것을 찌거나 튀겨서 익힌 것

② 젓갈 : 어패류에 20~30%의 소금을 넣고 발효·숙성시켜 원료 자체 내 효소의 작용으로 풍미를 내는 식품

Tip 연제품 제조 시 어육단백질(미오신)을 용해하며 탄력성을 주기 위해 필수적으로 첨가하는 물질★

소금

Tip 어묵 점탄성을 부여하기 위해 첨가하는 물질

전분

2 해조류의 조리

① 해조류의 성분

탄수화물	40~50% 정도 함유, 소화율 낮음
단백질	15~60% 정도 함유, 대부분의 필수아미노산 포함
무기질	요오드(I) 풍부, 인(P)·칼륨(K)·칼슘(Ca)·철(Fe) 등의 함유량 높음
비타민	비타민 A가 많고 비타민 B·C도 함유

② 해조류의 종류

구분	특징	종류
녹조류★	• 얕은 바다(20m이내)에 서식 • 클로로필(녹색) 풍부, 소량의 카로티노이드 함유	파래, 매생이, 청각, 클로렐라 등
갈조류★	• 좀 더 깊은 바다(20~40m이내)에 서식 • 카로티노이드인 β-카로틴과 푸코잔틴 풍부	미역, 다시마, 톳, 모자반 등
홍조류★	• 깊은 바다(40~50m이내)에 서식 • 피코에리스린(적색) 풍부, 소량의 카로티노이드 함유	김, 우뭇가사리 등

③ 해조류의 가공품

다시마	• 만니톨 : 건조된 다시마 표면의 흰가루 성분
미역	• 당질은 글리코겐 형태로만 존재 • 필수아미노산이 많이 포함되어 있어 단백질이 높음 • 요오드, 칼슘 등 무기질의 함량이 풍부한 알칼리성 식품
김	• 단백질 많이 함유 • 칼슘, 인, 칼륨 등의 무기질이 골고루 포함된 알칼리성 식품 • 광선, 수분, 산소 등과 접촉하면 변질 → 적색(맛과 향기 ×) • 양질의 김 : 검은색을 띠며 윤기가 나고 겨울에 생산되어 질소함량이 높으며 불에 구우면 청록색을 나타냄

Tip 알긴산★

해조류에서 추출한 점액질 물질, 안정제, 유화제

3 한천(우뭇가사리)★★★

① 우뭇가사리 등의 홍조류를 삶아서 점액이 나오면 이것을 냉각·응고시킨 다음 잘라서 동결·건조시킨 것

② 체내에서 소화되지 않아 영양가는 없으나 물을 흡착하여 팽창함으로써 정장작용 및 변비 예방

③ 응고온도는 25~35℃, 용해온도는 80~100℃

④ 산, 우유 첨가 시 겔의 강도 감소

⑤ 설탕 첨가 시 투명감, 점성, 탄력 증가, 설탕의 농도가 높으면 겔의 농도도 증가

⑥ 용도 : 양갱, 양장피

4 유지 및 유지 가공품

1 유지의 특성

① 상온에서 액체인 것은 기름(oil), 고체인 것은 지방(fat)

② 3분자의 지방산과 1분자의 글리세롤이 에스테르 결합

2 유지의 종류

식물성 지방	대두유(콩기름), 옥수수유, 포도씨유, 참기름, 들기름, 유채기름 등
동물성 지방	우지(소기름), 라드(돼지기름), 어유(생선기름) 등
가공유지	마가린, 쇼트닝 등

3 유지의 성질

유화	• 기름과 물이 혼합되는 것	
	수중유적형★ (O/W)	• 물속에 기름이 분산된 형태 • 우유, 마요네즈, 아이스크림, 크림수프 등
	유중수적형★ (W/O)	• 기름에 물이 분산된 형태 • 버터, 쇼트닝, 마가린 등
경화	• 불포화지방산에 수소를 첨가하고 촉매제를 사용하여 포화지방산으로 만드는 것 • 마가린, 쇼트닝 등	
연화	• 밀가루 반죽에 유지를 첨가하여 지방층을 형성함으로써 전분과 글루텐이 결합하는 것을 방해하는 작용 • 페이스트리, 모약과 등	
가소성	• 외부에서 가해지는 힘에 의하여 자유롭게 변하는 성질 • 버터, 라드, 쇼트닝 등의 고체지방	
융점	• 고체지방이 액체기름으로 되는 온도 • 고급지방산과 포화지방산이 많을수록 융점이 높아짐	
발연점	• 유지를 가열할 때 표면에 푸른 연기가 나기 시작할 때의 온도 • 대두유 256℃, 옥수수유 227℃, 포도씨유 250℃, 버터 208℃, 라드 190℃, 올리브유 175℃	

Tip 발연점이 낮아지는 경우★

① 여러 번 사용하여 유리지방산의 함량이 높을수록
② 기름에 이물질이 많이 들어있을수록
③ 튀김하는 그릇의 표면적이 넓을수록(1인치 넓을 때 발연점은 2℃ 저하)
④ 사용횟수가 많은 경우(1회 사용할 때마다 발연점이 10~15℃씩 저하)

Tip 유지류의 조리 이용 특성★

열전달 매개체, 유화, 연화, 가소성 등

4 유지의 산패

유지나 유지를 포함한 식품을 오랫동안 저장하여 산소, 광선, 온도, 효소, 미생물, 금속, 수분 등에 노출되었을 때 색깔, 맛, 냄새 등이 변하게 되는 현상

(1) 유지의 산패에 영향을 미치는 요인★★★

① 온도가 높을수록 유지의 산패 촉진
② 광선 및 자외선은 유지의 산패 촉진
③ 금속(구리, 철, 납, 알루미늄 등)은 유지의 산패 촉진
④ 유지의 불포화도가 높을수록 산패 촉진
⑤ 수분이 많을수록 유지의 산패 촉진

(2) 유지의 산패방지법

① 공기와의 접촉을 피하고 어둡고 서늘한 곳 보관
② 쓰던 기름은 새 기름과 혼합하여 사용하지 않음
③ 항산화제가 있는 식물성 기름 사용

Tip 유지의 산패도를 나타내는 값★

산가, 과산화물가(낮을수록 신선)

Tip 산패를 촉진시키는 인자★

산소, 빛, 수분, 금속(Cu 〉 Fe 〉 Ni 〉 Sn), 온도, 지방산의 불포화도, 효소

5 냉동식품의 조리

1 냉동

미생물의 발육을 억제하기 위해 식품을 보통 0℃ 이하에서 보존하는 것

2 냉동의 목적

① 미생물의 번식 억제(식품의 온도를 빙점 이하로 낮추어 함유된 수분을 얼게 함)

② 품질의 저하 방지(식품 중의 효소작용 및 산화 억제)

3 냉동의 종류

급속 냉동★	-40℃ 이하의 온도에서 빠르게 동결
완만 냉동★	-15~-5℃ 온도에서 서서히 동결

4 냉동 및 해동법

종류	냉동법	해동법
육류·어류	잘 다듬은 후 원형 그대로 혹은 부분으로 나누어 냉동	• 고온에서 급속 해동하면 단백질 변성으로 드립 발생 • 냉장고나 냉장온도(5~10℃)에서 자연해동이 가장 바람직
채소류	데치기 한 후 냉동	• 삶을 때는 해동과 조리를 동시에 진행 • 찌거나 볶을 때는 냉동된 상태 그대로 조리
과일류	설탕이나 설탕시럽을 이용하여 냉동	• 먹기 직전에 냉장고나 흐르는 물에서 해동 • 주스를 만들 때는 냉동된 상태 그대로 믹서
반조리식품	쿠키반죽, 파이껍질반죽 등은 밀봉하여 냉동	• 오븐이나 전자레인지를 사용하여 직접가열
과자류	빵, 케이크, 떡 등은 부드러운 상태에서 밀봉하여 냉동	• 상온에서 자연해동 또는 오븐에 데움
기타	한 번 해동한 후에는 다시 냉동하지 않음	• 필요한 만큼만 해동하여 사용

Tip 식육의 동결과 해동 시 조직 손상을 최소화 할 수 있는 방법★

급속 동결, 완만 해동

6 향신료와 조미료

1 향신료

인삼	• 사포닌 함유 • 원기회복, 정신 안정, 진액 생성, 혈액순환, 혈당 낮춤, 항암효과 • 눈이 밝아지고 사고력이 명석해짐, 면역성 강화, 동맥경화 예방
숙지황	• 생지황의 뿌리줄기를 찐 것 • 주성분은 당분과 비타민 • 음기 자양, 혈을 보호하는 효능
팔각★	• 대회향 • 여덟 개의 씨방으로 이루어짐 • 음식의 향기 증진(향기성분 : 아네올) • 고기를 삶거나 조림을 할 때 사용, 향을 내고 잡냄새 제거
구기자	• 맛이 달고 자극적이지 않은 편한 성질 • 간과 신장의 기능 증진, 눈을 맑게 함
산마	• 참마 줄기를 말린 것 • 맛이 달고 평한 성질 • 비장과 신장 기능 강화
산사	• 식욕을 돋우고 소화가 잘되게 하여 체기를 풀어줌 • 어혈을 풀고 설사를 멎게 함
천궁	• 혈액순환을 좋게 함, 빈혈에 좋음, 풍을 막고 통증을 멎게 함 • 당귀와 섞어 쓰면 조혈 작용 촉진
당귀	• 미나리과 참당귀의 뿌리 • 쿠마린 함유 • 맛이 달고 매우 따뜻한 성질 • 대표적인 보혈제, 조혈 기능 촉진
감초	• 껍질이 얇고 붉은 빛을 띠며 맛이 달수록 좋은 것 • 맛이 달고 평한 성질, 폐에 좋고 해독작용, 약재 조화 효능
계피	• 계수나무의 껍질 • 향이 있고 청량하면서 단맛, 매운맛 • 혈액순환, 위액 분비 촉진
동충하초	• 겨울은 벌레, 여름은 풀의 형태를 띰 • 항암 작용
정향	• 맛이 맵고 뜨거운 성질, 향이 강함 • 위를 따뜻하게 하여 체기를 풀어줌, 향균 작용을 하여 피부 백선 치료에 사용 • 구취를 없애주는 효능 • 고기나 생선의 조림 요리, 간식 등에 폭넓게 사용

산초★	• 사천요리에 많이 사용(마파두부) • 고기의 잡냄새를 없애 주고, 절임 요리 등의 향을 내는 데 사용 • 식욕 촉진, 시력보호, 기관지 기능 향상
대추	• 혈을 보호하고 오장의 기운을 더함 • 얼굴빛을 좋게 하고 노화 억제
후추	• 검은 것과 흰 것이 있음 • 향과 맛은 맵고 뜨거운 성질 • 비린내를 없애주고 살균효과 • 지나친 섭취 시 위 점막에 자극
진피	• 귤껍질 말린 것 • 씁쓸한 맛 • 향을 내거나 비릿하고 느끼한 맛을 없앨 때 사용
고수★ (향차이)	• 중국, 동남아, 태국, 인도, 유럽 등에서 많이 사용 • 음식의 잡냄새 제거, 향 첨가 • 중국 요리 및 쌀국수 요리에 많이 사용 • 입맛을 돋우고 소화 촉진, 위 보호
파	• 윗부분인 녹색 부분과 아랫부분인 백색 줄기 부분으로 나누어 사용 • 파 기름을 만들어 요리의 풍미를 돋우는 역할 • 칼슘, 염분, 비타민 등 다량 함유
마늘	• 몸을 따뜻하게 하고 혈압 및 혈관에 영향을 줌 • 동맥경화 예방 및 콜레스테롤 수치 저하 • 비타민 B_1, B_2 풍부
생강	• 고대부터 중국 요리에 사용 • 쓴맛 • 육류 등의 잡내 감소
양파	• 양파와 같이 튀기면 비린내 제거 효과 • 기름의 산화 저하
참깨	• 성질이 달고 간과 신장을 보호, 눈과 귀를 밝게 함 • 기력을 유지시켜 주며 노화 저하, 청각 기능에 좋음
월계수 잎	• 생잎을 그대로 건조하여 사용 • 생잎은 쓴맛이 나지만 건조시키면 단맛과 향긋한 향이 남
건고추 (태국)	• 고추를 말린 것 • 매운맛을 내는 요리에 사용
고춧가루	• 고추기름을 만들 때 사용 • 매운맛을 내는 요리에 사용
황기	• 강장 작용, 면역기능 조절 작용, 이뇨 작용, 혈압 저하

은행	• 단백질, 탄수화물, 지방, 비타민 C, 칼륨 등 다량 함유 • 폐 기능을 좋게 하며 천식에 효능
오미자	• 눈을 맑게 하고 술독을 푸는 작용, 정신 기능 및 치매 예방

2 조미료

<table>
<tr><td>소금</td><td colspan="2">• 음식의 간을 맞추는 기본양념
• 음식의 맛을 증강시키고 맛을 조절하는 작용
• 논염, 암염, 지염, 해염</td></tr>
<tr><td rowspan="4">간장</td><td colspan="2">• 음식의 간을 맞추는 기본양념으로 맛을 조절하고 향과 착색 작용
• 콩류와 맥류를 원료로 하여 발효
• 짠맛, 단맛, 감칠맛 등이 복합된 독특한 맛과 향
• 농도에 따라 묽은간장, 중간장, 진간장으로 분류</td></tr>
<tr><td>묽은간장</td><td>• 담근 햇수 1~2년
• 국을 끓이는 데 쓰임</td></tr>
<tr><td>중간장</td><td>• 찌개나 나물 무치는 데 쓰임</td></tr>
<tr><td>진간장</td><td>• 담근 햇수 5년 이상
• 달고 가무스름하여 약식이나 전복초 등을 만드는 데 쓰임</td></tr>
<tr><td>노추★
(노두추,
노두유)</td><td colspan="2">• 광동 일대에서 쓰는 색깔이 진한 간장
• 짠맛은 강하지 않아 주로 색을 낼 때 사용</td></tr>
<tr><td>굴소스★</td><td colspan="2">• 신선한 생굴을 으깬 다음 끓여 조려서 농축시켜 만든 것
• 진한 갈색
• 짠맛과 단맛
• 볶음, 튀김, 찜 요리 등에 다양하게 사용
• 특히 해산물 요리에 간장과 함께 사용하면 시원한 국물맛을 냄
• 중식당에서 가장 많이 사용되는 식재료 중 하나
• 1888년 광동성 주해의 이금상이 굴소스의 원형을 만듦</td></tr>
<tr><td>식초</td><td colspan="2">• 신맛이 나고 방향미가 있음
• 비린내 및 지방 성분 분해
• 느끼한 맛을 없애주고 청량감 증가시킴</td></tr>
<tr><td>흑초</td><td colspan="2">• 광동요리에 많이 사용
• 검은콩으로 발효시켜 만든 식초로 독특한 향기와 맛
• 요리를 흰색으로 만들고 싶을 때는 보통 식초와 혼합하여 사용
• 중국에서는 여름에 체력이 소모되는 것을 방지하기 위해 냉수에 소금과 함께 타서 마심</td></tr>
</table>

설탕	• 자당 외 소량의 환원당, 수분, 회분, 유기물로 구성 • 사탕수수당, 사탕무당, 활당 등
꿀	• 과당 30~40%를 포함한 단당류 • 부드러운 단맛 • 인체에 바로 흡수 • 요리 시 설탕 대체 • 조림, 구이, 튀김 요리 등을 만들 때 음식의 표면에 발라 윤기를 내는 데 사용
고추기름	• 식용유를 끓여서 팔각, 파, 생강, 양파와 같은 향신료를 으깨서 받친 다음, 건고추나 고춧가루를 넣어 매운맛과 향을 낸 것 • 사천요리에서 빠뜨릴 수 없는 조미료로 자차이와 같은 반찬을 버무릴 때 많이 사용
두반장★	• 사천요리에 많이 사용되는 양념 • 절인 고추와 발효시킨 대두, 소금, 밀가루, 설탕, 전분, 고춧가루, 마늘로 만든 장 • 붉은색 • 짠맛과 매운맛 • 발효과정과 숙성에 따라 매운 정도와 향미가 다양 • 오래 묵힐수록 매운맛이 덜하고 복합적인 맛
막장	• 검은콩, 밀, 누에콩, 고추를 발효시켜 만든 것으로 검고 윤기 나는 것이 우수한 것 • 볶음 요리나 찜 요리, 생선에 얹어서 먹거나 반찬류의 무침 또는 절임 요리에 사용 • 생채소에 찍어서 그대로 먹거나 냄비 요리에 조미 국물로 사용
해선장	• 북경요리에 많이 사용되는 된장 • 대두에 물, 설탕, 식초, 소금, 쌀, 밀가루, 고추, 마늘을 넣어 발효시킨 소스 • 짠맛과 단맛, 고소한 향 • 채소에 쳐서 그대로 내놓기도 하고 주방장의 스타일에 따라 조미하기도 함 • 대표적으로 북경 오리요리에 소스로 곁들이며, 다른 조미료와 섞어 사용하기도 함
춘장	• 대두, 소금을 이용하여 발효시킨 중국식 된장 • 짙은 갈색, 6개월 정도 발효 시 검은색으로 변하고 맛이 깊어짐 • 가열하면 단맛이 증가 • 여러 자장류 등 북경요리에 주로 사용하는 중국의 대표적인 조미료
새우간장	• 새우젓 같이 독특한 냄새 • 요리의 강한 맛을 내기 위해 볶음, 수프, 탕, 조미 국물이나 소스용으로 사용 • 새우 이외에 여러 종류가 있음(멸치 등)
겨자장	• 사천요리에서 많이 사용 • 고추기름과 함께 매운맛의 기초가 됨 • 마파두부와 같이 볶아서 완성되는 요리에 많이 사용 • 식탁에서 주재료를 찍어먹는 조미료로 사용되며 폭 넓게 쓰여짐
기타	• 순두부, 버터, 대파, 양파, 생강, 새우기름, 고추장, 풋고추, 파기름, 참기름, 쇠기름, 돼지기름, 고추 등

지피지기 예상문제

아는 문제(○), 헷갈리는 문제(△), 모르는 문제(x) 표시해 복습에 활용하세요.

1 ● ▲ X

밥맛에 영향을 주는 요인으로 거리가 먼 것은?

① 0.03%의 소금을 첨가하면 밥맛이 좋다.

② 밥물의 pH가 7~8인 것을 사용하면 밥맛이 좋다.

③ 쌀의 저장기간이 짧을수록 밥맛이 좋다.

④ 밥물의 산도가 높아질수록 밥맛이 좋다.

2 ● ▲ X

밥을 할 때 백미와 물의 가장 알맞은 배합율은?

① 쌀 중량의 1.1배, 부피의 1.5배

② 쌀 중량의 1.5배, 부피의 1.2배

③ 쌀 중량의 1.4배, 부피의 1.1배

④ 쌀 중량의 1.1배, 부피의 1.0배

3 ● ▲ X

쌀을 지나치게 문질러서 씻을 때 가장 손실이 큰 비타민은?

① 비타민 A　② 비타민 B_1

③ 비타민 D　④ 비타민 E

4 ● ▲ X

밀가루를 물로 반죽하여 면을 만들 때 반죽의 점탄성에 관계하는 주성분은?

① 글로불린(globulin)

② 글루텐(gluten)

③ 덱스트린(dextrin)

④ 아밀로펙틴(amylopectin)

5 ● ▲ X

곡류의 특성에 관한 설명으로 틀린 것은?

① 곡류의 호분층에는 단백질, 지질, 비타민, 무기질, 효소 등이 풍부하다.

② 멥쌀의 아밀로오스와 아밀로펙틴의 비율은 보통 80:20이다.

③ 밀가루로 면을 만들었을 때 잘 늘어나는 이유는 글루텐 성분의 특성 때문이다.

④ 맥아는 보리의 싹을 틔운 것으로 맥주 제조에 이용된다.

6 ● ▲ X

밀가루 반죽에 사용되는 물의 기능이 아닌 것은?

① 반죽의 경도에 영향을 준다.

② 소금의 용해를 도와 반죽을 골고루 섞이게 한다.

③ 글루텐의 형성을 돕는다.

④ 전분의 호화를 방지한다.

7 ● ▲ X

밀가루 반죽 시 넣는 첨가물에 관한 설명으로 옳은 것은?

① 유지는 글루텐 구조형성을 방해하여 반죽을 부드럽게 한다.

② 소금은 글루텐 단백질을 연화시켜 밀가루 반죽의 점탄성을 떨어뜨린다.

③ 설탕을 글루텐 망사구조를 치밀하게 하여 반죽을 질기고 단단하게 한다.

④ 달걀을 넣고 가열하면 단백질의 연화작용으로 반죽이 부드러워진다.

8

●|▲|X

찹쌀떡이 멥쌀떡보다 더 늦게 굳는 이유는?

① pH가 낮기 때문에
② 수분함량이 적기 때문에
③ 아밀로오스의 함량이 많기 때문에
④ 아밀로펙틴의 함량이 많기 때문에

9

●|▲|X

전분에 물을 붓고 열을 가하여 70~75℃ 정도가 되면 전분입자는 크게 팽창하여 점성이 높은 반투명의 콜로이드 상태가 되는 현상은?

① 전분의 호화　② 전분의 노화
③ 전분의 호정화　④ 전분의 결정

10

●|▲|X

쌀 전분을 빨리 α화 하려고 할 때 조치사항은?

① 아밀로펙틴 함량이 많은 전분을 사용한다.
② 수침시간을 짧게 한다.
③ 가열온도를 높인다.
④ 산성의 물을 사용한다.

11

●|▲|X

전분의 노화에 영향을 미치는 인자의 설명 중 틀린 것은?

① 노화가 가장 잘 일어나는 온도는 0~5℃이다.
② 수분함량 10% 이하인 경우 노화가 잘 일어나지 않는다.
③ 다량의 수소이온은 노화를 저지한다.
④ 아밀로오스 함량이 많은 전분일수록 노화가 빨리 일어난다.

12

●|▲|X

호화와 노화에 대한 설명으로 옳은 것은?

① 쌀과 보리는 물이 없어도 호화가 잘 된다.
② 떡의 노화는 냉장고보다 냉동고에서 더 잘 일어난다.
③ 호화된 전분을 80℃ 이상에서 급속히 건조하면 노화가 촉진된다.
④ 설탕의 첨가는 노화를 지연시킨다.

1 밥물의 pH가 7~8(알칼리)일 때 밥맛이 좋음

2 ①은 묵은쌀일 때, ③은 햅쌀일 때, ④는 찹쌀일 때

3 쌀을 너무 문질러 씻으면 비타민 B_1 등 수용성 비타민의 손실이 크다.

5 멥쌀의 아밀로오스와 아밀로펙틴의 비율은 보통 20:80이다.

6 전분의 호화를 도와준다.

7 ② 소금은 글루텐 구조를 조밀하게 하여 반죽의 점탄성을 높인다.
③ 설탕은 반죽 안의 수분과 결합되어 글루텐 형성을 방해함으로써 점탄성을 약화시킨다.
④ 달걀은 글루텐 형성에 도움이 되지만 너무 많이 사용하면 반죽이 질겨진다.

10 전분은 가열온도가 높을수록, 수침시간이 길수록, 가열 시 물의 양이 많을수록, 산이 없을수록 빨리 α화 하려고 한다.

11 다량의 수소이온은 노화를 촉진한다.

12 ① 쌀과 보리는 물이 있어야 호화가 잘 된다.
② 떡의 노화는 냉동고보다 냉장고에서 더 잘 일어난다.
③ 호화된 전분을 80℃ 이상에서 급속히 건조하면 노화가 억제된다.

정답

1	④	2	②	3	②	4	②	5	②
6	④	7	①	8	④	9	①	10	③
11	③	12	④						

13

전분에 물을 가하지 않고 160℃ 이상으로 가열하면 가용성 전분을 거쳐 덱스트린으로 분해되는 반응은 무엇이며, 그 예로 바르게 짝지어진 것은?

① 호화 – 식빵
② 호화 – 미숫가루
③ 호정화 – 찐빵
④ 호정화 – 뻥튀기

14

전분의 호정화에 대한 설명으로 옳지 않은 것은?

① 호정화란 화학적 변화가 일어난 것이다.
② 호화된 전분보다 물에 녹기 쉽다.
③ 전분을 150~190℃에서 물을 붓고 가열할 때 나타나는 변화이다.
④ 호정화되면 덱스트린이 생성된다.

15

고구마 가열 시 단맛이 증가하는 이유는?

① protease가 활성화 되어서
② surcease가 활성화 되어서
③ 알파–amylase가 활성화 되어서
④ 베타–amylase가 활성화 되어서

16

대표적인 콩 단백질인 글로불린(globulin)이 가장 많이 함유하고 있는 성분은?

① 글리시닌(glycinin) ② 알부민(albumin)
③ 글루텐(gluten) ④ 제인(zein)

17

대두의 성분 중 거품을 내며 용혈작용을 하는 것은?

① 사포닌 ② 레닌
③ 아비딘 ④ 청산배당체

18

날콩에 함유된 단백질의 체내 이용을 저해하는 것은?

① 펩신 ② 트립신
③ 글로불린 ④ 안티트립신

19

두류에 대한 설명으로 적합하지 않은 것은?

① 콩을 익히면 단백질 소화율과 이용률이 더 높아진다.
② 1%의 소금물에 담갔다가 그 용액에 삶으면 연화가 잘 된다.
③ 콩에는 거품의 원인이 되는 사포닌이 들어있다.
④ 콩의 주요 단백질은 글루텐이다.

20

두부를 만드는 과정은 콩 단백질의 어떠한 성질을 이용한 것인가?

① 건조에 의한 변성
② 동결에 의한 변성
③ 효소에 의한 변성
④ 무기염류에 의한 변성

21

다음 중 두부의 응고제가 아닌 것은?

① 염화마그네슘($MgCl_2$)
② 황산칼슘($CaSO_4$)
③ 염화칼슘($CaCl_2$)
④ 탄산칼륨(K_2CO_3)

22

●▲X

간장이나 된장을 만들 때 누룩곰팡이에 의해서 가수분해되는 주된 물질은?

① 무기질　② 단백질
③ 지방질　④ 비타민

23

●▲X

다음 중 일반적으로 꽃 부분을 주요 식용부위로 하는 화채류는?

① 비트(beets)
② 파슬리(parsley)
③ 브로콜리(broccoli)
④ 아스파라거스(asparagus)

24

●▲X

근채류 중 생식하는 것보다 기름에 볶는 조리법을 적용하는 것이 좋은 식품은?

① 무　② 고구마
③ 토란　④ 당근

25

●▲X

녹색채소를 데칠 때 소다를 넣을 경우 나타나는 현상이 아닌 것은?

① 채소의 질감이 유지된다.
② 채소의 색을 푸르게 고정시킨다.
③ 비타민 C가 파괴된다.
④ 채소의 섬유질을 연화시킨다.

26

●▲X

채소의 조리가공 중 비타민 C의 손실에 대한 설명으로 옳은 것은?

① 시금치를 데치는 시간이 길수록 비타민 C의 손실이 적다.
② 당근을 데칠 때 크기를 작게 할수록 비타민 C의 손실이 적다.
③ 무채를 곱게 썰어 공기 중에 장시간 방치하여도 비타민 C의 손실에는 영향이 없다.
④ 동결처리한 시금치는 낮은 온도에 저장할수록 비타민 C의 손실이 적다.

13, 14 전분의 호정화란 전분에 물을 가하지 않고 160~170℃로 가열했을 때 가용성 전분을 거쳐 덱스트린으로 분해되는 반응을 말하며, 누룽지, 토스트, 팝콘, 미숫가루, 뻥튀기 등이 이를 이용한 것이다.

15 고구마를 가열하면 베타-amylase가 활성화 되어서 단맛이 증가한다.

19 콩의 주요 단백질은 글리시닌이다.

20, 21 두부는 콩 단백질이 무기염류(염화마그네슘, 염화칼슘, 황산마그네슘, 황산칼슘)에 의해 응고되는 성질을 이용해 만들며 발효식품이 아니다.

22 간장이나 된장을 만들 때 콩단백질이 누룩곰팡이에 의해 가수분해된다.

23 ① 근채류 ② 엽채류 ④ 경채류

24 당근 등의 녹황색 채소는 지용성 비타민(비타민 A)의 흡수를 촉진하기 위해 기름을 첨가하여 조리한다.

25 채소의 질감이 파괴되어 물러진다.

26 ① 시금치를 데치는 시간이 길수록 비타민 C의 손실이 많다.
② 당근을 데칠 때 크기를 작게 할수록 비타민 C의 손실이 많다.
③ 무채를 곱게 썰어 공기 중에 장시간 방치하면 비타민 C가 손실된다.

정답

13	④	14	③	15	④	16	①	17	①
18	④	19	④	20	④	21	④	22	②
23	③	24	④	25	①	26	④		

27

과실의 젤리화 3요소와 관계없는 것은?

① 젤라틴 ② 당
③ 펙틴 ④ 산

28

잼 또는 젤리를 만들 때 가장 적당한 당분의 양은?

① 20~25% ② 40~45%
③ 60~65% ④ 80~85%

29

마멀레이드(marmalade)에 대하여 바르게 설명한 것은?

① 과일즙에 설탕을 넣고 가열·농축한 후 냉각시킨 것이다.
② 과일의 과육을 전부 이용하여 점성을 띠게 농축한 것이다.
③ 과일즙에 설탕, 과일의 껍질, 과육의 얇은 조각이 섞여 가열·농축된 것이다.
④ 과일을 설탕시럽과 같이 가열하여 과일이 연하고 투명한 상태로 된 것이다.

30

과일 잼 가공 시 펙틴은 주로 어떤 역할을 하는가?

① 신맛 증가 ② 구조 형성
③ 향 보존 ④ 색소 보존

31

미생물을 이용하여 제조하는 식품이 아닌 것은?

① 김치 ② 치즈
③ 잼 ④ 고추장

32

동물이 도축된 후 화학변화가 일어나 근육이 긴장되어 굳어지는 현상은?

① 사후경직 ② 자기소화
③ 산화 ④ 팽화

33

육류의 사후강직과 숙성에 대한 설명으로 틀린 것은?

① 사후강직은 근섬유가 액토미오신(actomyosin)을 형성하여 근육이 수축되는 상태이다.
② 도살 후 글리코겐이 호기적 상태에서 젖산을 생성하여 pH가 저하된다.
③ 사후강직 시기에는 보수성이 저하되고 육즙이 많이 유출된다.
④ 자가분해효소인 카뎁신(cathepsin)에 의해 연해지고 맛이 좋아진다.

34

육류 조리 시 열에 의한 변화로 맞는 것은?

① 불고기는 열의 흡수로 부피가 증가한다.
② 스테이크는 가열하면 질겨져서 소화가 잘 되지 않는다.
③ 미트로프(meatloaf)는 가열하면 단백질이 응고, 수축, 변성된다.
④ 소꼬리의 젤라틴이 콜라겐화 된다.

35

육류를 가열 조리할 때 일어나는 변화로 맞는 것은?

① 보수성의 증가
② 단백질의 변패
③ 육단백질의 응고
④ 미오글로빈이 옥시미오글로빈으로 변화

36

염지에 의해서 원료육의 미오글로빈으로부터 생성되며 비가열 식육제품인 햄 등의 고정된 육색을 나타내는 것은?

① 니트로소헤모글로빈(nitrosohemoglobin)
② 옥시미오글로빈(oxymyoglobin)
③ 니트로소미오글로빈(nitrosomyoglobin)
④ 메트미오글로빈(metmyoglobin)

37

육류조리에 대한 설명으로 틀린 것은?

① 탕 조리 시 찬물에 고기를 넣고 끓여야 추출물이 최대한 용출된다.
② 장조림 조리 시 간장을 처음부터 넣으면 고기가 단단해지고 잘 찢기지 않는다.
③ 편육 조리 시 찬물에 넣고 끓여야 잘 익고 고기 맛이 좋다.
④ 불고기용으로는 결합조직이 되도록 적은 부위가 적당하다.

38

육류를 연화시키는 방법으로 적합하지 않은 것은?

① 생파인애플즙에 재워 놓는다.
② 칼등으로 두드린다.
③ 소금을 적당히 사용한다.
④ 끓여서 식힌 배즙에 재워놓는다.

27 과일의 젤리화 3요소에는 펙틴(1~1.5%), 당(60~65%), 산(0.3~0.5%)이 있다.

29 ① 젤리 ② 잼 ③ 마멀레이드 ④ 프리저브

31 잼은 과일(사과·포도·딸기·감귤 등)의 과육을 전부 이용하여 설탕(60~65%)을 넣고 점성을 띄게 농축한 것으로, 미생물을 이용하여 제조하는 식품과는 관련이 없다.

32 사후경직(사후강직)은 동물이 도축된 후 화학변화가 일어나 근육이 긴장되어 굳어지는 현상을 말하며 육류의 사후경직 시 미오신과 액틴이 결합하여 근육의 수축상태인 액토미오신(actomyosin)을 형성한다.

33 도살 후 글리코겐이 혐기적 상태에서 젖산을 생성하여 pH가 저하된다.

34 ① 불고기는 열의 흡수로 부피가 감소한다.
② 스테이크는 가열하면 질겨져서 소화가 잘 된다.
④ 소꼬리의 콜라겐이 젤라틴화 된다.

35 ① 보수성의 감소
② 단백질의 변성(응고)
④ 옥시미오글로빈이 메트미오글로빈으로 변화

37 편육 조리 시 끓는 물에 고기를 덩어리째 넣고 삶아야, 맛 성분이 적게 용출되어 편육의 맛이 좋아진다.

38 단백질 분해효소는 끓이면 활성을 잃어버리므로, 육류를 연화시키기 위해서는 생배즙으로 재워놓아야 한다.

정답

27	①	28	③	29	③	30	②	31	③
32	①	33	②	34	③	35	③	36	③
37	③	38	④						

39 ○△X

단백질의 분해효소로 식물성 식품에서 얻어지는 것은?

① 펩신(pepsin) ② 트립신(trypsin)
③ 파파인(papain) ④ 레닌(rennin)

40 ○△X

고기를 연화시키기 위해 첨가하는 식품과 단백질 분해효소가 맞게 연결된 것은?

① 배 – 파파인(papain)
② 키위 – 피신(ficin)
③ 무화과 – 액티니딘(actinidin)
④ 파인애플 – 브로멜린(bromelin)

41 ○△X

소고기의 부위별 용도의 연결이 적합하지 않은 것은?

① 앞다리 – 불고기, 육회, 구이
② 설도 – 스테이크, 샤브샤브
③ 목심 – 불고기, 국거리
④ 우둔 – 산적, 장조림, 육포

42 ○△X

달걀의 열 응고성에 대한 설명 중 옳은 것은?

① 식초는 응고를 지연시킨다.
② 소금은 응고 온도를 낮추어 준다.
③ 설탕은 응고 온도를 내려주어 응고물을 연하게 한다.
④ 온도가 높을수록 가열시간이 단축되어 응고물은 연해진다.

43 ○△X

난백의 기포성에 대한 설명으로 틀린 것은?

① 난백에 올리브유를 소량 첨가하면 거품이 잘 생기고 윤기도 난다.
② 난백은 냉장온도보다 실내온도에 저장했을 때 점도가 낮고 표면장력이 작아져 거품이 잘 생긴다.
③ 신선한 달걀보다는 어느 정도 묵은 달걀이 수양난백이 많아 거품이 쉽게 형성된다.
④ 난백의 거품이 형성된 후 설탕을 서서히 소량씩 첨가하면 안정성 있는 거품이 형성된다.

44 ○△X

난백으로 거품을 만들 때의 설명으로 옳은 것은?

① 레몬즙을 1~2방울 떨어뜨리면 거품 형성을 용이하게 한다.
② 지방은 거품 형성을 용이하게 한다.
③ 소금은 거품의 안정성에 기여한다.
④ 묽은 달걀보다 신선란이 거품 형성을 용이하게 한다.

45 ○△X

다음 중 난황에 들어 있으며 마요네즈 제조 시 유화제 역할을 하는 성분은?

① 글로불린 ② 갈락토오스
③ 레시틴 ④ 오브알부민

46 ○△X

달걀을 삶았을 때 난황 주위에 일어나는 암녹색의 변색에 대한 설명으로 옳은 것은?

① 100℃의 물에서 5분 이상 가열 시 나타난다.
② 신선한 달걀일수록 색이 진해진다.
③ 난황의 철과 난백의 황화수소가 결합하여 생성된다.
④ 낮은 온도에서 가열할 때 색이 더욱 진해진다.

47

○△X

달걀의 신선도 검사와 관계가 가장 적은 것은?

① 외관 검사 ② 무게 측정
③ 난황계수 측정 ④ 난백계수 측정

48

○△X

다음 중 신선한 달걀의 특징에 해당하는 것은?

① 껍질이 매끈하고 윤기가 흐른다.
② 식염수에 넣었더니 가라앉는다.
③ 깨뜨렸더니 난백이 넓게 퍼진다.
④ 노른자의 점도가 낮고 묽다.

49

○△X

다음 중 신선하지 않은 식품은?

① 생선 : 윤기가 있고 눈알이 약간 튀어나온 듯한 것
② 고기 : 육색이 선명하고 윤기 있는 것
③ 계란 : 껍질이 반들반들하고 매끄러운 것
④ 오이 : 가시가 있고 곧은 것

50

○△X

신선한 달걀의 난황계수(yolk index)는 얼마 정도인가?

① 0.14~0.17 ② 0.25~0.30
③ 0.36~0.44 ④ 0.55~0.66

51

○△X

분리된 마요네즈를 재생시키는 방법으로 가장 적합한 것은?

① 새로운 난황에 분리된 것을 조금씩 넣으며 한 방향으로 저어준다.
② 기름을 더 넣어 한 방향으로 빠르게 저어준다.
③ 레몬즙을 넣은 후 기름과 식초를 넣어 저어준다.
④ 분리된 마요네즈를 양쪽 방향으로 빠르게 저어준다.

52

○△X

우유에 함유된 단백질이 아닌 것은?

① 락토오스(lactose)
② 카제인(casein)
③ 락토알부민(lactoalbumin)
④ 락토글로불린(lactoglobulin)

---

40 ① 파파야 – 파파인(papain)
② 무화과 – 피신(ficin)
③ 키위 – 액티니딘(actinidin)

41 설도 – 육포, 육회, 불고기

42 ① 식초는 응고를 촉진한다.
③ 설탕은 응고 온도를 올려주어 응고물을 연하게 한다.
④ 온도가 높을수록 가열시간이 단축되어 응고물은 질겨진다.

43 난백의 기포성은 달걀의 난백을 저을 때 공기가 들어가 기포(거품)가 발생하는 성질을 말하며, 설탕·우유·기름·소금 등은 기포의 형성을 방해한다.

44 ② 지방은 거품 형성을 방해한다.
③ 설탕은 거품의 안전성에 기여한다.
④ 묽은 달걀보다 신선란이 거품 형성을 방해한다.

46 녹변현상이란 달걀을 오래 삶았을 때 난황 주위에 암녹색의 변색이 일어나는 현상으로 이는 난백의 황화수소와 난황의 철분이 결합하여 황화철(FeS)을 형성하기 때문이다.

48 ① 껍질이 까칠까칠하고 윤기가 없다.
③ 깨뜨렸더니 난백이 넓게 퍼지지 않는다.
④ 노른자의 점도가 높다.

49 계란의 껍질이 반들반들하고 매끄러운 것은 부패한 것이다.

50 난황계수는 난황의 높이 ÷ 난황의 평균직경으로 산출하며, 신선한 달걀은 난황계수가 0.36~0.44이다.

52 락토오스(lactose) – 탄수화물

정답

39	③	40	④	41	②	42	②	43	①
44	①	45	③	46	③	47	②	48	②
49	③	50	③	51	①	52	①		

53

우유를 응고시키는 요인과 거리가 먼 것은?

① 가열 ② 레닌
③ 산 ④ 당류

54

토마토 크림수프를 만들 때 일어나는 우유의 응고 현상을 바르게 설명한 것은?

① 산에 의한 응고
② 당에 의한 응고
③ 효소에 의한 응고
④ 염에 의한 응고

55

우유를 데울 때 가장 좋은 방법은?

① 냄비에 담고 끓기 시작할 때까지 강한 불로 데운다.
② 이중냄비에 넣고 젓지 않고 데운다.
③ 냄비에 담고 약한 불에서 젓지 않고 데운다.
④ 이중냄비에 넣고 저으면서 데운다.

56

버터의 특성이 아닌 것은?

① 독특한 맛과 향기를 가져 음식에 풍미를 준다.
② 냄새를 빨리 흡수하므로 밀폐하여 저장하여야 한다.
③ 유중수적형이다.
④ 성분은 단백질이 80% 이상이다.

57

아이스크림 제조 시 사용되는 안정제는?

① 전화당 ② 바닐라
③ 레시틴 ④ 젤라틴

58

치즈 제조에 사용되는 우유단백질을 응고시키는 효소는?

① 프로테아제(protease)
② 레닌(renin)
③ 아밀라아제(amylase)
④ 말타아제(maltase)

59

우유 가공품이 아닌 것은?

① 마요네즈 ② 버터
③ 아이스크림 ④ 치즈

60

우유의 균질화(homogenization)에 대한 설명이 아닌 것은?

① 지방구 크기를 0.1~2.2㎛ 정도로 균일하게 만들 수 있다.
② 탈지유를 첨가하여 지방의 함량을 맞춘다.
③ 큰 지방구의 크림층 형성을 방지한다.
④ 지방의 소화를 용이하게 한다.

61

어패류에 관한 설명 중 틀린 것은?

① 붉은살 생선은 깊은 바다에 서식하여 지방함량이 5% 이하이다.
② 문어, 꼴뚜기, 오징어는 연체류에 속한다.
③ 연어의 분홍살색은 카로티노이드 색소에 기인한다.
④ 생선은 자가소화에 의하여 품질이 저하된다.

62

생선의 육질이 육류보다 연한 주 이유는?

① 콜라겐과 엘라스틴의 함량이 적으므로
② 미오신과 액틴의 함량이 많으므로
③ 포화지방산의 함량이 많으므로
④ 미오글로빈 함량이 적으므로

63

일반적으로 생선의 맛이 좋아지는 시기는?

① 산란기 몇 개월 전
② 산란기 때
③ 산란기 직후
④ 산란기 몇 개월 후

64

생선의 자기소화 원인은?

① 세균의 작용 ② 단백질 분해효소
③ 염류 ④ 질소

65

어류의 사후강직에 대한 설명으로 틀린 것은?

① 붉은살 생선이 흰살 생선보다 강직이 빨리 시작된다.
② 자기소화가 일어나면 풍미가 저하된다.
③ 담수어는 자체 내 효소의 작용으로 해수어보다 부패속도가 빠르다.
④ 보통 사후 12~14시간 동안 최고로 단단하게 된다.

66

생선의 신선도를 판별하는 방법으로 틀린 것은?

① 생선의 육질이 단단하고 탄력성이 있는 것이 신선하다.
② 눈의 수정체가 투명하지 않고 아가미색이 어두운 것은 신선하지 않다.
③ 어체의 특유한 빛을 띠는 것이 신선하다.
④ 트리메틸아민(TMA)이 많이 생성된 것이 신선하다.

67

신선한 생선의 특징이 아닌 것은?

① 눈알이 밖으로 돌출된 것
② 아가미의 빛깔이 선홍색인 것
③ 비늘이 잘 떨어지며 광택이 있는 것
④ 손가락으로 눌렀을 때 탄력성이 있는 것

68

식품의 부패과정에서 생성되는 불쾌한 냄새물질과 거리가 먼 것은?

① 암모니아 ② 프로말린
③ 황화수소 ④ 인돌

53 우유를 응고시키는 요인에는 열, 산(식초·레몬즙), 효소(레닌) 등이 있다.

55 우유를 가열하면 용기 바닥이나 옆에 눌러 붙으므로, 우유를 데울 때는 이중냄비에 넣고 저으면서 데운다.

56 성분은 지방이 80% 이상이다.

58 치즈는 우유단백질인 카제인을 효소인 레닌에 의하여 응고시켜 만든 발효식품이다.

59 마요네즈는 유화제 역할을 하는 난황에 유지를 조금씩 넣어 저은 후 식초, 향신료 등을 첨가하여 만든 달걀의 가공품이다.

61 흰살 생선은 깊은 바다에 서식하여 지방함량이 5% 이하이다.

63 생선은 산란기 직전에 지방이 많고 살이 올라 가장 맛이 좋다.

65 보통 사후 1~4시간 동안 최고로 단단하게 된다.

66 부패 시 트리메틸아민(TMA)이 많이 생성된다.

67 신선한 생선은 비늘이 고르게 밀착되어 있고 광택이 나며 점액이 별로 없다.

정답

53	④	54	①	55	④	56	④	57	④
58	②	59	①	60	②	61	①	62	①
63	①	64	②	65	④	66	④	67	③
68	②								

69

생선 및 육류의 초기부패 판정 시 지표가 되는 물질에 해당되지 않는 것은?

① 휘발성염기질소(VBN)
② 암모니아(ammonia)
③ 트리메틸아민(trimethylamine)
④ 아크롤레인(acrolein)

70

생선의 비린내를 억제하는 방법으로 부적합한 것은?

① 물로 깨끗이 씻어 수용성 냄새 성분을 제거한다.
② 처음부터 뚜껑을 닫고 끓여 생선을 완전히 응고시킨다.
③ 조리 전에 우유에 담가 둔다.
④ 생선단백질이 응고된 후 생강을 넣는다.

71

생선 조리방법으로 적합하지 않은 것은?

① 탕을 끓일 경우 국물을 먼저 끓인 후에 생선을 넣는다.
② 생강은 처음부터 넣어야 어취 제거에 효과적이다.
③ 생선조림은 간장을 먼저 살짝 끓이다가 생선을 넣는다.
④ 생선 표면을 물로 씻으면 어취가 많이 감소된다.

72

생선 조리 시 식초를 적당량 넣었을 때 장점이 아닌 것은?

① 생선의 가시를 연하게 해준다.
② 어취를 제거한다.
③ 살을 연하게 하여 맛을 좋게 한다.
④ 살균 효과가 있다.

73

연제품 제조에서 어육단백질을 용해하여 탄력성을 주기 위해 꼭 첨가해야 하는 물질은?

① 소금 ② 설탕
③ 펙틴 ④ 글루타민산소다

74

생선묵의 점탄성을 부여하기 위해 첨가하는 물질은?

① 소금 ② 전분
③ 설탕 ④ 술

75

어패류에 소금을 넣고 발효·숙성시켜 원료 자체 내 효소의 작용으로 풍미를 내는 식품은?

① 어육소시지 ② 어묵
③ 통조림 ④ 젓갈

76

건조된 갈조류 표면의 흰가루 성분으로 단맛을 나타내는 것은?

① 만니톨 ② 알긴산
③ 클로로필 ④ 피코시안

77

홍조류에 속하며 무기질이 골고루 함유되어 있고 단백질도 많이 함유된 해조류는?

① 김 ② 미역
③ 우뭇가사리 ④ 다시마

78

질이 좋은 김의 조건이 아닌 것은?

① 겨울에 생산되어 질소함량이 높다.
② 검은색을 띠며 윤기가 난다.
③ 불에 구우면 선명한 녹색을 나타낸다.
④ 구멍이 많고 전체적으로 붉은색을 띤다.

79

해조류에서 추출한 성분으로 식품에 점성을 주고 안정제, 유화제로서 널리 이용되는 것은?

① 알긴산(alginic acid)
② 펙틴(pectin)
③ 젤라틴(gelatin)
④ 이눌린(inulin)

80

우뭇가사리를 주원료로 이들 점액을 얻어 굳힌 해조류 가공제품은?

① 젤라틴　② 곤약
③ 한천　④ 키틴

81

일반적으로 젤라틴이 사용되지 않는 것은?

① 양갱　② 아이스크림
③ 마시멜로　④ 족편

82

젤라틴의 응고에 관한 설명으로 틀린 것은?

① 젤라틴의 농도가 높을수록 빨리 응고된다.
② 설탕의 농도가 높을수록 응고가 방해된다.
③ 염류는 젤라틴의 응고를 방해한다.
④ 단백질의 분해효소를 사용하면 응고력이 약해진다.

83

젤라틴과 한천에 관한 설명으로 틀린 것은?

① 한천은 보통 28~35℃에서 응고되는데 온도가 낮을수록 빨리 굳는다.
② 한천은 식물성 급원이다.
③ 젤라틴은 젤리, 양과자 등에서 응고제로 쓰인다.
④ 젤라틴에 생파인애플을 넣으면 단단하게 응고한다.

---

70 처음부터 뚜껑을 열고 끓여 생선을 완전히 응고시킨다.

71 열변성이 되지 않은 어육단백질이 생강의 탈취작용을 방해하므로, 생강은 고기나 생선이 거의 익은 후에 넣어야 어취 제거에 효과적이다.

72 생선 조리 시 식초나 레몬즙 등을 넣으면 생선의 가시가 연해지고, 어육의 단백질이 응고되어 살이 단단해지며, 어취제거 및 살균효과가 있다.

78 구멍이 많고 전체적으로 붉은색을 띠는 김은 변질된 것이다.

81 양갱 – 한천

82 염류는 젤라틴의 응고를 촉진한다.

83 젤라틴에 생파인애플(산)을 넣으면 방해되어 부드러워진다.

정답

69	④	70	②	71	②	72	③	73	①
74	②	75	④	76	①	77	①	78	④
79	①	80	③	81	①	82	③	83	④

84

버터 대용품으로 생산되고 있는 식물성 유지는?

① 쇼트닝　② 마가린
③ 마요네즈　④ 땅콩버터

85

라드(lard)는 무엇을 가공하여 만든 것인가?

① 돼지의 지방　② 우유의 지방
③ 버터　④ 식물성 기름

86

유지를 가열할 때 유지 표면에서 엷은 푸른 연기가 나기 시작할 때의 온도는?

① 팽창점　② 연화점
③ 용해점　④ 발연점

87

유지의 발연점이 낮아지는 원인이 아닌 것은?

① 유리지방산의 함량이 낮은 경우
② 튀김하는 그릇의 표면적이 넓은 경우
③ 기름에 이물질이 많이 들어 있는 경우
④ 오래 사용하여 기름이 지나치게 산패된 경우

88

발연점을 고려했을 때 튀김용으로 가장 적합한 기름은?

① 쇼트닝(유화제 첨가)
② 참기름
③ 대두유
④ 피마자유

89

마가린, 쇼트닝, 튀김유 등은 식물성 유지에 무엇을 첨가하여 만드는가?

① 염소　② 산소
③ 탄소　④ 수소

90

식빵에 버터를 펴서 바를 때처럼 버터에 힘을 가한 후 그 힘을 제거해도 원래 상태로 돌아오지 않고 변형된 상태로 유지하는 성질은?

① 유화성　② 가소성
③ 쇼트닝성　④ 크리밍성

91

유지의 산패도를 나타내는 값으로 짝지어진 것은?

① 비누화가, 요오드가
② 요오드가, 아세틸가
③ 과산화물가, 비누화가
④ 산가, 과산화물가

92

다음 중 유지의 산패에 영향을 미치는 인자에 대한 설명으로 맞는 것은?

① 저장 온도가 0℃ 이하가 되면 산패가 방지된다.
② 광선은 산패를 촉진하나 그 중 자외선은 산패에 영향을 미치지 않는다.
③ 구리, 철은 산패를 촉진하나 납, 알루미늄은 산패에 영향을 미치지 않는다.
④ 유지의 불포화도가 높을수록 산패가 활발하게 일어난다.

93

○ △ X

냉동보관에 대한 설명으로 틀린 것은?

① 냉동된 닭을 조리할 때 뼈가 검게 변하기 쉽다.
② 떡의 장시간 노화방지를 위해서는 냉동보관하는 것이 좋다.
③ 급속 냉동 시 얼음 결정이 크게 형성되어 식품의 조직 파괴가 크다.
④ 서서히 동결하면 해동 시 드립(drip)현상을 초래하여 식품의 질을 저하시킨다.

94

○ △ X

다음 식품 중 직접 가열하는 급속 해동법이 많이 이용되는 것은?

① 생선류 ② 육류
③ 반조리식품 ④ 계육

95

○ △ X

냉동시켰던 소고기를 해동하니 드립(drip)이 많이 발생했을 때 다음 중 가장 관계 깊은 것은?

① 단백질의 변성 ② 탄수화물의 호화
③ 지방의 산패 ④ 무기질의 분해

96

○ △ X

냉동식품의 해동에 관한 설명으로 틀린 것은?

① 비닐봉지에 넣어 50℃ 이상의 물속에 빨리 해동시키는 것이 이상적인 방법이다.
② 생선의 냉동품은 반 정도 해동하여 조리하는 것이 안전하다.
③ 냉동식품을 완전 해동하지 않고 직접 가열하면 효소나 미생물에 의한 변질의 염려가 적다.
④ 일단 해동된 식품은 더 쉽게 변질되므로 필요한 양만큼만 해동하여 사용한다.

97

○ △ X

다음 중 식육의 동결과 해동 시 조직 손상을 최소화 할 수 있는 방법은?

① 급속 동결, 급속 해동
② 급속 동결, 완만 해동
③ 완만 동결, 급속 해동
④ 완만 동결, 완만 해동

87 유리지방산의 함량이 높은 경우

88 발연점이 높은 식물성 기름일수록 타지 않아 튀김에 적당하며, 콩기름, 포도씨유, 대두유, 옥수수유 등이 발연점이 높다.

89 가공유지(경화유)는 불포화지방산에 수소를 첨가하고 촉매제를 사용하여 포화지방산으로 만드는 것으로, 마가린, 쇼트닝 등이 이에 해당한다.

92 ① 저장 온도가 0℃ 이하가 되도 산패가 방지되지는 않는다.
② 광선 및 자외선은 유지의 산패를 촉진한다.
③ 금속(구리, 철, 납, 알루미늄 등)은 유지의 산패를 촉진한다.

93 급속 냉동 시 얼음 결정이 작게 형성되어 식품의 조직 파괴가 작다.

96 냉동식품은 냉장온도(5~10℃)의 흐르는 물에서 해동한다.

정답

84	②	85	①	86	④	87	①	88	③
89	④	90	②	91	④	92	④	93	③
94	③	95	①	96	①	97	②		

98

조미료의 침투속도와 채소의 색을 고려할 때 조미료 사용 순서가 가장 합리적인 것은?

① 소금 → 설탕 → 식초
② 설탕 → 소금 → 식초
③ 소금 → 식초 → 설탕
④ 식초 → 소금 → 설탕

99

중국 음식 요리법 중 고기를 연화시킬 수 있는 방법으로 기름에 데치는 방법을 의미하는 조리법은?

① 화　　② 작
③ 증　　④ 초

100

별 모양의 향신료로 여덟 개의 씨방으로 이루어져 잡냄새 제거에 사용되는 향신료는?

① 숙지황　　② 팔각
③ 구기자　　④ 산마

101

사천요리에 많이 사용되며 식욕촉진, 기관지 기능 향상에 특히 유용한 향신료는?

① 계피　　② 감초
③ 산초　　④ 후추

102

입맛을 돋우고 쌀국수에 많이 사용하며 중국은 물론 동남아, 태국, 인도 등에서 많이 사용하는 향신료는?

① 산초　　② 진피
③ 파　　④ 고수

103

광동 일대에서 사용하는 색이 진한 간장으로 짠맛은 약하여 주로 색을 낼 때 사용하는 조미료는?

① 노추　　② 굴소스
③ 두반장　　④ 막장

---

98 조미료의 침투속도를 고려한 조미료 사용 순서는 설탕 → 소금 → 식초 → 간장 → 된장 → 고추장 순이다.

103 ② 굴소스 : 신선한 생굴을 으깬 다음 끓여 조려서 농축시킨 것
③ 두반장 : 절인 고추와 대두, 소금, 밀가루, 설탕, 고춧가루로 만든 장
④ 막장 : 검은콩, 밀, 누에콩, 고추를 발효시켜 만든 것

정답

98	②	99	①	100	②	101	③	102	④
103	①								

3

Chapter

식생활 문화

1 중국 음식의 특징★★★

① 식품 재료의 선택이 광범위

② 써는 방법이 다양하고 정교

③ 조리 방법이 다양하고, 주로 기름을 사용하여 조리

④ 음식의 균형과 조화를 강조하며 음양오행의 철학관이 담겨져 있음

⑤ 다양한 조리 기술로 음식 자체를 예술적으로 표현

⑥ 조리기구가 단순하고 사용이 쉬움

⑦ 녹말을 이용하여 조리한 음식이 많음

2 중국 그릇(식기)의 분류

구분	내용
챵야오판 (橢圓形盤子, 타원형 접시)	• 장축(지름) 17~66cm • 음식의 형태가 길면서 둥근 모양, 장방형 음식을 담는 데 적합 • 생선, 오리, 동물의 머리와 꼬리 부분을 담을 경우 사용
위엔판 (圓形盤子, 원형 접시)	• 지름 13~66cm • 중식에서 가장 많이 사용하는 그릇 • 수분이 없거나 전분으로 농도를 잡은 음식을 담는 데 사용
완 (碗, 사발)	• 지름 3.3~53cm • 탕이나 갱을 담을 때 사용 • 크기에 따라 식사류나 소스를 담을 때 사용

3 중국 음식의 지역적 특성★★★

지역	북경(베이징)요리 (산동요리)	남경(상해)요리 (강소요리)	광동요리	사천요리
위치	북부	중부	남부	서부
기후	한랭 하계 습윤	온대 습윤	열대 다우	온대 온순
특징	• 궁중요리, 고급요리 발달 • 부드럽고 담백한 맛	• 특산물인 간장, 설탕을 많이 써 달고 농후한 맛 • 기름기가 많아 맛이 진하고 양이 푸짐함	• 외국과의 교류가 빈번하여 서양 요리의 특징 혼합 • 색채와 장식에 중점	• 파, 마늘, 생강, 매운 고추 등의 향신료 사용 • 강한 향기와 신맛, 매운맛이 특징
재료	• 화북 평야에서 생산되는 농작물, 청과물 풍부 • 희귀한 재료들로 다양한 요리	• 바다가 가깝고 양쯔강 하구 중심 농산물과 해산물이 풍부	• 산물이 매우 풍부 • 소고기, 서양 요리 재료와 조미료, 해산물을 바탕으로 한 요리	• 토지가 비옥하여 채소 풍부 • 바다가 멀어 저장 식품 발달
조리법	• 짧은 시간에 조리하는 튀김 요리나 볶음 요리 발달	• 간장과 설탕으로 달콤하게 맛을 낸 찜, 조림 발달 • 색상이 진하고 선명한 색채	• 소금과 기름을 적게 사용해 부드럽고 담백한 맛 • 기름지나 느끼하지 않은 요리	• 채소와 육류를 이용한 볶음이나 찜 요리 발달
대표 요리	• 면류, 만두, 가루음식, 육류, 내장고기 요리, 북경 오리구이, 피단 등 독특한 음식이 많음	• 동파육, 상해 게 요리, 두부 요리, 꽃빵, 만두 종류 등 화려한 요리 발달	• 개, 뱀, 쥐, 원숭이 등 다양한 재료를 이용 • 어린 통돼지구이, 광동식 탕수육, 상어지느러미 찜, 팔보채 등	• 마파두부, 양고기 요리, 기타 강한 맛의 매운 요리들

지피지기 예상문제

아는 문제(○), 헷갈리는 문제(△), 모르는 문제(x) 표시해 복습에 활용하세요.

1 ○ △ x

중국 음식의 특징이 아닌 것은?

① 재료의 선택이 광범위하다.
② 써는 방법이 간단한 편이다.
③ 조리 방법이 다양하다.
④ 음양오행의 철학관이 담겨있다.

2 ○ △ x

궁중음식으로 고급요리가 발달하고 튀김이나 볶음 요리가 많은 지역은?

① 북경요리 ② 남경요리
③ 광동요리 ④ 사천요리

3 ○ △ x

간장, 설탕을 많이 사용하고 기름기가 많아 맛이 진하며 양이 푸짐한 지역의 요리는?

① 북경요리 ② 남경요리
③ 광동요리 ④ 사천요리

4 ○ △ x

강한 향기와 신맛, 매운맛이 특징인 지역의 요리는?

① 북경요리 ② 남경요리
③ 광동요리 ④ 사천요리

5 ○ △ x

다음 중 사천지역의 대표적인 요리는?

① 동파육 ② 샥스핀
③ 마파두부 ④ 팔보채

6 ○ △ x

중국 사천 지방의 음식으로 곰보 할머니의 두부라는 별명이 붙은 음식은?

① 마파두부 ② 동파육
③ 북경오리 ④ 탕수육

1 써는 방법이 다양하고 정교하다.

5 ① 동파육 : 남경요리 ② 샥스핀 : 광동요리 ④ 팔보채 : 광동요리

6 마파두부 : 곰보 할머니의 두부라는 별명을 가짐

정답

1	②	2	①	3	②	4	④	5	③
6	①								

복습하기

효소적 갈변과 비효소적 갈변

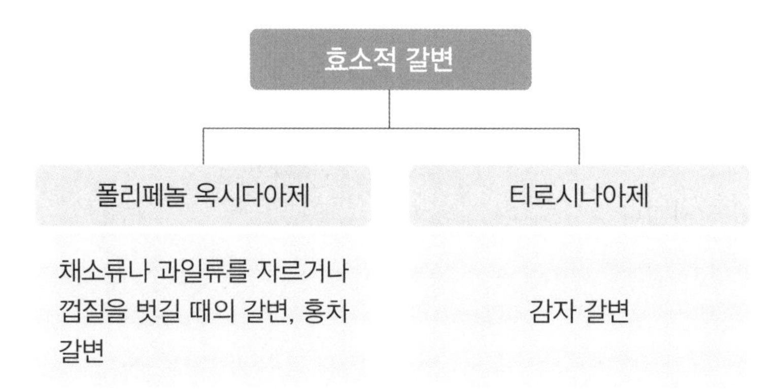

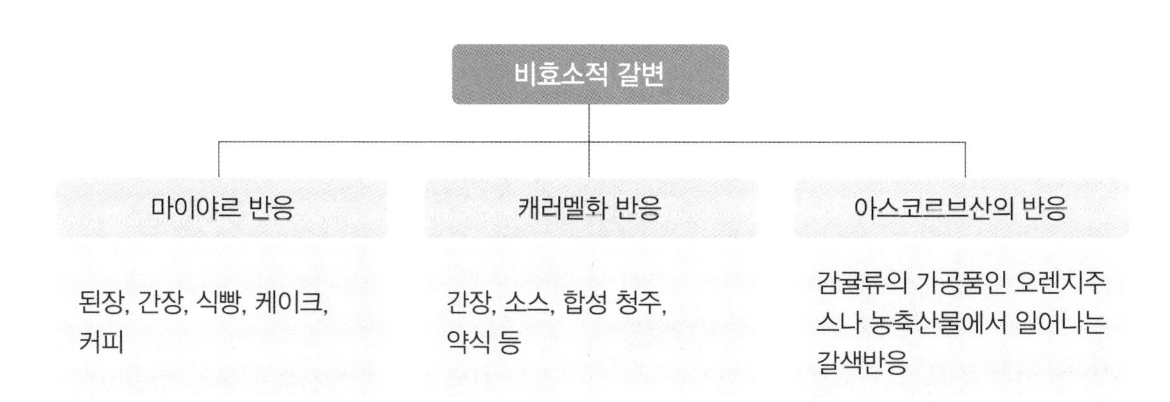

중식 조리

Chapter

중식 절임·무침 조리

1 중식 절임·무침 준비하기

1 절임식품의 정의

채소류, 과일류, 향신료, 야생식물류, 수산물 등을 주원료로 하여 식염, 식초, 당류 또는 장류 등에 절인 후 그대로 또는 이에 다른 식품을 가하여 가공한 절임류, 당절임

2 절임과 무침에 많이 사용되는 채소의 종류

자차이★ (작채)	• 잎은 배추와 비슷하고 뿌리는 울퉁불퉁하고 무와 같이 생김 • 소금에 절인 뿌리를 가늘게 썰어 잘게 썬 양파나 대파, 오이를 곁들이고 설탕과 식초를 섞고 고추기름과 참기름을 더해 밑반찬으로 사용 • 중국의 절임 김치로 사용하며 씹히는 식감이 좋고 짭짤한 맛이 입맛을 돋움
향차이★ (고수)	• 남유럽, 지중해 연안이 원산지로 파슬리과에 속하는 일년초 • 줄기와 어린잎에 특유하고 독특한 냄새가 있는데 사람에 따라서 악취로 느낄 수 있음 • 중국, 인도, 태국, 베트남 등 동남아시아의 여러 나라에서 스파이스로 중요하게 사용 • 종자는 과자, 쿠키, 빵 등의 향신료로 이용 • 오이 피클이나 육류제품, 진, 수프의 향신료로 이용
청경채★	• 성장 기간이 짧은 십자화과 채소 • 고기요리에 많이 곁들여짐 • 말려서 시래기로 먹거나 절여서 담가 먹기도 함 • 절임과 무침에는 데쳐서 사용하는 경우와 소금에 절여서 사용하는 경우도 있음 • 생으로 식초, 간장, 젓갈, 고춧가루 등을 넣고 무침을 하는 경우도 있음
무	• 전분 분해효소 디아스타제 풍부 • 효소가 많아 소화를 촉진 • 껍질 부분에 비타민 C 다량 함유 • 김치, 깍두기, 무말랭이, 단무지, 피클 등 쓰임이 매우 다양
당근	• 카로틴 함량이 높음 • 카로틴 성분은 주로 껍질에 함유되어 있으므로 껍질 채 물에 씻어 먹는 것이 좋음 • 기름에 조리하여 섭취 시 카로틴 흡수율이 높아짐(60%)

양파	• 항균효과를 비롯하여 중금속의 해독작용, 콜레스테롤의 감소 및 항동맥경화 효과, 혈당 저하 효과, 심혈관계질환 예방효과, 항암효과 등 • 다지거나 썰어서 양념 형태로 조리에 이용하거나 샐러드 등의 생식으로 이용 • 가공식품으로는 분말, 기름, 피클 등이 있음
마늘	• 항균, 항암, 항바이러스, 항산화, 면역증강, 혈액응고 억제, 스테미나 증강, 체질개선, 성인병 예방, 간기능 회복, 피부미용, 혈당치 감소, 고지혈증 및 동맥경화증 개선, 뇌기능 향상
고추	• 매운맛 성분인 캡사이신 함유 • 캡사이신은 기름의 산패를 막고 젖산균의 발육을 도움 • 생식, 조림, 절임, 장아찌, 전, 잡채, 튀김, 고춧가루, 고명 등으로 사용
배추	• 국을 끓이기도 하고 쌈을 싸서 먹기도 함 • 김치를 만드는 데 필수적인 재료
양배추	• 칼로리는 낮지만 비타민 C와 칼슘이 풍부(칼슘의 흡수율이 높음) • 무기염류를 공급해주고 포만감을 느끼게 해줌 • 피클, 김치, 생식, 쌈, 샐러드, 즙 등으로 사용
땅콩	• 지방질과 단백질을 많이 함유하고 있는 고열량 식품 • 소화기를 강화하고 기관지와 폐 계통을 튼튼히 해 주며 가래를 삭힘 • 인후를 시원하게 도와주는 효능이 있으면서 자양 강장 작용 • 땅콩을 물에 불려서 소금을 넣고 삶아 반찬으로 곁들여 사용하거나 소금을 넣고 볶아서 많이 사용

2 절임류 만들기

1 절임 재료★★★

① 천일염 : 염전에서 바닷물을 자연 증발시켜 제조하여 만든 소금

② 정제염 : 천일염에서 염화나트륨 성분을 추출해 건조기에 말린 소금

③ 젓갈 : 수산물을 이용한 발효식품

④ 식초 : 3~5%의 초산과 유기산, 아미노산, 당, 알코올, 에스테르 등이 함유된 산성 식품

⑤ 설탕 : 사탕수수 또는 사탕무를 재료로 하여 만든 수크로오스가 주성분인 감미료

2 절임음식

김치 절임, 피클, 장아찌 등

3 절임에 사용되는 양념

고추기름★	• 건고추나 고춧가루를 식용유와 함께 향신료와 채소 등을 넣고 가열하여 매운맛 성분을 추출해낸 것 • 자차이, 오이, 해산물 등에 다양하게 사용
미추★	• 쌀을 발효시켜 만든 중국 전통 식초 • 알코올 성분이 많이 들어 있어 소독하는 데 많이 사용 • 은은한 막걸리 같은 맛 • 요리에 뿌려 먹기도 하고 무침에 많이 사용
설탕	• 식초와 함께 사용하여 새콤달콤한 무침을 만듦
겨자장	• 식물의 씨를 갈아 열로 발효시켜 매운 겨자소스를 만듦 • 흑겨자(동양겨자)는 갈색 또는 흑색으로 향기는 강하지만 매운맛이 적고 쓴맛이 강함 • 백겨자(서양겨자)는 연노랑색으로 매운맛이 강함 • 매운맛이 입 속에 남는 시간이 고추냉이보다 길어 비린내가 오래 남는 생선의 양념으로 알맞음 • 채소에 겨자를 섞는 겨자 절임을 만들기도 함 • 해파리, 해산물, 육류의 무침 또는 소스로 많이 사용
액젓	• 새우, 조개, 멸치 등 어패류의 살, 알, 창자 등을 소금기 있는 양념에 절여 삭혀서 우러나온 저장 식품 • 반찬 또는 조미용으로 사용

3 무침류 만들기

① 채소나 말린 생선, 해초 따위에 갖은 양념을 하여 국물 없이 무치거나 볶아서 식초, 설탕 등의 양념을 넣고 버무려서 제공하는 음식
② 먹기 직전에 만들어야 고소하고 신선한 재료 특유의 맛을 그대로 낼 수 있음
③ 봄에 나는 신선한 나물류, 말린 해산물을 많이 사용
④ 양념이 주재료보다 향이 강하면 주재료 특유의 맛을 느낄 수 없음
⑤ 양념으로 고추기름, 파기름, 고춧가루, 향신료, 소금, 후추, 식초, 마늘, 설탕을 많이 사용

절임 보관·무침 완성하기

1 식품의 저장 원리★★★

원인	요인	대책
물리적 요인	수분	건조
	온도	냉장, 냉동
	빛	차광
화학적 요인	공기	진공, 산화제, 수분 조절
	pH	완충제(산, 알칼리)
	식품 성분 반응	가열
	금속이온	사용 억제
생물학적 요인	미생물	가열, 냉동, 보존료, 수분 조절
	효소	가열, pH 조절, 저온
	곤충	훈증
	소동물(小動物)	약제, 기계적 방제

2 식품 변질을 방지하는 원리

① 수분 활성 조절 : 탈수 건조, 농축, 염장, 당장

② 온도 조절 : 냉장·냉동 보존

③ pH 조절 : 산장

④ 가열 살균 : 통조림, 병조림, 레토르트 식품

⑤ 광선 조사 : 자외선 조사, 방사선 조사

⑥ 산소 제거 : 가스 치환(CA저장), 진공포장, 탈산소제 사용

3 식품 저장 방법

<table>
<tr><td rowspan="3">건조법★</td><td colspan="2">• 고추, 콩, 땅콩, 기타 과일은 식물에서 완전히 익혀 따뜻한 바람으로 건조
• 미생물의 성장을 억제하는 효과적인 방법
• 건조로 인한 수분 손실로 식품에는 영양소가 농축됨</td></tr>
<tr><td>자연 건조법</td><td>태양열과 자연통풍 이용</td></tr>
<tr><td>인공 건조법</td><td>터널 건조법, 분무 건조법, 진공 건조법 등</td></tr>
<tr><td>발효와 초절임</td><td colspan="2">• 미생물이 특정한 조건 아래에서 산소와 알코올을 이용하여 발효
• 초절임은 대부분의 녹색 채소와 과일에 이용</td></tr>
<tr><td>당장법★</td><td colspan="2">• 설탕을 첨가하여 식품의 삼투압을 높여 강한 탈수효과로 미생물의 생육을 저지하여 방부효과를 냄
• 과일 및 뿌리채소에 주로 이용
• 소금 절임과는 달리 농도가 높더라도 그대로 식용할 수 있음
• 식품의 산화 방지 작용</td></tr>
<tr><td rowspan="3">훈연법★</td><td colspan="2">• 어류, 육류를 소금에 절인 후 목재를 태워서 생기는 연기의 화학 성분을 식품 표면에 부착 및 침투시켜 건조시키는 방법
• 참나무, 자작나무, 오리나무, 호두나무 등 사용</td></tr>
<tr><td>냉훈법</td><td>낮은 온도에서 훈연</td></tr>
<tr><td>온훈법</td><td>가열하면서 훈연</td></tr>
<tr><td rowspan="3">염장법★</td><td colspan="2">• 소금의 삼투 작용에 의해 식품이 탈수되고, 식품에 붙어 있던 세균도 원형질 분리가 일어나 미생물의 생육이 억제되는 원리를 이용
• 채소 : 오이지, 무짠지 등의 장아찌류, 김치류
• 육류, 어류 및 물고기알 : 젓갈류와 자반류</td></tr>
<tr><td>건염법</td><td>고기나 생선에 굵은 소금을 뿌려 재움</td></tr>
<tr><td>염수법</td><td>고기를 진한 농도의 소금물에 담금</td></tr>
<tr><td>움저장법</td><td colspan="2">• 땅을 파고 그 속에 농산물을 통으로 또는 가공하여 저장
• 감자, 고구마, 무 등은 바람이 잘 통하는 곳에 예비저장 후 본 저장으로 움저장법 사용
• 가을에 김장을 하고 움저장 활용</td></tr>
</table>

지피지기 예상문제

아는 문제(○), 헷갈리는 문제(△), 모르는 문제(x) 표시해 복습에 활용하세요.

1 ○ △ x

다음에서 설명하는 절임과 무침에 많이 사용하는 채소의 종류는?

- 성장 기간이 짧은 십자화과 채소
- 고기요리에 많이 곁들여짐
- 절임과 무침에는 데쳐서 또는 소금에 절여 사용

① 향차이(고수) ② 청경채
③ 마늘 ④ 고추

2 ○ △ x

자차이에 대한 설명으로 옳지 않은 것은?

① 오이피클이나 육류제품의 향신료로 이용된다.
② 중국에서는 절임 김치로 사용한다.
③ 작채라고도 하며 아삭아삭 씹히는 식감을 가지고 있다.
④ 잎은 배추와 비슷하고 뿌리는 울퉁불퉁하고 무와 같이 생겼다.

3 ○ △ x

향미채소로 사용되지 않는 것은?

① 대파 ② 마늘
③ 생강 ④ 무

4 ○ △ x

식품의 장기간 보존을 위해 식품 건조 시 통제해야 할 요인은?

① 온도 ② 빛
③ 수분 ④ 공기

5 ○ △ x

식품의 변질을 막기 위한 방법 중 산소 제거 원리가 아닌 것은?

① CA저장(가스치환) ② 염장방법
③ 진공포장 ④ 탈산소제 사용

6 ○ △ x

훈연법에 사용되는 나무로 적절하지 않은 것은?

① 참나무 ② 자작나무
③ 호두나무 ④ 소나무

2 오이피클이나 육류제품의 향신료로 이용되는 것은 향차이(고수)이다.

4 ① 온도 : 냉장, 냉동 ② 빛 : 차광 ④ 공기 : 진공, 산화제, 수분 조절

5 염장법은 수분활성을 조절하는 원리이다.

6 소나무, 잣나무와 같은 침엽수는 송진성분이 있어 훈연 시 그을음이 발생하기 때문에 적절하지 않다.

정답

1	②	2	①	3	④	4	③	5	②
6	④								

Chapter

중식 육수·소스 조리

1 육수·소스 준비하기

1 육수의 정의

소뼈, 닭뼈, 생선뼈, 채소, 향신료 등을 물과 함께 끓여 우려낸 국물로 부재료와 주재료를 혼합할 때나 소스를 만들 때 음식의 맛과 소스의 맛을 결정하는 가장 주요한 과정

2 육수 재료(뼈)

소뼈	• 소와 송아지 뼈의 콜라겐은 조리과정에서 젤라틴으로 변함 • 풍부한 단백질과 무기질이 포함
닭뼈★	• 다른 뼈에 비하여 가격이 저렴하고 중국 조리에서 가장 많이 사용되는 육수
갑각류	• 꽃게, 랍스터 등 갑각류들을 이용하여 부재료를 침가하여 육수를 생산
돼지뼈	• 특유의 냄새가 있으므로 냄새를 제거할 수 있는 향신 채소나 향신료를 적절히 사용하는 것이 좋음

3 육수 조리 시 주의사항★★★

(1) 찬물로 시작

불순물 제거, 뼈 속의 맛 성분 용출, 뼈 속 내용물 용해를 쉽게 함

(2) 센 불로 시작하여 약한 불로 조리

① 약 90℃를 유지하여 은근하게 끓임

② 뼈 속 맛과 향이 충분히 용해될 수 있도록 함

③ 육수의 혼탁도를 줄여 맑은 육수를 뽑아냄

(3) 거품 및 불순물 제거

육수가 혼탁해 지는 것 방지

(4) 육수 걸러 내기

① 내용물과 국물의 분리

② 육수 속 채소, 뼈, 기름 등의 불순물 제거

(5) 냉각

육수가 상하는 것 방지

(6) 저장

① 뚜껑이 있는 용기에 담아 냉장 또는 냉동 보관

② 선입 선출 효율적 저장

③ 냉장 보관 육수 3~4일 내 사용, 냉동 보관 육수 5~6개월까지 보관 가능

Tip 육수 종류에 따른 알맞은 조리 시간

- 쇠고기뼈 : 8~12시간 사이
- 닭뼈 : 2~4시간 사이
- 생선류 : 30분~1시간 사이

4 소스의 기본 구성 요소★★★

구분	내용
육수	• 소스의 맛을 좌우하는 기본 재료 • 소, 닭, 돼지, 갑각류, 야채류, 향신료 같은 재료의 본맛을 낸 국물 • 보관 시 이물질이나 다른 향이 스며들지 않도록 주의
농후제	• 녹말이 젤라틴화 되는 원리를 이용 • 끈끈한 소스는 구강 내에 머무르는 시간을 늘림 • 음식의 감촉을 좋게 하여 맛의 느낌을 후각이나 촉각 등으로 확대시킬 수 있음 • 옥수수, 감자, 고구마, 애로우 루트 등

5 소스 생산 시 주의점

① 소스의 농도, 광택, 색채 등 모든 요소의 조화

② 인공적이지 않은 주재료의 순한 맛

③ 주재료와 담는 그릇과 소스 색깔의 조화

④ 시각적으로 혐오감을 주는 색채를 피함

6 녹말로 농도를 맞추는 방법

① 수분과 기름은 분리되는 성질이 있으므로 전분을 이용하여 융화

② 재료를 고온의 기름으로 처리하면 그 표면이 거칠어지므로 전분을 이용하여 혀가 매끄럽게 느끼도록 함

③ 잘 식지 않도록 전분으로 농도를 맞춤

7 가공 소스의 종류

해선장★	• 물, 대두, 설탕, 식초, 소금, 쌀, 밀가루, 고추, 마늘로 만듦 • 대두를 중심으로 발효시킨 소스 • 짠맛과 단맛이 나고 특유의 고소하며 독특한 향 • 딥 소스나 구이용, 국에 넣어 사용
두반장★	• 발효시킨 메주콩에 고추를 갈아 넣고 양념을 첨가하여 만듦 • 맵고 칼칼한 맛 • 마파두부, 새우칠리소스, 돼지고기 요리, 냉채 요리 등에 많이 사용
춘장★	• 대두, 소금(밀가루)을 이용하여 발효시킨 중국식 된장 • 검갈색으로 6개월 정도 발효시키면 검은색으로 변하고 맛이 깊어짐 • 가열 시 짠맛이 엷어지고 단맛이 올라옴
검은콩 소스	• 광동요리에 많이 사용 • 독특한 향과 맛 • 식초와 섞어서 희게 만들어 사용할 수 있음
바비큐 소스	• 닭고기, 돼지고기, 소고기, 구이 요리 등의 소스로 많이 사용
XO 소스★	• 건관자, 건새우, 건고추, 중식 햄, 게 혹은 말린 전복, 송로버섯 등 값비싼 식재료를 잘게 잘라 고추기름에 볶은 것 • 건더기 중심의 소스 • 홍콩에서 만들어짐 • 딥핑 소스, 볶음 요리에 많이 사용
고추기름	• 고춧가루를 80~90℃의 기름에 볶아 우려 만든 기름 • 매운향, 매운맛을 내는 요리 • 고기 특유의 냄새를 없앰
굴 소스★	• 생굴을 소금과 발효시켜 만들어 굴의 감칠맛이 농축된 소스 • 가장 대표적인 중국식 소스 • 볶음, 조림, 튀김 요리에 두루 사용 • 단감이나 홍시와 함께 조리 시 구토, 설사 유발
파기름	• 파를 뜨거운 기름에 끓여 만듦 • 파의 감칠맛과 풍미가 있어 모든 요리에 두루 사용 • 보관 시 냉장 보관
겨자가루	• 매운맛과 향이 좋고 해독작용이 있어 식중독 예방에 효과적 • 양장피, 새우 냉채 등 중국 냉채 요리에 빠지지 않는 소스 • 미지근한 물에 15분 정도 따뜻한 곳에 숙성시켜 사용
두시장	• 황두와 흑두를 삶아 찐 뒤에 발효시킨 것 • 건두시, 강두시, 수두시로 분류

매실 소스	• 중국 매실과 생강, 고추를 섞어 만든 소스 • 매실의 연육 작용으로 육류 구이용으로 사용 • 향이 뛰어나 튀김 요리의 소스로 사용
땅콩버터	• 땅콩, 식물성 오일, 설탕, 소금, 액당을 넣어 만든 소스 • 고소한 맛 • 요리나 디저트류에 넣어 사용
치킨 파우더	• 물과 함께 끓여 국물을 내거나 볶음 요리에 첨가하여 감칠맛을 냄
치킨 소스	• 닭고기, 오리, 소고기, 생선, 두부 요리 등 각종 요리에 재우는 소스로 사용
레드 비네갈 소스 (홍초)	• 쌀 식초, 찹쌀, 아니스, 계피, 정향 등으로 만든 식초 • 딤섬과 함께 제공
친키앙 비네거	• 정제수, 찹쌀, 밀기울, 설탕, 소금 원료로 만듦 • 냉면 육수, 갈비구이 등 여러 요리에 사용
생추왕 간장	• 광동 일대에서 사용 • 비교적 색깔이 짙은 간장을 통틀어 말함 • 간장의 신선한 맛이 매우 진함 • 노추보다 약간 묽은 짠 간장
황두대장 (황두장)	• 밀가루, 대두, 소금, 누룩을 섞은 후 4개월 이상 발효시켜 만듦 • 북경요리와 태국 요리에 많이 사용 • 다른 재료나 소스를 이용하여 양념과 딥핑 소스로 이용 • 닭고기, 소고기, 생선을 포함한 해산물에도 잘 어울림

2 육수·소스 만들기

1 육수·소스의 맛 및 조미

① 맛 : 심리적 만족감을 얻고, 음식의 소화 흡수를 좋게 하며 음식의 맛을 증강시킴

② 맛의 분류 : 신맛, 쓴맛, 단맛, 매운맛, 짠맛(맛의 5미)이 어우러져 복합미를 형성

2 맛의 종류★★★

신맛(酸味)	• 어류 조리 시 심한 비린내를 없애는 작용 • 향기를 생성하고 영양적으로 칼슘 흡수를 도움
쓴맛(苦味)	• 배설 작용과 건조 작용 • 귤껍질, 살구 씨 고과(苦瓜), 고정차(苦丁茶) 등에 많이 함유
매운맛(辛味)	• 강렬한 자극성과 독특한 향기 • 비린내와 느끼한 맛을 없애 식욕 증진 및 소화를 돕는 작용 • 고추, 후추, 파, 생강, 마늘, 겨자가루 등 • 발산 작용과 행혈 작용
단맛(甘味)	• 매운맛과 짠맛 중화 • 설탕, 빙설탕, 꿀, 물엿 등 • 중화 작용과 완급 작용 • 지라의 생리 작용 활성화
짠맛(鹹味)	• 소금은 모든 맛의 으뜸 • 재료 본연의 맛 증강 • 지방질의 느끼한 맛 완화 • 재료의 좋지 않은 맛 억제 • 소금, 간장, 된장 등
지미(旨美)	• 신선하고 시원하며 감칠맛이 나는 맛 • 아미노산, 핵산, 유기산 • 향기를 생성하고 맛을 돋움 • 육류, 어패류, 채소류, 버섯, 죽순 등 • 화학조미료, 간장, 두시, 생선으로 만든 소스
기름진 맛	• 혀에 풍부하고 부드러운 감각 • 지방, 돼지기름, 식물성 기름 등 • 장식하는 역할과 포만감

3 미각의 온도★★★

① 맛을 느끼는 적당한 온도 : 10~40℃

② 30℃에서 예민하게 느끼며 이 온도에서 멀어질수록 미각이 둔해짐

③ 맛의 종류에 따라 맛을 가장 잘 느낄 수 있는 최적의 온도의 범위는 서로 다름

④ 짠맛 : 온도 상승에 따라 맛의 느낌이 둔해짐

⑤ 신맛 : 온도가 변화해도 맛의 강도가 변하지 않음

⑥ 단맛 : 체온 부근의 온도에서 가장 강하게 느낌

⑦ 쓴맛 : 낮은 온도에서 체온 부근까지 맛의 강도 비슷, 체온 이상이 되면 급속히 맛의 강도가 낮아짐

4 조미의 작용★★★

① 나쁜 맛을 제거한다.

② 강한 맛을 약하게 한다.

③ 맛을 전체적으로 조화시킨다.

④ 조미료로 주재료의 맛을 결정한다.

⑤ 색채를 돋운다.

5 조미 방법

(1) 주재료의 성질에 따른 조미료 선택

① 겉과 속의 성질이 다른 식재료(해산물 또는 육류 등)는 두 종류 이상의 복합 조미료 사용

② 일반적으로 생강, 초간장 등의 조미료 사용

(2) 조리법에 따른 조미료 선택

① 기름에 튀긴 음식은 소금, 고추기름 등의 조미료 사용

② 매운맛은 비교적 기름에 잘 용해되어 쉽게 추출되며, 고온에서도 매운맛 손상이 없음

(3) 동일한 음식의 지역별 조미료의 차이

지리적 위치에 따라 쉽게 구할 수 있는 재료를 조미료로 선택

(4) 지방 특색을 고려한 재료와 조미료 선택

① 사천 : 맵고 얼얼한 맛. 홍유, 두반장, 초대 등

② 북부 : 대파, 마늘, 고수 등

③ 절강 : 단 음식. 당초, 첨면장 등

④ 광동 : 굴 기름, 해선장 등 해산물류의 조미료

3 육수·소스 완성·보관하기

1 육수·소스 관리하기

① 온도 관리 : 60℃ 이상으로 가열하여 4℃ 이하로 냉각시켜 보관

② pH 관리 : pH 4.6 이하로 떨어뜨려 세균 증식 억제

지피지기 예상문제

아는 문제(○), 헷갈리는 문제(△), 모르는 문제(x) 표시해 복습에 활용하세요.

1 ○ △ x

특유의 맛을 살리기 위해 중국 요리에서 주로 사용하는 육수의 식재료는?

① 닭 ② 소고기
③ 양고기 ④ 돼지고기

2 ○ △ x

육수 조리 시 주의해야 할 사항으로 옳지 않은 것은?

① 물이 끓을 때 식재료를 넣는다.
② 빠른 냉각으로 보존성을 높인다.
③ 끓는 동안 불순물을 제거한다.
④ 육수 보관 시 일시를 적어 기록해둔다.

3 ○ △ x

소스의 감촉을 좋게 하고 끈끈하게 하여 입 안에서 머무르는 시간이 늘어나도록 돕는 것은?

① 육수 ② 매실 소스
③ 농후제 ④ 치킨육수

4 ○ △ x

대두를 발효시킨 소스로 짠맛과 단맛이 나는 소스는?

① XO 소스 ② 굴 소스
③ 해선장 ④ 친키앙 비네거

5 ○ △ x

중국 소스 중 매콤짭짤한 맛이 나며 마파두부를 만들 때 사용되는 소스는?

① 두반장 ② 고추장
③ 해선장 ④ 굴 소스

6 ○ △ x

발효시킨 메주콩에 고추를 갈아 넣고 양념을 첨가하여 만든 매콤한 소스는?

① 해신장 ② 춘장
③ 굴 소스 ④ 두반장

7 ○ △ x

5미에 속하지 않는 것은?

① 신맛 ② 지미
③ 짠맛 ④ 매운맛

8 ○△X

온도가 변해도 맛의 강도가 변하지 않는 맛은?

① 신맛　② 단맛
③ 쓴맛　④ 짠맛

9 ○△X

조미의 작용이 아닌 것은?

① 나쁜 맛을 제거한다.
② 맛을 전체적으로 조화시킨다.
③ 색채를 돋운다.
④ 강한 맛을 강하게 한다.

2 육수를 끓일 때는 찬물에 식재료를 넣어 맛 성분이 용출되도록 센 불로 시작하여 약한 불로 은근히 끓여주는 것이 좋다.

4 ① XO 소스 : 건관자, 건새우, 건고추 혹은 게 등 값비싼 식재료를 잘게 잘라 고추기름에 볶은 소스이다.
② 굴 소스 : 굴과 소금을 발효시켜 감칠맛이 농축된 소스이다.
④ 친키앙 비네거 : 찹쌀, 밀기울, 설탕, 소금 등을 넣어 냉면 육수로 주로 사용하는 소스이다.

6 ① 해선장 : 물, 대두, 설탕, 식초, 소금, 쌀, 밀가루, 고추, 마늘 등을 넣어 짠맛과 단맛이 나는 소스이다.
② 춘장 : 대두, 소금, 밀가루를 이용하여 발효시킨 중국식 된장이다.
③ 굴 소스 : 생굴, 소금을 발효시켜 만든 감칠맛이 농축된 소스이다.

7 신맛, 쓴맛, 단맛, 매운맛, 짠맛은 맛의 5미이다.
지미는 신선하고 시원하며 감칠맛이 나는 맛을 의미한다.

8 ② 단맛 : 체온 부근의 온도에서 가장 강하게 느낀다.
③ 쓴맛 : 체온 이상 되면 급속히 맛의 강도가 낮아진다.
④ 짠맛 : 온도 상승에 따라 맛의 느낌이 둔해진다.

9 강한 맛을 약하게 한다.

정답

1	①	2	①	3	③	4	③	5	①
6	④	7	②	8	①	9	④		

중식 튀김 조리

1 튀김 준비하기

1 튀김 기름 선택하기

① 정제가 잘되고 발연점이 높은 식물성 유지나 유화제가 들어 있지 않은 유지류 선택
② 버터나 마가린 등은 발연점이 낮아 튀김에 적당하지 않음

Tip 기름의 흡수량이 늘어나는 요인
- 튀김 온도가 낮을 때
- 튀김 시간이 길 때
- 당, 수분 등이 많을 때

2 재료에 따른 튀김 온도 조정★★★

재료	적정 온도(℃)	적정 시간(분)
어패류	170	1~2
채소류★	160~170	3
육류	1차 튀김 : 165	8~10
	2차 튀김 : 190~200	1~2
두부	160	3
닭고기★	1차 튀김 : 165~170	8~10
	2차 튀김 : 170~190	1~2
크로켓	185~200	1

3 기름 온도 확인법★★★

상태	온도(℃)
바닥에 가라앉아 떠오르지 않는다.	140
바닥에 가라앉았다가 서서히 떠오른다.	150
바닥에 가라앉았다가 바로 떠오른다.	160
기름의 중간 정도에서 바로 떠오른다.	170
기름 표면에서 튀김옷이 퍼지며 연기가 난다.	180 이상

2 튀김 조리하기

1 원료에 따른 유지의 분류

<table>
<tr><td rowspan="8">천연유지</td><td rowspan="4">식물성 유지</td><td rowspan="3">식물성 기름★</td><td>건성유(요오드가 130 이상)
: 아마인유, 들기름, 잣기름</td></tr>
<tr><td>반건성유(요오드가 100~130)
: 참기름, 대두유, 면실유</td></tr>
<tr><td>불건성유(요오드가 100 이하)
: 올리브유, 땅콩기름, 피마자유</td></tr>
<tr><td>식물성 지방</td><td>야자유, 코코아유</td></tr>
<tr><td rowspan="4">동물성 유지</td><td rowspan="2">동물성 기름</td><td>해산 동물 기름(어유, 간유, 해수유)</td></tr>
<tr><td>육산 동물유, 번데기 기름</td></tr>
<tr><td rowspan="2">동물성 지방</td><td>체지방 : 쇠기름, 돼지기름</td></tr>
<tr><td>유지방 : 버터</td></tr>
<tr><td>가공유지</td><td colspan="3">마가린, 쇼트닝</td></tr>
</table>

2 식품공전상 유지의 유형

콩기름 (대두유)	• 콩으로부터 채취한 원유를 식용에 적합하도록 처리한 것
옥수수기름 (옥배유)	• 옥수수의 배아로부터 채취한 원유를 식용에 적합하도록 처리한 것
채종유 (유채유, 카놀라유)	• 유채로부터 채취한 원유를 식용에 적합하도록 처리한 것
미강유 (현미유)	• 미강으로부터 채취한 원유를 식용에 적합하도록 처리한 것
참기름	• 참깨를 압착하여 얻은 압착 참기름 • 이산화탄소로 추출한 초임계 추출 참기름 • 참깨로부터 추출한 원유를 정제한 추출 참깨유
들기름	• 들깨를 압착하여 얻은 압착 들기름 • 이산화탄소로 추출한 초임계 추출 들기름 • 들깨로부터 추출한 원유를 정제한 추출 들깨유
홍화유 (시플라워유, 잇꽃유)	• 홍화씨로부터 채취한 원유를 식용에 적합하도록 처리한 것 • 홍화유, 고올레산 홍화유
해바라기유	• 해바라기씨로부터 채취한 원유를 식용에 적합하도록 처리한 것 • 해바라기유(압착 해바라기유 포함), 고올레산 해바라기유
목화씨 기름 (면실유)	• 목화씨로부터 채취한 원유를 식용에 적합하도록 처리한 것 • 목화씨 기름, 목화씨 샐러드유, 목화씨 스테아린유
땅콩기름 (낙화생유)	• 땅콩으로부터 채취한 원유를 식용에 적합하도록 처리한 것 • 땅콩기름, 정제 땅콩기름
올리브유	• 올리브 과육을 물리적 또는 기계적 방법에 의하여 압착·여과한 것 • 압착 올리브유, 정제 올리브유, 혼합 올리브유
팜유류	• 팜의 과육으로부터 채취한 팜유 • 팜유를 분별한 팜올레인유 또는 팜스테아린유 • 팜의 핵으로부터 채취한 팜핵유
야자유	• 야자 과육으로부터 채취한 원유를 식용에 적합하도록 처리한 것
혼합 식용유	• 제품 유형이 정해진 2종 이상의 식용유지를 단순히 혼합한 것 • 압착한 참기름, 압착한 들기름, 향미유 제외

가공 유지	• 식용 유지의 물리, 화학적 성질을 변화시킨 것으로 식용에 적합하도록 정제한 것	
	쇼트닝	가소성, 유화성 등의 가공성을 부여한 고체상 유동상의 것
	마가린류	식용 유지에 물, 식품, 식품첨가물 등을 혼합하고 유화시켜 만든 고체상 또는 유동상의 것(유지방 원료 시, 지방 함량은 중량 비율로서 50% 미만일 것)
고추씨 기름	• 고추씨로부터 채취한 원유를 식용에 적합하도록 처리한 것 • 압착 고추씨 기름, 고추씨 기름	
향미유	• 식용 유지에 향신료, 향료, 천연추출물, 조미료 등을 식용 유지의 50% 이상 혼합한 것 • 압착 참기름, 초임계 추출 참기름, 압착 들기름, 초임계 추출 들기름 제외 • 조리 또는 가공 시 식품에 풍미를 부여하기 위하여 사용	

3 식용 유지의 종류

정제유	콩기름, 옥수수기름, 채종유, 미강유, 홍화유, 해바라기유, 목화씨 기름, 땅콩기름(압착 땅콩기름 제외), 올리브유(압착 올리브유 제외), 팜유류, 야자유, 혼합 식용유, 고추씨 기름(압착 고추씨 기름 제외)
압착유	참기름, 들기름, 압착 땅콩기름, 압착 올리브유, 압착 고추씨 기름

4 가공 유지의 종류

에스테르 교환유	• 촉매를 이용하여 유지 분자 내 지방산 위치를 임의로 교환시켜 유지의 융점, 굳기, 결정 성향을 계량
분별유	• 융점이 다른 지방산으로 구성되어 있는 유지를 고융점과 저융점의 유지로 분리하는 것 • 원하는 융점의 유지를 얻을 수 있음
경화유	• 불포화지방산의 이중결합에 수소를 첨가하여 포화지방산으로 변환한 것
마가린	• 버터 대용품 • 식용 유지에 물, 식품첨가물 등을 혼합, 유화시켜 80% 이상의 지방을 함유한 것
쇼트닝	• 라드(lard)의 대용품 • 무미, 무취, 무색 • 쇼트닝성, 크리밍성이 큼 • 비스킷, 쿠키, 빵, 케이크 등에 보편적으로 사용

5 기름을 이용한 중식 조리법★★★

초(炒)	• 알맞은 크기와 모양으로 만든 재료를 기름에 조금 넣고 센 불이나 중간 불에서 짧은 시간에 뒤섞으며 익히는 조리법
폭(爆)	• 재료를 1.5cm 정육면체로 썰거나 칼집을 낸 다음 뜨거운 물이나 육수, 기름 등으로 먼저 열처리한 뒤 센 불에서 재빨리 볶아 내는 조리법
전(煎)	• 뜨겁게 달군 팬에 기름을 조금 두르고 밑손질한 재료를 펼쳐 놓아 중간 불이나 약한 불에서 한 면 또는 양면을 지져서 익히는 조리법
작(炸)★	• 넉넉한 기름에 밑손질한 재료를 넣어 튀기는 조리법 • 알맞은 수분과 기름으로 풍부한 맛 유지 • 겉표면은 바삭하고 속은 촉촉하게 만드는 방법
류(熘)	• 조미료에 잰 재료를 녹말이나 밀가루 튀김옷을 입혀 기름에 튀기거나 삶거나 찐 뒤, 다시 여러 가지 조미료로 걸죽한 소스를 만들어 재료 위에 끼얹거나 또는 조리한 재료를 소스에 버무려 묻혀 내는 조리법
팽(烹)★	• 적당한 모양으로 썬 주재료를 밑간하여 튀기거나 지지거나 볶아낸 뒤, 다시 부재료, 조미료와 센 불에서 뒤섞으며 탕즙을 재료에 흡수시키는 조리법 • 준비된 다른 팬에 부재료와 양념을 이용하여 소스를 완성하여 튀겨낸 재료와 같이 넣어 강한 불에 빠르게 요리하는 방법 • 소스가 튀김 재료에 스며들어 맛과 풍미를 고조시킴
첩(貼)	• 특수한 조리법의 하나로 보동 세 가지 재료를 씀 • 한 가지 재료를 곱게 다져 큰 편을 낸 다른 재료 위에 얹고 나머지 재료로 덮고, 편을 낸 재료를 아래로 향하게 하여 바삭하게 지져낸 다음 물을 적당량 부어 수증기로 익히는 조리법

6 중식 튀김옷 재료★★★

전분	• 감자 전분, 옥수수 전분, 고구마 전분 사용 • 두 종류의 전분을 혼합하여 사용하기도 함(감자+옥수수, 옥수수+고구마) • 소스의 농도를 맞출 때는 주로 감자 전분 사용
밀가루	• 글루텐이 적고 탈수가 잘 되는 박력분 사용 • 튀김옷을 입혀 재료의 수분 및 맛난 맛 성분의 증발을 줄임 • 적당히 기름을 흡수하여 맛과 풍미가 좋아짐
물	• 단백질의 수화를 늦게 하고 글루텐 형성을 저해하기 위해 찬물 이용
달걀	• 튀김옷의 경도를 도와주고 맛을 좋게 함 • 튀김이 오래되면 눅눅해지고 질감이 떨어짐
식소다	• 소량의 식소다 사용 시 가열 중 탄산가스 방출, 수분을 증발시켜 튀김옷을 가볍게 함 • 쓴맛이 발생할 수 있음
설탕	• 색이 적당히 갈변 • 글루텐 형성을 저해하여 부드럽고 바삭한 튀김옷 형성

7 중식 튀김 조리 시 주의사항★★★

① 물기를 반드시 제거하고 튀김을 한다(안전사고 및 튀김의 완성도를 위해).

② 생선의 눈알은 터뜨린 후 튀김을 한다.

③ 기름 온도를 반드시 체크한다.

④ 바삭함을 원할 때는 같은 온도에서 두 번 정도 튀긴다.

⑤ 튀김 후에는 반드시 기름기를 제거한다.

⑥ 튀김 후 너무 오랜 시간 방치하지 말고 바로 먹을 수 있도록 한다.

⑦ 깨끗한 기름을 사용하도록 한다.

⑧ 튀김을 할 때 재료의 투입은 기름양의 60%를 넘지 않게 한다(한꺼번에 너무 많이 넣으면 기름 온도가 급격하게 떨어져 재료에 기름의 흡유량이 늘어남).

⑨ 튀김옷은 재료의 양을 고려하여 만든다.

Tip
- 튀김 시 두꺼운 팬을 사용하면 튀김 온도의 변화가 적어 맛있는 튀김이 된다.
- 기름에 튀김을 넣은 다음 조리용 젓가락으로 살짝 흔들어 주면 가지런히 튀겨진다.
- 물 반죽으로 튀김을 할 때 재료 표면에 전분 가루를 묻히면 재료 표면에 마찰력이 커져 튀김옷이 잘 붙고 모양이 단정하게 나온다.

3 튀김 완성하기

1 튀김 요리에 어울리는 식품 조각★★★

① 음식을 돋보이게 하기 위해서 사용한다.
② 접시 길이의 1/2, 넓이의 1/3이 넘지 않도록 한다.
③ 조각의 소재는 동물, 식물, 사람, 어류, 상상의 동물, 민화 등 모든 사물을 대상으로 한다.
④ 각각의 대상에 의미가 있어 음식과 조화가 잘 이루어져야 한다.
⑤ 용은 중화민족의 상징으로 위엄과 고귀함을 뜻한다.
⑥ 봉황은 모든 새들의 왕으로 아름다움과 평화를 상징한다.
⑦ 잉어는 성공, 발전, 출세를 상징한다.
⑧ 닭은 관직에 오르는 것을 의미한다.

2 식품 조각의 도법★★★

도법	내용
착도법(戳刀法)	• 재료를 찔러서 활용하는 도법 • 새 날개, 생선 비늘, 옷 주름, 꽃 조각에 활용
절도법(切刀法)	• 사물의 큰 형태를 만들 때 사용하는 도법 • 위에서 아래로 썰기를 할 때 또는 돌려 깎을 때 사용하는 도법
각도법(刻刀法)	• 가장 많이 사용하는 도법 • 주도를 사용하여 재료를 깎을 때 사용
선도법(旋刀法)	• 칼로 타원을 그리며 재료를 깎을 때 사용하는 도법
필도법(筆刀法)	• 칼로 그림을 그리듯 재료 표면에 외형을 그릴 때 사용하는 도법

지피지기 예상문제

아는 문제(○), 헷갈리는 문제(△), 모르는 문제(x) 표시해 복습에 활용하세요.

1 ○ △ x

발연점이 낮아 튀김 기름으로 적당하지 않은 것은?

① 마가린 ② 대두유
③ 아마씨유 ④ 카놀라유

2 ○ △ x

채소류를 튀기기에 적당한 온도는?

① 100~110℃ ② 160~170℃
③ 180~190℃ ④ 200℃ 이상

3 ○ △ x

어패류를 튀길 때(170℃)의 기름 상태로 옳은 것은?

① 어패류가 바닥에 가라앉아 떠오르지 않는다.
② 어패류가 바닥에 가라앉았다가 서서히 떠오른다.
③ 어패류가 기름의 중간 정도에서 바로 떠오른다.
④ 어패류를 넣자마자 튀김옷이 퍼지면서 연기가 난다.

4 ○ △ x

온도계를 사용하지 않고 튀김옷이 기름에 떠오르는 정도에 따라 튀김 온도를 확인하는 방법으로 알맞은 것은?

① 바닥에 가라앉았다가 바로 떠오르는 온도는 140℃이다.
② 바닥에 가라앉았다가 바로 떠오르는 온도는 150℃이다.
③ 바닥에 가라앉았다가 서서히 떠오르면 160℃이다.
④ 기름의 중간 정도에서 바로 떠오르면 170℃이다.

5 ○ △ x

요오드가가 100~130인 식물성 기름이 아닌 것은?

① 참기름 ② 들기름
③ 대두유 ④ 면실유

1 버터나 마가린은 발연점이 낮아 튀김에 적당하지 않다.

2 ① 100~110℃ : 기름의 온도가 낮아 기름 흡수량이 많아 적절하지 않음
③ 180~190℃ : 육류를 2차 튀길 때 적당한 온도
④ 200℃ 이상 : 고온으로 재료를 튀길 때 안은 익지 않고 겉만 탈 수 있어 적절하지 않음

3 ① 어패류가 바닥에 가라앉아 떠오르지 않는다. : 140℃
② 어패류가 바닥에 가라앉았다가 서서히 떠오른다. : 150℃
④ 어패류를 넣자마자 튀김옷이 퍼지면서 연기가 난다. : 180℃ 이상

5 들기름은 건성유로 요오드가 130 이상이다.

정답

1	①	2	②	3	③	4	④	5	②

6

정제유가 아닌 것은?

① 참기름 ② 대두유

③ 옥수수유 ④ 미강유

7

라드의 대용품으로 무미, 무취, 무색이며 쇼트닝성, 크리밍성이 큰 유지는?

① 에스테르 교환유 ② 경화유

③ 마가린 ④ 쇼트닝

8

다음에서 설명하는 중식조리법으로 알맞은 것은?

- 넉넉한 기름에 밑손질한 재료를 넣어 튀기는 조리법
- 알맞은 수분과 기름으로 풍부한 맛 유지
- 겉 표면은 바삭하고 속은 촉촉하게 만드는 방법

① 작(炸) ② 초(炒)

③ 전(煎) ④ 증(蒸)

9

중식에서 소스의 농도를 맞출 때 주로 사용하는 농후제는?

① 밀가루 ② 전분

③ 물 ④ 달걀

10

중식 튀김 조리 시 주의해야 할 사항으로 옳지 않은 것은?

① 물기가 있는 상태에서 촉촉하게 튀김을 한다.

② 생선의 눈알은 터뜨린 후 튀긴다.

③ 튀김 후 너무 오래 방치하지 않고 바로 먹는다.

④ 바삭함을 원할 때는 두 번 튀긴다.

11

재료를 찔러서 활용하는 도법으로 새 날개, 생선 비늘, 옷 주름, 꽃 조각에 활용하는 방법은?

① 선도법 ② 필도법

③ 착도법 ④ 절도법

6 참기름은 압착유이다.

7 ① 에스테르 교환유 : 촉매를 이용하여 유지 분자 내 지방산 위치를 임의로 교환한 것
② 경화유 : 불포화지방산의 이중결합에 수소를 첨가하여 포화지방산으로 변환한 것
③ 마가린 : 버터 대용품으로 80% 이상의 지방을 함유한 것

9 주로 감자 전분을 소스의 농도를 맞출 때 사용한다.

10 물기가 있는 상태에서 달궈진 기름에 재료를 넣으면 화상을 입을 수 있으므로 물기를 제거한다.

11 ① 선도법 : 칼로 타원을 그리며 재료를 깎을 때 사용하는 방법
② 필도법 : 칼로 그림을 그리듯 재료 표면에 외형을 그릴 때 사용하는 방법
④ 절도법 : 사물의 큰 형태를 만들 때 사용하는 도법

정답

6	①	7	④	8	①	9	②	10	①
11	③								

Chapter 4

중식 조림 조리

1 조림 준비하기

1 조림의 정의

식재료(육류, 생선류, 채소, 가금류, 두부)를 정선하고 팬에 담아 양념을 하면서 불 조절을 하여 즙이 거의 없을 때까지 자박하게 끓여내는 것

홍소(紅燒, 홍샤오, hong shao)★	• 생선류, 육류, 가금류, 갑각류, 해삼류를 뜨거운 기름이나 끓는 물에 데친 후 부재료와 함께 볶아 간장 소스에 조림
민(燜, 먼, men) ★	• '뜸을 들이다, 띄우다'는 뜻 • 뚜껑을 닫고 약한 불에 고거나 익히는 것

2 조림의 특성

정선된 재료를 양념하여 불 조절을 강한 불과 약한 불로 조절하여 물 전분을 넣고 자박하게 끓여내는 것

2 조림 조리하기

1 불 조절

① 중국 음식에서 가장 중요한 것은 불의 세기와 조절

② 화덕이라 부르는 중화렌지는 강한 불을 사용할 수 있는 도구

2 어류의 열에 의한 물리적 변화와 특성★★★

조림	• 생선 내부에 맛을 잘 배이도록 하고 생선 자체의 맛 성분이 외부로 빠져나가지 않도록 함 • 생선이 92~94% 정도 익으면 불을 끄고 나머지 열로 익힘 • 생선의 비린 맛 감소를 위해 뚜껑을 열고 조림 • 비린 맛이 휘발되면 뚜껑을 덮고 서서히 끓여 비린 맛을 조금 더 감소 • 생강이나 마늘은 거의 익은 상태에서 첨가
구이	• 지방 함량이 많은 생선을 주로 이용 • 자체의 맛을 가장 잘 살리는 방법 • 고온 가열로 단백질의 응고, 수분의 증발(비린내 증발), 지방의 용해 등이 일어남 • 생선 자체의 맛과 단백질, 지방 등이 연기와 반응하여 독특한 풍미를 생성
튀김	• 생선의 비린 맛을 감소시키는 가장 적합한 방법 • 소금이나 후추로 양념을 한 다음 튀김을 하면 맛이 좋음 • 밀가루나 전분 혹은 빵가루를 사용하여 계란옷을 입혀 기름 온도 160~170℃에서 바삭하게 튀김
전	• 흰살 생선을 많이 사용 • 뼈를 발라 포를 떠서 소금, 후추를 뿌리고 밀가루와 계란 옷을 입혀 기름에 지짐 • 소금은 살을 응고시켜 부서짐을 방지하고, 후추는 비린 맛을 감소시킴 • 소금을 뿌려 오래 방치하면 살이 퍽퍽하고 표면에 수분이 생겨 옷을 입히기 어려움
회	• 생회 : 신선한 생선을 사용하여 뼈를 발라 살만 얇게 포 떠서 날 것으로 먹는 것 • 숙회 : 물을 끓여 포 뜬 생선살을 넣어 데쳐 익혀 먹는 것 • 생선의 선도가 가장 중요하며 조리 시 위생에 주의

3 육류의 열에 의한 물리적 변화와 특성★★★

① 생것으로 먹는 것보다 가열 시 소화와 영양 흡수가 좋음

② 가열 시 지방이 녹아 부드러워짐

③ 가열 초기 수분에는 육즙이 많아지나 가열이 계속되면 수분 손실로 육즙이 감소

④ 단백질 수축, 결합 조직의 변화, 색상 및 지방의 변화, 맛의 변화가 일어나며 영양 손실이 생김

⑤ 습열 조리법 : 조리 시 물이나 육수를 첨가하여 가열하거나 찜을 하는 방법(탕, 찜, 편육, 장조림 등)

⑥ 건열 조리법 : 직화 열이나 복사열 구이법

3 조림 완성하기

1 그릇의 선택

① 일반적으로 조림은 오목하게 들어있는 그릇에 담는 것이 좋다.
② 주재료와 부재료를 같이 담고 소스가 흐르지 않도록 한다.
③ 냄비에 음식을 제공할 때는 식기 워머나 인덕션 위에 그릇을 올려 제공할 수 있다.
④ 테이블의 크기나 요리의 크기, 다른 요리들과의 조화를 고려하여 그릇의 크기를 조절한다.
⑤ 사기, 에나멜, 유리 등을 많이 사용하고 범랑 용기나 철제 용기, 인덕션 전용 용기를 사용할 수 있다.

2 기초 장식하기

① 무, 당근을 이용하여 꽃이나 사물을 조각하여 장식한다.
② 현대에는 시간과 효율성을 극대화하기 위해 식용 꽃이나 간단한 모양의 조각을 올린다.
③ 장식물이 요리보다 크거나 먹을 수 없는 것을 올리지 않는다.

3 담기

① 주재료와 부재료의 비율, 크기, 모양, 색감을 잘 파악하여 담는다.
② 시간을 잘 파악하여 담고 조림 요리가 식지 않도록 한다.
③ 조림과 소스의 양을 적절히 담고 색감이 눈에 띄는 재료를 위에 올려 담는다.
④ 위에 고명을 올려 포인트를 주기도 한다(고추, 실파, 지단, 깨, 대파 등).

4 제공하기

① 크기가 큰 경우 먹기 좋은 크기로 잘라서 제공한다.
② 형태가 부서지지 않도록 하며 한입 크기나 조금 더 크게 잘라 제공한다.
③ 주방에서 미리 잘라 제공하거나 손님 테이블에서 직접 잘라 제공이 가능하다.

지피지기 예상문제

아는 문제(○), 헷갈리는 문제(△), 모르는 문제(x) 표시해 복습에 활용하세요.

1 ○ | △ | x

생선류, 육류, 가금류, 해삼류를 뜨거운 기름이나 끓는 물에 데친 후 부재료와 함께 볶아 간장 소스에 조림을 하는 것을 무엇이라 하는가?

① 증(蒸) ② 류(溜)
③ 민(燜) ④ 홍소(紅燒)

2 ○ | △ | x

'뜸을 들이다'라는 뜻으로 뚜껑을 닫고 약한 불에 익히는 것을 의미하는 조리법은?

① 민(燜) ② 작(炸)
③ 배(焙) ④ 화(火)

3 ○ | △ | x

콜라겐은 열에 의해 가열하면 젤라틴이 되며 생선의 조림으로 국물이 식으면서 굳어진 것은 젤라틴과 단백질 때문이다. 콜라겐의 대한 설명 중 틀린 것은?

① 비타민 C의 대표적인 기능은 결체조직의 구성 성분인 콜라겐을 합성하는 것이다.
② 콜라겐은 세포와 세포를 분리시켜 근육세포를 안정시켜준다.
③ 전체 체단백질의 1/3을 차지하는 단백질로서 골격과 혈관벽 유지, 상처회복 등에 주요한 역할을 한다.
④ 피부에 상처가 생기면 콜라겐은 갈라진 조직을 서로 붙여 상처가 아물도록 한다.

4 ○ | △ | x

생선 내부에 맛을 잘 배이도록 하고 생선 자체의 맛 성분이 외부로 빠져나가지 않도록 하는 것이 핵심인 조리법은?

① 튀김 ② 구이
③ 조림 ④ 전

5 ○ | △ | x

생선조림에 대한 설명으로 옳은 것은?

① 생강은 처음부터 넣어야 생선의 비린내를 잡을 수 있다.
② 오랫동안 가열하여야 살이 부드러워져서 좋다.
③ 생선의 비린 맛 감소를 위해 뚜껑을 열고 조림을 한다.
④ 생선을 100% 다 익혀서 국물 없이 담는다.

6 ○ | △ | x

생선의 비린 맛을 감소시키는 가장 적합한 방법은?

① 회 ② 튀김
③ 구이 ④ 조림

7 ●▲X

육류의 가열 시 일어나는 물리적 변화가 아닌 것은?

① 단백질 이완　　② 색상 변화
③ 수분 손실　　④ 지방 분해

8 ●▲X

어류 가열 시 살을 응고시켜 부서짐을 방지하는 조미료는?

① 설탕　　② 간장
③ 후추　　④ 소금

3 콜라겐은 세포와 세포를 접합시켜주는 시멘트와 같은 역할을 한다.

5 ① 생강은 생선이 익은 상태에서 넣는 것이 좋다.
② 너무 오래 가열하지 않고 92~94% 정도 익히는 것이 좋다.
④ 92~94% 정도 익히고 남은 열로 마저 익히는 것이 좋다.

6 소금, 후추로 양념한 후 튀기면 더욱 맛이 좋다.

7 단백질 수축으로 가열 시 육류의 길이가 수축한다.

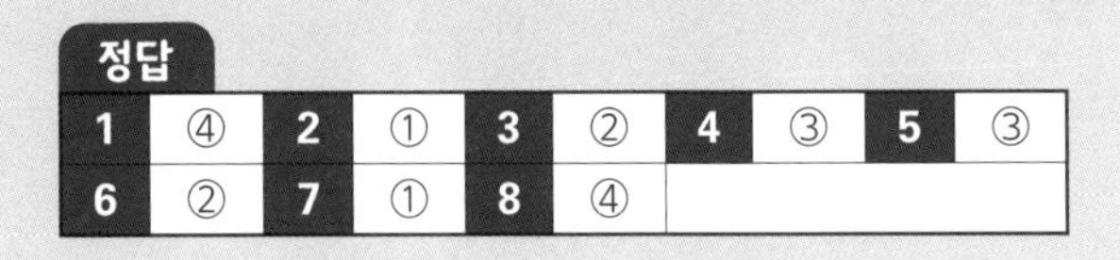

정답

1	④	2	①	3	②	4	③	5	③
6	②	7	①	8	④				

중식 밥 조리

1 곡류의 종류와 특성

1 쌀

① 전 세계 인구의 40%가 주식으로 이용

② 형태에 따라 자포니카형, 자바니카형, 인디카형으로 분류

구분	특성
자포니카형(일본형)★	• 한국, 일본, 중국 동북부, 대만 북부, 미국 서해안 등 • 온난하고 적당한 강우량인 지역 • 세계 쌀 생산량의 약 20% • 짧고 둥글둥글한 형태 • 물을 넣고 가열하면 끈기 형성 • 아밀로오스 함량 17~20%
자바니카형(자바형)	• 동남아시아, 이탈리아, 스페인, 티기, 중남미 등 • 아열대 지역 • 생산량 미미 • 크기가 약간 큰 편이고 맛이 담백
인디카형(인도형)★	• 인도, 인도네시아, 방글라데시, 베트남, 태국, 미얀마, 필리핀, 중국 남부, 미 대륙, 브라질 등 • 고온 다습한 열대 및 아열대 지역 • 세계 쌀 생산량의 약 80% • 가늘고 길쭉한 형태 • 끈기가 적고 푸슬푸슬한 느낌 • 아밀로오스 함량 25%

2 보리

① 가장 오래된 곡식류

② 도정 시 속겨층 완전 제거 안 됨

③ 중앙에 깊은 홈이 있고 섬유소가 많아 소화가 잘 안 됨

④ 소화율 개선을 위해 압맥과 할맥으로 가공

겉질보리	성숙 후에도 껍질이 종실에 밀착하여 분리되지 않음
쌀보리	성숙 후 껍질이 종실에서 잘 분리됨

3 밀

세계에서 가장 광범위하게 경작되는 식물

경질밀	단백질 함량 13% 이상, 빵 제조에 적합
중간밀	경질밀과 연질밀의 중간
연질밀	단백질 함량 9% 이하, 케이크, 과자류 제조에 적합

4 옥수수

① 세계 3대 곡류

② 단백질 제인(zein) 함유

③ 필수아미노산 트립토판 부족

④ 양질의 단백질 보충 필요

⑤ 결핍 시 펠라그라 발병

지피지기 예상문제

아는 문제(○), 헷갈리는 문제(△), 모르는 문제(x) 표시해 복습에 활용하세요.

1 ○ △ X

자포니카형 쌀의 특징은?

① 고온 다습한 열대 지역의 쌀이다.
② 세계 쌀 생산량의 80%를 차지한다.
③ 짧고 둥글둥글한 형태이다.
④ 끈기가 적고 푸슬푸슬하다.

2 ○ △ X

소화율 개선을 위해 압맥과 할맥으로 가공하는 곡류는?

① 쌀 ② 보리
③ 밀 ④ 옥수수

3 ○ △ X

옥수수의 대표적인 단백질은?

① 제인 ② 오리제닌
③ 글루텐 ④ 호르데인

4 ○ △ X

인디카형 쌀의 아밀로오스 함량은?

① 20% ② 25%
③ 80% ④ 75%

5 ○ △ X

빵 제조에 적합한 밀의 종류는?

① 연질밀 ② 중간밀
③ 경질밀 ④ 강질밀

1 ①,②,④는 인디카형 쌀의 특징이다.

3 ② 오리제닌 : 쌀 단백질
③ 글루텐 : 밀 단백질
④ 호르데인 : 보리 단백질

5 경질밀은 단백질 함량이 13% 이상으로 빵 제조에 적합하다.

정답

1	③	2	②	3	①	4	②	5	③

Chapter 6

중식 면 조리

1 면 재료 준비하기

1 면류의 정의

곡분 또는 전분류를 주원료로 하여 성형하거나 이를 열처리, 건조 등을 한 것으로 국수, 냉면, 당면, 유탕면류, 파스타류를 말함

2 면류의 분류

항목 / 구분	압출면			중국식 국수	한국식 국수 일본식 국수
	파스타	냉면	당면 (전분 국수)		
원료	세몰리나	밀가루	전분 (옥수수 또는 옥수수–고구마 혼합)	밀가루	밀가루
	물	메밀가루	알루미늄 명반	알칼리용액	소금
	–	알칼리제	–	–	물
색상	호박색	–	–	노란색	흰색
공정	압출·익힘	압출·익힘	압출·익힘	면대 형성	면대 형성
	–	(또는 끓는 물에 익힘)	–	자름	자름

(1) 밀가루 국수★★★

① 밀가루 등의 곡분을 주원료로 제조한 것

② 수분 함량과 익힘 공정에 따라 분류

③ 중국식 익힌 국수는 단백질 함량 10.5%, 생국수는 12% 또는 그 이상

④ 제조 공정 : 혼합 → 면대 형성 → 자름

⑤ 밀가루+소금(2%) 또는 알칼리제(탄산나트륨, 탄산칼륨 1~2%)+물(30~35%)로 반죽한 후 6단 롤러를 이용하여 점차 반죽의 두께를 줄여 면대를 형성한 다음 자름

⑥ 반건조 생면 : 수분 함량 20% 정도로 조절하여 유통기한 연장

(2) 전분 국수★★★

① 당면이 대표적

② 전분(80% 이상)을 주원료로 제조한 것

③ 중국에서는 녹두 전분을 주로 이용

④ 기계 당면 : 압출 성형기(extruder)를 이용하여 압출, 옥수수 전분(또는 일부 고구마 전분 혼합) 이용

⑤ 손 당면 : 반죽을 자연 낙하 또는 압출 성형기로 단순 압출, 고구마 전분 이용

(3) 파스타(pasta)

① 스파게티나 마카로니와 같은 제품들을 총칭하여 일컫는 말

② 듀럼 세몰리나(semolina), 듀럼(durum)가루, 파리나(farina) 또는 밀가루를 주원료로 제조한 것

③ 압출 성형기로 압출하고 건조 공정을 거침

④ 건조 시간 15~28시간, 최종 수분 함량 12%

(4) 냉면

① 메밀가루, 곡분 또는 전분을 주원료로 제조한 것(메밀가루 5% 이상 첨가)

② 압출, 압연 또는 이와 유사한 방법으로 성형

(5) 유탕면류

① 면발을 익힌 후 유탕 처리한 것

② 지방질 함량 20%

③ 라면 : 면대 형성 후 잘라 스팀으로 2분 정도 증자하여 전분을 호화시키고 성형한 다음 140~160℃의 유탕에서 튀겨 수분 제거

(6) 기타 면류

수제비, 만두피 등

3 면의 재료★★★

밀가루	• 밀알의 겉껍질(bran)을 제거하면 배유부는 유연하여 부서지기 쉬움 • 글루텐(gluten)이 있어 점성(글리아딘)과 탄성(글루테닌)을 띠게 됨 • 글루텐을 이용하여 빵, 면류, 과자 등을 제조 • 밀의 소화율은 90%, 밀가루의 소화율은 98%
소금	• 밀가루 기준 2~6% 함량으로 사용 • 글루텐의 점탄성 증가 • 맛과 풍미 향상 • 삶는 시간 단축 • 보존성 향상 • 건면의 경우 이상 건조, 낙면 방지
물	• 반죽할 때의 배합수 : 원료분 100에 대해 물 35 이상 혼합 • 삶는 물 : 충분한 양의 끓는 물에서 삶기 • 수세, 세척 용도

2 면 뽑아내기

1 생면류 면발 형성

① 면대 : 반죽을 얇게 편 것으로 다단 롤러를 이용하여 얇고 넓적하게 펴서 만듦

② 면발 : 면대를 썰어서 만든 면 가닥으로 절출기 또는 칼날을 이용하여 만듦

2 면발 굵기에 따른 요리 소재★★★

세면	• 면발의 굵기가 가장 가는 면 • 중국이나 일본 등에서 많이 사용
소면	• 세면보다 조금 굵은 면발 • 메밀면의 면발은 소면의 면발과 유사하거나 조금 굵음 • 잔치국수, 비빔면
중화면	• 소면보다 조금 굵은 면발 • 중화면 중 수타면은 굵기가 일정치 않은 것이 특징 • 일본식 라면, 자장면, 짬뽕 등
칼국수면	• 중화면보다 조금 굵은 면발 • 넓적하고 얇은 형태(닭, 고기 국물 칼국수) • 좁고 굵은 형태(해물, 팥 칼국수)
우동면	• 칼국수면보다 조금 굵은 면발 • 우동 등

3 면발의 규격

폭	면발 번호 표기★	• 30mm길이를 해당 번호로 나눈 값이 그 번호 면발의 폭 예 10번 면 → 30mm÷10=3mm(폭) 예 20번 면 → 30mm÷20=1.5mm(폭)
	번호 표현 방식	• # 뒤에 숫자 표기 예 #10=10번 면
두께		• 정해진 기준 없음 • 우동면의 경우 면발의 폭과 두께의 비율 4:3 정도가 소비자 선호도 가장 높음

3 면 삶기

1 면 삶아 담기★★★

(1) 면 삶을 물이 끓고 있는지 확인한다.

① 면을 뽑기 전 끓는 물 확인

② 뽑힌 면이 엉겨 붙는 것 방지

③ 면발의 탄력성 유지를 위해 끓는 물에 소금 첨가

(2) 면이 익으면 씻을 찬물이 준비되어 있는지 확인한다.

① 면의 삽냄새 세서

② 탄력성 유지

(3) 중식 면 조리의 메뉴에 맞는 그릇이 준비되어 있는지 확인한다.

국물이 있는 면 요리와 국물이 없는 면 요리의 용도에 맞는 그릇 준비

(4) 면이 완성되면 끓는 물에 넣고 잘 저어 가며 익힌다.

① 충분히 저어 서로 엉겨 붙지 않도록 함

② 끓어오르면 찬물을 한 번 붓고 다시 끓어오를 때 건져냄

(5) 기계면과 수타면의 삶는 시간이 다름을 이해한다.

① 기계면은 수분 함량이 많으면 기계의 밀대나 절삭기에 반죽이 붙어 면을 뽑기가 어려움

② 수타면은 기계면에 비해 수분함량이 많음

(6) 면이 익으면 건져서 찬물에 담가 깨끗이 주무르면서 씻는다.

① 찬물에 충분히 헹구어 면의 탄력을 줌

② 최소 두 번 정도 씻어 면의 잡냄새를 완전히 제거

(7) 씻어낸 면을 중식 면 조리 메뉴에 따라 알맞은 온도로 담아낸다.

① 냉면은 차게 제공

② 온면은 끓는 물에 데쳐 따뜻하게 제공

Tip

- 면을 뽑기 전 반죽의 수분 함량에 따라 면의 질감이 달라짐
- 물이 끓지 않거나 물의 양이 충분하지 않으면 면이 탄력을 잃고 맛이 떨어짐
- 삶은 면을 찬물에 충분히 헹구지 않으면 면의 탄력이 떨어지고 냄새도 좋지 않음

지피지기 예상문제

아는 문제(○), 헷갈리는 문제(△), 모르는 문제(x) 표시해 복습에 활용하세요.

1 ○|△|x

당면의 원료는?

① 세몰리나　② 밀가루
③ 쌀　④ 전분

2 ○|△|x

반건조 생면의 수분함량은?

① 10%　② 20%
③ 30%　④ 40%

3 ○|△|x

압출식 면이 아닌 것은?

① 냉면　② 당면
③ 파스타　④ 중국식 국수

4 ○|△|x

면 반죽 시 소금 사용량으로 적합한 것은?

① 2~6%　② 6~10%
③ 10~15%　④ 15% 이상

5 ○|△|x

면 반죽 시 원료분 100에 대해 물은 몇 이상 혼합해야 하는가?

① 15　② 25
③ 35　④ 45

6 ○|△|x

면발 중 굵기가 가장 가는 면은?

① 세면　② 소면
③ 중화면　④ 우동면

7 ○|△|x

길이 30mm인 10번 면의 폭은?

① 30mm　② 15mm
③ 3mm　④ 1.5mm

8 ○|△|x

면 삶는 방법의 특징이 아닌 것은?

① 면의 탄력성을 위해 끓는 물에 소금을 넣는다.
② 면이 익으면 찬물에 헹구어 준비한다.
③ 면을 충분히 저어 서로 엉겨 붙지 않도록 한다.
④ 면은 찬물부터 넣어 끓여 충분히 익힌다.

1 옥수수 전분이나 옥수수 전분과 고구마 전분을 혼합하여 만든다.

3 중국식 국수는 반죽 후 롤러로 반죽을 밀어 자른 것을 의미한다.

6 ② 세면보다 조금 굵은 면발이다.
③ 소면보다 조금 굵은 면발이다.
④ 칼국수보다 조금 굵은 면발이다.

7 30mm÷10=3mm(폭)

8 끓는 물에 면을 넣어 익힌다.

정답

1	④	2	②	3	④	4	①	5	③
6	①	7	③	8	④				

Chapter

중식 냉채 조리

1 냉채 준비하기

1 메뉴를 고려한 냉채 요리의 선정

(1) 냉채의 정의

순서에 맞추어서 요리를 한 가지씩 상에 낼 때 맨 처음 나가는 차가운 요리

(2) 냉채의 특징

① 소화가 잘 되게 구성

② 뒤에 나오는 요리에 대해서 기대감을 갖게 함

③ 연회에 대한 성격을 상징적으로 표현

④ 냉채 요리의 온도는 4℃가 적당

⑤ 재료가 신선해야 하고 향이 있어야 하며 부드럽고 국물이 없어야 함

⑥ 비린내가 안 나고 상큼한 맛이 남

(3) 냉채 요리 선정 시 유의 사항★★★

① 주요리의 가격대에 따라 결정

② 주요리가 어떤 요리가 나가는지 보고 냉채를 결정

③ 주요리는 계절에 따라서 연회에 따라서 자주 바꾸어야 하므로 냉채도 주요리에 따라서 변화를 주어야 함

④ 재료와 부재료에 균형

⑤ 조리 방법이 겹치지 않아야 함

2 재료 손질법

새우	• 수염을 자르고 가위로 머리 위와 꼬리의 뾰족한 부분을 잘라냄 • 칼로 등을 갈라 모래집을 꺼냄 • 칼로 등을 가른 다음 물에 다시 씻을 필요가 없음
해파리와 해파리 머리	• 물에 담가 소금기를 완전히 제거 후 사용 • 물에 데칠 때는 물의 온도에 주의(뜨거우면 오그라듬)

오징어	• 내장과 껍질을 벗겨서 사용
갑오징어	• 몸통 속의 단단한 부분, 껍질, 다리 제거 후 사용(몸통만 사용)
숭어	• 비늘과 내장을 제거하고 사용
피단	• 신선한 것으로 선택하여 한 개씩 껍질을 까서 사용 • 어둡고 차가운 곳에 보관
분피	• 상온의 창고에 보관 • 사용할 때 손으로 부스러뜨린 다음 끓는 물에 담가 부드러워지면 사용
오이	• 소금으로 문질러 씻은 다음 사용
셀러리	• 줄기의 껍질을 벗겨서 사용
땅콩	• 햇땅콩을 사용하되 전날 물에 불려 맑은 물이 나올 때까지 씻어서 사용

Tip
- 피단은 달걀이나 오리 알을 삭힌 것으로 완전히 익은 것을 좋아하면 찜통에 넣어 쪄서 익혀서 사용한다.
- 향신료는 어둡고 건조한 곳에 보관한다.
- 해물은 전처리한 후 물로 씻지 않는다.

2 기초 장식 만들기

1 요리에 따른 기초 장식의 선정

① 냉채 요리가 나갈 때 음식을 아름답게 보이기 위해서 장식해 주는 것

② 주로 채소의 뿌리 부분과 오이, 수박, 호박 등 이용

③ 연회의 품격을 높이고, 식욕을 증진시킴

2 기초 장식의 순서

① 주제 정하기 : 계절, 자연, 결혼식, 나라, 풍습 등을 고려

② 디자인하기 : 장식의 수준 결정, 조각의 크기, 너비, 두께, 사용할 조각도 등

③ 재료 선택하기 : 디자인에 잘 맞는 재료 선택

④ 초벌 조각하기 : 몸통의 대강을 조각

⑤ 조각하기 : 예리한 칼과 조각도로 초벌한 조각을 다듬는 과정

3 재료의 특성을 고려한 기초 장식

무★	• 기초 장식의 재료로 가장 많이 사용 • 크기가 커서 원하는 장식을 만들어 내기 쉬움 • 힘을 들이지 않고 원하는 모양을 만들어 냄 • 필요한 색깔로 물들일 수 있음

당근★	• 붉은색을 좋아하는 중국에서 기초 장식의 재료로 많이 이용 • 앵무새, 장미꽃 등을 만드는 데 이용
오이★	• 가장 간단한 방법으로 사용 가능 • 접시의 가장자리를 두르는 등의 기초 장식 • 토마토, 레몬과 함께 얇게 썰어 장식
감자	• 흰색 꽃을 표현하는 데 사용
가지	• 굵기가 두껍고 색이 균일하며 속이 꽉 차고 꼭지가 길게 붙어있는 것을 사용
양파	• 동그란 모양의 것으로 뿌리 채 사용
고추★	• 청고추, 홍고추, 피망 등 색깔별로 사용 • 고추 : 꽃을 만들어 사용 • 피망 : 소스를 담는 그릇 대용으로 활용 가능

4 요리에 어울리는 기초 장식

구분	요리명	색	기초장식
해물	파생강갑오징어 해파리 머리 무침	흰색, 미색	무, 오이, 당근, 고추 등 구분 없이 사용
	술 취한 새우 훈제 숭어	유색(붉은색)	흰색 또는 붉은 계통
육류	마늘소스삼겹살 냉채	흰색	무, 오이, 양파 등 흰색과 갈색이 나는 장식
	오향장육	짙은 색(갈색)	흰색

5 기초 장식의 보관과 관리

① 기초 장식에 이용되는 재료는 재료마다 특성이 다르기 때문에 특성에 따라 분류

② 상추 등의 잎채소는 1회 사용하고 폐기

③ 무 등은 다량의 수분을 함유하므로 밀폐 용기에 물과 함께 담아서 냉장고에 넣어 보관

④ 당근은 밀폐 용기에 물과 함께 담아서 냉장고에 2일 정도 보관 가능

⑤ 오이는 1회에 한하여 사용 가능하고 보관해서 사용할 수 없음

⑥ 감자는 색이 변하기 때문에 밀폐 용기에 물과 함께 담아서 냉장고에 보관

⑦ 가지는 색이 변하기 때문에 1회에 한하여 사용 가능하고 보관해서 사용할 수 없음

⑧ 양파는 쉽게 물러지기 때문에 1일 정도 사용 가능

⑨ 붉은 고추는 밀폐 용기에 물과 함께 담아 냉장고에 보관할 수 있음

⑩ 식용 색소를 이용하여 만든 장식은 만들 때와 보관할 때 모두 색소를 사용하지 않는 재료와는 구분하여 보관

3 냉채 조리하기

1 냉채 조리법★★★

구분		내용
무치기		• 누구나 할 수 있는 쉬운 방법 • 부드럽고 상큼하고 깔끔한 맛 • 싱싱한 재료 사용 • 양념 : 소금, 간장, 설탕, 식초, 다진 마늘, 파기름, 생강즙, 산초기름, 고추기름, 겨자가루, 후춧가루, 참기름, 고수 등
장국물에 끓이기		• 양념과 향료 등을 넣어 만든 국물에 넣어 약한 불로 끓이는 조리법 • 깊은 맛이 나고 부드러움 • 불을 약하게 조절하여 장시간 가열
양념에 담그기★		• 소금, 간장, 술, 설탕, 식초 등에 재료를 담가 만드는 방법 • 장시간 보관해야 할 때 사용
	소금물에 담그기	• 단단한 질감. 배추, 무, 셀러리 등 • 소금물에 절였다가 바로 냉채로 낼 수 있음 • 여름은 3~5일, 겨울은 5일이 지나야 숙성
	간장에 담그기	• 배추 밑동, 오이 등 신선한 채소를 절여서 사용 • 살아있는 재료를 사용할 때는 담근 후 10일이 지나야 숙성
	술에 담그기	• 소홍주(찹쌀로 빚은 술)에 소금을 넣어 절이는 방법 • 게, 새우 등을 담근 후 가열하여 상에 냄 • 담근 후 하루가 지나면 숙성
	설탕과 식초에 담그기	• 소금에 절이는 과정을 통하여 채소의 수분을 뺀 디음 단맛이 배이게 하는 방법 • 오이 : 최소 8시간 지나야 숙성 • 양배추, 당근, 무 등 : 최소 4~5일 숙성
수정처럼 만들기		• 돼지껍질 등 아교질 성분이 많은 것을 끓여 차갑게 만들어 두면 수정처럼 맑게 응고되는 원리를 이용 • 돼지다리, 생선살, 새우살, 닭고기, 게살 등으로 만들 때 사용
훈제하기		• 가공하거나 재웠던 재료를 익힌 후 설탕, 찻잎, 쌀 등을 솥에 넣고 밀봉하여 냉채로 이용할 재료에서 훈제한 향이 느껴지도록 한 것 • 붉은 빛 색으로 훈연한 향기와 독특한 맛 • 돼지고기, 닭·오리·돼지의 내장 각 부위, 메추리, 달걀, 생선, 오징어, 소라 등 이용

2 맛 종류에 따른 재료의 선택

맛의 종류	재료	주요 양념
고추기름 맛	육류의 내장	고추기름, 간장, 설탕, 참기름
생강즙 맛	오징어 등	소금, 생강, 식초, 참기름
마늘즙 맛	육류 등	다진 마늘, 간장, 고추기름, 참기름
얼얼하게 매운맛	육류의 내장	간장, 파, 산초, 참기름
특이한 맛	닭고기, 채소 등	간장, 참깨장, 설탕, 식초, 참기름, 고추기름, 산초가루, 볶은 깨
고소한 맛	닭고기 등	참기름, 간장
겨자 맛	채소 등	소금, 간장, 겨자, 참기름, 식초
깨장 맛	닭고기 등	간장, 참깨장, 참기름, 설탕
얼얼하게 매운맛	육류의 내장 등	간장, 고추기름, 산초가루, 참기름
샐러드 맛	채소 등	달걀 노른자, 식용유, 식초, 레몬즙

3 주재료에 따른 소스의 종류

겨자	겨자가루 2큰술에 뜨거운 물 1큰술 넣어 갠 다음 찜통에 넣어 끓는 물에 10분간 찐 다음 사용
케첩	토마토케첩, 간장, 술, 소금, 설탕, 물 등을 혼합하여 하루 지난 다음 사용
춘장	두반장, 춘장, 간장, 설탕, 술을 혼합하여 하루 지난 다음 사용
레몬	레몬, 설탕, 물, 소금, 녹말가루, 참기름을 혼합하여 하루 지난 다음 사용
콩장	콩장, 술, 소금, 설탕, 간장을 혼합하여 하루 지난 다음 사용

4 숙성 및 발효가 필요한 소스 조리

(1) 숙성이 필요한 소스 조리

① 탕수 소스 : 설탕과 식초 혹은 레몬즙을 넣어 설탕이 모두 녹을 때까지 20~30분간 숙성

② 깐소 소스 : 물, 소금, 참기름, 토마토케첩, 고추장 등을 넣고 잘 섞은 후 1시간 숙성

(2) 발효가 필요한 소스 조리

간장, 두반장, 춘장 등

4 냉채 완성하기

1 제공하는 냉채의 양

① 전체 인원수와 주문한 전체 요리의 수에 의해 결정

② 한 사람이 한 젓가락 혹은 두 젓가락 정도 먹을 양으로 준비

2 냉채 담기의 특징

① 냉채의 수준이 정해지는 과정

② 색, 맛, 향을 중시하면서 형태를 보여줌

③ 생동감 있고 선명한 색으로 눈을 즐겁게 함

④ 위생적인 담기

⑤ 냉채의 색깔과 소스의 색깔, 기초 장식의 색깔까지 고려

3 냉채 담기

봉긋하게 쌓기★	• 미리 썰어 놓은 재료를 데쳐 만든 냉채를 담는 방법 • 서로 다른 재료를 혼합하여 모양이 일정치 않으므로 산봉우리처럼 봉긋하게 올라오게 담음 예 해파리 냉채 등
평편하게 펴놓기★	• 정형화된 냉채를 썬 다음 접시에 평편하게 담는 방법 • 오이 등의 재료를 깔거나 원래의 재료 모양대로 담아냄 예 통닭 냉채 등
쌓기★	• 한 조각씩 잘라서 계단 형태로 담는 방법
두르기★	• 접시의 중앙에 동그랗게 두른 후 어울리는 재료를 함께 담음 • 꽃 모양으로 만들어 중간에 꽃으로 장식함
형상화하기★	• 서로 다른 색깔과 형태의 냉채 요리를 색상을 배합하여 꽃, 새, 동물 등을 표현하는 방법 • 시간이 많이 걸리고 숙련된 방법 • 상온에 오랫동안 노출시켜야 하므로 위생에 특별히 주의해야 함

지피지기 예상문제

아는 문제(○), 헷갈리는 문제(△), 모르는 문제(x) 표시해 복습에 활용하세요.

1 ○△X

냉채에 대한 설명으로 옳지 않은 것은?

① 냉채 요리는 0℃로 차갑게 제공해야 좋다.
② 재료가 신선하고 향이 있어야 좋다.
③ 소화가 잘 되게 구성해야 한다.
④ 연회에 대한 성격을 상징적으로 표현한다.

2 

냉채 요리 선정 시 유의해야 할 사항이 아닌 것은?

① 주요리의 가격대에 따라 결정한다.
② 주요리와 조리 방법이 일치해야 한다.
③ 주요리는 계절에 따라 연회에 따라 바뀌어야 한다.
④ 재료와 부재료의 균형을 이루어야 한다.

3 ○△X

해파리 손질법으로 옳은 것은?

① 껍질을 벗겨서 사용한다.
② 물에 데칠 때는 끓는 물에 넣어 충분히 삶아준다.
③ 물에 담가 소금기를 제거한다.
④ 소금을 넣어 절여둔다.

4 ○△X

기초 장식의 재료로 많이 사용되고 필요한 색깔로 물들일 수 있는 식재료는?

① 무 ② 당근
③ 오이 ④ 고추

5 ○△X

가장 간단한 방법으로 접시의 가장자리를 두르는 등의 기초 장식으로 얇게 썰어 장식하는 식재료는?

① 무 ② 당근
③ 오이 ④ 고추

1 4℃ 정도로 제공하는 것이 적당하다.
2 주요리와 조리 방법이 겹치지 않도록 해야 한다.
3 해파리는 소금에 오랫동안 절여 놓았기 때문에 물에 담가 소금기를 완전히 제거한다. 또한 물에 데칠 때는 물의 온도가 너무 뜨거우면 오그라들기 때문에 주의해야 한다.

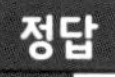

정답

1	①	2	②	3	③	4	①	5	③

6

●|▲|X

냉채 재료를 장기간 보관하고자 할 때, 주로 단단한 질감의 야채나 배추, 무, 셀러리 등에 사용하고, 여름에는 3~5일, 겨울에는 5일 정도 숙성하여 사용하는 양념 담그기 방법은?

① 술에 담그기
② 소금물에 담그기
③ 간장에 담그기
④ 설탕과 식초에 담그기

7

●|▲|X

누구나 할 수 있는 쉬운 방법으로 부드럽고 상큼한 맛을 내는 냉채 조리법은?

① 상국물에 끓이기
② 수정처럼 만들기
③ 훈제하기
④ 무치기

8

●|▲|X

발효가 필요한 소스가 아닌 것은?

① 간장 ② 춘장
③ 깐소 ④ 두반장

9

●|▲|X

냉채를 담는 방법 중 시간이 많이 걸리고 숙련된 기술이 필요한 담기법은?

① 쌓기 ② 두르기
③ 펴놓기 ④ 형상화하기

6 소금물에 절였다가 바로 냉채로 낼 수 있는데 여름에는 3~5일, 겨울에는 5일이 지나야 숙성된다.

7 ① 장국물에 끓이기 : 국물에 넣어 약한 불로 끓이는 조리법으로 깊은 맛이 나고 부드럽다.
② 수정처럼 만들기 : 돼지껍질과 같은 아교질 성분이 많은 것을 끓여 차갑게 만들어 두면 수정처럼 맑게 응고되는 원리를 이용한 것이다.
③ 훈제하기 : 훈제 향이 느껴지도록 한 것으로 독특한 맛이 있다.

8 깐소 소스는 물, 소금, 참기름, 토마토 케첩, 고추장 등을 넣고 잘 섞은 후 1시간 숙성한 소스이다.

9 상온에 오랫동안 노출시켜야 하므로 위생에 특별히 주의해야 한다.
① 쌓기 : 한 조각씩 잘라서 계단 형태로 담는 방법
② 두르기 : 접시 중앙에 동그랗게 두른 후 어울리는 재료를 함께 담는 방법
③ 봉긋하게 쌓기 : 산봉우리처럼 봉긋하게 올라오게 담는 방법

정답

6	②	7	④	8	③	9	④

중식 볶음 조리

볶음 준비하기

1 볶음 재료의 선정

① 주재료의 선택 : 육류, 생선류, 채소류, 두부 등

② 부재료의 선택 : 파, 마늘, 생강 등의 향신료와 채소류 등으로 음식의 질과 양, 주재료의 종류와 맛, 성분을 서로 조화할 수 있는 재료 선택

2 조리 도구의 선정

도마, 칼, 뒤집게, 나무젓가락, 중식 팬, 중식 국자, 구멍 국자, 기름통, 거르개 등

3 열전달 매체 준비(기름)★★★

(1) 조리용 매개체로서의 기름★★★

① 열전달체 역할로 음식을 익힘

② 주·부재료를 높지 않은 온도의 기름이나 물로 전처리한 후 볶음에 사용

(2) 영양 공급원으로서의 기름★★★

① 음식을 부드럽게 하고 고소한 맛 증가

② 지용성 비타민의 흡수를 도와주므로 지용성 재료를 이용한 음식의 조리에 많이 사용

(3) 향을 부가하는 역할을 하는 기름★★★

음식 자체의 향 뿐 아니라 볶음 작용으로 향을 배가시킴

2 볶음 조리하기

1 중식 볶음 조리법★★★

초(炒, 차오)	• 중국 요리에서 가장 많이 사용되는 조리법 • 전분을 사용하지 않는 볶음류 • 채소가 살아있는 상태를 유지 예 부추잡채(소구차이), 고추잡채(칭지아오러우시), 당면잡채, 토마토달걀볶음 등
폭(爆, 빠오)	• 1.5cm 정육면체로 썰거나 가늘게 채 썰고 혹은 꽃 모양으로 만들어 칼집을 낸 재료를 뜨거운 물이나 탕, 기름 등으로 먼저 고온에서 매우 빠른 속도로 솥에서 뒤섞어 열처리를 한 뒤 볶아 내는 방법 예 궁보계정 등
류(溜, 려우)	• 전분을 사용하는 볶음류 • 잘 식지 않게 하고 맛을 살리는 방법 • 재료를 튀기거나 삶은 후 소스를 끼얹거나 혼합하는 조리법 예 류산슬, 라조기, 전가복, 새우케첩볶음 등

2 오방색과 중국 음식★★★

황(黃, 노란색)	• 당근, 고구마, 생강, 바나나, 콩, 오렌지, 옥수수, 죽순 등 • 부와 재산의 상징 • 오방색 중 가장 고귀한 색
적(赤, 빨간색)	• 홍고추, 홍피망, 팥, 석류, 토마토 등 • 고대로부터 중국인들이 좋아하는 색
백(白, 흰색)	• 양배추, 양파, 양송이, 새송이, 무, 마늘, 인삼 등
청(靑, 청색)	• 청경채, 오이, 파, 완두콩, 풋고추, 청피망, 부추, 셀러리, 얼갈이 등
흑(黑, 검은색)	• 검정콩, 다시마, 우엉, 가지, 표고 등 • 동고동순 : 죽순과 함께 표고버섯을 중국의 거의 모든 음식에 넣음

Tip 죽순은 흰색으로 말하기도 하며 당근을 붉은색으로 취급하기도 함

3 볶음 완성하기

1 중국 볶음 음식의 특징★★★

(1) 정확한 사전 준비

① 단시간 내 빠르게 완성해야 하므로 사전 준비가 중요

② 조리기구 정비, 각종 조미료 준비

③ 분업으로 주문이 많이 들어와도 재빨리 많은 음식을 준비할 수 있음

(2) 불 조절이 중요하고 화력을 나누어서 사용

① 높은 화력을 바탕으로 재료의 고유한 맛 유지

② 영양소 손실 최소화

③ 볶을 때는 강하게, 전분을 잡을 때는 약하게 화력 조절

④ 볶음 요리는 중식 요리의 꽃에 속하는 대표 요리

(3) 향신료와 조미료의 향을 잘 활용

① 팬 가열 후 향채소(마늘, 파, 고추 등)나 조미료(간장, 청주 등)를 뜨거운 기름에 먼저 익혀 향을 냄

② 완성 후 참기름, 후추 등을 첨가하여 풍미를 높임

(4) 식재료가 다양하고 조리법과 맛내기도 다양하고 풍부

① 수 만 가지의 다양한 식재료

② 식재료에 따른 다양한 조리법 발달

③ 닭고기, 돼지고기 + 달걀 흰자 → 풍미향상, 부드러운 맛

④ 고기요리 + 생강즙

⑤ 생선 + 술, 레몬주스

(5) 재료 고유의 맛, 색, 향을 살리고 풍요롭고 화려함

① 오방색을 기본으로 하여 식재료 자체의 맛, 모양을 살림

② 각 재료의 색이 살아있는 화려하고 풍요로운 음식 발달

③ 한 그릇에 채소, 해산물, 육류 등 조화를 이룸

④ 화려한 채소 장식이 큰 부분 차지

지피지기 예상문제

아는 문제(○), 헷갈리는 문제(△), 모르는 문제(x) 표시해 복습에 활용하세요.

1

기름의 역할이 아닌 것은?

① 열 전달 매체
② 영양 공급원
③ 향을 부가하는 역할
④ 냉채의 주재료

2

궁보계정 등에 사용하는 조리법으로 재료를 뜨거운 물이나 탕, 기름 등으로 먼저 고온에서 매우 빠른 속도로 솥에서 뒤섞어 열처리를 한 뒤 볶아 내는 방법은?

① 초(炒) ② 폭(爆)
③ 류(溜) ④ 황(黄)

3

부추잡채, 고추잡채, 토마토달걀볶음의 조리법은?

① 초(炒) ② 폭(爆)
③ 류(溜) ④ 황(黄)

4

중국 음식에서 사용되는 색 중 부와 재산의 상징으로 가장 고귀한 색은?

① 황(黄) ② 적(赤)
③ 백(白) ④ 청(青)

5

중국 음식의 특징으로 옳지 않은 것은?

① 단시간 내 빠르게 완성해야 하므로 사전 준비가 중요하다.
② 저온에서 은근히 끓여 맛을 우려낸다.
③ 식재료가 다양하고 조리법이 풍부하다.
④ 재료 고유의 맛, 색, 향을 살려 화려하다.

2 ① 초(炒) : 전분을 사용하지 않는 볶음법
③ 류(溜) : 전분을 사용하는 볶음법으로 재료를 튀기거나 삶은 후 소스를 끼얹은 혼합법

4 ② 적(赤) : 중국인들이 가장 좋아하는 색
③ 백(白) : 양배추, 양파, 양송이 등을 사용함
④ 청(青) : 청경채, 오이, 파, 완두콩, 청피망, 부추 등을 사용함

5 높은 화력을 바탕으로 재료 고유의 맛을 유지하는 것이 특징이다.

정답

1	④	2	②	3	①	4	①	5	②

Chapter

중식 후식 조리

1 후식 준비하기

(1) 후식(後食)의 정의

음식을 먹고 난 뒤 입가심으로 먹는 것

(2) 후식의 특징

① 여러 식재료를 이용하여 달콤하고 깔끔한 맛 구현

② 소량으로 부담 없이 즐기도록 준비

③ 모양과 향이 중요

④ 더운 후식과 찬 후식으로 구분

⑤ 더운 것을 먼저 내고 찬 것을 후에 내는 것이 순서

(3) 후식의 종류

구분	내용
빠스류★	• 빠스(拔絲)–'실을 뽑다'라는 의미 • 설탕을 녹여 시럽을 만든 후 여러 식재료에 입히는 후식용 음식 예 고구마빠스, 바나나빠스, 사과빠스, 은행빠스, 귤빠스, 딸기빠스, 아이스크림빠스 등
시미로★	• 전분의 한 종류인 타피오카를 주재료로 사용한 후식 • 타피오카에 여러 식재료를 혼합하여 냉장고에 차게 보관한 후 사용 • 모든 과일에 사용 • 중국 음식의 느끼함을 정리해 주는 역할 • 한식의 한천, 양식의 젤라틴과 같은 효과 • 식물성 원료로 소화력 우수 예 멜론시미로, 망고시미로, 연시시미로 등
기타	• 찹쌀떡, 계절과일 등

2 더운 후식류 만들기

(1) 더운 후식류의 종류 : 빠스류 등

(2) 더운 후식류의 주요 식재료

① 고구마 ② 은행 ③ 바나나 ④ 옥수수 ⑤ 찹쌀 ⑥ 식용유(oil)

3 찬 후식류 만들기

(1) 찬 후식류의 종류 : 행인두부, 시미로, 과일 등

(2) 찬 후식류의 주요 식재료

① 행인(살구 씨) : 살구 씨의 안쪽 흰 부분을 갈아 사용한 요리로, 두부처럼 하얗고 부드러워 행인두부로 불림

② 타피오카 : 전분의 일종으로 시미로와 행인두부 등 찬 음식의 응고를 담당

4 중식 후식 조리법

(1) 재료의 선택은 다양하고 엄격하게

① 재료의 성질, 본래 지닌 맛, 색, 형태 등을 고려한 배합

② '약식동원(藥食同源)'

(2) 썰기는 요리에 맞는 방법으로 정교하고 세밀하게

① 써는 방법이 다양하고 장식 썰기(조각)가 특징

② 작게 썰기 : 조미료가 묻기 쉽고, 익히기 쉽고, 먹기 쉬움

③ 나비나 꽃 등 조각, 칼집 : 아름다움, 국물이나 조미료가 접할 수 있는 면적 증가

(3) 다양하고도 광범위한 맛내기 연구

① '달다, 시다, 쓰다, 맵다, 짜다'의 오미(五味) 기본

② 다양한 조미료를 조합하여 사용

(4) 화력 조절에 주의

식재료 고유의 맛을 살리고 기대되는 촉감을 만들어 냄

지피지기 예상문제

아는 문제(○), 헷갈리는 문제(△), 모르는 문제(x) 표시해 복습에 활용하세요.

1 ●|▲|x

중국음식의 후식 중 가장 먼저 내는 종류는?

① 시미로　② 빠스
③ 과일　④ 행인두부

2 ●|▲|x

'빠스'의 의미로 옳은 것은?

① 시럽을 만든다.
② 튀기다.
③ 실을 뽑다.
④ 가볍게 데친다.

3 ●|▲|x

찬 후식류가 아닌 것은?

① 과일　② 시미로
③ 행인두부　④ 고구마빠스

4 ●|▲|x

행인두부의 주재료로 옳은 것은?

① 살구 씨　② 사과 씨
③ 두부　④ 귤

5 ●|▲|x

타피오카를 주재료로 사용한 후식으로 여러 식재료를 혼합하여 냉장고에 차게 보관하여 사용하는 것은?

① 시미로　② 과일
③ 행인두부　④ 빠스

1 후식은 더운 것을 먼저 내고 찬 것을 나중에 낸다.
3 고구마빠스는 더운 후식류에 속한다.
4 행인두부는 살구 씨의 안쪽 흰 부분을 갈아 사용한 요리를 의미한다.

정답

1	②	2	③	3	④	4	①	5	①

복습하기

조리법 암기하기

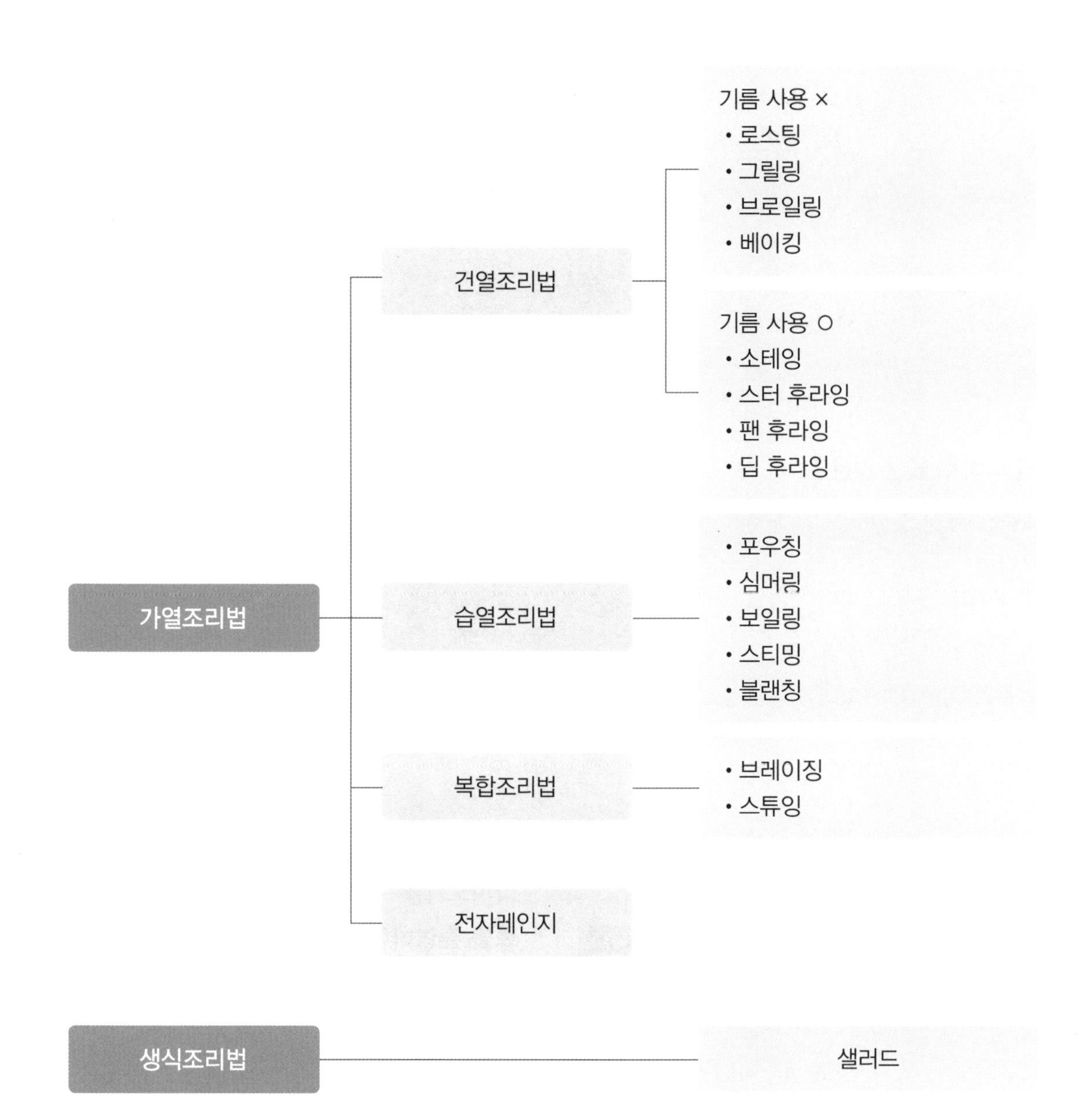

실전 모의고사

CBT(Compter Based Test)

2017년부터 모든 기능사 필기시험은 시험장의 컴퓨터를 통해 이루어집니다. 화면에 나타난 문제를 풀고 마우스를 통해 정답을 표시하여 모든 문제를 다 풀었는지 한 번 더 확인한 후 답안을 제출하고, 제출된 답안은 감독자의 컴퓨터에 자동으로 저장되는 방식입니다. 처음 응시하는 학생들은 시험 환경이 낯설어 실수할 수 있으므로, 반드시 사전에 CBT 시험에 대한 충분한 연습이 필요합니다.

■ Q-Net 홈페이지의 CBT 체험하기

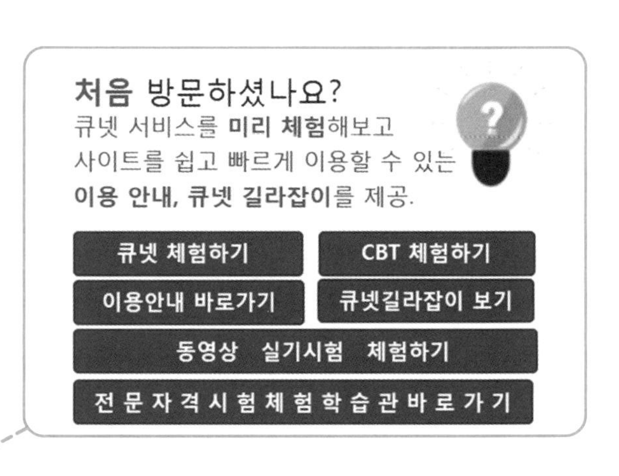

실전감각을 익히기 위한 모바일 모의고사 3회분을 제공합니다. 책에 수록된 실전모의고사 5회를 충분히 학습하신 후 시험장에 가기 전 실력을 점검해 보세요.

- ☐ 실전모의고사 1회
- ☐ 실전모의고사 2회
- ☐ 실전모의고사 3회

■ CBT 시험을 위한 모바일 모의고사

① QR코드 스캔 → 도서 소개화면에서 '모바일 모의고사' 터치
② 로그인 후 '실전모의고사' 회차 선택
③ 스마트폰 화면에 보이는 문제를 보고 정답란에 정답 체크
④ 문제를 다 풀고 채점하기 터치 → 내 점수, 정답, 오답, 해설 확인 가능

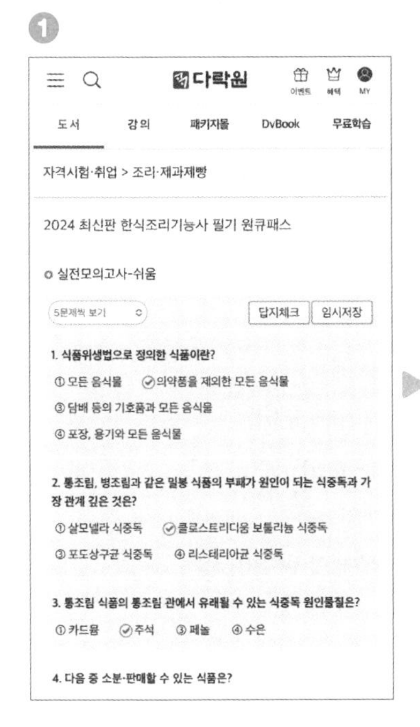

문제풀기

채점하기

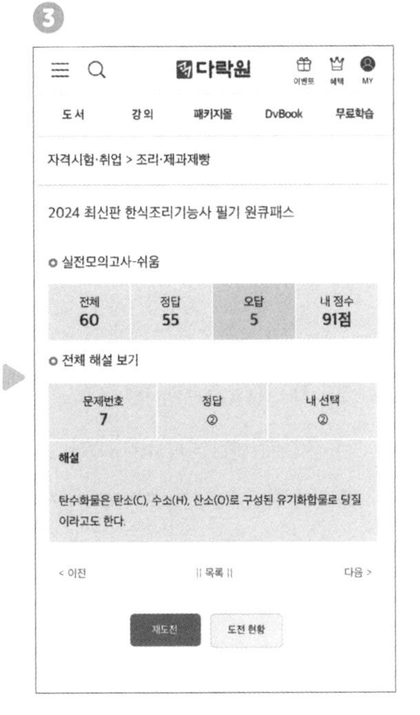

해설보기

중식조리기능사 필기 모의고사 ❶

수험번호 :
수험자명 :

제한 시간 : 60분
남은 시간 : 60분

글자 크기    화면 배치 

전체 문제 수 : 60
안 푼 문제 수 :

답안 표기란

01	① ② ③ ④
02	① ② ③ ④
03	① ② ③ ④
04	① ② ③ ④
05	① ② ③ ④
06	① ② ③ ④
07	① ② ③ ④
08	① ② ③ ④

01 미생물 종류 중 크기가 가장 작은 것은?

① 세균(bacteria)
② 바이러스(virus)
③ 곰팡이(mold)
④ 효모(yeast)

02 주방에서 조리장비류를 취급할 때 결함이 의심되거나 시설제한 중인 시설물의 사용 여부를 판단하기 위해 실시하는 점검은?

① 일상점검 ② 정기점검
③ 손상점검 ④ 특별점검

03 감자의 싹과 녹색 부위에서 생성되는 독성 물질은?

① 솔라닌(solanine)
② 리신(ricin)
③ 시큐톡신(cicutoxin)
④ 아미그달린(amygdalin)

04 중온균 증식의 최적 온도는?

① 10~12℃ ② 25~37℃
③ 55~60℃ ④ 65~75℃

05 중국 광동요리의 특징으로 옳은 것은?

① 궁중요리와 고급요리가 발달하였다.
② 기름기가 많아 맛이 진하고 양이 푸짐하다.
③ 대표요리는 마파두부 등 강한 맛의 매운 요리들이다.
④ 외국과의 교류가 빈번하여 서양요리의 특징이 혼합되어 있다.

06 굴을 먹고 식중독에 걸렸을 때 관계되는 독성 물질은?

① 시큐톡신(cicutoxin)
② 베네루핀(venerupin)
③ 테트라민(tetramine)
④ 테무린(temuline)

07 다음 중 보존료가 아닌 것은?

① 안식향산(benzoic acid)
② 소르빈산(sorbic acid)
③ 프로피온산(propionic acid)
④ 구아닐산(guanylic acid)

08 작업환경 조건에 따른 질병의 연결이 맞는 것은?

① 고기압–고산병
② 저기압–잠함병
③ 조리장–열쇠약
④ 채석장–소화불량

09 수인성 감염병의 유행 특성에 대한 설명으로 옳지 않은 것은?

① 연령과 직업에 따른 이환율에 차이가 있다.
② 2~3일 내에 환자발생이 폭발적이다.
③ 환자발생은 급수지역에 한정되어 있다.
④ 계절에 직접적인 관계없이 발생한다.

10 위해해충과 이들이 전파하는 질병과의 관계가 잘못 연결된 것은?

① 바퀴 : 사상충
② 모기 : 말라리아
③ 쥐 : 유행성 출혈열
④ 파리 : 장티푸스

11 곰팡이 중독증의 예방법으로 틀린 것은?

① 곡류 발효식품을 많이 섭취한다.
② 농수축산물의 수입시 검역을 철저히 행한다.
③ 식품 가공 시 곰팡이가 피지 않은 원료를 사용한다.
④ 음식품은 습기가 차지 않고 서늘한 곳에 밀봉해서 보관한다.

12 일반 가열 조리법으로 예방하기에 가장 어려운 식중독은?

① 살모넬라에 의한 식중독
② 웰치균에 의한 식중독
③ 포도상구균에 의한 식중독
④ 병원성 대장균에 의한 식중독

13 각 환경요소에 대한 연결이 잘못된 것은?

① 이산화탄소(CO_2)의 서한량 : 5%
② 실내의 쾌감습도 : 40~70%
③ 일산화탄소(CO)의 서한량 : 9ppm
④ 실내 쾌감기류 : 0.2~0.3m/sec

14 한식의 채썰기와 같은 형태로 길이 5~6cm, 두께 0.3cm 정도로 써는 방법은?

① 입(粒) ② 정(丁)
③ 사(絲) ④ 편(片)

15 다음 중 식품위생과 관련된 미생물이 아닌 것은?

① 세균 ② 곰팡이
③ 효모 ④ 기생충

16 환경위생을 철저히 함으로서 예방 가능한 감염병은?

① 콜레라 ② 풍진
③ 백일해 ④ 홍역

17 D.P.T 예방접종과 관계없는 감염병은?

① 파상풍 ② 백일해
③ 페스트 ④ 디프테리아

18 오염된 토양에서 맨발로 작업을 할 경우 감염될 수 있는 기생충은?

① 회충 ② 간흡충
③ 폐흡충 ④ 구충

답안 표기란

09	①	②	③	④
10	①	②	③	④
11	①	②	③	④
12	①	②	③	④
13	①	②	③	④
14	①	②	③	④
15	①	②	③	④
16	①	②	③	④
17	①	②	③	④
18	①	②	③	④

19 경단백질로서 가열에 의해 젤라틴으로 변하는 것은?

① 케라틴(keratin)
② 콜라겐(collagen)
③ 엘라스틴(elastin)
④ 히스톤(histone)

20 한국인 영양섭취기준(KDRIs)의 구성요소가 아닌 것은?

① 평균필요량 ② 권장섭취량
③ 하한섭취량 ④ 충분섭취량

21 중국에서 멜라민 오염 식품에 의해 유아가 사망한 이유는?

① 강력한 발암물질이기 때문이다.
② 유아의 간에 축적되어 간독성을 나타내기 때문이다.
③ 배설되지 않고 생체 내에 전량이 잔류하기 때문이다.
④ 분유를 주식으로 하는 유아가 고농도의 멜라민에 노출되었기 때문이다.

22 물을 이용한 조리법이 아닌 것은?

① 돈(dun, 뚠)
② 증(zheng, 쩽)
③ 초(chao, 챠오)
④ 배(ba, 바)

23 고기를 연화하는 방법으로 잘못된 것은?

① 기계적으로 두드려 결체 조직을 끊어 준다.
② 청주, 간장, 설탕, 후추 등에 10분 정도 재워둔다.
③ 기름에 '화'하여 사용한다.
④ 고기의 결대로 썰어 사용한다.

24 다음은 전기안전에 관한 내용이다. 틀린 것은?

① 1개의 콘센트에 여러 개의 선을 연결하지 않는다.
② 물 묻은 손으로 전기기구를 만지지 않는다.
③ 전열기 내부는 물을 뿌려 깨끗이 청소한다.
④ 플러그를 콘센트에서 뺄 때는 줄을 잡아당기지 말고 콘센트를 잡고 뺀다.

25 냉장의 목적과 가장 거리가 먼 것은?

① 미생물의 사멸
② 신선도 유지
③ 미생물의 증식 억제
④ 자기소화 지연 및 억제

26 위험도 경감의 원칙에서 핵심요소를 위해 고려해야 할 사항이 아닌 것은?

① 위험요인 제거
② 위험발생 경감
③ 사고피해 경감
④ 사고피해 치료

27 식육 및 어육제품의 가공 시 첨가되는 아질산과 2급아민이 반응하여 생기는 발암 물질은?

① 벤조피렌(benzopyrene)
② PCB(polychlorinated biphenyl)
③ N-니트로사민(N-nitrosamine)
④ 말론알데히드(malon aldehyde)

답안 표기란

19	①	②	③	④
20	①	②	③	④
21	①	②	③	④
22	①	②	③	④
23	①	②	③	④
24	①	②	③	④
25	①	②	③	④
26	①	②	③	④
27	①	②	③	④

28 자외선에 대한 설명으로 틀린 것은?

① 가시광선보다 짧은 파장이다.
② 피부의 홍반 및 색소 침착을 일으킨다.
③ 인체 내 비타민 D를 형성하게 하여 구루병을 예방한다.
④ 고열물체의 복사열을 운반하므로 열선이라고도 하며, 피부온도의 상승을 일으킨다.

29 조리용 칼을 사용할 때 위험요소로부터 예방하는 방법이 알맞지 않은 것은?

① 작업용도에 적합한 칼 사용
② 칼의 방향은 몸 안쪽으로 사용
③ 칼 사용 시 불필요한 행동 자제
④ 작업 전 충분한 스트레칭

30 과실 중 밀감이 쉽게 갈변되지 않는 가장 주된 이유는?

① 비타민 A의 함량이 많으므로
② Cu, Fe 등의 금속이온이 많으므로
③ 섬유소 함량이 많으므로
④ 비타민 C의 함량이 많으므로

31 식품의 변질을 방지하는 원리와 방법이 틀리게 짝지어진 것은?

① pH 조절 – 당장
② 가열 살균 – 병조림
③ 수분 활성 조절 – 건조
④ 산소 제거 – 진공포장

32 고추의 매운맛 성분은?

① 무스카린(muscarine)
② 캡사이신(capsaicin)
③ 뉴린(neurine)
④ 몰핀(morphine)

33 난황에 들어있으며, 마요네즈 제조 시 유화제 역할을 하는 성분은?

① 레시틴 ② 오브알부민
③ 글로불린 ④ 갈락토오스

34 미각의 온도에 대한 설명으로 옳은 것은?

① 쓴맛은 온도가 변화해도 맛의 강도가 변하지 않는다.
② 단맛은 체온 부근의 온도에서 가장 강하게 느낀다.
③ 맛을 느끼는 적당한 온도는 섭씨 0~10도이다.
④ 짠맛은 온도 상승에 따라 강도가 강해진다.

35 식품을 구입하였는데 포장에 아래와 같은 표시가 있었다. 어떤 종류의 식품 표시인가?

① 방사선조사식품
② 녹색신고식품
③ 자진회수식품
④ 유기농법제조식품

답안 표기란	
28	① ② ③ ④
29	① ② ③ ④
30	① ② ③ ④
31	① ② ③ ④
32	① ② ③ ④
33	① ② ③ ④
34	① ② ③ ④
35	① ② ③ ④

36 철과 마그네슘을 함유하는 색소를 순서대로 나열한 것은?

① 안토시아닌, 플라보노이드
② 카로티노이드, 미오글로빈
③ 클로로필, 안토시아닌
④ 미오글로빈, 클로로필

37 검수를 위한 구비요건으로 바르지 않은 것은?

① 식품의 품질을 판단할 수 있는 지식, 능력, 기술을 지닌 검수 담당자를 배치
② 검수구역이 배달구역 입구, 물품저장소(냉장고, 냉동고, 건조창고) 등과 최대한 떨어진 장소에 있어야 함
③ 섬수시간은 공급입체와 협의하여 검수 업무를 혼란 없이 정확하게 수행할 수 있는 시간으로 정함
④ 검수할 때는 구매명세서, 구매청구서를 참조

38 알칼리성 식품에 대한 설명 중 옳은 것은?

① Na, K, Ca, Mg이 많이 함유되어 있는 식품
② S, P, Cl이 많이 함유되어 있는 식품
③ 당질, 지질, 단백질 등이 많이 함유되어 있는 식품
④ 곡류, 육류, 치즈 등의 식품

39 생선의 자기소화 원인은?

① 세균의 작용
② 단백질 분해효소
③ 염류
④ 질소

40 감칠맛 성분과 소재 식품의 연결이 잘못된 것은?

① 베타인(betaine) : 오징어, 새우
② 크레아티닌(creatinine) : 어류, 육류
③ 카르노신(carnosine) : 육류, 어류
④ 타우린(taurine) : 버섯, 죽순

41 곡류의 특성에 관한 설명으로 틀린 것은?

① 곡류의 호분층에는 단백질, 지질, 비타민, 무기질, 효소 등이 풍부하다.
② 멥쌀의 아밀로오스와 아밀로펙틴의 비율은 보통 80:20이다.
③ 밀가루로 면을 만들었을 때 잘 늘어나는 이유는 글루텐 성분의 특성 때문이다.
④ 맥아는 보리의 싹을 틔운 것으로 맥주 제조에 이용된다.

42 튀김옷 제조 시 탄산가스 방출로 수분을 증발시켜 튀김옷을 가볍게 하는 식재료의 단점은?

① 색이 진해진다.
② 질감이 떨어진다.
③ 쓴맛이 발생한다.
④ 글루텐 형성을 돕는다.

답안 표기란

36	①	②	③	④
37	①	②	③	④
38	①	②	③	④
39	①	②	③	④
40	①	②	③	④
41	①	②	③	④
42	①	②	③	④

43 우뭇가사리를 주원료로 이들 점액을 얻어 굳힌 해조류 가공제품은?
① 젤라틴 ② 곤약
③ 한천 ④ 키틴

44 달걀을 삶았을 때 난황 주위에 일어나는 암녹색의 변색에 대한 설명으로 옳은 것은?
① 100℃의 물에서 5분 이상 가열 시 나타난다.
② 신선한 달걀일수록 색이 진해진다.
③ 난황의 철과 난백의 황화수소가 결합하여 생성된다.
④ 낮은 온도에서 가열할 때 색이 더욱 진해진다.

45 곡물의 저장 과정에서의 변화에 대한 설명으로 옳은 것은?
① 곡류는 저장 시 호흡 작용을 하지 않는다.
② 곡물 저장 시 벌레에 의한 피해는 거의 없다.
③ 쌀의 변질에 가장 관계가 깊은 것은 곰팡이이다.
④ 수분과 온도는 저장에 큰 영향을 주지 못한다.

46 조림의 한 종류로 '뜸을 들이다, 띄우다'는 뜻이며, 뚜껑을 닫고 약한 불에 고거나 익히는 방법은?
① 먼(men)
② 첩(tie)
③ 쇄(shuan)
④ 홍샤오(hong shao)

47 과일향기의 주성분을 이루는 냄새 성분은?
① 알데히드류
② 함유황화합물
③ 테르펜류
④ 에스테르류

48 발연점을 고려했을 때 튀김용으로 가장 적합한 기름은?
① 쇼트닝(유화제 첨가)
② 참기름
③ 대두유
④ 피마자유

49 다음 중 식육의 동결과 해동 시 조직 손상을 최소화할 수 있는 방법은?
① 급속 동결, 급속 해동
② 급속 동결, 완만 해동
③ 완만 동결, 급속 해동
④ 완만 동결, 완만 해동

50 겨자를 갤 때 매운맛을 가장 강하게 느낄 수 있는 온도는?
① 20~25℃ ② 30~35℃
③ 40~45℃ ④ 50~55℃

51 다음 자료로 계산한 제조원가는 얼마인가?

- 직접재료비 180,000원
- 간접재료비 50,000원
- 직접노무비 100,000원
- 간접노무비 30,000원
- 직접경비 10,000원
- 간접경비 100,000원
- 판매관리비 120,000원

① 590,000원 ② 470,000원
③ 410,000원 ④ 290,000원

답안 표기란

43	① ② ③ ④
44	① ② ③ ④
45	① ② ③ ④
46	① ② ③ ④
47	① ② ③ ④
48	① ② ③ ④
49	① ② ③ ④
50	① ② ③ ④
51	① ② ③ ④

52 자포니카형 쌀과 인디카형 쌀에 대한 설명이 옳지 않은 것은?

① 세계 쌀 생산량은 인디카형이 더 많다.
② 아밀로오스의 함량은 자포니카형이 더 높다.
③ 인디카형은 자포니카형에 비해 길이가 길다.
④ 자포니카형은 인디카형에 비해 가열 시 끈기가 있다.

53 원가계산의 목적으로 옳지 않은 것은?

① 원가의 절감 방안을 모색하기 위해서
② 제품의 판매가격을 결정하기 위해서
③ 경영손실을 제품가격에서 만회하기 위해서
④ 예산편성의 기초자료로 활용하기 위해서

54 면을 만들 때 소금의 역할로 옳지 않은 것은?

① 글루텐의 점탄성 증가
② 삶는 시간 단축
③ 맛과 풍미 향상
④ 보존성 저하

55 냉채 조리 시 주로 사용되는 양념이 아닌 것은?

① 소금 ② 간장
③ 소홍주 ④ 두반장

56 중식의 오방색과 재료가 바르게 짝지어진 것은?

① 황(黃) – 홍고추
② 백(白) – 우엉
③ 적(赤) – 당근
④ 흑(黑) – 표고

57 무에 들어있는 소화를 촉진하는 성분은?

① 리파아제 ② 리그닌
③ 디아스타제 ④ 글리시닌

58 냉동생선을 해동하는 방법으로 위생적이며 영양 손실이 가장 적은 경우는?

① 18~22℃의 실온에 둔다.
② 40℃의 미지근한 물에 담가 둔다.
③ 냉장고 속에서 해동한다.
④ 23~25℃의 흐르는 물에 담가 둔다.

59 누구나 할 수 있는 쉬운 방법으로 부드럽고 상큼한 맛을 내는 냉채 조리법은?

① 장국물에 끓이기
② 수정처럼 만들기
③ 훈제하기
④ 무치기

60 다음 중 급수 설비 시 1인당 사용수 양이 가장 많은 곳은?

① 학교급식
② 병원급식
③ 기숙사급식
④ 사업체급식

답안 표기란

52	①	②	③	④
53	①	②	③	④
54	①	②	③	④
55	①	②	③	④
56	①	②	③	④
57	①	②	③	④
58	①	②	③	④
59	①	②	③	④
60	①	②	③	④

중식조리기능사 필기 모의고사 ❷

수험번호 :

수험자명 :

제한 시간 : 60분
남은 시간 : 60분

글자 크기   

화면 배치

전체 문제 수 : 60
안 푼 문제 수 :

답안 표기란

01 ① ② ③ ④
02 ① ② ③ ④
03 ① ② ③ ④
04 ① ② ③ ④
05 ① ② ③ ④
06 ① ② ③ ④
07 ① ② ③ ④
08 ① ② ③ ④

01 식품위생법령상에 명시된 식품위생감시원의 직무가 아닌 것은?

① 과대광고 금지의 위반 여부에 관한 단속
② 조리사, 영양사의 법령준수사항 이행여부 확인지도
③ 생산 및 품질관리 일지의 작성 및 비치
④ 시설기준의 적합 여부의 확인검사

02 다음 중 상해지역의 대표적인 요리는?

① 동파육　② 샥스핀
③ 마파두부　④ 팔보채

03 식품위생법규상 수입식품 검사결과 부적합한 식품 등에 대하여 취하여지는 조치가 아닌 것은?

① 수출국으로의 반송
② 식용외의 다른 용도로의 전환
③ 관할 보건소에서 재검사 실시
④ 다른 나라로의 반출

04 세균성 식중독 중에서 독소형은?

① 포도상구균 식중독
② 장염비브리오균 식중독
③ 살모넬라 식중독
④ 리스테리아 식중독

05 식품 속에 분변이 오염되었는지의 여부를 판별할 뿐만 아니라 냉동식품의 오염을 판별하는 데 이용하는 지표균은?

① 장티푸스균　② 살모넬라균
③ 이질균　④ 장구균

06 중식팬에 기름을 넉넉히 넣고 튀기는 방식으로 기름의 온도에 따라 재료의 맛을 살릴 수 있는 조리법은?

① 초(chao, 챠오)
② 류(liu, 류)
③ 폭(bao, 빠오)
④ 작(zha, 짜)

07 중국 요리법 중 가장 원시적이고 오래된 방법으로 직화를 이용하거나 오븐 또는 복사열을 이용하여 음식을 익히는 조리법은?

① 고(kao, 카오)
② 폭(bao, 빠오)
③ 소(shao, 샤오)
④ 회(hui, 후에이)

08 다음 중 유해성 표백제는?

① 롱가릿
② 아우라민
③ 포름알데히드
④ 사이클라메이트

09 곱게 다지기를 의미하는 방법은?

① 정(丁) ② 니(泥)
③ 괴(塊) ④ 조(條)

10 우유의 살균처리방법 중 다음과 같은 살균처리는?

71.1~75℃로 15~30초간 가열처리하는 방법

① 저온살균법
② 초저온살균법
③ 고온단시간살균법
④ 초고온살균법

11 우리나라에서 허가되어 있는 발색제가 아닌 것은?

① 질산칼륨 ② 질산나트륨
③ 아질산나트륨 ④ 삼염화질소

12 두반장에 대한 설명으로 옳은 것은?

① 사천요리에 많이 사용된다.
② 짠맛과 단맛, 고소한 향이 난다.
③ 오래 묵힐수록 매운맛이 강해진다.
④ 진한 갈색으로 볶음, 튀김, 찜 요리에 주로 사용된다.

13 식품에서 흔히 볼 수 있는 푸른곰팡이는?

① 누룩곰팡이속
② 페니실리움속
③ 거미줄곰팡이속
④ 푸사리움속

14 채소 튀김을 하기 위해 튀김온도를 160℃로 맞추려고 할 때, 다음 중 옳은 것은?

① 바닥에 가라앉아 떠오르지 않는다.
② 바닥에 가라앉았다가 서서히 떠오른다.
③ 바닥에 가라앉았다가 바로 떠오른다.
④ 기름 표면에서 튀김옷이 퍼진다.

15 용어에 대한 설명 중 틀린 것은?

① 소독 : 병원성 세균을 제거하거나 감염력을 없애는 것
② 멸균 : 모든 세균을 제거하는 것
③ 방부 : 모든 세균을 완전히 제거하여 부패를 방지하는 것
④ 자외선 살균 : 살균력이 가장 큰 250~260nm의 파장을 써서 미생물을 제거하는 것

16 화재 시 대처요령으로 바르지 않은 것은?

① 화재 발생 시 큰소리로 주위에 먼저 알린다.
② 소화기 사용방법과 장소를 미리 숙지하여 소화기로 불을 끈다.
③ 신속히 원인 물질을 찾아 제거하도록 한다.
④ 몸에 불이 붙었을 경우 움직이면 불길이 더 커지므로 가만히 조치를 기다린다.

답안 표기란

09	① ② ③ ④
10	① ② ③ ④
11	① ② ③ ④
12	① ② ③ ④
13	① ② ③ ④
14	① ② ③ ④
15	① ② ③ ④
16	① ② ③ ④

17 감염병과 감염경로의 연결이 틀린 것은?

① 성병 – 직접접촉
② 폴리오 – 공기감염
③ 결핵 – 개달물 감염
④ 파상풍 – 토양감염

18 폐흡충증의 제1, 2중간숙주가 순서대로 옳게 나열된 것은?

① 왜우렁이, 붕어
② 다슬기, 참게
③ 물벼룩, 가물치
④ 왜우렁이, 송어

19 다음 중 돼지고기에 의해 감염될 수 있는 기생충은?

① 선모충 ② 간흡충
③ 편충 ④ 아니사키스충

20 식품의 품질, 무게, 원산지가 주문 내용과 일치하는지 확인하고, 유통기한, 포장상태 및 운반차의 위생상태 등을 확인하는 것은?

① 구매관리 ② 재고관리
③ 검수관리 ④ 배식관리

21 카로틴은 동물 체내에서 어떤 비타민으로 변하는가?

① 비타민 D ② 비타민 B_1
③ 비타민 A ④ 비타민 C

22 구충·구서의 일반 원칙과 가장 거리가 먼 것은?

① 구제대상동물의 발생원을 제거한다.
② 대상동물의 생태, 습성에 따라 실시한다.
③ 광범위하게 동시에 실시한다.
④ 성충시기에 구제한다.

23 일반적으로 사용되는 소독약의 희석농도로 가장 부적합한 것은?

① 알코올 : 75%에탄올
② 승홍수 : 0.01%의 수용액
③ 크레졸 : 3~5%의 비누액
④ 석탄산 : 3~5%의 수용액

24 감각온도(체감온도)의 3요소에 속하지 않는 것은?

① 기온 ② 기습
③ 기압 ④ 기류

25 일반적으로 생물화학적 산소요구량(BOD)과 용존산소량(DO)은 어떤 관계가 있는가?

① BOD가 높으면 DO도 높다.
② BOD가 높으면 DO는 낮다.
③ BOD와 DO는 항상 같다.
④ BOD와 DO는 무관하다.

답안 표기란

17	① ② ③ ④
18	① ② ③ ④
19	① ② ③ ④
20	① ② ③ ④
21	① ② ③ ④
22	① ② ③ ④
23	① ② ③ ④
24	① ② ③ ④
25	① ② ③ ④

26 다음 중 안전관리에 대한 설명이 바른 것은 무엇인가?

① 난로는 불을 붙인 채 기름을 넣는 것이 좋다.
② 조리실 바닥의 음식찌꺼기는 모아 두었다 한꺼번에 치운다.
③ 떨어지는 칼은 위생을 생각하여 즉시 잡도록 한다.
④ 깨진 유리를 버릴 때는 '깨진 유리'라는 표시를 해서 버린다.

27 식품 조각법 중 가장 많이 사용하는 도법으로 주도를 사용하여 재료를 깎을 때 사용하는 도법은?

① 착도법 ② 절도법
③ 각도법 ④ 선도법

28 소독제의 살균력을 비교하기 위해서 이용되는 소독약은?

① 석탄산 ② 크레졸
③ 과산화수소 ④ 알코올

29 다음 중 황 함유 아미노산은?

① 메티오닌 ② 프로린
③ 글리신 ④ 트레오닌

30 다음 중 잠복기가 가장 긴 감염병은?

① 한센병 ② 파라티푸스
③ 콜레라 ④ 디프테리아

31 작업 시 근골격계 질환을 예방하는 방법으로 알맞은 것은?

① 조리기구의 올바른 사용 방법 숙지
② 작업 전 간단한 체조로 신체 긴장 완화
③ 작업대 정리정돈
④ 작업보호구 사용

32 규폐증에 대한 설명으로 틀린 것은?

① 먼지 입자의 크기가 0.5~5.0㎛일 때 잘 발생한다.
② 대표적인 진폐증이다.
③ 납중독, 벤젠중독과 함께 3대 직업병이라 하기도 한다.
④ 위험요인에 노출된 근무 경력이 1년 이후에 잘 발생한다.

33 다음 중 어떤 무기질이 결핍되면 갑상선종이 발생될 수 있는가?

① 칼슘 ② 요오드
③ 인 ④ 마그네슘

34 다음 색소 중 동물성 색소는?

① 헤모글로빈 ② 클로로필
③ 안토시안 ④ 플라보노이드

35 탄수화물의 분류 중 5탄당이 아닌 것은?

① 갈락토오스(galactose)
② 자일로오스(xylose)
③ 아라비노오스(arabinose)
④ 리보오스(ribose)

답안 표기란	
26	① ② ③ ④
27	① ② ③ ④
28	① ② ③ ④
29	① ② ③ ④
30	① ② ③ ④
31	① ② ③ ④
32	① ② ③ ④
33	① ② ③ ④
34	① ② ③ ④
35	① ② ③ ④

36 영양소와 해당 소화효소의 연결이 잘못된 것은?

① 단백질 – 트립신
② 탄수화물 – 아밀라아제
③ 지방 – 리파아제
④ 설탕 – 말타아제

37 면을 성형하는 방식이 압출식이 아닌 것은?

① 냉면 ② 당면
③ 중화면 ④ 파스타

38 불포화지방산을 포화지방산으로 변화시키는 경화유에는 어떤 물질이 첨가되는가?

① 산소 ② 수소
③ 질소 ④ 칼슘

39 효소적 갈변반응에 의해 색을 나타내는 식품은?

① 분말 오렌지 ② 간장
③ 캐러멜 ④ 홍차

40 붉은살 어류에 대한 일반적인 설명으로 맞는 것은?

① 흰살 어류에 비해 지질 함량이 적다.
② 흰살 어류에 비해 수분함량이 적다.
③ 해저 깊은 곳에 살면서 운동량이 적은 것이 특징이다.
④ 조기, 광어, 가자미 등이 해당된다.

41 연회에 대한 성격을 상징적으로 표현하는 냉채 요리의 적당한 온도는?

① −5℃ ② 0℃
③ 4℃ ④ 15℃

42 식품의 갈변에 대한 설명 중 잘못된 것은?

① 감자는 물에 담가 갈변을 억제할 수 있다.
② 사과는 설탕물에 담가 갈변을 억제할 수 있다.
③ 냉동 채소의 전처리로 블렌칭을 하여 갈변을 억제할 수 있다.
④ 복숭아, 오렌지 등은 갈변 원인 물질이 없기 때문에 미리 껍질을 벗겨 두어도 변색하지 않는다.

43 연제품 제조에서 어육단백질을 용해하며 탄력성을 주기 위해 꼭 첨가해야 하는 물질은?

① 소금
② 설탕
③ 전분
④ 글루타민산소다

44 다음 냄새 성분 중 어류와 관계가 먼 것은?

① 트리메틸아민 ② 암모니아
③ 피페리딘 ④ 디아세틸

답안 표기란

36	①	②	③	④
37	①	②	③	④
38	①	②	③	④
39	①	②	③	④
40	①	②	③	④
41	①	②	③	④
42	①	②	③	④
43	①	②	③	④
44	①	②	③	④

45 녹색 채소 조리 시 중조를 가할 때 나타나는 결과에 대한 설명으로 틀린 것은?

① 진한 녹색으로 변한다.
② 비타민 C가 파괴된다.
③ 페오피틴이 생성된다.
④ 조직이 연화된다.

46 다음 중 향신료와 그 성분이 잘못 연결된 것은?

① 후추 – 차비신
② 생강 – 진저롤
③ 참기름 – 세사몰
④ 겨자 – 캡사이신

47 다음 중 신선하지 않은 식품은?

① 생선 : 윤기가 있고 눈알이 약간 튀어나온 것
② 고기 : 육색이 선명하고 윤기 있는 것
③ 계란 : 껍질이 반들반들하고 매끄러운 것
④ 오이 : 가시가 있고 곧은 것

48 1일 2,500kcal를 섭취하는 성인 남자 100명이 있다. 총 열량의 60%를 쌀로 섭취한다면 하루에 쌀 약 몇 kg정도가 필요한가?(단, 쌀 100g은 340kcal이다)

① 12.70kg ② 44.12kg
③ 127.02kg ④ 441.18kg

49 중국 음식의 특징으로 옳지 않은 것은?

① 단시간 내 빠르게 완성해야 하므로 사전 준비가 중요하다.
② 저온에서 은근히 끓여 맛을 우려낸다.
③ 식재료가 다양하고 조리법이 풍부하다.
④ 재료 고유의 맛, 색, 향을 살려 화려하다.

50 중국 음식의 후식 중 가장 먼저 내는 종류는?

① 시미로 ② 빠스
③ 과일 ④ 행인두부

51 다음의 식단 구성 중 편중되어 있는 영양가의 식품군은?

완두콩밥/된장국/장조림/명란알찜/두부조림/생선구이

① 탄수화물군
② 단백질군
③ 비타민/무기질군
④ 지방군

52 중식에서 소스의 농도를 맞출 때 주로 사용하는 농후제는?

① 밀가루 ② 전분
③ 물 ④ 달걀

53 전처리의 장점으로 바르지 않은 것은?

① 음식물 쓰레기가 감소한다.
② 업무의 효율성이 증가한다.
③ 당일조리가 가능해진다.
④ 위해요소의 완벽한 제거로 위생적이다.

답안 표기란

45 ① ② ③ ④
46 ① ② ③ ④
47 ① ② ③ ④
48 ① ② ③ ④
49 ① ② ③ ④
50 ① ② ③ ④
51 ① ② ③ ④
52 ① ② ③ ④
53 ① ② ③ ④

54 다음 원가요소에 따라 산출한 총원가로 옳은 것은?

직접재료비 : 250,000원 제조간접비 : 120,000원 직접노무비 : 100,000원 판매관리비 : 60,000원 직접경비 : 40,000원 이익 : 100,000원

① 390,000원 ② 510,000원
③ 570,000원 ④ 610,000원

55 냉동어의 해동법으로 가장 좋은 방법은?

① 저온에서 서서히 해동시킨다.
② 얼린 상태로 조리한다.
③ 실온에서 해동시킨다.
④ 뜨거운 물속에 담가 빨리 해동시킨다.

56 당면의 원료는?

① 세몰리나 ② 밀가루
③ 쌀 ④ 전분

57 지방이 많은 식재료를 구이 조리할 때 유지가 불 위에 떨어져서 발생하는 연기의 좋지 않은 성분은?

① 암모니아
② 트리메틸아민
③ 아크롤레인
④ 토코페롤

58 달걀의 열응고성에 대한 설명 중 옳은 것은?

① 식초는 응고를 지연시킨다.
② 소금은 응고 온도를 낮추어 준다.
③ 설탕은 응고 온도를 내려주어 응고물을 연하게 한다.
④ 온도가 높을수록 가열시간이 단축되어 응고물은 연해진다.

59 다음 중 유지의 산패에 영향을 미치는 인자에 대한 설명으로 맞는 것은?

① 저장 온도가 0℃ 이하가 되면 산패가 방지된다.
② 광선은 산패를 촉진하나 그 중 자외선은 산패에 영향을 미치지 않는다.
③ 구리, 철은 산패를 촉진하나 납, 알루미늄은 산패에 영향을 미치지 않는다.
④ 유지의 불포화도가 높을수록 산패가 활발하게 일어난다.

60 전분의 호정화에 대한 설명으로 옳지 않은 것은?

① 호정화란 화학적 변화가 일어난 것이다.
② 호화된 전분보다 물에 녹기 쉽다.
③ 전분을 150~190℃에서 물을 붓고 가열할 때 나타나는 변화이다.
④ 호정화되면 덱스트린이 생성된다.

답안 표기란

54	① ② ③ ④
55	① ② ③ ④
56	① ② ③ ④
57	① ② ③ ④
58	① ② ③ ④
59	① ② ③ ④
60	① ② ③ ④

중식조리기능사 필기 모의고사 ❸

수험번호 :
수험자명 :

제한 시간 : 60분
남은 시간 : 60분

글자 크기    100% 150% 200%

화면 배치 

전체 문제 수 : 60
안 푼 문제 수 :

답안 표기란

01	①	②	③	④
02	①	②	③	④
03	①	②	③	④
04	①	②	③	④
05	①	②	③	④
06	①	②	③	④
07	①	②	③	④

01 화학물질에 의한 식중독으로 일반 중독 증상과 시신경의 염증으로 실명의 원인이 되는 물질은?

① 납 ② 수은
③ 메틸알코올 ④ 청산

02 화재를 사전에 예방하기 위한 방법으로 바르지 않은 것은?

① 화재 위험성이 있는 화기나 설비 주변은 정기적으로 점검한다.
② 지속적으로 화재예방 교육을 실시한다.
③ 화재발생 위험 요소가 있는 기계 근처에는 가지 않는다.
④ 전기 사용지역에서는 접선이나 물의 접촉을 금지한다.

03 다음 중 일반적으로 복어의 독성분인 테트로도톡신이 가장 많은 부위는?

① 근육 ② 피부
③ 난소 ④ 껍질

04 식품위생법령상 집단급식소는 상시 1회 몇 명 이상에게 식사를 제공하는 급식소를 의미하는가?

① 20인 ② 30인
③ 40인 ④ 50인

05 조리 작업 시 발생할 수 있는 안전사고의 위험요인과 원인의 연결이 바르지 않은 것은?

① 베임·절단 – 칼 사용 미숙
② 미끄러짐 – 부적절한 조명
③ 전기 감전 – 연결코드 제거 후 전자제품 청소
④ 화재발생 – 끓는 식용유 취급

06 가스레인지를 사용할 때 위험요소로부터 예방하는 방법이 알맞지 않은 것은?

① 문제가 의심될 때만 가스관 점검
② 가스관은 작업에 지장을 주지 않는 곳에 위치
③ 가스레인지 주변 작업공간 확보
④ 가스레인지 사용 후 즉시 밸브 잠금

07 절임에 사용되는 양념으로 쌀을 발효시켜 만든 중국 전통 식초로 은은한 막걸리 맛이 나는 것은?

① 노추 ② 미추
③ 흑초 ④ 산초

08 다음 감염병 중 생후 가장 먼저 예방접종을 실시하는 것은?

① 백일해 ② 파상풍
③ 홍역 ④ 결핵

09 공기의 성분 중 잠함병과 관련이 있는 것은?

① 산소 ② 질소
③ 아르곤 ④ 이산화탄소

10 허위표시 및 과대광고의 범위에 해당되지 않는 것은?

① 제조방법에 관하여 연구 또는 발견한 사실로서 식품학, 영양학 등의 분야에서 공인된 사항의 표시광고
② 외국어의 사용 등으로 외국제품으로 혼동할 우려가 있는 표시광고
③ 질병의 치료에 효능이 있다는 내용 또는 의약품으로 혼동할 우려가 있는 내용의 표시광고
④ 다른 업소의 제품을 비방하거나 비방하는 것으로 의심되는 광고

11 알레르기 식중독에 관계되는 원인물질과 균은?

① 단백질, 살모넬라균
② 뉴로톡신, 장염비브리오균
③ 엔테로톡신, 포도상구균
④ 히스타민, 모르가니균

12 식중독을 일으키는 버섯의 독성분은?

① 아마니타톡신 ② 엔테로톡신
③ 솔라닌 ④ 아트로핀

13 감염형 세균성 식중독에 해당하는 것은?

① 살모넬라 식중독
② 수은 식중독
③ 클로스트리디움 보툴리늄 식중독
④ 아플라톡신 식중독

14 효소적 갈변 반응을 방지하기 위한 방법이 아닌 것은?

① 가열하여 효소를 불활성화 시킨다.
② 효소의 최적조건을 변화시키기 위해 pH를 낮춘다.
③ 아황산가스 처리를 한다.
④ 산화제를 첨가한다.

15 소고기를 가열하지 않고 회로 먹을 때 생길 수 있는 가능성이 가장 큰 기생충은?

① 민촌충 ② 선모충
③ 유구조충 ④ 회충

16 식품 등의 표시기준을 수록한 식품 등의 공전을 작성·보급하여야 하는 자는?

① 식품의약품안전처장
② 보건소장
③ 시·도지사
④ 식품위생감시원

답안 표기란

08	①	②	③	④
09	①	②	③	④
10	①	②	③	④
11	①	②	③	④
12	①	②	③	④
13	①	②	③	④
14	①	②	③	④
15	①	②	③	④
16	①	②	③	④

17 일반음식점의 영업신고는 누구에게 하는가?

① 동사무소장
② 시장·군수·구청장
③ 식품의약품안전처장
④ 보건소장

18 지방 산패 촉진인자가 아닌 것은?

① 빛 ② 지방분해효소
③ 비타민 E ④ 산소

19 주로 부패한 감자에 생성되어 중독을 일으키는 물질은?

① 셉신(scpsinc)
② 아미그달린(amygdalin)
③ 시큐톡신(cicutoxin)
④ 마이코독신(mycotoxin)

20 식품의 위생적인 준비를 위한 조리장의 관리로 부적합한 것은?

① 조리장의 위생해충은 약제사용을 1회만 실시하면 영구적으로 박멸된다.
② 조리장에 음식물과 음식물 찌꺼기를 함부로 방치하지 않는다.
③ 조리장의 출입구에 신발을 소독할 수 있는 시설을 갖춘다.
④ 조리사의 손을 소독할 수 있도록 손소독기를 갖춘다.

21 육수 조리 시 주의해야 할 사항으로 옳은 것은?

① 물이 끓을 때 식재료를 넣어 표면을 빠르게 응고시킨다.
② 100℃를 유지하여 오래 끓여 맛을 좋게 한다.
③ 불순물을 제거하여 혼탁해 지는 것을 방지한다.
④ 자연 냉각하여 보존성을 높이고 최근에 만든 것을 먼저 사용한다.

22 소음의 측정단위인 데시벨(dB)이란?

① 음의 강도 ② 음의 질
③ 음의 파장 ④ 음의 전파

23 체온유지 등을 위한 에너지 형성에 관계하는 영양소는?

① 탄수화물, 지방, 단백질
② 물, 비타민, 무기질
③ 무기질, 탄수화물, 물
④ 비타민, 지방, 단백질

24 다음 중 물에 녹는 비타민은?

① 레티놀(retinol)
② 토코페롤(tocopherol)
③ 리보플라빈(riboflavin)
④ 칼시페롤(calciferol)

25 대회향이라고도 하며 고기를 삶거나 조림을 할 때 잡냄새 제거에 사용되는 향신료는?

① 팔각 ② 숙지황
③ 구기자 ④ 산마

답안 표기란

17	①	②	③	④
18	①	②	③	④
19	①	②	③	④
20	①	②	③	④
21	①	②	③	④
22	①	②	③	④
23	①	②	③	④
24	①	②	③	④
25	①	②	③	④

26 기름을 오랫동안 저장하여 산소, 빛, 열에 노출되었을 때 색깔, 맛, 냄새 등이 변하게 되는 현상은?

① 발효 ② 부패
③ 산패 ④ 변질

27 다음 중 동물성 색소는?

① 클로로필 ② 안토시안
③ 미오글로빈 ④ 플라보노이드

28 질긴 힘줄과 같은 식재료 조리 시 주로 사용하며 재료를 크게 썰어 끓는 물에 데친 후 육수를 붓고 은근하게 익히는 조리법은?

① 배(ba, 바)
② 돈(dun, 뚠)
③ 외(wei, 웨이)
④ 자(zhu, 쮸)

29 궁중음식으로 고급요리가 발달하고 튀김이나 볶음요리가 많은 지역은?

① 북경요리 ② 남경요리
③ 광동요리 ④ 사천요리

30 비타민에 관한 설명 중 틀린 것은?

① 카로틴은 프로비타민 A이다.
② 비타민 E는 토코페롤이라고도 한다.
③ 비타민 B_{12}는 코발트(Co)를 함유한다.
④ 비타민 C가 결핍되면 각기병이 발생한다.

31 단체급식에 대한 설명으로 옳은 것은?

① 학교, 병원, 기숙사, 대중식당에서 특정다수인에게 계속적으로 음식을 공급하는 것
② 학교, 병원, 공장, 사업장에서 특정다수인에게 계속적으로 음식을 공급하는 것
③ 학교, 병원 등에서 불특정다수인에게 계속적으로 음식을 공급하는 것
④ 사회복지시설, 고아원 등에서 불특정다수인에게 계속적으로 음식을 공급하는 것

32 다음의 당류 중 영양소를 공급할 수 없으나 식이섬유소로서 인체에 중요한 기능을 하는 것은?

① 전분 ② 설탕
③ 맥아당 ④ 펙틴

33 다음 중 고정비에 해당되는 것은?

① 노무비 ② 연료비
③ 수도비 ④ 광열비

34 어류의 변질 현상에 대한 설명으로 틀린 것은?

① 휘발성 물질의 양이 증가한다.
② 세균에 의한 탈탄산 반응으로 아민이 생성된다.
③ 아가미가 선명한 적색이다.
④ 트리메틸아민의 양이 증가한다.

답안 표기란	
26	① ② ③ ④
27	① ② ③ ④
28	① ② ③ ④
29	① ② ③ ④
30	① ② ③ ④
31	① ② ③ ④
32	① ② ③ ④
33	① ② ③ ④
34	① ② ③ ④

35 맥아당은 어떤 성분으로 구성되어 있는가?

① 포도당 2분자가 결합한 것
② 과당과 포도당 각 1분자가 결합한 것
③ 과당 2분자가 결합한 것
④ 포도당과 전분이 결합한 것

36 궁보계정 등을 만들 때 깍둑 모양으로 썰거나 칼집을 넣어 뜨거운 물 또는 기름에 데친 후 팬을 달구어 센 불에 빠르게 볶아내는 조리법은?

① 팽(peng, 펑) ② 폭(bao, 빠오)
③ 첩(tie, 티에) ④ 전(jian, 지엔)

37 닭고기를 튀길 때 1차 튀김 온도와 2차 튀김 온도가 순서대로 짝지어진 것은?

① 160℃ – 170℃
② 170℃ – 190℃
③ 170℃ – 160℃
④ 160℃ – 200℃

38 버터나 마가린의 계량방법으로 가장 옳은 것은?

① 냉장고에서 꺼내어 계량컵에 눌러 담은 후 윗면을 직선으로 된 칼로 깎아 계량한다.
② 실온에서 부드럽게 하여 계량컵에 담아 계량한다.
③ 실온에서 부드럽게 하여 계량컵에 눌러 담은 후 윗면을 직선으로 된 칼로 깎아 계량한다.
④ 냉장고에서 꺼내어 계량컵의 눈금까지 담아 계량한다.

39 썰기의 목적으로 바르지 않은 것은?

① 모양과 크기를 정리한다.
② 먹지 못하는 부분을 없앤다.
③ 씹기 편하게 하여 영양소 함량을 증가시킨다.
④ 열의 전달이 쉽고 조미료 침투에 좋다.

40 다음 중 조리를 하는 목적으로 적합하지 않은 것은?

① 소화흡수율을 높여 영양 효과를 증진
② 식품 자체의 부족한 영양 성분을 보충
③ 풍미, 외관을 향상시켜 기호성을 증진
④ 세균 등의 위해요소로부터 안전성 확보

41 다음 중 필수지방산이 아닌 것은?

① 리놀레산(linoleic acid)
② 스테아르산(stearic acid)
③ 리놀렌산(linolenic acid)
④ 아라키돈산(arachidonic acid)

42 어류를 이용한 조림 요리 시 주의할 점이 아닌 것은?

① 생선이 100% 익을 때까지 뚜껑을 덮고 조리한다.
② 비린 맛 감소를 위하여 생강이나 마늘은 거의 익은 상태에서 첨가한다.
③ 처음에는 뚜껑을 열고 조려서 비린 맛이 휘발되도록 한다.
④ 생선 자체의 맛 성분이 외부로 빠져나가지 않도록 한다.

답안 표기란

35	①	②	③	④
36	①	②	③	④
37	①	②	③	④
38	①	②	③	④
39	①	②	③	④
40	①	②	③	④
41	①	②	③	④
42	①	②	③	④

43 마멀레이드(marmalade)에 대하여 바르게 설명한 것은?

① 과일즙에 설탕을 넣고 가열·농축한 후 냉각시킨 것이다.
② 과일의 과육을 전부 이용하여 점성을 띠게 농축한 것이다.
③ 과일즙에 설탕, 과일의 껍질, 과육의 얇은 조각이 섞여 가열·농축된 것이다.
④ 과일을 설탕시럽과 같이 가열하여 과일이 연하고 투명한 상태로 된 것이다.

44 우유를 응고시키는 요인과 거리가 먼 것은?

① 가열 ② 레닌(rennin)
③ 산 ④ 당류

45 다음 중 이타이이타이병의 유발 물질은?

① 수은(Hg) ② 납(Pb)
③ 칼슘(Ca) ④ 카드뮴(Cd)

46 평균수명에서 질병이나 부상으로 인하여 활동하지 못하는 기간을 뺀 수명은?

① 기대수명 ② 건강수명
③ 비례수명 ④ 자연수명

47 건성유에 대한 설명으로 옳은 것은?

① 고도의 불포화지방산 함량이 많은 기름이다.
② 포화지방산 함량이 많은 기름이다.
③ 공기 중에 방치해도 피막이 형성되지 않는 기름이다.
④ 대표적인 건성유는 올리브유와 낙화생유가 있다.

48 찹쌀떡이 멥쌀떡보다 더 늦게 굳는 이유는?

① pH가 낮기 때문에
② 수분함량이 적기 때문에
③ 아밀로오스의 함량이 많기 때문에
④ 아밀로펙틴의 함량이 많기 때문에

49 면 반죽 시 원료분 100에 대해 물은 몇 이상 혼합해야 하는가?

① 15 ② 25
③ 35 ④ 45

50 다음 중 단맛의 강도가 가장 강한 당류는?

① 설탕 ② 젖당
③ 포도당 ④ 과당

답안 표기란

43	① ② ③ ④
44	① ② ③ ④
45	① ② ③ ④
46	① ② ③ ④
47	① ② ③ ④
48	① ② ③ ④
49	① ② ③ ④
50	① ② ③ ④

51 강력분을 사용하지 않는 것은?

① 케이크 ② 식빵
③ 마카로니 ④ 피자

52 발효가 필요한 소스가 아닌 것은?

① 간장 ② 춘장
③ 깐소 ④ 두반장

53 감수성 지수(접촉감염지수)가 가장 높은 감염병은?

① 폴리오 ② 홍역
③ 백일해 ④ 디프테리아

54 다음 중 병원체가 세균인 질병은?

① 폴리오 ② 백일해
③ 발진티푸스 ④ 홍역

55 중식 볶음 조리 시 가장 많이 사용되는 조리법으로 전분을 사용하지 않는 볶음 방법을 이용한 요리는?

① 궁보계정
② 토마토달걀볶음
③ 새우케첩볶음
④ 전가복

56 다음 중 일반적으로 꽃 부분을 주요 식용부위로 하는 화채류는?

① 비트(beets)
② 파슬리(parsley)
③ 브로콜리(broccoli)
④ 아스파라거스(asparagus)

57 '실을 뽑다'는 의미를 가진 중식 후식류는?

① 행인두부 ② 시미로
③ 빠스 ④ 찹쌀떡

58 반건조 생면의 수분 함량은?

① 10% ② 20%
③ 30% ④ 40%

59 다수인이 밀집한 장소에서 발생하며 화학적 조성이나 물리적 조성의 큰 변화를 일으켜 불쾌감, 두통, 권태, 현기증, 구토 등의 생리적 이상을 일으키는 현상은?

① 빈혈
② 일산화탄소 중독
③ 분압 현상
④ 군집독

60 수질의 분변오염지표균은?

① 장염비브리오균
② 대장균
③ 살모넬라균
④ 웰치균

답안 표기란

51	①	②	③	④
52	①	②	③	④
53	①	②	③	④
54	①	②	③	④
55	①	②	③	④
56	①	②	③	④
57	①	②	③	④
58	①	②	③	④
59	①	②	③	④
60	①	②	③	④

중식조리기능사 필기 모의고사 ❹

수험번호 :

수험자명 :

제한 시간 : 60분
남은 시간 : 60분

글자 크기  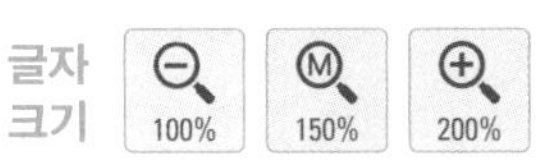

화면 배치

전체 문제 수 : 60
안 푼 문제 수 :

01 강한 향기와 신맛, 매운맛이 특징인 지역의 요리는?

① 북경요리 ② 남경요리
③ 광동요리 ④ 사천요리

02 식품공전에 규정되어 있는 표준온도는?

① 10℃ ② 15℃
③ 20℃ ④ 25℃

03 식중독에 관한 설명으로 틀린 것은?

① 자연독이나 유해 물질이 함유된 음식물을 섭취함으로써 생긴다.
② 발열, 구역질, 구토, 설사, 복통 등의 증세가 나타난다.
③ 세균, 곰팡이, 화학물질 등이 원인 물질이다.
④ 대표적인 식중독은 콜레라, 세균성 이질, 장티푸스 등이 있다.

04 식품취급자가 손을 씻는 방법으로 적합하지 않은 것은?

① 살균효과를 증대시키기 위해 역성비누액에 일반비누액을 섞어 사용한다.
② 팔에서 손으로 씻어 내려온다.
③ 손을 씻은 후 비눗물을 흐르는 물에 충분히 씻는다.
④ 역성비누원액을 몇 방울 손에 받아 30초 이상 문지르고 흐르는 물로 씻는다.

05 다음 중 식품위생법상 식품위생의 대상은?

① 식품, 약품, 기구, 용기
② 식품, 첨가물, 기구, 용기
③ 조리법, 첨가물, 기구, 용기, 포장
④ 식품, 첨가물, 기구, 용기, 포장

06 식품위생법령상 주류를 판매할 수 없는 업종은?

① 휴게음식점영업
② 일반음식점영업
③ 유흥주점영업
④ 단란주점영업

답안 표기란

01 ① ② ③ ④
02 ① ② ③ ④
03 ① ② ③ ④
04 ① ② ③ ④
05 ① ② ③ ④
06 ① ② ③ ④

07 잘게 자른 재료를 가열하여 묽은 죽과 같은 형태인 조리법 중 전분을 사용하여 농도가 진하게 조리하는 방법은?

① 홍회 ② 청회
③ 백회 ④ 소회

08 통조림, 병조림과 같은 밀봉식품의 부패가 원인이 되는 식중독과 가장 관계 깊은 것은?

① 살모넬라 식중독
② 클로스트리디움 보툴리늄 식중독
③ 포도상구균 식중독
④ 리스테리아균 식중독

09 식품의 변질 및 부패를 일으키는 주원인은?

① 미생물 ② 기생충
③ 농약 ④ 자연독

10 식물과 그 유독성분이 잘못 연결된 것은?

① 감자 – 솔라닌
② 청매 – 프시로신(psilocine)
③ 피마자 – 리신
④ 독미나리 – 시큐톡신

11 순화독소(toxoid)를 사용하는 예방접종으로 면역이 되는 질병은?

① 파상풍 ② 콜레라
③ 폴리오 ④ 백일해

12 중국 음식 요리법 중 고기를 연화시킬 수 있는 방법으로 기름에 데치는 방법을 의미하는 조리법은?

① 화 ② 작
③ 증 ④ 초

13 다음 중 건조식품, 곡류 등에 가장 잘 번식하는 미생물은?

① 효모 ② 세균
③ 곰팡이 ④ 바이러스

14 식품첨가물에 대한 설명으로 틀린 것은?

① 보존료는 식품의 미생물에 의한 부패를 방지할 목적으로 사용된다.
② 규소수지는 주로 산화방지제로 사용된다.
③ 산화형 표백제로서 식품에 사용이 허가된 것은 과산화벤조일이다.
④ 과황산암모늄은 소맥분이외의 식품에 사용하여서는 안 된다.

15 식품의 색소에 관한 설명 중 옳은 것은?

① 클로로필은 마그네슘을 중성원자로 하고 산에 의해 클로로필린이라는 갈색물질로 된다.
② 카로티노이드 색소는 카로틴과 크산토필 등이 있다.
③ 플라보노이드 색소는 산성–중성–알칼리성으로 변함에 따라 적색–자색–청색으로 된다.
④ 동물성 색소 중 근육색소는 헤모글로빈이고, 혈색소는 미오글로빈이다.

답안 표기란

07	① ② ③ ④
08	① ② ③ ④
09	① ② ③ ④
10	① ② ③ ④
11	① ② ③ ④
12	① ② ③ ④
13	① ② ③ ④
14	① ② ③ ④
15	① ② ③ ④

16 식품과 함께 입을 통해 감염되거나 피부로 직접 침입하는 기생충은?

① 회충 ② 십이지장충
③ 요충 ④ 동양모양선충

17 다음 설명 중 잘못된 것은?

① 식품의 셀룰로오스는 인체에 중요한 열량영양소이다.
② 덱스트린은 전분의 중간분해산물이다.
③ 아밀로덱스트린은 전분의 가수분해로 생성되는 덱스트린이다.
④ 헤미셀룰로오스는 식이섬유소로 이용된다.

18 다음 중 화학성 식중독의 원인이 아닌 것은?

① 설사성 패류 중독
② 환경오염에 기인하는 식품 유독성분 중독
③ 중금속에 의한 중독
④ 유해성 식품첨가물에 의한 중독

19 식품영업자 및 종웝원의 건강진단 실시 방법 및 타인에게 위해를 끼칠 우려가 있는 질병의 종류를 정하는 것은?

① 총리령
② 농림축산식품부령
③ 고용노동부령
④ 환경부령

20 일반적으로 시장조사에서 행해지는 조사 내용이 아닌 것은?

① 품목 ② 품질
③ 가격 ④ 판매처

21 박력분에 대한 설명으로 맞는 것은?

① 경질의 밀로 만든다.
② 다목적으로 사용된다.
③ 탄력성과 점성이 약하다.
④ 마카로니, 식빵 제조에 알맞다.

22 HACCP에 대한 설명으로 틀린 것은?

① 어떤 위해를 미리 예측하여 그 위해 요인을 사전에 파악하는 것이다.
② 위해방지를 위한 사전 예방적 식품안전관리체계를 말한다.
③ 미국, 일본, 유럽연합, 국제기구(Codex, WHO) 등에서도 모든 식품에 HACCP을 적용할 것을 권장하고 있다.
④ HACCP 12절차의 첫 번째 단계는 위해요소분석이다.

23 결합수에 관한 특성 중 맞는 것은?

① 식품 조직을 압착하여도 제거되지 않는다.
② 끓는점과 녹는점이 매우 높다.
③ 미생물의 번식과 발아에 이용된다.
④ 보통의 물보다 밀도가 작다.

답안 표기란

16	① ② ③ ④
17	① ② ③ ④
18	① ② ③ ④
19	① ② ③ ④
20	① ② ③ ④
21	① ② ③ ④
22	① ② ③ ④
23	① ② ③ ④

24 총원가에서 판매비와 일반관리비를 제외한 원가는?

① 직접원가 ② 제조원가
③ 제조간접비 ④ 직접재료비

25 다음 미생물 중 곰팡이가 아닌 것은?

① 아스페르길루스 속
② 페니실리움 속
③ 클로스트리디움 속
④ 리조푸스 속

26 단백질의 특성에 대한 설명으로 틀린 것은?

① C, H, O, N, S, P 등의 원소로 이루어져 있다.
② 단백질은 뷰렛에 의한 정색반응을 나타내지 않는다.
③ 조단백질은 일반적으로 질소의 양에 6.25를 곱한 값이다.
④ 아미노산은 분자 중에 아미노기와 카르복실기를 갖는다.

27 1g당 발생하는 열량이 가장 큰 것은?

① 당질 ② 단백질
③ 지방 ④ 알코올

28 복어독에 관한 설명으로 잘못된 것은?

① 복어독은 햇볕에 약하다.
② 난소, 간, 내장 등에 독이 많다.
③ 복어독은 테트로도톡신이다.
④ 복어독에 중독되었을 때에는 신속하게 위장 내의 독소를 제거하여야 한다.

29 삼치구이를 하려고 한다. 정미중량 60g을 조리하고자 할 때 1인당 발주량은 약 얼마인가?(단 삼치의 폐기율은 34%이다)

① 43g ② 67g
③ 91g ④ 110g

30 다음 중 식품의 일반성분이 아닌 것은?

① 수분 ② 효소
③ 탄수화물 ④ 무기질

31 노추(노두유)에 대한 설명으로 옳은 것은?

① 광동 일대에서 쓰는 색이 진한 간장이다.
② 짠맛이 강해 소량만 사용한다.
③ 검은콩, 밀, 누에콩, 고추를 발효시켜 만든 장이다.
④ 신선한 생굴을 으깨 조려서 농축시켜 만든 것이다.

32 절임과 무침에 많이 사용되는 채소로 뿌리가 울퉁불퉁한 무와 같이 생겨 중국의 절임 김치로 사용하는 씹히는 식감이 좋은 채소는?

① 자차이 ② 향차이
③ 청경채 ④ 콜라비

33 마이야르(maillard) 반응에 대한 설명으로 틀린 것은?

① 식품은 갈색화가 되고 독특한 풍미가 형성된다.
② 효소에 의해 일어난다.
③ 당류와 아미노산이 함께 공존할 때 일어난다.
④ 멜라노이딘 색소가 형성된다.

답안 표기란

24	① ② ③ ④
25	① ② ③ ④
26	① ② ③ ④
27	① ② ③ ④
28	① ② ③ ④
29	① ② ③ ④
30	① ② ③ ④
31	① ② ③ ④
32	① ② ③ ④
33	① ② ③ ④

34 한국인의 영양섭취기준에 의한 성인의 탄수화물 섭취량은 전체 열량의 몇 % 정도인가?

① 20~35%　② 55~70%
③ 75~90%　④ 90~100%

35 다음의 조리과정은 공통적으로 어떠한 목적을 달성하기 위하여 수행하는 것인가?

- 팬에서 오이를 볶은 후 즉시 접시에 펼쳐 놓는다.
- 시금치를 데칠 때 뚜껑을 열고 데친다.
- 쑥을 데친 후 즉시 찬물에 담근다.

① 비타민 A의 손실을 최소화하기 위함이다.
② 비타민 C의 손실을 최소화하기 위함이다.
③ 클로로필의 변색을 최소화하기 위함이다.
④ 안토시아닌의 변색을 최소화하기 위함이다.

36 라드의 대용품으로 무미, 무취, 무색이며 쇼트닝성, 크리밍성이 큰 유지는?

① 에스테르 교환유
② 경화유
③ 마가린
④ 쇼트닝

37 단팥죽을 만들 때 약간의 소금을 넣었더니 맛이 더 달게 느껴졌다. 이 현상을 무엇이라고 하는가?

① 맛의 상쇄　② 맛의 대비
③ 맛의 변조　④ 맛의 억제

38 함유된 주요 영양소가 잘못 짝지어진 것은?

① 북어포 : 당질, 지방
② 우유 : 칼슘, 단백질
③ 두유 : 지방, 단백질
④ 밀가루 : 당질, 단백질

39 음식의 온도와 맛의 관계에 대한 설명으로 틀린 것은?

① 국은 식을수록 짜게 느껴진다.
② 커피는 식을수록 쓰게 느껴진다.
③ 차게 먹을수록 신맛이 강하게 느껴진다.
④ 녹은 아이스크림보다 얼어 있는 것의 단맛이 약하게 느껴진다.

40 식품의 신맛에 대한 설명으로 옳은 것은?

① 신맛은 식욕을 증진시켜 주는 작용을 한다.
② 식품의 신맛의 정도는 수소이온 농도와 반비례한다.
③ 동일한 pH에서 무기산이 유기산보다 신맛이 더 강하다.
④ 포도, 사과의 상쾌한 신맛 성분은 호박산(succinic acid)과 이노신산(inosinic acid)이다.

41 육류의 가열 시 일어나는 물리적 변화가 아닌 것은?

① 영양 손실
② 지방 분해
③ 소화, 영양 흡수 저하
④ 단백질 수축

답안 표기란

34	① ② ③ ④
35	① ② ③ ④
36	① ② ③ ④
37	① ② ③ ④
38	① ② ③ ④
39	① ② ③ ④
40	① ② ③ ④
41	① ② ③ ④

42 튀김 조리 시 기름의 흡수량이 늘어나는 요인이 아닌 것은?

① 튀김 온도가 낮다.
② 튀김 시간이 길다.
③ 당이 많다.
④ 수분이 적다.

43 길이 30mm인 20번 면의 폭은?

① 4mm ② 2mm
③ 3mm ④ 1.5mm

44 냉채에 대한 설명으로 옳지 않은 것은?

① 맛이 강하고 국물이 있어야 한다.
② 연회에 대한 성격을 상징적으로 표현한다.
③ 냉채 요리의 온도는 4℃가 적당하다.
④ 비린내가 안 나고 재료가 신선해야 한다.

45 전분을 사용하는 볶음류로 류산슬, 라조기, 전가복의 조리법은?

① 작(炸) ② 폭(爆)
③ 초(炒) ④ 류(溜)

46 식품을 구매하는 방법 중 경쟁입찰과 비교하여 수의계약의 장점이 아닌 것은?

① 절차가 간편하다.
② 경쟁이나 입찰이 필요 없다.
③ 싼 가격으로 구매할 수 있다.
④ 경비와 인원을 줄일 수 있다.

47 조리대 배치형태 중 환풍기와 후드의 수를 최소화할 수 있는 것은?

① 일렬형 ② 병렬형
③ ㄷ자형 ④ 아일랜드형

48 급식소에서 재고관리의 의의가 아닌 것은?

① 물품부족으로 인한 급식생산 계획의 차질을 미연에 방지할 수 있다.
② 도난과 부주의로 인한 식품재료의 손실을 최소화할 수 있다.
③ 재고도 자산인 만큼 가능한 많이 보유하고 있어 유사시에 대비하도록 한다.
④ 급식생산에 요구되는 식품재료와 일치하는 최소한의 재고량이 유지되도록 한다.

49 두부를 만드는 과정은 콩 단백질의 어떠한 성질을 이용한 것인가?

① 건조에 의한 변성
② 동결에 의한 변성
③ 효소에 의한 변성
④ 무기염류에 의한 변성

50 다음 중 두부의 응고제가 아닌 것은?

① 염화마그네슘($MgCl_2$)
② 황산칼슘($CaSO_4$)
③ 염화칼슘($CaCl_2$)
④ 탄산칼륨(K_2CO_3)

답안 표기란

42	①	②	③	④
43	①	②	③	④
44	①	②	③	④
45	①	②	③	④
46	①	②	③	④
47	①	②	③	④
48	①	②	③	④
49	①	②	③	④
50	①	②	③	④

51 다음 중 비교적 가식부율이 높은 식품으로만 나열된 것은?

① 고구마, 동태, 파인애플
② 닭고기, 감자, 수박
③ 대두, 두부, 숙주나물
④ 고추, 대구, 게

52 중식의 후식 종류 중 시미로의 주재료는?

① 행인　② 타피오카
③ 젤라틴　④ 한천

53 버터의 특성이 아닌 것은?

① 독특한 맛과 향기를 가져 음식에 풍미를 준다.
② 냄새를 빨리 흡수하므로 밀폐하여 저장하여야 한다.
③ 유중수적형이다.
④ 성분은 단백질이 80% 이상이다.

54 우유의 균질화(homogenization)에 대한 설명이 아닌 것은?

① 지방구 크기를 0.1~2.2㎛ 정도로 균일하게 만들 수 있다.
② 탈지유를 첨가하여 지방의 함량을 맞춘다.
③ 큰 지방구의 크림층 형성을 방지한다.
④ 지방의 소화를 용이하게 한다.

55 대두의 성분 중 거품을 내며 용혈작용을 하는 것은?

① 사포닌　② 레닌
③ 글루탐산　④ 청산배당체

56 굴착, 착암작업 등에서 발생하는 진동으로 인해 발생할 수 있는 직업병은?

① 공업중독　② 잠함병
③ 레이노드 병　④ 금속열

57 5미에 속하지 않는 것은?

① 신맛　② 지미
③ 짠맛　④ 매운맛

58 아래 중 단체급식 조리장을 신축할 때 우선적으로 고려할 사항 순으로 배열된 것은?

가. 위생	나. 경제	다. 능률

① 다 → 나 → 가
② 나 → 가 → 다
③ 가 → 다 → 나
④ 나 → 다 → 가

59 50g의 달걀을 접시에 깨뜨려 놓았더니 난황 높이는 1.5cm, 난황 직경은 4cm였다. 이때 난황계수는?

① 0.188　② 0.232
③ 0.336　④ 0.375

60 건조된 갈조류 표면의 흰가루 성분으로 단맛을 나타내는 것은?

① 만니톨　② 알긴산
③ 클로로필　④ 피코시안

답안 표기란

51	① ② ③ ④
52	① ② ③ ④
53	① ② ③ ④
54	① ② ③ ④
55	① ② ③ ④
56	① ② ③ ④
57	① ② ③ ④
58	① ② ③ ④
59	① ② ③ ④
60	① ② ③ ④

중식조리기능사 필기 모의고사 ❺

수험번호 :
수험자명 :

제한 시간 : 60분
남은 시간 : 60분

글자 크기    화면 배치 

전체 문제 수 : 60
안 푼 문제 수 :

답안 표기란

01 ① ② ③ ④
02 ① ② ③ ④
03 ① ② ③ ④
04 ① ② ③ ④
05 ① ② ③ ④
06 ① ② ③ ④
07 ① ② ③ ④
08 ① ② ③ ④

01 식품위생법으로 정의한 식품이란?

① 모든 음식물
② 의약품을 제외한 모든 음식물
③ 담배 등의 기호품과 모든 음식물
④ 포장, 용기와 모든 음식물

02 어떤 제품의 원가구성이 다음과 같을 때 제조원가는?

이익	20,000원	제조간접비	15,000원
판매관리비	17,000원	직접재료비	10,000원
직접노무비	23,000원	직접경비	15,000원

① 40,000원　② 63,000원
③ 80,000원　④ 100,000원

03 5′-이노신산나트륨, 5′-구아닐산나트륨, L-글루탐산나트륨의 주요 용도는?

① 표백제　② 조미료
③ 보존료　④ 산화방지제

04 미생물학적으로 식품 1g당 세균수가 얼마일 때 초기 부패 단계로 판정하는가?

① 10^3~10^3　② 10^4~10^5
③ 10^7~10^8　④ 10^{12}~10^{13}

05 주방 내 미끄럼 사고의 원인이 아닌 것은?

① 바닥이 젖은 상태
② 기름이 있는 바닥
③ 높은 조도로 인해 밝은 경우
④ 노출된 전선

06 도마의 사용방법에 대한 설명 중 잘못된 것은?

① 합성세제를 사용하여 43~45℃의 물로 씻는다.
② 염소소독, 열탕살균, 자외선살균 등을 실시한다.
③ 식재료 종류별로 전용의 도마를 사용한다.
④ 세척·소독 후에는 건조시킬 필요가 없다.

07 미생물이 식품에 발생하여 증식할 수 있는 생육인자와 가장 거리가 먼 것은?

① 식품 중의 pH
② 식품 중의 영양소
③ 식품 중의 수분
④ 식품 중의 향기 성분

08 다음 식품의 분류 중 곡류에 속하지 않는 것은?

① 보리　② 조
③ 완두　④ 수수

09 물로 전파되는 수인성 감염병에 속하지 않는 것은?

① 장티푸스 ② 홍역
③ 세균성 이질 ④ 콜레라

10 과일 통조림으로부터 용출되어 구토, 설사, 복통의 중독 증상을 유발할 가능성이 있는 물질은?

① 안티몬 ② 주석
③ 크롬 ④ 구리

11 작업장 내에서 조리작업자의 안전수칙으로 바르지 않은 것은?

① 안전한 자세로 조리
② 조리작업을 위해 편안한 조리복만 착용
③ 짐을 옮길 때 충돌 위험 감지
④ 뜨거운 용기를 이용할 때에는 장갑 사용

12 우유의 살균방법으로 130~150℃에서 0.5~5초간 가열하는 것은?

① 저온살균법
② 고압증기멸균법
③ 고온단시간살균법
④ 초고온순간살균법

13 집단감염이 잘 되며, 항문 주위나 회음부에 소양증이 생기는 기생충은?

① 회충 ② 편충
③ 요충 ④ 흡충

14 식품의 부패 시 생성되는 물질과 거리가 먼 것은?

① 암모니아(ammonia)
② 트리메틸아민(trimethylamine)
③ 글리코겐(glycogen)
④ 아민(amine)

15 전분의 호정화를 이용한 식품은?

① 식혜 ② 치즈
③ 맥주 ④ 뻥튀기

16 간장, 설탕을 많이 사용하고 기름기가 많아 맛이 진하며 양이 푸짐한 지역의 요리는?

① 북경요리 ② 남경요리
③ 광동요리 ④ 사천요리

17 유지의 발연점이 낮아지는 원인이 아닌 것은?

① 유리지방산의 함량이 낮은 경우
② 튀김하는 그릇의 표면적이 넓은 경우
③ 기름에 이물질이 많이 들어 있는 경우
④ 오래 사용하여 기름이 지나치게 산패된 경우

18 대표적인 콩 단백질인 글로불린(globulin)이 가장 많이 함유하고 있는 성분은?

① 글리시닌(glycinin)
② 알부민(albumin)
③ 글루텐(gluten)
④ 제인(zein)

답안 표기란

09	① ② ③ ④
10	① ② ③ ④
11	① ② ③ ④
12	① ② ③ ④
13	① ② ③ ④
14	① ② ③ ④
15	① ② ③ ④
16	① ② ③ ④
17	① ② ③ ④
18	① ② ③ ④

19 해조류에서 추출한 성분으로 식품에 점성을 주고 안정제, 유화제로서 널리 이용되는 것은?

① 알긴산(alginic acid)
② 펙틴(pectin)
③ 젤라틴(gelatin)
④ 이눌린(inulin)

20 육류의 사후경직 후 숙성 과정에서 나타나는 현상이 아닌 것은?

① 근육의 경직상태 해제
② 효소에 의한 단백질 분해
③ 아미노산질소 증가
④ 액토미오신의 합성

21 조미료의 침투속도와 채소의 색을 고려할 때 조미료 사용 순서가 가장 합리적인 것은?

① 소금 → 설탕 → 식초
② 설탕 → 소금 → 식초
③ 소금 → 식초 → 설탕
④ 식초 → 소금 → 설탕

22 홍조류에 속하며 무기질이 골고루 함유되어 있고 단백질도 많이 함유된 해조류는?

① 김 ② 미역
③ 우뭇가사리 ④ 다시마

23 신선한 달걀의 감별법 중 틀린 것은?

① 햇빛(전등)에 비출 때 공기집의 크기가 작다.
② 흔들 때 내용물이 흔들리지 않는다.
③ 6%의 소금물에 넣어서 떠오른다.
④ 깨뜨려 접시에 놓으면 노른자가 볼록하고 흰자의 점도가 높다.

24 조리장의 설비 및 관리에 대한 설명 중 틀린 것은?

① 조리장 내에는 배수시설이 잘되어야 한다.
② 하수구에는 덮개를 설치한다.
③ 폐기물 용기는 목재 재질을 사용한다.
④ 폐기물 용기는 덮개가 있어야 한다.

25 생선의 육질이 육류보다 연한 주 이유는?

① 콜라겐과 엘라스틴의 함량이 적으므로
② 미오신과 액틴의 함량이 많으므로
③ 포화지방산의 함량이 많으므로
④ 미오글로빈 함량이 적으므로

26 중국에서 수입한 배추(절임 배추 포함)를 사용하여 국내에서 배추김치로 조리하여 판매하는 경우, 메뉴판 및 게시판에 표시하여야 하는 원산지 표시 방법은?

① 배추김치(중국산)
② 배추김치(배추 중국산)
③ 배추김치(국내산과 중국산을 섞음)
④ 배추김치(국내산)

답안 표기란

19	① ② ③ ④
20	① ② ③ ④
21	① ② ③ ④
22	① ② ③ ④
23	① ② ③ ④
24	① ② ③ ④
25	① ② ③ ④
26	① ② ③ ④

27 육수를 넉넉히 넣어 오래 달이는 방법의 하나로 끓는 물이나 육수에 재료를 살짝 넣어 데친 뒤 다시 가열하는 방식의 조리법은?

① 과돈 ② 청돈
③ 격수돈 ④ 차돈

28 다음 중 열 전도체의 종류가 다른 조리법은?

① 팽(peng, 펑) ② 작(zha, 짜)
③ 고(kao, 카오) ④ 전(jian, 지엔)

29 고기의 질감을 연하게 하는 단백질 분해 효소와 가장 거리가 먼 것은?

① 파파인(papain)
② 브로멜린(bromelin)
③ 펩신(pepsin)
④ 글리코겐(glycogen)

30 일반적으로 젤라틴이 사용되지 않는 것은?

① 양갱 ② 아이스크림
③ 마시멜로우 ④ 족편

31 사천요리에 많이 사용되며 식욕촉진, 기관지 기능 향상에 특히 유용한 향신료는?

① 계피 ② 감초
③ 산초 ④ 후추

32 중국 요리에서 주로 사용하는 농후제는?

① 전분 ② 젤라틴
③ 루 ④ 굴 소스

33 대두에 관한 설명으로 틀린 것은?

① 콩 단백질의 주요 성분인 글리시닌은 글로불린에 속한다.
② 아미노산의 조성은 메티오닌, 시스테인이 많고 라이신, 트립토판이 적다.
③ 날콩에는 트립신 저해제가 함유되어 생식할 경우 단백질 효율을 저하시킨다.
④ 두유에 염화마그네슘이나 염화칼슘을 첨가하여 단백질을 응고시킨 것이 두부이다.

34 밀가루 반죽에 사용되는 물의 기능이 아닌 것은?

① 반죽의 경도에 영향을 준다.
② 소금의 용해를 도와 반죽을 골고루 섞이게 한다.
③ 글루텐의 형성을 돕는다.
④ 전분의 호화를 방지한다.

35 당류와 그 가수분해 생성물이 옳은 것은?

① 맥아당 = 포도당 + 과당
② 유당 = 포도당 + 갈락토오스
③ 설탕 = 포도당 + 포도당
④ 이눌린 = 포도당 + 셀룰로오스

36 식품의 갈변 현상 중 성질이 다른 것은?

① 고구마 절단면의 변색
② 홍차의 적색
③ 간장의 갈색
④ 다진 양송이의 갈색

답안 표기란

27	①	②	③	④
28	①	②	③	④
29	①	②	③	④
30	①	②	③	④
31	①	②	③	④
32	①	②	③	④
33	①	②	③	④
34	①	②	③	④
35	①	②	③	④
36	①	②	③	④

37 식품의 산성 및 알칼리성을 결정하는 기준 성분은?

① 필수지방산 존재 여부
② 필수아미노산 존재 유무
③ 구성 탄수화물
④ 구성 무기질

38 새우나 게 등의 갑각류에 함유되어 있으며 가열되면 적색을 띠는 색소는?

① 안토시아닌(anthocyanin)
② 아스타잔틴(astaxanthin)
③ 클로로필(chlorophyll)
④ 멜라닌(melanine)

39 마늘에 함유된 황화합물로 특유의 냄새를 가지는 성분은?

① 알리신(allicin)
② 디메틸설파이드(dimethyl sulfide)
③ 머스타드 오일(mustard oil)
④ 캡사이신(capsaicin)

40 튀김옷 재료 중 달걀의 역할로 옳은 것은?

① 적당히 기름을 흡수하여 맛과 풍미가 좋아진다.
② 글루텐 형성을 저해하여 바삭한 튀김옷을 형성한다.
③ 튀김옷의 경도를 도와주나 오래되면 눅눅해진다.
④ 튀김옷을 가볍게 하나 쓴맛이 발생할 수 있다.

41 강한 환원력이 있어 식품 가공에서 갈변이나 향이 변하는 산화반응을 억제하는 효과가 있으며, 안전하고 실용성이 높은 산화방지제로 사용되는 것은?

① 티아민(thiamin)
② 나이아신(niacin)
③ 리보플라빈(riboflavin)
④ 아스코르빈산(ascorbic acid)

42 지용성 비타민의 결핍증이 틀린 것은?

① 비타민 A – 안구건조증, 안염, 각막 연화증
② 비타민 D – 골연화증, 유아발육 부족
③ 비타민 K – 불임증, 근육 위축증
④ 비타민 F – 피부염, 성장정지

43 어류 조리 시 특성에 대한 설명으로 옳은 것은?

① 생선 조림에 생강은 처음부터 넣어야 생선의 비린내를 잡을 수 있다.
② 생선의 비린 맛을 감소시키는 가장 적합한 방법은 튀김이다.
③ 전 조리 시 주로 붉은살 생선을 사용한다.
④ 구이는 지방 함량이 적은 생선을 주로 사용한다.

44 불건성유에 속하는 것은?

① 들기름 ② 땅콩기름
③ 대두유 ④ 옥수수기름

답안 표기란

37	①	②	③	④
38	①	②	③	④
39	①	②	③	④
40	①	②	③	④
41	①	②	③	④
42	①	②	③	④
43	①	②	③	④
44	①	②	③	④

45 전분의 노화에 영향을 미치는 인자의 설명 중 틀린 것은?

① 노화가 가장 잘 일어나는 온도는 0~5℃이다.
② 수분함량 10% 이하인 경우 노화가 잘 일어나지 않는다.
③ 다량의 수소이온은 노화를 저지한다.
④ 아밀로오스 함량이 많은 전분일수록 노화가 빨리 일어난다.

46 식품에 존재하는 물의 형태 중 자유수에 대한 설명으로 틀린 것은?

① 식품에서 미생물의 번식에 이용된다.
② −20℃에서도 얼지 않는다.
③ 100℃에서 증발하여 수증기가 된다.
④ 식품을 건조시킬 때 쉽게 제거된다.

47 시금치를 수산을 제거하며 데칠 때의 올바른 방법은?

① 뚜껑을 열고 끓는 물에 단시간 데쳐 헹군다.
② 저온에서 뚜껑을 덮고 서서히 데쳐 헹군다.
③ 끓는 물에 뚜껑을 덮고 서서히 데쳐 헹군다.
④ 70℃ 정도의 물에서 뚜껑을 열고 데친다.

48 어패류가 쉽게 부패하는 이유로 바르지 않은 것은?

① 수분이 많고 지방이 적어 세균 발육이 쉽다.
② 어패류는 육류보다 자기소화가 느려 분해가 쉽게 일어난다.
③ 어체에는 세균 부착기회가 많다.
④ 조직이 연하여 외부로부터 세균의 침입이 쉽다.

49 산업재해지표와 관련이 적은 것은?

① 건수율 ② 이환율
③ 도수율 ④ 강도율

50 면발 중 칼국수면보다 굵기가 굵은 면은?

① 세면 ② 소면
③ 중화면 ④ 우동면

51 세균성 식중독의 전염 예방 대책이 아닌 것은?

① 원인균의 식품오염을 방지한다.
② 위염환자의 식품조리를 금한다.
③ 냉장, 냉동 보관하여 오염균의 발육, 증식을 방지한다.
④ 세균성 식중독에 관한 보건 교육을 철저히 실시한다.

답안 표기란

45	①	②	③	④
46	①	②	③	④
47	①	②	③	④
48	①	②	③	④
49	①	②	③	④
50	①	②	③	④
51	①	②	③	④

52 냉채 재료 손질법으로 옳은 것은?

① 해물은 전처리 후 물로 깨끗이 씻는다.
② 해파리를 물에 데칠 때는 끓는 물에 넣어 충분히 삶아준다.
③ 피단은 어둡고 따뜻한 곳에 보관한다.
④ 갑오징어는 몸통 속의 단단한 부분, 껍질, 다리를 제거하고 몸통만 사용한다.

53 간접 조리방법(grilling)에 대한 설명으로 잘못된 것은?

① 전도열로 구이를 진행하는 조리방법이다.
② 석쇠가 아주 뜨거워야 고기가 잘 달라붙지 않는다.
③ 열원과 식품과의 거리는 8~10cm이다.
④ 곡류처럼 직접 구울 수 없는 것을 조리할 때 사용한다.

54 가장 빨리 만드는 조리법으로 고온에서 빠르게 볶아내는 폭(爆, 빠오)을 이용한 요리는?

① 부추잡채 ② 류산슬
③ 궁보계정 ④ 전가복

55 다음 접객업 중 시설기준상 객실을 설치할 수 없는 영업은?

① 유흥주점영업
② 일반음식점영업
③ 단란주점영업
④ 휴게음식점영업

56 홍합에 대한 설명으로 거리가 먼 것은?

① 조개류의 색이 홍색이어서 홍합 또는 담채라 한다.
② 살이 붉은 것이 수컷, 흰 것이 암컷이다.
③ 노화방지에 탁월하고 유해산소를 제거하는데 도움이 된다.
④ 비타민 A가 소고기보다 10배 많다.

57 행인두부의 주재료로 옳은 것은?

① 살구 씨 ② 사과 씨
③ 두부 ④ 귤

58 훈연법에 사용되는 나무로 적절하지 않은 것은?

① 참나무 ② 자작나무
③ 호두나무 ④ 소나무

59 황색포도상구균 식중독의 일반적인 특성으로 옳은 것은?

① 설사변이 혈변의 형태이다.
② 급성위장염 증세가 나타난다.
③ 잠복기가 길다.
④ 치사율이 높은 편이다.

60 곡물 저장 시 수분의 함량에 따라 미생물의 발육정도가 달라진다. 미생물에 의한 변패를 억제하기 위해 수분함량을 몇 %로 저장하여야 하는가?

① 13% 이하 ② 18% 이하
③ 25% 이하 ④ 40% 이하

답안 표기란

52	① ② ③ ④
53	① ② ③ ④
54	① ② ③ ④
55	① ② ③ ④
56	① ② ③ ④
57	① ② ③ ④
58	① ② ③ ④
59	① ② ③ ④
60	① ② ③ ④

정답 및 해설

중식조리기능사 모의고사 1회 정답 및 해설									
01	②	02	④	03	①	04	②	05	④
06	②	07	④	08	③	09	①	10	①
11	①	12	③	13	①	14	③	15	④
16	①	17	③	18	④	19	②	20	③
21	④	22	③	23	④	24	③	25	①
26	④	27	③	28	④	29	②	30	④
31	①	32	②	33	①	34	②	35	①
36	④	37	②	38	①	39	②	40	④
41	②	42	③	43	③	44	③	45	③
46	①	47	④	48	③	49	②	50	③
51	②	52	②	53	③	54	④	55	④
56	④	57	③	58	③	59	④	60	②

01

미생물의 크기 : 곰팡이 〉 효모 〉 스피로헤타 〉 세균 〉 리케차 〉 바이러스

02

일상점검	주방관리자가 매일 조리기구 및 장비를 사용하기 전에 육안을 통해 주방 내에서 취급하는 기계·기구·전기·가스 등의 이상여부와 보호구의 관리실태 등을 점검하고 그 결과를 기록·유지하도록 하는 것
정기점검	조리작업에 사용되는 기계·기구·전기·가스 등의 설비기능 이상 여부와 보호구의 성능 유지 여부 등에 대하여 매년 1회 이상 정기적으로 점검을 실시하고 그 결과를 유지
손상점검	재해나 사고에 의해 비롯된 구조적 손상 등에 대하여 긴급히 시행하는 점검
특별점검	결함이 의심되는 경우나, 사용제한 중인 시설물의 사용 여부 등을 판단하기 위해 실시하는 점검

03

- 리신(ricin) : 피마자
- 시큐톡신(cicutoxin) : 독미나리
- 아미그달린(amygdalin) : 청매

04

- 저온균 : 발육최적온도 15~20℃(식품의 부패를 일으키는 부패균)
- 중온균 : 발육최적온도 25~37℃(질병을 일으키는 병원균)
- 고온균 : 발육최적온도 55~60℃(온천물에 서식하는 온천균)

05

광동요리

- 외국과의 교류가 빈번하여 서양 요리의 특징 혼합
- 색채와 장식에 중점
- 소금과 기름을 적게 사용해 부드럽고 담백한 맛
- 기름지나 느끼하지 않은 요리
- 개, 뱀, 쥐, 원숭이 등 다양한 재료를 이용
- 어린 통돼지구이, 광동식 탕수육, 상어지느러미 찜, 팔보채 등

06

- 시큐톡신(cicutoxin) : 독미나리
- 테무린(temuline) : 독보리
- 테트라민(tetramine) : 참소라

07

구아닐산 : 감칠맛이 나는 조미료 성분

보존료의 종류*

데히드로초산	치즈, 버터, 마가린, 된장 등
안식향산	간장, 청량음료 등
소르빈산	식육제품, 잼류, 어육연제품, 케찹 등
프로피온산	빵, 생과자 등

08

- 고기압-잠함병
- 저기압-고산병
- 채석장-진폐증

09

수인성 감염병의 특징*

- 환자 발생 폭발적
- 오염원 제거로 일시에 종식될 수 있음
- 음료수 사용 지역과 유행 지역 일치
- 치명률이 낮고 잠복기가 짧음
- 2차 감염환자의 발생 거의 없음
- 계절에 관계없이 발생
- 성별, 나이, 생활수준, 직업에 관계없이 발생

10

파리	장티푸스, 파라티푸스, 이질, 콜레라 등
모기	말라리아, 일본뇌염, 이질, 황열 등
쥐	페스트, 발진열, 유행성 출혈열 등
바퀴	이질, 콜레라, 장티푸스, 살모넬라, 소아마비 등

11

곰팡이에 관련된 식중독은 곡류 발효식품의 저장에 관계되는 것이므로 섭취하는 것과 상관없다.

12

포도상구균의 독소인 엔테로톡신은 열에 강하므로 가열 조리해서 예방하기 어렵다.

13

이산화탄소(CO_2)의 서한량 : 0.1%

14

입(粒)	쌀알 크기 정도로 썰기
정(丁)	정육면체로 깍둑썰기
사(絲)	채썰기
편(片)	포 뜨듯이 편 썰기

15

- 식품위생과 관련된 미생물 : 곰팡이, 효모, 스피로헤타, 세균, 리케차, 바이러스 등
- 기생충 : 다른 생물체의 몸속에 기생하는 해충

16

- 콜레라 – 소화기계
- 풍진, 백일해, 홍역 – 호흡기계

경구감염병 : 물, 음식, 식기 등을 매개로 하여 입을 통해서 감염되는 감염병으로 소화기계 감염병 또는 수인성 감염병이라고도 하며 환경위생을 철저히 함으로서 예방 가능하다.

17

D는 디프테리아, P는 백일해, T는 파상풍을 말한다.

18

구충(십이지장충)은 피부(경피)로 감염될 수 있다.

19

결합 조직의 콜라겐이 젤라틴화 되면서 조직이 부드러워진다.

20

영양섭취기준 : 한국인의 질병을 예방하고 건강을 최적의 상태로 유지하기 위해 섭취해야 하는 영양소의 기준을 제시한 것으로 평균필요량, 권장섭취량, 충분섭취량, 상한섭취량으로 구성

21

중국의 멜라민 분유 파동은 식품가공 시 금지되어 있는 멜라민을 단백질 함유량 증가를 위해 분유 등 유제품에 첨가해서 분유를 섭취한 유아가 사망한 사건이다.

22

초(chao, 챠오)	팬에 기름을 두르고, 센 불과 중불에 재빠르게 볶아내는 조리법
돈(dun ,뚠)	육수를 넉넉히 넣어 오래 달이는 방법으로 과돈, 청돈, 격수돈의 방식이 있음
증(zheng, 쩽)	수증기로 쪄서 만드는 조리법
배(ba, 바)	조림을 기본으로 하는 조리법

23

고기의 결대로 썰면 고기의 질감을 높여주나, 연화 작용과는 관련이 없다.

24

전열기에 물이 접촉되면 전기 감전이 발생할 수 있다.

25

냉장의 목적 : 신선도 유지, 미생물의 증식 억제, 자기소화 지연 및 억제 등

26

위험도 경감 전략의 핵심요소는 위험요인 제거, 위험발생 경감, 사고피해 경감을 고려해야 한다.

27

N-니트로사민 : 육가공품의 발색제 사용으로 인한 아질산염과 제2급 아민이 반응하여 생성되는 발암물질

28

④는 적외선에 대한 설명이다.

자외선*

- 일광의 3분류 중 파장이 가장 짧음
- 살균력 : 2,500~2,800Å일 때 살균력이 가장 강해 소독에 이용
- 도르노선(dorno선: 생명선, 건강선) : 2,800~3,200Å일 때 사람에게 유익한 작용
- 구루병 예방(비타민 D 형성), 피부결핵 및 관절염 치료 효과
- 살균작용(결핵균, 디프테리아균, 기생충 사멸, 물, 공기, 식기 살균)
- 적혈구 생성 촉진, 혈압강하
- 피부색소 침착, 심하면 결막염, 설안염, 백내장, 피부암 등 유발

29

칼의 방향은 몸의 반대쪽으로 놓고 사용한다.

30

과실 중 밀감이 쉽게 갈변되지 않는 이유는 비타민 C의 함량이 많기 때문이다. 비타민 C는 다른 물질의 산화를 막는 항산화 작용을 하므로 갈변 현상을 억제한다.

31

당장법은 수분 활성 조절을 이용한 식품 별질 방지법이다. pH 조절에 의한 식품 변질 방지법에는 산장법이 있다.

32

- 무스카린 : 독버섯
- 뉴린 : 난황 및 썩은 고기
- 몰핀 : 아편의 주성분인 알칼로이드

33

난황의 유화성*

- 난황의 인지질인 레시틴이 유화제로 작용
- 유화성을 이용한 식품 : 마요네즈, 케이크 반죽, 크림수프 등

34

- 쓴맛은 낮은 온도에서 체온 부근까지 맛의 강도가 비슷하나, 체온 이상이 되면 급속히 맛의 강도가 낮아진다.
- 맛을 느끼는 적당한 온도는 섭씨 10~40도이다.
- 짠맛은 온도 상승에 따라 맛의 느낌이 둔해진다.

35

방사선조사식품이란 열을 가하지 않고 방사선을 이용하여 식품 속의 세균, 기생충 등을 살균한 식품을 말한다.

36

- 미오글로빈 : 동물성 식품(육류)의 근육색소로 철(Fe)을 함유
- 클로로필 : 녹색식물의 엽록체에 존재하는 지용성 색소로 마그네슘(Mg)을 함유

37

검수구역은 배달구역 입구, 물품저장소(냉장고, 냉동고, 건조창고) 등과 인접한 장소에 있어야 한다.

38

- 알칼리성 식품 : 칼슘(Ca), 마그네슘(Mg), 칼륨(K), 나트륨(Na), 철(Fe) 등을 함유하고 있는 식품으로, 채소, 과일, 우유 등
- 산성 식품 : 황(S), 인(P), 염소(Cl) 등을 함유하고 있는 식품으로, 육류, 곡류, 어패류, 난류 등

39

생선의 자기소화 원인은 단백질 분해효소이다.

40

맛난맛(감칠맛)*

- 이노신산 : 가다랭이 말린 것, 멸치, 육류
- 글루타민산 : 다시마, 된장, 간장
- 시스테인, 리신 : 육류, 어류
- 구아닐산 : 표고버섯, 송이버섯
- 베타인 : 오징어, 새우
- 타우린 : 오징어, 문어, 조개류

41

멥쌀의 아밀로오스와 아밀로펙틴의 비율은 20:80이다.

42

문제는 식소다에 대한 설명으로 소량의 식소다 사용 시 가열 중 탄산가스 방출, 수분을 증발시켜 튀김옷을 가볍게 하나, 쓴맛이 발생할 수 있다.

43

한천 : 우뭇가사리를 삶을 때 점액이 나오면, 이것을 냉각·응고시킨 다음 잘라서 동결·건조시킨 것

44

녹변현상 : 달걀을 오래 삶았을 때 난황 주위에 암녹색의 변색이 일어나는 현상으로 이는 난백의 황화수소와 난황의 철분이 결합하여 황화철(FeS)을 형성하기 때문이다.

45

쌀의 변질에 가장 관계가 깊은 것은 곰팡이이다.

46

② 첩(tie) : 세 가지 재료를 쓰는 특수한 조리법으로 편을 낸 재료를 아래로 하여 기름에 지져낸 후 물을 붓고 끓여서 증기로 익힘
③ 쇄(shuan) : 뜨거운 육수에 육류나 채소를 담가 살짝 익힌 후 소스를 찍어 먹는 조리법
④ 홍샤오(hong shao) : 생선류, 육류, 가금류, 갑각류, 해삼류를 뜨거운 기름이나 끓는 물에 데친 후 부재료와 함께 볶아 간장 소스에 조리는 조리법

47

과일향기의 주성분은 에스테르류이다.

48

발연점이 높은 식물성 기름일수록 타지 않아 튀김에 적당하며 콩기름, 포도씨유, 대두유, 옥수수유 등이 발연점이 높다.

49

식육의 동결과 해동 시 조직 손상을 최소화할 수 있는 방법은 급속 동결, 완만 해동이다.

50

겨자의 매운 맛 성분은 시니그린이고, 40~45℃에서 가장 강한 매운 맛을 느낀다.

51

제조원가=직접재료비+직접노무비+직접경비+간접재료비+간접노무비+간접경비
= (180,000+100,000+10,000)+(50,000+30,000+100,000) = 470,000원

52

자포니카형의 아밀로오스 함량은 17~20%, 인디카형의 아밀로오스 함량은 25%로 인디카형이 더 높다.

53

원가계산의 목적*

- 가격결정
- 원가절감
- 원가관리
- 예산편성
- 재무제표 작성의 기초자료 마련

54

소금은 면의 보존성을 향상시킨다.

55

냉채를 장시간 보관해야 할 때 양념에 담그는 방법을 사용하며 소금, 간장, 술(소홍주), 설탕, 식초 등에 재료를 담가 만든다.

56

황(黃)	당근, 고구마, 생강, 바나나, 콩, 오렌지, 옥수수, 죽순 등
백(白)	양배추, 양파, 양송이, 새송이, 무, 마늘, 인삼 등
적(赤)	홍고추, 홍피망, 팥, 석류, 토마토 등
흑(黑)	검정콩, 다시마, 우엉, 가지, 표고 등
청(靑)	청경채, 오이, 파, 완두콩, 풋고추, 청피망, 부추, 셀러리, 얼갈이 등

57

- 리파아제 : 지방의 효소
- 리그닌 : 무에 들어있는 식이성 섬유
- 글리시닌 : 두류 단백질

58

육류, 어류는 고온에서 급속 해동하면 드립이 발생되므로, 냉장고나 냉장온도(5~10℃)에서 자연 해동시켜야 위생적이며 영양 손실이 가장 적다.

해동법*

육류·어류	· 고온에서 급속 해동하면 단백질 변성으로 드립 발생 · 냉장고나 냉장온도(5~10℃에서 자연해동이 가장 바람직)
채소류	· 삶을 때는 해동과 조리를 동시에 진행 · 찌거나 볶을 때는 냉동된 상태 그대로 조리
과일류	· 먹기 직전에 냉장고나 흐르는 물에서 해동 · 주스를 만들 때는 냉동된 상태 그대로 믹서
반조리식품	· 오븐이나 전자레인지를 사용하여 직접가열
과자류	· 상온에서 자연해동 또는 오븐에 데움
기타	· 필요한 만큼만 해동하여 사용

59

누구나 할 수 있는 쉬운 방법으로 부드럽고 상큼한 맛을 내는 냉채 조리법은 무치기이다. 무치기는 소금, 간장, 설탕, 식초, 다진 마늘, 파기름, 생각즙, 산초기름, 고추기름, 겨자가루, 후춧가루, 참기름, 고수 등을 양념으로 사용한다.

60

병원급식은 15리터, 학교급식은 5리터, 공장급식은 7리터, 기숙사급식은 8리터이다.

중식조리기능사 모의고사 2회 정답 및 해설

01	③	02	①	03	③	04	①	05	④
06	④	07	①	08	①	09	②	10	③
11	④	12	①	13	②	14	③	15	③
16	④	17	②	18	②	19	①	20	③
21	③	22	④	23	②	24	③	25	②
26	④	27	③	28	①	29	①	30	①
31	②	32	④	33	②	34	①	35	①
36	④	37	③	38	②	39	④	40	②
41	③	42	④	43	①	44	④	45	③
46	④	47	③	48	②	49	②	50	②
51	②	52	②	53	④	54	③	55	①
56	④	57	③	58	②	59	④	60	③

01

식품위생감시원의 직무*

- 식품 등의 위생적인 취급에 관한 기준의 이행 지도
- 수입·판매 또는 사용 등이 금지된 식품 등의 취급 여부에 관한 단속
- 표시 또는 광고기준의 위반 여부에 관한 단속
- 출입·검사 및 검사에 필요한 식품 등의 수거
- 시설기준의 적합 여부의 확인·검사
- 영업자 및 종업원의 건강진단 및 위생교육의 이행 여부의 확인·지도
- 조리사 및 영양사의 법령 준수사항 이행 여부의 확인·지도
- 행정처분의 이행 여부 확인
- 식품 등의 압류·폐기 등
- 영업소의 폐쇄를 위한 간판 제거 등의 조치
- 그 밖에 영업자의 법령 이행 여부에 관한 확인·지도

02

② 샥스핀 : 광동요리
③ 마파두부 : 사천요리
④ 팔보채 : 광동요리

지역별 대표요리*

북경(베이징)요리 (산동요리)	면류, 만두, 가루음식, 육류, 내장고기요리, 북경 통 오리구이, 피단 등 독특한 음식이 많음
남경(상해)요리 (강소요리)	동파육, 상해 게 요리, 두부 요리, 꽃빵, 만두 종류 등 화려한 요리 발달
광동요리	개, 뱀, 쥐, 원숭이 등 다양한 재료를 이용 어린 통돼지구이, 광동식 탕수육, 상어 지느러미 찜, 팔보채 등
사천요리	마파두부, 양고기 요리, 기타 강한 맛의 매운 요리

03

식품위생법규상 수입식품의 검사결과 부적합한 수입식품 등에 대하여 수입신고인이 취해야 하는 조치*

- 수출국으로의 반송 또는 다른 나라로의 반출
- 농림축산식품부장관의 승인을 받은 후 사료로의 용도 전환
- 폐기

04

세균성 식중독*

감염형 식중독	살모넬라 식중독, 장염비브리오균 식중독, 병원성 대장균 식중독
독소형 식중독	황색포도상구균 식중독, 클로스트리디움 보툴리눔 식중독

05

분변오염의 지표*

- 분변오염의 지표 : 대장균
- 분변오염의 지표이자 냉동식품오염의 지표 : 장구균

06

초(chao, 챠오)	볶음, 팬에 기름을 두르고, 센 불과 중불에 재빠르게 볶아서 만드는 조리법
류(liu, 리우)	조미료에 잰 재료를 된 전분이나 밀가루 옷을 입혀 튀기거나 데치거나 쪄낸 후, 소스에 빠르게 버무리는 조리법
폭(bao, 빠오)	깍둑 모양으로 썰거나 칼집을 넣어 뜨거운 물 또는 기름에 데친 후 팬을 달구어 센 불에서 빠르게 볶아내는 방식
작(zha, 짜)	중식 팬에 기름을 넉넉히 넣고 튀기는 방식

07

고(kao, 카오)	중국 요리법 중 가장 원시적이고 오래된 방법, 직화를 이용하거나 오븐 또는 복사열을 이용하여 음식을 익히는 조리법
폭(bao, 빠오)	깍둑 모양으로 썰거나 칼집을 넣어 뜨거운 물 또는 기름에 데친 후 팬을 달구어 센 불에서 빠르게 볶아내는 방식
소(shao, 샤오)	조림, 재료를 볶거나 기름에 튀겨 사용, 또는 쪄 놓은 상태에 육수를 붓고 센 불에 끓여 서서히 조리면서 진한 맛과 향이 나오도록 함
회(hui, 후에이)	잘게 자른 여러 가지 재료를 물이나 육수에 넣고 센 불과 중불로 잠깐 가열하여 물전분을 바로 넣고 조리한 것으로 묽은 죽의 형태

08

유해첨가물*

착색제	아우라민(단무지), 로디민B(붉은 생강, 어묵)
감미료	둘신, 사이클라메이트
표백제	롱가릿, 형광표백제
보존료	붕산, 포름알데히드, 불소화합물, 승홍

09

조(條)	막대 모양으로 썰기
니(泥)	곱게 다지기
정(丁)	깍둑썰기
사(絲)	가늘게 채 썰기
편(片)	편 썰기
입(粒) / 미(未)	쌀알 크기 정도로 썰기
괴(塊)	식품 재료를 덩어리 형태의 모양으로 하여 수직으로 써는 것

10

저온살균법	61~65℃에서 약 30분간 가열 살균 후 냉각
고온단시간살균법	70~75℃에서 15~30초 가열 살균 후 냉각
초고온순간살균법	130~140℃에서 1~2초 가열 살균 후 냉각

11

육류 발색제는 아질산나트륨, 질산나트륨, 질산칼륨으로 식육제품, 어육 소세지, 어육 햄 등에 사용한다.

12

두반장

- 발효시킨 메주콩에 고추를 갈아 넣고 양념을 첨가하여 만듦
- 짜고 맵고 칼칼한 맛
- 사천요리에 많이 사용되는 양념
- 붉은색으로 발효 과정과 숙성에 따라 매운 정도와 향미가 다양
- 오래 묵힐수록 매운맛이 덜하고 복합적인 맛
- 마파두부, 새우칠리소스, 돼지고기 요리, 냉채 요리 등에 많이 사용

13

식품에서 흔히 볼 수 있는 푸른곰팡이는 페니실리움속이다. 황변미 중독은 페니실리움속 푸른곰팡이에 의해 저장 중인 쌀에 번식하여 발생한다.

14

기름 온도에 따른 튀김의 상태

140℃	바닥에 가라앉아 떠오르지 않는다.
150℃	바닥에 가라앉았다가 서서히 떠오른다.
160℃	바닥에 가라앉았다가 바로 떠오른다.
170℃	기름의 중간 정도에서 바로 떠오른다.
180℃ 이상	기름 표면에서 튀김옷이 퍼지며 연기가 난다.

15

소독의 구분*

방부	미생물의 생육을 억제 또는 정지시켜 부패를 방지
소독	병원 미생물의 병원성을 약화시키거나 죽여서 감염력을 없앰
살균	미생물을 사멸
멸균	비병원균, 병원균 등 모든 미생물과 아포까지 완전히 사멸

※ 소독력의 크기 순 : 멸균 〉 살균 〉 소독 〉 방부

16

몸에 불이 붙었을 경우 제자리에서 바닥에 구른다.

17

폴리오는 음식물에 의해 전파된다.

18

종류	제1중간숙주	제2중간숙주
간디스토마(간흡충)	왜우렁이	담수어
폐디스토마(폐흡충)	다슬기	가재, 게
요꼬가와흡충(횡촌흡충)	다슬기	담수어
광절열두조충(긴촌충)	물벼룩	담수어
아니사키스충	갑각류	돌고래

19

- 간흡충 : 왜우렁이(제1중간숙주), 담수어(제2중간숙주)
- 편충 : 채소에 의해 감염
- 아니사키스충 : 고래, 돌고래에 기생

20

검수관리에 대한 설명이다.

21

식물체의 색소인 카로틴은 동물 체내에서 쉽게 비타민 A로 변한다.

22

발생초기에 즉시 실시하며 유충 상태에서 구제한다.

23

승홍수 : 0.1%의 수용액

24

감각온도(체감온도)의 3요소 : 기온, 기습, 기류

25

일반적으로 생물화학적 산소요구량(BOD)과 용존산소량(DO)은 서로 반비례 관계에 있다.
예를 들어 물이 오염된 경우 BOD ↑, DO ↓

26

난로는 기름을 넣은 뒤 불을 붙이고, 조리실 바닥의 음식물 찌꺼기는 발견 즉시 바로 처리하며, 떨어지는 칼은 잡지 않고 피해 안전사고를 예방한다.

27

착도법(戳刀法)	· 재료를 찔러서 활용하는 도법 · 새 날개, 생선 비늘, 옷 주름, 꽃 조각에 활용
절도법(切刀法)	· 사물의 큰 형태를 만들 때 사용하는 도법 · 위에서 아래로 썰기를 할 때 또는 돌려 깎을 때 사용하는 도법
각도법(刻刀法)	· 가장 많이 사용하는 도법 · 주도를 사용하여 재료를 깎을 때 사용
선도법(旋刀法)	· 칼로 타원을 그리며 재료를 깎을 때 사용하는 도법
필도법(筆刀法)	· 칼로 그림을 그리듯 재료 표면에 외형을 그릴 때 사용하는 도법

28

석탄산은 각종 소독제의 살균력을 나타내는 지표로써 변소, 하수도, 진개 등의 오물 소독에 사용한다.

29

황 함유 아미노산 : 메티오닌, 시스틴, 시스테인

30

잠복기가 긴 것 : 한센병, 결핵
잠복기 1주일 이내 : 콜레라, 이질, 파라티푸스, 디프테리아

31

작업 시 근골격계 질환을 예방하기 위해서는 안전한 자세로 조리하고, 작업 전 간단한 체조로 신체의 긴장을 완화하는 것이 좋다.

32

규폐증 : 광부, 모래나 화강암, 슬레이트를 직업적으로 다루는 공장 근로자나 도공 세공업자에게 많이 발생, 규폐증이 일어나려면 보통 15~20년이 걸림

33

요오드는 갑상선 호르몬(티록신)의 구성성분으로 결핍 시 갑상선종에 걸린다.

34

- 클로로필 : 녹색 채소 색소
- 안토시안 : 꽃, 과일(사과, 딸기, 가지 등)의 적색, 자색의 색소
- 플라보노이드 : 식물에 넓게 분포하는 황색계통의 수용성 색소

35

갈락토오스(galactose)는 6탄당이다.

36

설탕 : 수크라아제

37

중국식 국수는 밀가루 원료로 면대를 형성하여 잘라 성형한다.

38

경화 : 액체상태의 기름에 수소(H_2)를 첨가하고, 니켈(Ni)과 백금(Pt)을 넣어 고체형의 기름을 만든 것

39

홍차와 감자의 갈변은 효소적 갈변이다.

40

흰살 생선과 붉은살 생선*

- 흰살 생선 : 수온이 낮고 깊은 곳에 살며 운동량이 적고 지방함량이 5% 이하이며, 조기, 광어, 가자미, 도미 등이 있다.
- 붉은살 생선 : 수온이 높고 얕은 곳에 살며, 수분함량이 적고 지방함량이 5~20%로 많으며, 꽁치, 고등어, 다랑어 등이 있다.

41

냉채 요리는 상에 맨 처음 나가는 차가운 요리로 온도는 4℃가 적당하다.

42

복숭아의 껍질을 벗겨 공기 중에 놓으면, 폴리페놀옥시다아제에 의해 산화되어 갈색의 멜라닌으로 전환된다.

43

연제품 제조 시 어육단백질을 용해하며 탄력성을 주기 위해서 소금을 반드시 첨가한다.

44

어류 부패 시 발생하는 냄새물질 : 암모니아, 피페리딘, 트리메틸아민, 황화수소, 인돌 등

45

녹색 채소에 있는 클로로필 성분은 산성(식초물)에서 녹황색(페오피틴)으로 변하고, 알칼리(중조첨가)에 진한 녹색(클로로필린)으로 변하여 비타민 C 등이 파괴되고 조직이 연화된다.

46

겨자 : 시니그린
고추 : 캡사이신

47

계란은 껍질이 까칠까칠하고 윤기가 없는 것이 신선하다.

48

1일 쌀 섭취 열량
→ 2,500kcal×60%=1,500kcal
1일 쌀 섭취량
→ 100g:340kcal=X:1,500kcal
→ 441.18g
100명의 1일 쌀 섭취량
→ 441.18g×100=44,118g=약 44.12kg

49

중국 음식은 높은 화력을 바탕으로 재료 고유의 맛을 유지하는 것이 특징이다. 영양소의 손실을 최소화하며, 강한 불에서 단시간 볶아내는 볶음 요리는 중식 요리의 대표적인 조리법이다.

50

후식은 더운 것을 먼저 내고 찬 것을 나중에 낸다. 더운 후식류의 종류는 빠스류가 있고, 찬 후식류의 종류는 행인두부, 시미로, 과일 등이 있다.

51

된장, 장조림의 고기, 두부, 생선 등은 단백질 급원식품으로 단백질이 주를 이루는 식단으로 구성되었다.

52

주로 감자 전분을 소스의 농도를 맞출 때 사용한다.

53

전처리 시 위생적 관리가 조금 어려워 물리적·화학적·생물학적 위해요소에 노출되기 쉽다.

54

이익을 뺀 나머지를 다 더한 값이다.

- 총원가 = (직접재료비 + 직접노무비 + 직접경비) + 제조간접비(간접재료비 + 간접노무비 + 간접경비) + 판매관리비 = (250,000원 + 100,000원 + 40,000원) + 120,000원 + 60,000원 = 570,000원

55

식육의 동결과 해동 시 조직 손상을 최소화 할 수 있는 방법은 급속 동결, 완만 해동으로 저온(냉장)에서 서서히 해동시키는 것이 가장 바람직하다.

56

당면은 전분 국수라고도 부르며 중국에서는 녹두 전분을 주로 이용하며, 옥수수 전분(또는 고구마 전분 혼합)을 혼합하여 만든다.

57

직화구이 시 유지가 불과 만나 아크롤레인이라는 나쁜 연기성분이 발생한다. 따라서 지방이 많은 식재료는 직화구이를 피하는 것이 좋다.

58

달걀의 응고성(농후제)*

- 응고 온도 : 난백 60~65℃, 난황 65~70℃
- 설탕을 넣으면 응고 온도가 높아짐(응고 지연)
- 식염(소금)이나 산(식초)를 첨가하면 응고 온도가 낮아짐(응고 촉진)
- 달걀을 물에 넣어 희석하면 응고 온도가 높아지고 응고물은 연해짐
- 온도가 높을수록 가열시간이 단축되지만 응고물은 수축하여 단단하고 질겨짐
- 응고성을 이용한 식품 : 달걀찜, 커스터드, 푸딩, 수란, 오믈렛 등

59

유지의 산패에 영향을 끼치는 인자*

- 온도가 높을수록
- 광선 및 자외선
- 수분이 많을수록
- 금속류(구리, 철, 납, 알루미늄 등)
- 유지의 불포화도가 높을수록

60

호정화는 물을 가하지 않는다.

전분의 호정화*

- 전분에 물을 가하지 않고 160~170℃로 가열했을 때 가용성 전분을 거쳐 덱스트린으로 분해되는 반응
- 누룽지, 토스트, 팝콘, 미숫가루, 뻥튀기 등

중식조리기능사 모의고사 3회 정답 및 해설

01	③	02	③	03	③	04	④	05	③
06	①	07	②	08	④	09	②	10	①
11	④	12	①	13	①	14	④	15	①
16	①	17	②	18	③	19	①	20	①
21	③	22	①	23	①	24	③	25	①
26	③	27	③	28	③	29	①	30	④
31	②	32	④	33	①	34	③	35	①
36	②	37	②	38	③	39	③	40	②
41	②	42	①	43	③	44	④	45	④
46	②	47	①	48	④	49	③	50	④
51	①	52	③	53	②	54	②	55	②
56	③	57	③	58	②	59	④	60	②

01

메틸알코올(메탄올) : 에탄올 발효 시 펙틴이 있을 때 생성되는 물질로 섭취 시 구토, 복통, 설사가 나타나고 심하면 시신경의 염증으로 실명할 수 있다.

02

화재발생 위험 요소가 있을 수 있는 기계나 기기는 수리 및 정기적인 점검을 실시하여 관리한다.

03

복어의 독소량 : 난소 〉 간 〉 내장 〉 피부

04

집단급식소*

영리를 목적으로 하지 아니하면서 특정 다수인에게 계속하여 음식을 공급하는 급식시설로서 1회 50인 이상에게 식사를 제공하는 급식소(기숙사, 학교, 병원, 사회복지시설, 산업체, 공공기관, 그 밖의 후생기관)

05

연결코드 제거 후 전자제품 청소는 전기 감전을 예방하는 방법이다.

06

가스관은 정기적으로 점검한다.

07

미추

- 쌀을 발효시켜 만든 중국 전통 식초
- 알코올 성분이 많이 들어 있어 소독하는 데 많이 사용
- 농도가 강하고 은은한 막걸리 같은 맛
- 요리에 뿌려 먹기도 하고 무침에 많이 사용

08

구분	연령	예방접종의 종류
기본접종	4주 이내	BCG(결핵)
	2, 4, 6개월	경구용 소아마비, DPT
	15개월	홍역, 볼거리, 풍진(MMR)
	3~15세	일본뇌염
추가접종	18개월, 4~6세, 11~13세	경구용 소아마비, DPT
	매년	일본뇌염

09

잠함병 : 잠수 작업과 같은 고압 환경에서 혈액 속의 질소가 기포를 형성하여 모세혈관에 혈전을 일으켜 잠함병(감압병)을 일으킴

10

허위표시 및 과대광고*

- 질병의 예방·치료에 효능이 있는 것으로 인식할 우려가 있는 표시 또는 광고
- 식품 등을 의약품으로 인식할 우려가 있는 표시 또는 광고
- 건강기능식품이 아닌 것을 건강기능식품으로 인식할 우려가 있는 표시 또는 광고
- 거짓·과장된 표시 또는 광고
- 소비자를 기만하는 표시 또는 광고
- 다른 업체나 다른 업체의 제품을 비방하는 표시 또는 광고
- 객관적인 근거 없이 자기 또는 자기의 식품 등을 다른 영업자나 다른 영업자의 식품 등과 부당하게 비교하는 표시 또는 광고
- 사행심을 조장하거나 음란한 표현을 사용하여 공중도덕이나 사회윤리를 현저하게 침해하는 표시 또는 광고
- 심의를 받지 아니하거나 심의 결과에 따르지 아니한 표시 또는 광고

※ 과대광고가 아닌 것 : 문헌 이용 광고, 현란한 포장

11

알레르기 식중독

원인독소	히스타민
원인균	프로테우스 모르가니
원인식품	꽁치, 고등어 같은 붉은살 어류 및 그 가공품
증상	두드러기, 열증
예방	항히스타민제 투여

12

독버섯 독성분 : 무스카린, 콜린, 아마니타톡신(알광대 버섯)

13

- 화학성 식중독 : 수은 식중독
- 독소형 세균성 식중독 : 클로스트리디움 보툴리눔 식중독
- 자연독 식중독 : 아플라톡신 식중독

14

산소를 제거해야 하므로 산화제가 아닌 환원제를 사용한다.

15

무구조충(민촌충)	소
유구조충(갈고리촌충)	돼지
선모충	돼지
톡소플라소마	고양이, 쥐, 조류

16

식품 등의 표시기준을 수록한 식품 등의 공전을 작성·보급하여야 하는 자는 식품의약품안전처장이다.

17

일반음식점의 영업신고는 시장·군수·구청장에게 한다.

18

비타민 E는 항산화제이다.

19

- 살구, 청매의 유독성분 : 아미그달린
- 독미나리 : 시큐톡신
- 곰팡이독 : 마이코톡신

20

조리장의 위생해충은 정기적인 약제사용이 필요하고, 영구적으로 박멸되지는 않는다.

21

육수 조리 시 주의사항*

- 찬물 사용 : 불순물 제거, 뼈 속의 맛 성분 용출
- 센 불로 시작하여 약한 불로 조리 : 약 90℃를 유지하여 은근하게 끓임, 뼈 속 맛과 향이 충분히 용해될 수 있도록 하고, 육수의 혼탁도를 줄여 맑은 육수를 뽑아냄
- 거품 및 불순물 제거 : 끓는 동안 지속적인 불순물 제거로 육수의 혼탁도를 줄임
- 육수 걸러 내기 : 내용물과 국물의 분리, 육수 속 채소, 뼈, 기름 등의 불순물 제거
- 냉각 : 빠른 냉각으로 육수의 변화를 늦춰 안전하게 보관
- 저장 : 뚜껑이 있는 용기에 담아 냉장 또는 냉동 보관, 뚜껑에 만든 날짜와 시간 기록, 냉장 보관 육수는 3~4일 내 사용, 냉동 보관 육수는 5~6개월까지 보관 가능

22

데시벨(dB) : 음의 강도

23

- 열량영양소 : 탄수화물, 지방, 단백질
- 조절영양소 : 무기질, 비타민
- 구성영양소 : 단백질, 무기질

24

- 수용성 비타민 : 티아민(비타민 B_1), 리보플라빈(비타민 B_2), 아스코르브산(비타민 C) 등
- 지용성 비타민 : 레티놀(비타민 A), 칼시페롤(비타민 D), 토코페롤(비타민 E) 등

25

팔각

- 대회향
- 여덟 개의 씨방으로 이루어짐
- 음식의 향기 증진(향기성분 아네올)
- 고기를 삶거나 조림을 할 때 사용
- 향을 내고 잡냄새 제거

26

- 부패 : 단백질 식품이 혐기성 미생물에 의해 변질되는 현상
- 변패 : 단백질 이외의 식품이 미생물에 의해서 변질되는 현상
- 산패 : 유지가 공기 중의 산소, 일광, 금속(Cu, Fe)에 의해 변질되는 현상
- 발효 : 탄수화물이 미생물의 작용을 받아 유기산, 알코올 등을 생성하게 되는 현상

27

- 동물성 색소 : 미오글로빈(육색소), 헤모글로빈(혈색소), 아스타잔틴, 헤모시아닌
- 식물성 색소 : 클로로필(엽록소), 플라보노이드(안토시안 포함), 카로티노이드

28

① 배(ba, 바) : 조림을 기본으로 하는 조리법으로 조리 시간이 다소 길고 북경요리에 많이 사용하는 조리법
② 돈(dun, 뚠) : 육수를 넉넉히 넣어 오래 달이는 방법으로 과돈, 청돈, 격수돈의 방식이 있음
④ 자(zhu, 쮸) : 고기를 작게 썰어 육수를 붓고 불 조절하면서 삶아 조리하는 방법

29

북경(베이징)요리(산동요리)

- 궁중요리, 고급요리 발달
- 부드럽고 담백한 맛
- 짧은 시간에 조리하는 튀김 요리나 볶음 요리 발달
- 면류, 만두, 가루음식, 육류, 내장고기요리, 북경 통 오리구이, 피단 등 독특한 음식이 많음

30

- 비타민 C 결핍 : 괴혈병
- 비타민 B_1 결핍 : 각기병

31

단체급식 : 영리를 목적으로 하지 아니하고 계속적으로 특정 다수인에게 음식물을 공급하는 기숙사, 학교, 병원, 사회복지시설, 산업체, 공공기관, 그 밖의 후생기관 등의 급식시설로서 대통령령으로 정하는 시설(상시 1회 50명 이상에게 식사를 제공하거나 상시적이지는 않으나 숙박기능 등을 갖춘 종합수련시설 내의 급식소)

32

펙틴(pectin)은 식물의 세포벽이나 세포막 사이를 결합시키는 다당류로, 미숙한 과일 껍질에 많이 함유되어 있으며, 영양소를 공급할 수 없으나 식이섬유소로서 인체에 중요한 기능을 한다.

33

고정비 : 일정한 기간 동안 조업도의 변동에 관계없이 항상 일정액으로 발생하는 원가로 감가상각비, 노무비, 보험료, 제세공과금 등이 포함

34

③은 신선한 어류의 특징이다.

어류 신선도 판정*

- 아가미가 선명한 적색이고 단단하며 꽉 닫혀 있는 것
- 안구가 돌출되고 투명한 것
- 비늘이 밀착되어 있고 광택이 있는 것
- 악취 등 냄새가 나지 않는 것

35

- 자당(설탕) : 포도당과 과당이 결합한 당
- 맥아당 : 포도당과 포도당이 결합한 당
- 젖당(유당) : 포도당과 갈락토오스가 결합한 당

36

팽(peng, 펑)	깐풍기, 칠리 새우 등을 만들 때 튀긴 재료에 양념이 스며들 수 있도록 조려주는 방법을 의미하는 조리법
폭(bao, 빠오)	깍둑 모양으로 썰어 뜨거운 물이나 기름에 데친 후 팬을 달구어 센 불에서 빠르게 볶아내는 방법(대표 음식 : 궁보계정)
첩(tie, 티에)	세 가지 재료를 쓰는 특수한 조리법으로 편을 낸 재료를 아래로 하여 기름에 지져낸 후 물을 붓고 끓여서 증기로 익힘
전(jian, 지엔)	팬에 기름을 두르고 양면, 또는 한 면을 노릇하게 지져내는 방법(대표 음식 : 난젠완쯔)

37

재료	적정 온도(℃)	적정 시간(분)
닭고기	1차 튀김 : 165~170	8~10
	2차 튀김 : 170~190	1~2

38

버터나 마가린 등의 지방은 실온에서 부드럽게 하여 계량컵에 꼭꼭 눌러 담은 후 윗면을 직선으로 된 칼로 깎아 계량한다.

39

썰기의 목적*

- 모양과 크기를 정리하여 조리하기 쉽게 함
- 먹지 못하는 부분을 없앰
- 씹기를 편하게 하여 소화하기 쉽게 함
- 열의 전달이 쉽고, 조미료(양념류)의 침투를 좋게 함

40

조리의 목적*

- 기호성 : 식품의 외관을 좋게 하며 맛있게 하기 위함
- 소화성 : 소화를 용이하게 하여 영양 효율을 높이기 위함
- 안전성 : 위생상 안전한 음식으로 만들기 위함
- 저장성 : 저장성을 높이기 위함

41

필수지방산 : 리놀레산, 리놀렌산, 아라키돈산

42

조림

- 생선 내부에 맛을 잘 배이도록 하고 생선 자체의 맛 성분이 외부로 빠져나가지 않도록 한다.
- 생선이 92~94% 정도 익으면 불을 끄고 나머지 열로 익힌다.
- 생선의 비린 맛 감소를 위해 뚜껑을 열고 조림을 하는 것이 좋다.
- 비린 맛이 휘발되면 뚜껑을 덮고 서서히 끓여 비린 맛을 조금 더 감소시킨다.
- 생강이나 마늘은 거의 익은 상태에서 첨가한다.
- 너무 오래 가열하지 않는다.

43

① 젤리 ② 잼 ③ 마멀레이드 ④ 프리저브

44

우유를 응고시키는 원인 : 산(식초, 레몬즙), 효소(레닌), 염류, 가열 등

45

- 카드뮴 중독 : 이타이이타이병 발생, 신장장애, 단백뇨, 골연화증
- 수은 중독 : 미나마타병
- 납 중독 : 칼슘대사이상, 신장장애, 적혈구 수 증가

46

평균수명에서 질병이나 부상 등으로 인하여 활동하지 못한 기간을 뺀 수명은 건강수명이다.

47

건성유는 요오드가가 130 이상으로, 불포화지방산의 함량이 많고, 공기 중에 방치하면 건조되는 유지이다.

48

찹쌀떡이 멥쌀떡보다 더 늦게 굳는 이유는 노화지연과 관련이 있는 아밀로펙틴의 함량이 많기 때문이다.

49

반죽할 때의 배합수는 원료분 100에 대해 35 이상 혼합한다.

50

단맛의 강도 : 과당 〉 설탕 〉 포도당 〉 맥아당 〉 갈락토오스 〉 유당

51

종류	글루텐 함량(%)	용도
강력분	13 이상	식빵, 마카로니, 파스타 등
중력분	10 이상 13 미만	국수류(면류), 만두피 등
박력분	10 미만	튀김옷, 케이크, 파이, 비스킷 등

52

깐소 소스는 물, 소금, 참기름, 토마토 케첩, 고추장 등을 넣고 잘 섞은 후 1시간 숙성한 소스이다.

숙성이 필요한 소스	탕수 소스, 깐소 소스 등
발효가 필요한 소스	간장, 두반장, 춘장 등

53

감수성 지수(접촉감염지수) : 홍역(95%) 〉 백일해(60~80%) 〉 디프테리아(10%) 〉 폴리오(0.1%) 순

54

폴리오, 홍역 – 바이러스
발진티푸스 – 리케차

병원체가 세균인 질병*

콜레라, 장티푸스, 파라티푸스, 세균성 이질, 디프테리아, 백일해, 성홍열, 결핵, 나병(한센병), 폐렴, 페스트, 파상풍 등

55

초(炒, 차오)

- 중국 요리에서 가장 많이 사용되는 조리법
- 전분을 사용하지 않는 볶음류(초채(炒菜, 차오차이, chao cai))
- 채소가 살아있는 상태를 유지
- 부추잡채(소구차이), 고추잡채(칭지아오러우시), 당면잡채, 토마토달걀볶음 등

56

- 비트(beets) – 근채류
- 파슬리(parsley) – 엽채류
- 아스파라거스(asparagus) – 경채류

야채의 분류*

- 경채류 : 줄기 식용(셀러리, 아스파라거스, 죽순 등)
- 엽채류 : 푸른 잎 식용(배추, 상추, 시금치, 파슬리, 부추, 파 등)
- 근채류 : 뿌리 식용(무, 당근, 우엉, 연근, 비트, 양파 등)
- 과채류 : 열매 식용(오이, 토마토, 가지, 수박, 참외 등)
- 화채류 : 꽃 식용(브로콜리, 아티초크, 콜리플라워 등)

57

빠스류

- 빠스(拔絲)는 '실을 뽑다'라는 의미
- 설탕을 녹여 시럽을 만든 후 여러 식재료에 입히는 후식용 음식
- 고구마빠스, 바나나빠스, 사과빠스, 은행빠스, 귤빠스, 딸기빠스, 아이스크림빠스 등

58

반건조 생면은 수분 함량 20% 정도로 조절하여 유통기한을 연장한다.

59

군집독 : 다수인이 밀집한 장소에서 화학적 조성이나 물리적 조성의 큰 변화를 일으켜 발생하는 현상으로 불쾌감, 두통, 권태, 현기증, 구토 등의 생리적 이상 증상을 일으킨다. 주원인은 O_2감소, CO나 CO_2의 증가, 고온, 고습, 구취 등의 냄새 등이다.

60

분변오염의 지표 : 대장균

중식조리기능사 모의고사 4회 정답 및 해설

01	④	02	③	03	④	04	①	05	④
06	①	07	①	08	②	09	①	10	②
11	①	12	①	13	③	14	②	15	②
16	②	17	①	18	①	19	①	20	④
21	③	22	④	23	①	24	②	25	③
26	②	27	③	28	①	29	③	30	②
31	①	32	①	33	②	34	②	35	③
36	④	37	②	38	①	39	③	40	①
41	③	42	④	43	④	44	①	45	④
46	③	47	④	48	③	49	④	50	④
51	③	52	②	53	④	54	②	55	①
56	③	57	②	58	③	59	④	60	①

01

북경(베이징)요리 (산동요리)	· 궁중요리, 고급요리 발달 · 부드럽고 담백한 맛
남경(상해)요리 (강소요리)	· 특산물인 간장, 설탕을 많이 써 달고 농후한 맛 · 기름기가 많아 맛이 진하고 양이 푸짐함
광동요리	· 외국과의 교류가 빈번하여 서양 요리의 특징 혼합 · 색채와 장식에 중점
사천요리	· 파, 마늘, 생강, 매운 고추 등의 향신료 사용 · 강한 향기와 신맛, 매운맛이 특징

02

식품공전상 표준온도는 20℃를 말한다.

03

콜레라, 세균성 이질, 장티푸스는 경구감염병(소화기계 감염병)이다.

04

보통비누는 균을 살균하는 것이 아니고 씻어 흘려 없애거나 더러운 먼지 같은 것은 제거하는 작용을 하며 역성비누(양성비누)는 양이온의 계면활성제로 세척력은 약하나 살균력은 강하다. 따라서 섞어 사용하면 효과가 떨어지므로 보통비누로 먼저 때를 씻은 후 역성비누를 사용하는 것이 바람직하다.

05
식품위생이란 식품, 첨가물, 기구, 용기, 포장에 대한 위생을 말한다.

06
휴게음식점영업은 주로 다류, 아이스크림류 등을 조리, 판매하거나 패스트푸드점, 분식점 형태의 영업 등 음식류를 조리, 판매하는 영업으로서 음주행위, 주류 판매가 허용되지 아니하는 영업이다.

07
회(hui, 후에이) : 잘게 자른 여러 가지 재료를 물이나 육수에 넣고 센 불과 중불로 잠깐 가열하여 물전분을 바로 넣고 조리한 것으로 묽은 죽의 형태

홍회	황설탕과 간장, 전분을 사용하여 만드는 요리, 농도가 진함
청회	전분이 들어가지 않는 조리법
백회	전분을 소량으로 넣어 조리하는 방법
소회	기름과 각종 향신료, 양념을 넣고 재료와 함께 조리하는 방법

08
클로스트리디움 보툴리눔 식중독의 원인 식품으로는 살균이 불충분한 통조림, 병조림 식품, 햄, 소시지 등이다.

09
영양소, 수분, 온도, pH, 산소 등의 요인들에 의해 식품 안에 미생물이 증식하여 식품의 변질이 일어난다.

10
청매 – 아미그달린

11
인공능동면역을 위한 백신에는 생균백신, 사균백신, 순화독소가 있는데, 순화독소로 영구면역성을 획득하는 질병에는 파상풍, 디프테리아가 있다.

12
화(기름에 데치는 방법) : 고기에 전분, 달걀, 청주, 간장이나 소금을 이용하여 옷을 입혀 낮은 온도의 기름에 데쳐낸다. 소고기를 '화' 한 다음 조리에 많이 활용한다.

13
곰팡이는 건조상태에서 증식이 가능하여 건조식품과 곡류에 가장 잘 번식한다.

14
규소수지는 식품 제조 공정 중에 생기는 거품을 소멸시키거나 억제하기 위해 사용되는 소포제이다.

15
- 클로로필은 마그네슘을 중성원자로 하고 산에 의해 페오피틴이라는 갈색물질로 된다.
- 플라보노이드 색소는 산성–알칼리성으로 변함에 따라 백색–담황색으로 된다.
- 동물성 색소 중 근육색소는 미오글로빈이고, 혈색소는 헤모글로빈이다.

16
구충(십이지장충)은 식품과 함께 입을 통해 감염되거나, 피부로 직접 침입하여 감염되는 기생충이다. 회충, 요충, 동양모양선충은 경구감염으로만 발생한다.

17
섬유소(셀룰로오스)는 식품의 세포벽 구성성분으로, 장의 운동을 촉진하여 변비를 예방하지만 이는 열량영양소가 아니다.

18
설사성 패류 중독은 세균성 식중독 중 장염비브리오 식중독과 관련이 있다.

19
식품위생법 제40조(건강진단)에 총리령으로 정하는 영업자 및 그 종업원은 건강진단을 받아야 하며 타인에게 위해를 끼칠 우려가 있는 질병의 종류도 총리령으로 정한다고 명시되어 있다.

20
시장조사의 내용은 품목, 품질, 수량, 가격, 구매거래처, 거래조건이다.

21

①, ④는 강력분, ②는 중력분에 대한 설명이다.

종류	글루텐 함량(%)	용도
강력분	13 이상	식빵, 마카로니, 파스타 등
중력분	10 이상 13 미만	국수류(면류), 만두피 등
박력분	10 미만	튀김옷, 케이크, 파이, 비스킷 등

22

HACCP 12절차의 첫 번째 단계는 HACCP팀 구성이다. 위해요소분석은 HACCP 7단계의 첫 번째 단계이다.

23

결합수

- 식품 중 탄수화물, 단백질 분자의 일부를 형성하는 물
- 물질을 녹일 수 없음
- 미생물 생육 불가
- 0℃ 이하에서 동결되지 않음
- 쉽게 건조되지 않음
- 유리수보다 밀도가 큼

24

총원가에서 판매비와 일반관리비를 제외한 원가는 제조원가이다.

25

클로스트리디움 속은 혐기성 세균이다.

26

단백질은 C, H, O, N, S, P 등으로 구성된 유기화합물이며, 뷰렛에 의한 정색반응으로 보라색을 나타낸다.

27

- 당질(탄수화물) : 4kcal
- 단백질 : 4kcal
- 지방 : 9kcal
- 알코올 : 7kcal

28

복어독은 햇볕에 강하여 쉽게 파괴되지 않는다.

29

총 발주량 = [100/(100−폐기율)]×정미중량×인원수
= [100/(100−34)]×60g×1=91g

30

식품의 일반성분은 수분, 탄수화물, 단백질, 지방, 무기질, 비타민 등이다.

31

노추(노두추, 노두유)

- 광동 일대에서 쓰는 색깔이 진한 간장
- 짠맛은 강하지 않아 주로 색을 낼 때 사용

32

자차이(작채)

- 잎은 배추와 비슷하고 뿌리는 울퉁불퉁하고 무와 같이 생김
- 소금에 절인 뿌리를 가늘게 썰어 잘게 썬 양파나 대파, 오이를 곁들이고 설탕과 식초를 섞고 고추기름과 참기름을 더해 버무린 밑반찬
- 중국의 절임 김치로 씹히는 식감이 좋고 짭짤한 맛이 입맛을 돋움
- 중국 쓰촨성의 대표적인 음식

33

비효소적 갈변의 하나인 마이야르 반응은 카르보닐기를 가진 당화합물과 아미노기(−NH_2)를 가진 질소화합물이 관여하는 반응으로, 갈색 물질인 멜라노이딘 색소가 형성된다.

34

한국인의 영양섭취기준에 따른 성인의 3대 영양 섭취량 : 탄수화물 55~70%, 지방 15~30%, 단백질 7~20%

35

보기에 있는 재료들은 모두 녹색 채소로 클로로필 색소 성분을 가지고 있으며, 클로로필 변색을 최소화하기 위한 조리법을 나타낸다.

36

쇼트닝은 라드(lard)의 대용품으로 무미, 무취, 무색이고 쇼트닝성, 크리밍성이 커 비스킷, 쿠키, 빵, 케이크 등에 보편적으로 사용한다.

37

구분	내용
맛의 대비현상	서로 다른 2가지 맛이 작용해 주된 맛성분이 강해지는 현상 (예) 설탕물 + 소금 약간 → 더 달게 느낌
맛의 변조현상	한 가지 맛을 느낀 후 바로 다른 맛을 보면 원래의 식품 맛이 다르게 느껴지는 현상 (예) 쓴 약 먹고 난 후 물 마시면 물이 달게 느껴짐

맛의 상쇄현상	상반되는 맛이 서로 영향을 주어 각각의 맛을 느끼지 못하고 조화로운 맛을 느끼는 것(새콤 달콤) (예) 간장은 많은 소금이 들어 있으나 감칠맛과 상쇄되어 짠맛을 강하게 느끼지 못함
맛의 억제현상	다른 맛이 혼합되어 주된 맛이 억제 또는 손실되는 현상 (예) 커피에 설탕을 넣었을 때 쓴맛이 억제

38

북어포 : 단백질, 무기질

39

일반적으로 신맛은 다른 맛에 비해 온도변화에 영향을 받지 않는다.

맛의 최적 온도*

단맛 20~50℃, 짠맛 30~40℃, 신맛 25~50℃, 매운맛 50~60℃

40

- 식품의 신맛의 정도는 수소이온농도와 비례한다.
- 동일한 pH에서 무기산이 유기산보다 신맛이 더 약하다.
- 포도, 사과의 상쾌한 신맛 성분은 호박산과 주석산이다.

41

육류의 열에 의한 물리적 변화*

- 생것으로 먹는 것보다 가열 시 소화와 영양 흡수가 좋음
- 가열 시 지방이 녹아 부드러워짐
- 가열 초기 수분에는 육즙이 많아지나 가열이 계속되면 수분 손실로 육즙이 감소
- 단백질 수축, 결합 조직의 변화, 색상 및 지방의 변화, 맛의 변화가 일어나며 영양 손실이 생김

42

기름의 흡수량이 늘어나는 요인*

- 튀김 온도가 낮을 때
- 튀김 시간이 길 때
- 당, 수분 등이 많을 때

43

30mm÷20=1.5mm(폭)

폭	면발 번호 표기	30mm 길이를 해당 번호로 나눈 값이 그 번호 면발의 폭 (예) 10번 면 → 30mm÷10=3mm(폭) (예) 20번 면 → 30mm÷20=1.5mm(폭)
	번호 표현 방식	# 뒤에 숫자 표기 (예) #10=10번 면

44

냉채 요리의 특징

- 냉채는 소화가 잘 되게 구성해야 한다.
- 뒤에 나오는 요리에 대해서 기대감을 갖게 한다.
- 연회에 대한 성격을 상징적으로 표현한다.
- 냉채 요리의 온도는 4℃가 적당하다.
- 재료가 신선해야 하고 향이 있어야 하며 부드럽고 국물이 없어야 한다.
- 만들어진 요리에 이미 맛이 들어있어야 하며 느끼하지 않아야 한다.

45

작(炸, 짜)	· 중식 팬에 기름을 넉넉히 넣고 튀기는 방식 · 기름의 온도에 따라 재료의 맛을 살릴 수 있음 · 겉은 바삭하고 속은 부드럽게 만드는 조리법 · 짜장면, 탕수육 등 튀김요리
폭(爆, 빠오)	· 가장 빨리 만드는 조리법 · 고온에서 매우 빠르게 볶아내는 방법 · 궁보계성 등
초(炒, 차오)	· 중국 요리에서 가장 많이 사용되는 조리법 · 전분을 사용하지 않는 볶음류(초채, 炒菜, 차오차이, chao cai) · 채소가 살아있는 상태를 유지 · 부추잡채, 고추잡채, 당면잡채, 토마토달걀볶음 등
류(溜, 리우)	· 전분을 사용하는 볶음류(류채(熘菜, 리우차이 liu cai)) · 잘 식지 않게 하고 맛을 살리는 방법 · 재료를 튀기거나 삶은 후 소스를 끼얹거나 혼합하는 조리법 · 류산슬, 라조기, 전가복, 새우케첩 볶음 등

46

수의계약은 공급업자들의 경쟁 없이 계약을 이행할 수 있는 특정업체와 계약을 체결하므로 오히려 불리한 가격으로 계약하기 쉽다.

47

아일랜드형은 동선이 많이 단축되며, 공간 활용이 자유로워서 환풍기와 후드의 수를 최소화할 수 있다.

ㄷ자형	면적이 같을 경우 가장 동선이 짧으며 넓은 조리장에 사용
일렬형	작업동선이 길어 비능률적이지만 조리장이 굽은 경우 사용
병렬형	180도 회전을 요하므로 피로가 빨리 옴

48

재고는 물품부족으로 인한 급식생산 계획의 차질을 미연에 방지할 수 있는 정도로만 보유하는 것이 적당하다.

식품재고관리*

- 물품부족으로 인한 급식생산 계획의 차질을 미연에 방지
- 도난과 부주의로 인한 식품재료의 손실을 최소화
- 급식생산에 요구되는 식품재료와 일치하는 최소한의 재고량 유지
- 정확한 재고수량을 파악함으로써 불필요한 주문을 방지하여 구매비용 절약

49

두부는 콩 단백질이 무기염류에 의해 변성(응고)되는 성질을 이용하여 만든다.

50

두부응고제 : 염화칼슘($CaCl_2$), 황산칼슘($CaSO_4$), 황산마그네슘($MgSO_4$), 염화마그네슘($MgCl_2$)

51

가식부율 : 곡류·두류·해조류·유지류 등(100) 〉 달걀(80) 〉 서류(70) 〉 채소류·과일류(50) 〉 육류(40) 〉 어패류(15) 순이다. 따라서 대두, 두부, 숙주나물의 가식부율이 높다.

52

시미로

- 전분의 한 종류인 타피오카를 주재료로 사용한 후식
- 타피오카에 여러 식재료를 혼합하여 냉장고에 차게 보관한 후 사용
- 모든 과일에 사용, 중국 음식의 느끼함을 정리해 주는 역할
- 한식의 한천, 양식의 젤라틴과 같은 효과
- 식물성 원료로 소화력 우수
- 멜론시미로, 망고시미로, 연시시미로 등

53

성분은 지방이 80% 이상이다.

54

우유의 균질화는 우유의 지방 입자의 크기를 미세하게 하여 유화상태를 유지하려는 과정으로, 지방의 소화를 용이하게 하고, 지방구의 크기를 균일하게 만들며, 큰 지방구의 크림층 형성을 방지한다.

55

대두와 팥의 성분 중에는 거품을 내며 용혈작용을 하는 독성분의 사포닌이 있지만 가열 시에 파괴된다.

56

레이노드 병 : 진동 작업자에게 발생되는 직업병으로 혈액순환 저해로 손가락이 창백해지는 청색증과 동통을 유발

57

신맛, 쓴맛, 단맛, 매운맛, 짠맛은 맛의 5미이다.
지미는 신선하고 시원하며 감칠맛이 나는 맛을 의미한다.

58

조리장을 신축할 때에는 위생, 능률, 경제의 3요소를 차례로 고려하여야 한다.

59

난황계수 = 난황의 높이 ÷ 난황의 평균직경
∴ 난황계수 = 15 ÷ 40 = 0.375

60

건조된 다시마 표면의 흰가루 성분은 만니톨이다.

중식조리기능사 모의고사 5회 정답 및 해설

01	②	02	②	03	②	04	③	05	③
06	④	07	④	08	③	09	②	10	②
11	②	12	④	13	③	14	③	15	④
16	②	17	①	18	①	19	①	20	④
21	②	22	①	23	③	24	③	25	①
26	②	27	②	28	③	29	④	30	①
31	③	32	①	33	②	34	④	35	②
36	③	37	④	38	②	39	①	40	③
41	④	42	③	43	②	44	②	45	③
46	②	47	①	48	②	49	②	50	④
51	②	52	④	53	③	54	③	55	④
56	②	57	①	58	④	59	②	60	①

01
‘식품’이란 의약품을 제외한 모든 음식물을 말한다.

02
제조원가 = (직접재료비 + 직접노무비 + 직접경비) + 제조간접비
= (10,000원 + 23,000원 + 15,000원) + 15,000원
= 63,000원

03
5'-이노신산나트륨, 5'-구아닐산나트륨, L-글루탐산나트륨의 주요 용도는 조미료로 식품의 향미를 강화 또는 증진시키기 위하여 사용한다.

04
식품 1g당 10^7~10^8일 때 초기부패로 판정

05
주방 내 미끄럼 사고 원인★
- 바닥이 젖은 상태
- 기름이 있는 바닥
- 시야가 차단된 경우
- 낮은 조도로 인해 어두운 경우
- 매트가 주름진 경우
- 노출된 전선

06
도마는 세척이나 소독 후 반드시 건조시켜야 세균 번식을 예방할 수 있다.

07
미생물 생육에 필요한 인자 : 영양소, 수분, 온도, 산소, pH

08
- 곡류 : 쌀, 보리, 조, 수수 등
- 두류 : 대두, 강낭콩, 완두콩 등

09
수인성 감염병 : 장티푸스, 파라티푸스, 콜레라, 세균성 이질 등

10
통조림의 주원료 주석이 캔의 부식으로 용출되면 구토, 설사, 복통 등을 일으킨다.

11
조리작업을 위해서는 조리복, 안전화, 위생모 등 적합한 복장을 모두 갖추어야 한다.

12
살균법★

저온살균법	61~65℃에서 약 30분간 가열 살균 후 냉각
고온단시간살균법	70~75℃에서 15~30초 가열 살균 후 냉각
초고온순간살균법	130~140℃에서 1~2초 가열살균 후 냉각

13
요충은 대장에서 기생하며 감염된 사람의 항문 주위에서 발견되는 기생충으로 항문 주위의 가려움(소양증)을 동반한다.

14
글리코겐(glycogen) : 동물의 간, 근육에 존재하는 다당류

15
전분의 호정화 : 누룽지, 토스트, 팝콘, 미숫가루, 뻥튀기 등

16

북경(베이징)요리 (산동요리)	· 궁중요리, 고급요리 발달 · 부드럽고 담백한 맛
남경(상해)요리 (강소요리)	· 특산물인 간장, 설탕을 많이 써 달고 농후한 맛 · 기름기가 많아 맛이 진하고 양이 푸짐함
광동요리	· 외국과의 교류가 빈번하여 서양 요리의 특징 혼합 · 채와 장식에 중점
사천요리	· 파, 마늘, 생강, 매운 고추 등의 향신료 사용 · 강한 향기와 신맛, 매운맛이 특징

17

발연점이 낮아지는 경우*

- 여러 번 사용하여 유리지방산의 함량이 높을수록
- 기름에 이물질이 많이 들어 있을수록
- 튀김하는 그릇의 표면적이 넓을수록
- 사용횟수가 많은 경우

18

글리시닌은 대표적인 콩 단백질인 글로불린이 가장 많이 함유하고 있는 성분이다.

19

해조류에서 추출한 점액질 물질인 알긴산은 식품에 점성을 주고 안정제, 유화제로서 이용된다.

20

액토미오신의 합성 – 사후경직 시 나타나는 현상이다.

21

조미료의 침투속도를 고려한 조미료 사용 순서는 설탕 → 소금 → 식초 → 간장 → 된장 → 고추장 순이다.

22

김은 홍조류에 속하고, 단백질이 많이 함유되어 있으며, 칼슘·인·칼륨 등의 무기질이 골고루 포함된 알칼리성 식품이다.

23

6%의 소금물에 넣어서 가라앉는다.

24

폐기물 용기는 내수성 재질을 사용한다.

25

생선의 육질이 육류보다 연한 이유는 콜라겐과 엘라스틴의 함량이 적기 때문이다.

26

배추만을 중국에서 수입했으므로 배추김치(배추 중국산)으로 표시한다.

27

돈(dun, 뚠) : 육수를 넉넉히 넣어 오래 달이는 방법

과돈	밀가루 또는 전분가루 입히고 풀어놓은 달걀을 묻힌 다음, 팬에 입힌 재료를 가지고 모양을 만들어 물 또는 육수를 붓고 끓이는 방식. 버섯 또는 부드러운 재료로 음식을 만들 때 사용
청돈	끓는 물 또는 육수에 재료를 살짝 넣어 데친 뒤 다시 가열하는 방식
격수돈	끓는 물 또는 육수에 재료를 데친 후 그릇에 옮겨 담아 육수를 넣고, 뚜껑을 닫아 직접 끓이거나 간접적으로 수증기로 익히는 방식

28

중국 음식의 조리법은 열전도체에 따라 물, 기름, 증기를 이용한 조리법으로 나뉜다.

물	배(ba, 바), 소(shao, 샤오), 돈(dun, 뚠), 민(men, 먼), 외(wei, 웨이), 쇄(shuan, 쑤안), 자(zhu, 쮸), 회(hui, 후에이), 탄(tun, 툰)
기름	초(chao, 챠오), 팽(peng, 펑), 폭(bao, 빠오), 작(zha, 짜), 류(liu, 리우), 첩(tie, 티에), 전(jian, 지엔)
증기	고(kao, 카오), 증(zheng, 쩽)

29

펩신 : 단백질을 펩타이드로 분해
글리코겐 : 동물의 저장 탄수화물

단백질 분해효소에 의한 고기 연화법*

파파야(파파인), 무화과(피신), 파인애플(브로멜린), 배(프로테아제), 키위(액티니딘)

30

양갱 – 한천

31

계피	· 계수나무의 껍질 · 향이 있고 청량하면서 단맛, 매운맛 · 혈액 순환과 위액 분비 촉진
감초	· 껍질이 얇고 붉은 빛을 띠며 맛이 달수록 좋은 것 · 맛이 달고 평한 성질, 폐에 좋고 해독작용, 약재 조화 효능
산초	· 사천요리에 많이 사용(마파두부) · 고기의 잡냄새를 없애 주고, 절임 요리 등의 향을 내는 데 사용 · 식욕 촉진, 시력보호, 기관지 기능 향상
후추	· 검은 것과 흰 것이 있음 · 향과 맛은 맵고 뜨거운 성질 · 비린내를 없애주고 살균효과 · 지나친 섭취 시 위 점막에 자극

32

농후제

- 녹말이 젤라틴화 되는 원리를 이용
- 끈끈한 소스는 구강 내에 머무르는 시간을 늘림
- 음식의 감촉을 좋게 하여 맛의 느낌을 후각이나 촉각 등으로 확대
- 자신의 특성은 최소화하고 소스 기본 재료의 특성을 최대화하는 재료가 적격
- 옥수수, 감자, 고구마, 애로우 루트 등

33

대두의 아미노산 조성은 메티오닌, 시스테인이 적고 라이신, 트립토판이 많다.

34

밀가루 반죽 시 물의 기능

- 소금의 용해를 도와 반죽을 골고루 섞이게 함
- 반죽의 경도에 영향
- 글루텐 형성
- 전분의 호화 촉진

35

- 맥아당 = 포도당 + 포도당
- 설탕 = 포도당 + 과당
- 이눌린 = 과당의 결합체

36

간장이나 된장이 갈색으로 변하는 것은 마이야르 반응으로 비효소적 갈변현상이고, 나머지는 효소적 갈변현상이다.

효소적 갈변*

폴리페놀 옥시다아제	· 채소류나 과일류를 자르거나 껍질을 벗길 때의 갈변 · 홍차 갈변
티로시나아제	· 감자 갈변

비효소적 갈변*

마이야르 반응	· 된장, 간장, 식빵, 케이크, 커피(생두 : 녹색→ 갈색, 특유의 향) 등의 반응
캐러멜화 반응	· 간장, 소스, 합성 청주, 약식 등

37

산성 식품과 알칼리성 식품을 구분하는 판단기준은 식품을 태우고 난 후에 어떤 무기질이 남느냐이다.

38

아스타잔틴은 갑각류(새우, 게, 가재 등)에 함유되어 있는 색소로, 원래 청록색을 띠지만, 가열하면 적색으로 변한다.

39

마늘에 함유된 황화합물로 특유의 냄새를 가지는 성분은 알리신이다.

40

전분	· 감자 전분, 옥수수 전분, 고구마 전분 사용 · 두 종류의 전분을 혼합하여 사용하기도 함 (감자+옥수수, 옥수수+고구마) · 소스의 농도를 맞출 때는 주로 감자 전분 사용
밀가루	· 글루텐이 적고 탈수가 잘 되는 박력분 사용 · 튀김옷을 입혀 재료의 수분 및 맛난맛 성분의 증발을 줄임 · 적당히 기름을 흡수하여 맛과 풍미가 좋아짐
물	· 단백질의 수화를 늦게 하고 글루텐 형성을 저해하기 위해 찬물 이용
달걀	· 튀김옷의 경도를 도와주고 맛을 좋게 함 · 튀김이 오래되면 눅눅해지고 질감이 떨어짐
식소다	· 소량의 식소다 사용 시 가열 중 탄산가스 방출, 수분을 증발시켜 튀김옷을 가볍게 함 · 쓴맛이 발생할 수 있음
설탕	· 색이 적당히 갈변 · 글루텐 형성을 저해하여 부드럽고 바삭한 튀김옷 형성

41

비타민 C인 아스코르빈산은 강한 환원력이 있어 식품가공에서 갈변이나 향이 변하는 산화반응을 억제하는 효과가 있으며, 안전하고 실용성이 높은 산화방지제로 사용된다.

42

비타민 E – 불임증, 근육 위축증

43

① 생선 조림에 생강이나 마늘은 거의 익은 상태에서 첨가한다.
③ 전 조리 시 주로 흰살 생선을 사용한다.
④ 구이는 지방 함량이 많은 생선을 주로 사용한다.

44

유지의 구분*

구분	요오드가	종류
건성유	130 이상	아마인유, 들기름, 동유, 해바라기유, 정어리유, 호두기름 등
반건성유	100 ~ 130	대두유(콩기름), 쌀겨, 옥수수유, 청어기름, 채종유, 면실유, 참기름 등
불건성유	100 이하	피마자유, 올리브유, 야자유, 동백유, 땅콩유 등

45

노화(β화)에 영향을 주는 요소*

- 전분의 종류(아밀로오스의 함량이 많을 때) 노화↑ : 멥쌀 〉찹쌀
- 수분함량이 30~60%일 때 노화↑
- 온도가 0~5℃일 때(냉장은 노화촉진, 냉동×) 노화↑
- 다량의 수소이온 노화↑

46

자유수와 결합수*

자유수(유리수)	결합수
· 용매로 작용한다. · 식품을 압착하면 제거된다. · 미생물의 번식과 발아에 이용 · 0℃ 이하에서 동결된다. · 식품을 건조시키면 증발한다. · 4℃에서 비중이 제일 크다. · 표면장력과 점성이 크다.	· 용매로 작용하지 않는다. · 식품을 압착해도 제거되지 않는다. · 미생물의 번식과 발아에 이용X · 0℃ 이하에서 동결되지 않는다. · 100℃ 이상에서 증발하지 않는다. · 자유수보다 밀도가 크다.

47

시금치의 수산을 제거하기 위해서는 뚜껑을 열고 끓는 물에 단시간 데친다.

48

어패류는 자기소화작용이 커서 육질의 분해가 쉽게 일어난다.

49

이환율 : 어떤 일정한 기간 내에 발생한 환자의 수를 인구당의 비율로 나타낸 것으로 집단의 건강치표로 사용된다.

50

면발의 굵기 : 세면 〈 소면 〈 중화면 〈 칼국수면 〈 우동면

51

위염환자는 조리가 가능하다.

조리사의 결격 사유*

- 정신질환자 또는 정신지체인
- 감염병 환자
- 마약 기타 약물 중독자
- 화농성 피부질환자

52

① 해물은 전처리 후 물로 씻지 않는다.
② 해파리는 소금에 오랫동안 절여 놓았기 때문에 물에 담가 소금기를 완전히 제거한다. 또한 물에 데칠 때는 물의 온도가 너무 뜨거우면 오그라들기 때문에 주의해야 한다.
③ 피단은 어둡고 차가운 곳에 보관한다.

53

③은 직접조리방법(broiling)이다.

54

- 초(炒, 차오) : 부추잡채, 고추잡채, 당면잡채, 토마토달걀볶음 등
- 폭(爆, 빠오) : 궁보계정 등
- 류(溜, 리우) : 류산슬, 라조기, 전가복, 새우케첩볶음 등

55

휴게음식점 또는 제과점은 객실(투명한 칸막이 또는 투명한 차단벽을 설치하여 내부가 전체적으로 보이는 경우는 제외)을 둘 수 없다.

56

홍합은 살이 붉은 것이 암컷, 흰 것이 수컷이다.

57

행인두부는 살구 씨(행인)의 안쪽 흰 부분을 갈아 사용한 요리로, 두부처럼 하얗고 부드럽다.

58

소나무, 잣나무와 같은 침엽수는 송진성분이 있어 훈연 시 그을음이 발생하기 때문에 적절하지 않다.

59

황색포도상구균 식중독

원인균	포도상구균(열에 약함)
원인독소	엔테로톡신(장독소, 열에 강함)
잠복기	평균 3시간(잠복기가 가장 짧음)
원인식품	유가공품(우유, 크림, 버터, 치즈), 조리식품(떡, 콩가루, 김밥, 도시락)
증상	급성위장염
예방	손이나 몸에 화농이 있는 사람 식품취급 금지

60

곡류에 가장 잘 발생하는 미생물은 곰팡이로 곰팡이는 수분량 13% 이하에서 발육이 억제되어 변패를 억제할 수 있다.

memo

memo